普通高等教育“十四五”规划教材

冶金工业出版社

# 生物化学

主　编　常雁红

副主编　施春红　周晓琴

本书数字资源

北京

冶金工业出版社

2021

## 内容提要

本书以现代生物化学和分子生物学的基础知识为主体，阐述了生物大分子的组成、结构、性质及生物学功能，系统地说明了这些生物大分子的化学变化，以及其能量代谢、物质代谢的规律。在此基础上，结合环境及其相关专业的特点及后续课程的需要，论述了现代生物技术原理及在环境保护中的应用，并有针对性地介绍了典型有机污染物降解中的生物化学知识等内容。

本书可作为环境及相关专业的本科和研究生的专业基础课教材，也可供其他专业的广大工作者和科技人员阅读和参考。

**图书在版编目(CIP)数据**

生物化学/常雁红主编. —北京：冶金工业出版社，2021.1
普通高等教育“十四五”规划教材
ISBN 978-7-5024-8696-9

Ⅰ.①生… Ⅱ.①常… Ⅲ.①生物化学—高等学校—教材 Ⅳ.①Q5

中国版本图书馆 CIP 数据核字（2021）第 010050 号

出 版 人 苏长永
地　　址 北京市东城区嵩祝院北巷 39 号　邮编　100009　电话　(010)64027926
网　　址 www.cnmip.com.cn　电子信箱　yjcbs@cnmip.com.cn
责任编辑 于昕蕾　美术编辑　彭子赫　版式设计　禹　蕊
责任校对 李　娜　责任印制　李玉山
ISBN 978-7-5024-8696-9
冶金工业出版社出版发行；各地新华书店经销；三河市双峰印刷装订有限公司印刷
2021 年 1 月第 1 版，2021 年 1 月第 1 次印刷
787mm×1092mm　1/16；17 印张；412 千字；261 页
**42.00** 元

**冶金工业出版社　投稿电话　(010)64027932　投稿信箱　tougao@cnmip.com.cn**
**冶金工业出版社营销中心　电话　(010)64044283　传真　(010)64027893**
**冶金工业出版社天猫旗舰店　yjgycbs.tmall.com**

# 前　言

近年来，随着全球环境污染问题的日益加剧，生物技术由于具有安全、无毒害、效果好等优点，不断渗入环境生物监测、工业废弃物处理和城市生活垃圾处理等方面，在环境污染物的治理和资源化回收利用中起着举足轻重的作用。我国已明确提出了“生态文明”建设，所以，如何更好地应用生物工程技术治理环境污染，保护好绿水青山，对实现可持续发展具有重要的意义。

21 世纪生命科学将继续蓬勃发展，生命科学对各个自然科学起着巨大推动作用，而生物化学也是生命科学及其他各门学科的基础，又是其发展前沿。事实上，生物化学的发展，不仅在生命科学等问题上成就卓著，也促进了环境污染预防、治理的方法与手段的改进和提高，进而推动环境污染治理乃至整个环境科学的发展。

生物化学是生物学和化学交叉的一个边缘学科，是环境专业的专业基础课，对环境专业后续的专业课程如环境微生物学、环境化学、环境生物化学等的学习至关重要。本书以现代生物化学和分子生物学的基础知识为主体，在此基础上，阐述了现代生物技术原理及在环境保护中的应用，并有针对性地介绍了典型有机污染物降解中的生物化学知识等内容，希望通过对生物化学基础理论、原理的系统阐述，以及对环境污染物生物方法降解新成果的介绍与讨论，力求在开阔学生视野的同时，为其今后进一步开展研究提供良好的专业基础知识。

本书引用了一些国内外同行学者的成果，在此深表谢意！

本书的出版得到了北京科技大学教材出版基金、北京科技大学规划教材项目（JC2018YB021）、北京科技大学教研项目（JG2017M19、KC2019SZ06）的资助，在此表示感谢！

由于编者水平有限，加之时间紧迫，本书中难免存在不足之处，恳请读者批评指正。

编　者

2020 年 8 月

# 目　　录

# 1 绪　　论

**本章要点：**

(1) 生物化学的概念及主要研究内容；

(2) 生物化学与其他学科的关系；

(3) 21 世纪的生物化学重要研究领域；

(4) 生物分子的特点。

## 1.1 生物化学概述

生物体是由各种不同的化学物质组成的。这些物质极其复杂的化学组成、结构及化学变化，就构成了千姿百态的生命现象。生物化学是一门以生物体为对象，研究其分子结构与功能、物质代谢与调节，以及遗传信息传递的分子基础与调控规律的学科。生物化学的研究主要采用化学的原理和方法，但随着研究的深入和发展，也融入了生物学、物理学、生理学、微生物学、免疫学和遗传学等理论和技术，使之与众多学科有着广泛的联系和交叉，正逐步成为生命科学的共同语言。

人们通常将研究核酸、蛋白质等所有生物大分子结构、功能及基因的结构、表达与调控的内容，称为分子生物学。从广义上讲，分子生物学是生物化学的重要组成部分，也被视为生物化学的发展和延续，因此分子生物学的飞速发展，无疑为生物化学的发展注入了生机和活力。

由于生物化学从不同角度进行研究，因而又产生了许多分支。因研究对象的不同，可分为动物生化、植物生化和微生物生化，如研究对象涉及整个生物界（包括动植物、微生物和人体），则称为普通生物化学；按生物化学应用领域的不同，分为工业生物化学、农业生物化学、医学生物化学、食品生物化学等。还有按照生命科学研究领域的不同，随着在分子水平研究领域的拓展，又出现一些新的分支，如从分子水平探讨机体与免疫的关系，称为免疫生物化学；以生物不同进化阶段的化学特征为研究对象，称为进化生物化学或比较生物化学；以细胞和组织器官分化的分子基础为研究内容，称为分化生物化学等。

### 1.1.1 主要研究内容

#### 1.1.1.1 物质组成及生物分子

生物体是由一定的物质成分按严格的规律和方式组织而成的。人体含水 55%~67%，蛋白质 15%~18%，脂类 10%~15%，无机盐 3%~4%及糖类 1%~2%等。从这个分析来看，人体的组成除水及无机盐之外，主要就是蛋白质、脂类及糖类三类有机物质，这些大而复杂的分子称为“生物分子”。生物体不仅由各种生物分子组成，也由各种各样有生物学活性的小分子所组成，足见生物体在组成上的多样性和复杂性。生物化学要研究这些物质的组成、结构、性质及生物学功能。

1.1.1.2 物质与能量的代谢

生物体内有许多化学反应，按一定规律连续不断地进行着。如果其中一个反应进行得过多或过少，都将表现为异常，甚至疾病。凭借各种化学反应，生物体才能将环境中的物质（营养素）及能量加以转变、吸收和利用。营养素进入人体内后，总是与体内原有的混合起来，参加化学反应。在合成反应中，作为原料，使体内的各种结构能够生长、发育、修补、替换及繁殖。在分解反应中，主要作为能源物质，经生物氧化作用，放出能量，供给生命活动的需要，同时产生废物，经由各排泄途径排出体外，交回环境，这就是生物体与其外环境的物质交换过程，一般称为物质代谢或新陈代谢。因此，物质与能量的代谢及其相关的生长、增殖、分化等生命过程的关系与调控机制都是现代生物化学研究的重要课题。

1.1.1.3 繁殖与遗传

生物体有别于非生物的另一突出特点是具有繁殖能力及遗传特性。一切生物体都能自身复制；复制品与原样几无差别，且能代代相传，这就是生物体的遗传特性。遗传的特点是忠实性和稳定性。近年来，随着生物化学的发展，已经证实，基因只不过是 DNA 分子中核苷酸残基的种种排列顺序而已，但影响繁殖遗传的因素还有许多是未知数。可见，生物化学还需在分子水平上进一步研究繁殖与遗传的机制与规律。

1.1.1.4 结构与功能

组成生物体的每一部分都具有其特殊的生理功能。从生物化学的角度，则必须深入探讨细胞、亚细胞结构及生物分子的功能。功能来自结构，欲知细胞的功能，必先了解其亚细胞结构；同理，要知道一种亚细胞结构的功能，也必先弄清构成它的生物分子。所以，生物大分子的结构与功能的关系是当今生物化学研究的热点之一。

### 1.1.2 生物化学成为目前最活跃、发展最迅速的学科之一的主要原因

生物化学成为目前最活跃、发展最迅速的学科之一的主要原因具体如下。

（1）生命现象基本的化学本质已经开始被揭示。数十年来，科学家们发现了具有划时代意义的脱氧核糖核酸（DNA）的双螺旋结构，发展了 DNA 重组技术，揭示了生命遗传的化学本质。在此期间，蛋白质三维结构、酶作用机制、生物能量转换机制以及神经传导物质等的发现和阐明，使人们看到了最终揭示生命奥秘的前景。

（2）发现和阐明了构成生命现象的共同基础和原则。从大肠杆菌到人类，从藻类到高等植物，虽然表面上看千差万别，但是，都存在一些最基本的共同点：所有的生命体都由糖、脂、核酸和蛋白质等生物分子以及水和无机离子组成；所有的生命体的遗传信息物质都是 DNA（极少数是 RNA），并且具有基本相同的遗传信息传递模式；所有生命体都具有相似的能量转换机制，ATP 是所有生物的能量转换中间体。

（3）现代生物化学的发展深刻地影响着医学科学和农业科学的发展。

（4）化学和物理科学的理论和技术的迅速发展，为生物化学的研究提供了先进的方

法和手段，使人类有可能对生命现象中的前沿问题进行深入的研究。

（5）生物化学中提出的化学问题和物理问题，吸引了越来越多的化学家和物理学家的参与。生物无机化学、生物有机化学、生物电化学和生物物理等交叉学科的产生和发展，表明生命科学已经成为现代自然科学发展的重要动力之一。同时，生物化学的理论和技术也对其他相关学科，特别是化学的发展有着重要影响。

### 1.1.3 生物化学与其他学科的关系

#### 1.1.3.1 生物化学与现代化学发展的关系

生物化学发展的历史告诉我们，生物化学是在不断地研究和阐明生命现象的化学问题过程中发展起来的。几乎所有生物化学的重要发现和突破，都包含了大量化学方面的研究工作。例如，三羧酸循环的发现和阐明，遗传物质 DNA 的确定以及 DNA 双螺旋结构的发现、蛋白质的组成和结构测定等，都是生物化学家和化学家共同努力的结果。

生物化学与化学学科之间的相互渗透、相互促进，对于生物化学和化学的发展都起着极其重要的作用。

现代生物化学的发展，需要化学学科更深入的渗透和融合。生命科学中化学问题的研究已经成为化学学科的重要研究内容。对这些问题的深入研究和阐明，不仅对于生命科学的发展具有重要意义，而且必将对化学学科本身的发展产生深远影响。例如，酶为什么具有催化作用，而且具有特殊的选择性和高效性？为了阐明酶的这一特性，就需要详细研究酶分子的化学组成、特殊的立体结构、酶分子中各种基团的相互影响，以及酶分子与底物分子之间的相互作用等。在此基础上，发展和建立了两个新的化学研究领域：（1）模型酶的研究，已经成为现代有机化学、无机化学和理论化学的重要发展方向。（2）分子识别和超分子的研究，极大地丰富了人们对于非共价作用力在复杂的分子体系中重要作用的认识。可以预期，随着生物化学前沿问题的深入研究，一些新的化学现象和规律将被发现，新的研究领域也将出现。

#### 1.1.3.2 生物化学与生命科学的关系

生物化学与分子生物学被看成是一对姊妹学科，她们携手把生命科学带入 21 世纪，成为生命科学的带头学科。尽管很难明确地划分，但一般认为，以生物化学、生物物理学、微生物学和遗传学为基础发展起来的分子生物学，其主要任务是从分子水平来阐明生命现象和生物学规律，更倾向于研究生物大分子和生物膜的结构、性质、功能及其相互关系，并以此来阐明生命过程的一些基本问题。生物化学则偏重于研究上述问题的化学基础和化学变化，由此可见两者实际密不可分。

遗传规律决定生命活动的基本方式，遗传学的研究与分子生物学和生物化学有着密切关系。遗传物质（核酸）的复制、转录、表达、调控及其与生命活动的关系研究需要将生物化学与遗传学知识相结合，分子遗传学正是这种结合的产物。

生物工程是在生物化学与分子生物学基础上发展起来的新兴技术学科，包括基因工程、酶工程、蛋白质工程、细胞工程、发酵工程和生物化学工程。利用基因工程技术可使人们按照自己的意愿设计新的物种、新的品系和新的性状，结合发酵和生化工程的原理和技术，生产出期望的生物产品。目前，许多基因工程产品已经问世，胰岛素、干扰素、生长素、肝炎疫苗等珍贵药物已经能大量生产，转基因动植物的研究也取得了很大发展，这些成果充分展示了生物技术无可限量的应用前景，也反过来极大促进了生物化学与分子生物学的研究与发展。

生物化学与医学的发展也密切相关，并相互促进。近年来，生物化学已渗透到医学科学的各个领域。使各基础医学的研究均深入到分子水平，并相继产生了分子免疫学、分子遗传学、分子药理学、分子病理学等新学科。同样，生物化学与临床医学的关系也很密切，其迅速发展，大大加深了人们对恶性肿瘤、心血管疾病等重大疾病本质的认识，出现了新的诊治方法。随着疾病相关基因克隆、基因诊断、基因治疗等研究的深入，将会使21 世纪的医学产生新的突破。

1.1.3.3 生物化学与其他学科的关系

目前，一些看来与生物化学关系不大的学科，如分类学和生态学，甚至在探讨人口控制、世界食品供应、环境保护等社会性问题时都需要从生物化学的角度加以考虑和研究。

此外，生物化学作为生物学和物理学之间的桥梁，将生命世界中所提出的重大而复杂的问题展示在物理学面前，产生了生物物理学、量子生物化学等边缘学科，从而丰富了物理学的研究内容，促进了物理学和生物学的发展。

生物化学是在医学、农业、某些工业和国防部门的生产实践的推动下成长起来的，反过来，它也将促进这些部门生产实践的发展。

### 1.1.4 21 世纪的生物化学重要研究领域

20 世纪后半叶，在所有自然科学中，生物学的发展是最为迅速的。尤其生物化学与分子生物学的发展更是突飞猛进，使整个生命科学进入分子时代，开创了从分子水平阐明生命活动本质的新纪元。如果说 19 世纪中期细胞学说的建立从细胞水平证明了生物界的统一性，那么，在 20 世纪中期，生物化学与分子生物学则从分子水平揭示了生命世界的基本结构和基础生命活动方面的高度一致性。进入 21 世纪以来，许多国家逐步开展了大规模蛋白质工程计划，通过有控制的基因修饰和基因合成，对现有蛋白质加以改造，设计、构建并最终产生出性能比自然界现有的蛋白质更加优良、更加符合人类需要的新型蛋白质。

此外，由于现代工业、农业的发展，产生了许多新的威胁人类生存的重要问题，如人口与健康、粮食与农业、环境、资源、能源等。这些问题仅靠物理、化学等学科是无法解决的，在很大程度上要依靠生命科学。为此，由于人类生存和经济发展的需要以及生命科学本身的发展和贡献，生命科学在 21 世纪将成为科学技术的主角。生命科学之所以成为 21 世纪领头学科，其核心是生物化学引人瞩目的发展，涉及医药学、农学、生物能源的开发、环境治理、酶工程、单细胞蛋白的生产、微生物采矿、医用生物材料和可降解塑料的制备、法医学等许多领域。在 21 世纪，下列几方面将是生物化学研究最活跃最重要的领域。

1.1.4.1 生物膜的结构与功能

生物膜主要由脂质和蛋白质组成，一般也含有糖类，其基本结构可用流动镶嵌模型来表示，即脂质分子形成双层膜，膜蛋白以不同程度与脂质相互作用并可侧向移动。生物膜与能量转换、物质与信息的传送、细胞的分化与分裂、神经传导、免疫反应、激素和药物的作用等都有密切关系，是生物化学中一个活跃的研究领域。此外，新陈代谢的调节控制，甚至遗传变异、生长发育、细胞癌变等也与生物膜息息相关。因此，深入了解生物膜的结构和功能不仅对认识生命活动的本质具有重要的理论意义，而且在工业、农业、医学和国防工业等方面也有重大的应用价值。在21世纪，生物膜的结构、功能、人工模拟与人工合成将是重大的生物化学课题。

1.1.4.2 生物大分子的结构与功能

生命的基础物质（蛋白质和核酸，现在认为还包括糖）基本上都是大分子，这些大分子结构与功能的关系，仍然是生物化学研究的首要任务。蛋白质的主要功能有催化、运输和储存、机械支持、运动、免疫防护、接受和传递信息、调节代谢和基因表达等。由于结构分析技术的进展，使人们能在分子水平上深入研究它们的各种功能。

20世纪80年代初出现的蛋白质工程，通过改变蛋白质的结构基因，获得在指定部位经过改造的蛋白质分子。这一技术不仅为研究蛋白质的结构与功能的关系提供了新的途径，而且也开辟了按一定要求合成具有特定功能的、新的蛋白质的广阔前景。

核酸的结构与功能的研究为阐明基因的本质，了解生物体遗传信息的流动做出了贡献。碱基配对是核酸分子相互作用的主要形式，这是核酸作为信息分子的结构基础。脱氧核糖核酸DNA的双螺旋结构有不同的构象，DNA还有超螺旋结构，这些不同的构象均有其功能上的意义。核糖核酸包括信使RNA、转运RNA、核糖体RNA等，它们在蛋白质生物合成中起着重要作用，此外还发现个别的RNA有酶的功能。由此可见，研究核酸的结构与功能，将会给整个生命科学、医学、农学研究带来崭新的面貌。

糖类不仅可以作为能源，而且由于糖链结构的复杂性，使它们具有很大的信息容量，对于细胞专一地识别某些物质并进行相互作用而影响细胞的代谢具有重要作用。因此，糖的结构与功能的研究也将受到重视。

1.1.4.3 机体自身调控的机理

物质代谢的调节控制是生物体维持生命的一个重要方面。物质代谢中绝大部分化学反应是在细胞内由酶促成，而且具有高度自动调节控制能力，这是生物的重要特点之一。一个小小的活细胞内，接近两千种酶，它们在同一时间内，催化各种不同代谢中各自特有的化学反应。这些化学反应互不妨碍，互不干扰，各自有条不紊地以惊人的速度进行着，而且还互相配合。结果，不论是合成代谢还是分解代谢，总是同时进行得恰到好处。这表明，生物体内的新陈代谢是按高度协调、统一、自动化的方式进行的，一个正常机体其体内各种生命物质既不会缺乏，又不会过多积累，它们之间互相制约、彼此协调，这是由机体内一套高度发达、精密的调节控制机制来实现的，这一调节控制系统是任何非生物系统或现代机器所不能比拟的。因此，阐明生物体内新陈代谢调节的分子基础，揭示其自我调节的规律，不仅有助于揭开生命之谜，而且可以将其用于工业体系，实现高效率、自动化生产某些产品。目前，生物的反馈调节原理初步用于发酵工业生产抗生素、氨基酸和核苷酸等产品就是很好的例子。随着生物化学在这一领域的深入研究，其在工业上的应用将更大范围、更大规模地展现出更美好的前景。

1.1.4.4 生化技术的创新与发明

在生物化学的发展中，许多重大的进展均得力于生物化学技术方法上的突破。例如同位素示踪技术用于代谢研究和结构分析；层析，特别是20世纪70年代以来全面地大幅度地提高体系性能的高效液相层析以及各种电泳技术用于蛋白质和核酸的分离纯化和一级结构测定；X射线衍射技术用于蛋白质和核酸晶体结构的测定；高分辨率二维核磁共振技术用于溶液中生物大分子的构象分析；酶促等方法用于DNA序列测定；单克隆抗体和杂交瘤技术用于蛋白质的分离纯化以及蛋白质分子中抗原决定因子的研究等。20世纪70年代以来计算机技术广泛而迅速地向生物化学各个领域渗透，不仅使许多分析仪器的自动化程度和效率大大提高，而且为生物大分子的结构分析、结构预测以及结构功能关系研究提供了全新的手段。

但目前，现代生命科学的某些重要领域其发展受到技术的限制，例如基因工程受到产品分离纯化技术的限制。因此，在21世纪上半叶的一段时间内，生物化学应在蛋白质等物质的分离纯化、微量及超微量生命物质的检测与分析、酶功能基团的修饰、酶的新型抑制剂的筛选、酶的分子改造与模拟酶、生物膜的分离与人工膜制造等技术方面有较大的发展才能适应学科发展的需要，也才能促使生物化学理论和技术在工农业上的应用有大的进步。

#### 1.1.4.5 生物净化

生物净化，也就是生物类群通过代谢作用（异化作用和同化作用）使环境中的污染物的数量减少，浓度下降，毒性减轻，直至消失的过程。根据生态学的观点，生物圈可以分为陆地生态系统、淡水生态系统和海洋生态系统，它们之间在物质循环和能量流动方面有紧密的内在联系。水体、空气和土壤的污染，只要不超过生态系统的负载能力，污染物就可以通过物理的、化学的和生物学的作用得到净化，其中生物学的作用占有十分重要的地位。如果环境污染物超过了生态系统的负载能力，生物净化作用就会遭到破坏，整个生态系统就有可能失去平衡，产生不良的后果。随着人类社会的进步和生产力的发展，生物净化的功能在更大的规模上得到利用，并逐步发展成为解决环境问题的重要方法和手段。因此，生物化学应在生物种群的代谢途径、污染物降解机理、环境微生物的驯化等方面大力开展研究，促进生物化学理论和技术在解决环境污染问题上进一步提高与完善。

#### 1.1.4.6 生物能源的开发

生产力的发展使得人类对能源的需求越来越大，严峻的能源问题日益成为全世界关注的突出问题。生物能源（又称绿色能源）是指从生物质得到的能源，它是人类最早利用的能源。古人钻木取火、伐薪烧炭，实际上就是在使用生物能源。但是通过生物质直接燃烧获得能量是低效而不经济的。随着工业革命的进程，化石能源的大规模使用，生物能源逐步被以煤和石油天然气为代表的化石能源所替代。科学家指出：地球上亿万年积累的化石能源（石油、天然气、煤等），仅能支撑300年的大规模开采就将面临枯竭。人们终于认识到，化石能源的使用不是无限的。未雨绸缪，利用现代科技发展生物能源，是解决未来能源关键所在。当前生物能源的主要形式有沼气、生物制氢、生物柴油和燃料乙醇。

生物能源是一种可再生的清洁能源，开发和使用生物能源，可以从根本上解决能源危机，而且还能改善日益恶化的环境，符合可持续的科学发展观和循环经济的理念。因此，利用生物化学等高技术手段开发生物能源，已成为当今世界发达国家能源战略的重要部分。

毫无疑问，生物化学的发展与深入研究，不仅可以带动和促进一批新的生物科学的分支学科的诞生和发展，而且反过来这些新学科的发展必将大大促进生物化学新的革命，并一定会使生物化学以前所未有的速度迅猛发展和进步，为生命科学谱写新的篇章。

# 1.2　生物分子概论

自然界所有的生命体都由三类物质组成：水、无机离子和生物分子，各自所占的比例如图 1-1 所示。

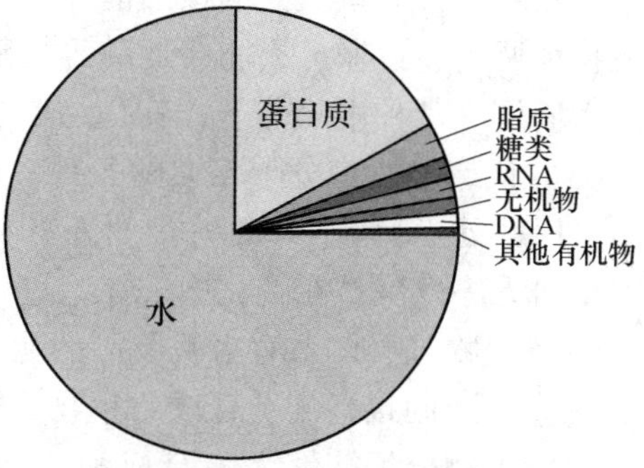


图 1-1　生命体的物质组成
（水：65%~75%，蛋白质：10%~15%，脂质：3%~7%，糖类：2%~4%，核酸：3%~5%，其他有机物：<1%，无机物：2%~3%）

（1）生物分子是生物特有的有机化合物。生物分子（biomolecule）泛指生物体特有的各类分子，它们都属于所谓的有机化合物。典型的细胞含有 10000~100000 种生物分子，其中近半数是小分子，相对分子质量一般在 500 以下；其余都是生物小分子的聚合物，相对分子质量很大，一般在 10000 以上，有的高达 $10^{12}$，因而称为生物大分子。构成生物大分子的小分子单元，称为构件。氨基酸、核苷酸、单糖分别是组成蛋白质、核酸和多糖的构件。

虽然自然界存在着千千万万不同的生物体，但是组成这些生物体的生物分子类型并不多，主要是蛋白质、核酸和多糖等这些生物大分子以及某些特殊的小分子化合物，如维生素、辅酶和激素等，它们是构成生物体和维持生命现象最基本的物质基础和功能基础。

（2）生物分子具有复杂有序的结构。所有的生命过程都以生物分子一定的结构为基础，种类繁多的生物分子都有自己特有的结构。尤其是生物大分子，它们的相对分子质量都很大，构件种类多，数量大，排列顺序千变万化，而其结构十分复杂，估计仅蛋白质就有 $10^{10}$~$10^{12}$种。生物分子又是有序的，每种生物分子有自己的结构特点，所有的生物分子都以一定的有序性（组织性）存在于生命体系中。

（3）生物结构具有特殊的层次。生物用少数几种生物元素（C、H、O、N、S、P）构成小分子构件，如氨基酸、核苷酸、单糖等，再用简单的构件构成复杂的生物大分子，由生物大分子构成超分子集体，进而形成细胞器、细胞、组织、器官、系统和生物体（见图 1-2）。生物的不同结构层有着质的区别：低层次结构简单，没有种属专一性，结合

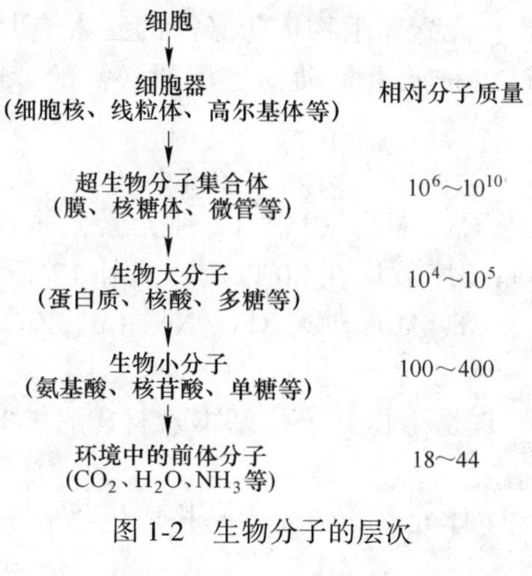


图 1-2　生物分子的层次

力强；高层次结构复杂，有种属专一性，结合力弱。生物大分子是生命的物质基础，生命是生物大分子的存在形式，生物大子的特殊运动体现着生命现象。

（4）生物分子都行使专一的功能。每种生物分子都具有专一的生物功能，糖能提供能量，相对分子质量极大的核酸能储存和携带遗传信息，种类繁多的蛋白质分子行使专一的催化、调节、运输、换能、运动等功能。任何生物分子的存在，都有其特殊的生物学意义。人们研究某种生物分子，就是为了了解和利用它的功能。

（5）代谢是生物分子存在的条件。代谢不仅产生了生物分子，而且使生物分子以一定的有序性处于稳定的状态中，并不断得到自我更新。一旦代谢停止，稳定的生物分子体系就要向无序发展，在变化中解体，进入非生命世界。

（6）生物分子体系有自我复制的能力。遗传物质 DNA 能自我复制，其他生物分子在 DNA 的直接或间接指导下合成。生物分子的复制合成，是生物体繁殖的基础。

（7）生物分子能够人工合成和改造。自然界的生物分子是通过漫长的进化产生的。随着生命科学的发展，人们已经能在体外人工合成各类生物分子，包括合成复杂的生物大分子蛋白质、核酸等，以合成和改造生物大分子为目标的生物技术方兴未艾。

### 1.2.1 生物元素

在生物体中能维持生命活动的必需元素称为生命元素，它们的重要性、数量和分布方式相差很大。有些可以叫做基本元素，因为在所有的生物体中都有；有些元素却只存在于某种生物中。迄今为止，在生物体中发现的元素有 60 多种。其中有 28 种是细胞中所具有的，也是生物体所必需的，称为生物元素。

在这 28 种元素中有 6 种，即 C、H、O、N、P 和 S 对生命起着特别重要的作用，大部分有机物是由这 6 种元素构成的。Ca、K、Na、Mg 和 Cl 5 种元素在生物体内虽然较少，但也是必需的。此外，Mn、Fe、Co、Cu、Zn、Se、I、Cr、Si、V、F、B、Mo、Sn、Ni、As 和 Br 17 种微量元素也是生命不可缺少的。构成生物体的元素具有下列特点。

（1）生物元素都是环境中存在的丰度较高的元素。生物体是在地球上产生的，并同环境变化一起沿着生态系统的稳定性，有选择地取舍环境中的物质而进化发展的，所以生物体采用的构成自身的元素都是环境中存在的，是经过长期的选择确定的。生物元素都是在自然界丰度较高，容易得到，又能满足生命过程需要的元素。

（2）主要生物元素都是轻元素。生物体所必需的元素绝大多数为轻元素，如周期表中开头的 34 种元素中就有 21 种元素是动物生活所必需的，这样就使生物体有较轻的质量。

主要生物元素 C、H、O、N 占生物元素总量的 95% 以上，其原子序数均在 8 以内。它们和 S、P、K、Na、Ca、Mg、Cl 共 11 种元素，构成生物体全部质量的 99% 以上，称为常量元素，其原子序数均在 20 以内。另外 17 种元素称为微量元素，包括 B、F、Si、Se、As、I、V、Cr、Mn、Fe、Co、Ni、Cu、Zn、Sn、Mo、Br，原子序数在 53 以内。

（3）C、H、O、N、S、P 是生物分子的基本素材。图 1-3 是生物分子中 C、H、O、N、S、P 元素含量。

1）C、H 是生物分子的主体元素。碳元素是构成生物分子的主要基础元素。它是Ⅳ

主族中最轻的元素，位于典型金属元素和非金属元素中间，价电子数为4。碳原子的原子核对其价电子有一定的控制能力，既难得到电子，又难失去电子，最适于形成稳定的共价键。碳原子非凡的成键能力和它的四面体构型，使它可以自相结合，形成结构各异的生物分子骨架。碳原子又可通过共价键与其他元素结合，形成化学性质活泼的官能团。

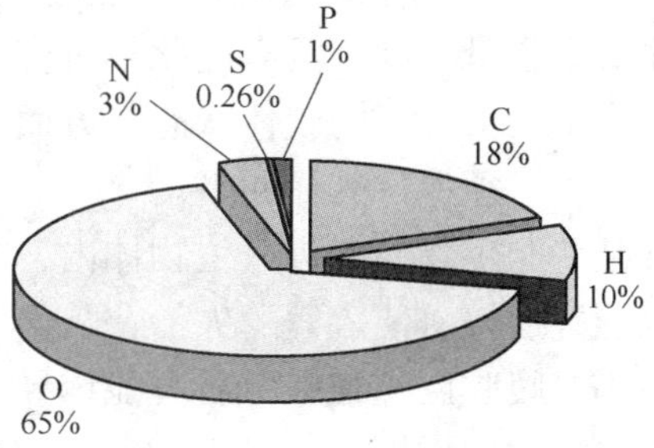


图1-3 生物分子中C、H、O、N、S、P元素含量

氢是Ⅰ主族，也是一切元素中最轻的元素，它作为另一种生物元素，借其稳定的共价键与碳原子结合，构成生物分子的骨架。生物分子的某些氢原子具有还原能力，它们被氧化时可放出能量。生物分子含氢量的多少（以H/C原子数比表示）与它们的供能价值直接相关。氢原子还参与许多官能团的构成，与电负性强的氧氮等原子结合的氢原子还参与氢键的构成，氢键是维持生物大分子的高级结构的重要作用力。

2）氧、氮、硫、磷构成官能团。氮、磷和氧、硫分别是Ⅴ和Ⅵ主族最轻的元素。它们是除碳以外仅有的能形成多价共价键的元素，可形成各种官能团和杂环结构，对决定生物分子的性质和功能具有重要意义。

此外，硫磷还与能量交换直接相关。生物体内重要的能量转换反应，常与硫磷的某些化学键的形成及断裂有关。一些高能分子中的磷酸苷键和硫酯键是高能键。

（4）微量无机生物元素大多为过渡元素。从表1-1可以看出，生物体所必需的微量元素大多为过渡元素，这与它们核外的原子轨道中有未被填满的d轨道有关。过渡元素具有空轨道，能与具有孤对电子的原子以配位键结合。不同过渡元素有不同的配位数，可形成各种配位结构，如三角形、四面体、六面体等。过渡元素的配合效应在形成并稳定生物分子的构象中，具有特别重要的意义。

**表1-1 生物体内的微量元素及其原子序数**

| 元素 | 原子序数 | 元素 | 原子序数 | 元素 | 原子序数 | 元素 | 原子序数 |
|---|---|---|---|---|---|---|---|
| 硼 | 5 | 氯 | 17 | 锰 | 25 | 硒 | 34 |
| 氟 | 9 | 钾 | 19 | 铁 | 26 | 钼 | 42 |
| 钠 | 11 | 钙 | 20 | 钴 | 27 | 锡 | 50 |
| 镁 | 12 | 钒 | 23 | 铜 | 29 | 碘 | 53 |
| 硅 | 14 | 铬 | 24 | 锌 | 30 | | |

过渡元素对电子的吸引作用，还可导致配体分子的共价键发生极化，这对酶的催化很有用。已发现三分之一以上的酶含有金属元素，其中仅含锌酶就有一百多种。$Fe^{2+}$($Fe^{3+}$)和Cu($Cu^{2+}$)等多价金属离子还可作为氧化还原载体，担负传递电子的作用。在光系统Ⅱ中，四个锰原子构成一个电荷累积器，可以累积失去四个电子，从而一次氧化两分子水，释放出一分子氧气，避免有害中间产物的形成。细胞色素氧化酶中的铁-铜中心也有类似功能。

(5) 常量离子具有电化学效应。$K^+$、$Na^+$、$Cl^-$、$Ca^{2+}$、$Mg^{2+}$等常量离子，在生物体的体液中含量较高，具有电化学效应。它们在保持体液的渗透压、酸碱平衡、形成膜电位及稳定生物大分子的胶体状态等方面有重要意义。各种生物元素对生命过程都有不可替代的作用，必须保持其代谢平衡。

某些非生物元素进入生物体内，能干扰生物元素的正常功能，从而表现出毒性作用。如镉能置换锌，使含锌酶失活，从而使人中毒。某些非生物元素对人体有益，如有机锗可激活小鼠腹腔巨噬细胞，后者能诱导细胞分泌白细胞介素和干扰素，从而发挥免疫监视、防御和抗肿瘤作用。

### 1.2.2 生物分子中的作用力

生物分子中的作用力有以下几种。

(1) 两类不同水平的作用力。物质间的相互作用是电磁力，引力与斥力都起作用。原子、分子与生物高层次结构，都是引力和斥力的统一体。原子与原子、分子与分子，相互结合形成高一级层次结构时，体系的能量降低，伴随能量的释放，所释放的能量称为结合能。不同物质层次的相互作用不同，结合能的大小不一。一般来说，物质的层次越低，尺度越小，其相互作用力越强；物质层次越高，尺度越大，相互作用力越弱。不同水平的作用力在不同的结构层次上起着不同的作用。

生物体系有两类不同的作用力：一类是生物元素借以结合成为生物分子的强作用力——共价键；另一类是决定生物分子高层次结构和生物分子之间借以相互识别、结合、作用的弱作用力——非共价相互作用。

(2) 共价键是生物分子的基本形成力。共价键是两个电负性相差不大的原子，借共用电子对所形成的化学键。具有自旋反平行的单电子的两个原子，接近到一定距离时，两者之间的作用为相互吸引。体系的能量随核间距离的缩小而减低，核间距离缩小到引力与斥力达到平衡时，体系的能量最低，即形成稳定的共价键。这时两个原子的成键电子云重叠，电子运动主要集中到核间，把两个带正电荷的原子紧紧地结合在一起。通过共价键，分子中的各个原子结合成为具有一定共价结构的分子。只有通过化学反应，破坏一些共价键和形成一些共价键，才能改变分子的共价结构。

配位键（coordinate bond）是特殊的共价键，它的共用电子对是由一个原子提供的。在生物分子中，常以过渡元素为电子受体，以化学基团中的 O、N、S、P 等为电子供体，形成多配位配合物。过渡元素都有固定的配位数和配位结构。在生物体系中，形成的多配位体，对稳定生物大分子的构象，形成特定的生物分子复合物具有重要意义。由多配位体所产生的立体异构现象，甚至比手性碳所引起的立体异构现象更为复杂。金属元素的配合效应，因能导致配体生物分子内键发生极化，增强其反应性，而与酶的催化作用有关。

(3) 非共价相互作用是生物高层次结构主要作用力。

1) 非共价作用力对生物体系意义重大。非共价相互作用是生物高层次结构的主要作用力，包括氢键、静电作用力、范德华力和疏水作用力。这些力属于弱作用力，其强度比共价键低一两个数量级。这些力单独作用时，的确很弱，极不稳定，但在生物高层次结构中，许多弱作用力协同作用，往往起到决定生物大分子构象的作用。可以毫不夸张地说，没有对非共价相互作用的理解，就不可能对生命现象有深刻的认识。

各种非共价相互作用结合能的大小也有差别，在不同级别生物结构中的地位也不同。结合能较大的氢键，在较低的结构级别（如蛋白质的二级结构），较小的尺度间，把氢受体基团与氢供体基团结合起来。结合能较小的范德华力则主要在更高的结构级别、较大的尺度间把分子的局部结构或不同分子结合起来。

2）氢键。氢原子与半径小、电负性大的原子形成共价键时，共用电子对偏离氢原子，使氢原子核几乎裸露出来。当另一个电负性强的原子与之接近时，即可与之结合形成氢键。氢键是一种弱作用力，键能只相当于共价键的1/30~1/20(12~30kJ/mol)，容易被破坏，并具有一定的柔性，容易弯曲。氢原子与两侧的电负性强的原子呈直线排列时，键能最大，当键角发生20°偏转时，键能降低20%。氢键的键长比共价键长，比范德华距离短，为0.26~0.31nm。

氢键对生物体系有重大意义，特别是在稳定生物大分子的二级结构中起主导作用。

3）范德华力。范德华力是普遍存在于原子和分子间的弱作用力，是范德华引力与范德华斥力的统一。引力和斥力分别与原子间距离的6次方和12次方成反比。两者达到平衡时，两个原子或原子团间保持一定的距离，即范德华距离，它等于两个原子范德华半径之和。每个原子或基团都有各自的范德华半径。

范德华力比氢键弱得多。两个原子相距范德华距离时的结合能约为4kJ/mol，仅略高于室温时平均热运动能（2.5kJ/mol）。如果两个分子表面几何形态互补，由于许多原子协同作用，范德华力就能成为分子间有效引力。范德华力对生物多层次结构的形成和分子的相互识别与结合有重要意义。

4）荷电基团相互作用。荷电基团相互作用，包括正负荷电基团间的引力，常称为盐键（salt bond）和同性荷电基团间的斥力。力的大小与荷电量成正比，与荷电基团间的距离平方成反比，还与介质的极性有关。介质的极性对荷电基团相互作用有屏蔽效应，介质的极性越小，荷电基团相互作用越强。例如，$—COO^-$与$—NH_3^+$间在极性介质水中的相互作用力，仅为在蛋白质分子内部非极性环境中的1/20，在真空中的1/80。

5）疏水相互作用。疏水相互作用（hydrophobic interaction）比范德华力强得多。例如，一个苯丙氨酸侧链由水相转入疏水相时，体系的能量降低约40kJ/mol。

生物分子有许多结构部分具有疏水性质，如蛋白质的疏水氨基酸侧链、核酸的碱基、脂肪酸的烃链等。它们之间的疏水相互作用，在稳定蛋白质、核酸的高层次结构和形成生物膜中发挥着主导作用。

### 1.2.3 生物分子低层次结构的同一性

生物分子低层次结构的同一性表现在以下几个方面。

（1）碳架是生物分子结构的基础。碳架是生物分子的基本骨架，由碳、氢构成。生物分子碳架的大小组成不一，几何形状结构各异，具有丰富的多样性。生物小分子的相对分子质量一般在500以下，包括2~30个碳原子。碳架结构有线形的，有分支形的，也有环形的；有饱和的，也有不饱和的。变化多端的碳架与种类有限的官能团，共同组成形形色色的生物分子的低层次结构——生物小分子。

（2）官能团限定分子的性质。

1）官能团是易反应基团。官能团（function group）是生物分子中化学性质比较活泼，容易发生化学反应的原子或基团。含有相同官能团的分子，具有类似的性质。生物小分子常按官能团进行分类命名，官能团限定生物分子的主要性质。然而，在整个分子中，某一官能团的性质总要受到分子其他部分电荷效应和立体效应的影响。任何一种分子的具体性质，都是其整体结构的反映。

2）主要的官能团。生物分子中的主要官能团和有关的化学键有如下几种。

羟基（hydroxyl group，—OH），是醇的定义基团。有极性，一般不解离，能与酸生成酯，可作为氢键供体。

羰基（carbonyl group，$>C{=}O$），是醛或酮的定义基团，有极性，可作为氢键受体。

羧基（carboxyl group，—COOH），是羧酸的定义基团，有极性，能解离，一般显弱酸性。

氨基（amino group，$—NH_2$），是胺的定义基团，有极性，可结合质子生成铵阳离子。

酰氨基（amido group，$—\overset{\overset{\large O}{\|}}{C}—\overset{\overset{\large H}{|}}{N}—$），由羧基与氨基缩水结合成酰胺，有极性，其中的 $>C{=}O$ 、$>NH$ 都可作为氢键供体。肽链中连接氨基酸的酰胺键称为肽键。

巯基（sulfhydryl group，—SH），是硫醇的定义基团，有极性，在中性条件下不解离，易氧化成二硫键—S—S—。

胍基（guanidino group $—NH—\overset{\overset{\large NH}{\|}}{C}—NH_2$），是强碱性基团，可结合质子。胍基磷酸键是高能键。

双键（double bond $>C{=}C<$），由一个 σ 键和一个 π 键构成，其中 π 键键能小，电子流动性很大，易发生极化断裂而产生反应。双键不能旋转，有顺反异构现象。

焦磷酸键（pyrophosphate bond $O^-—\underset{\underset{\large O^-}{|}}{\overset{\overset{\large O}{\|}}{P}}—O—\underset{\underset{\large O^-}{|}}{\overset{\overset{\large O}{\|}}{P}}—O^-$），由磷酸缩合而成，是高能键。1mol ATP 水解成 ADP 可放出 30.5kJ 能量，而葡萄糖-6-磷酸只有 13.8kJ。

氧酯键（ester bond $—\overset{\overset{\large O}{\|}}{C}—O—\underset{|}{\overset{|}{C}}—$）和硫酯键（thioester bond $—\overset{\overset{\large O}{\|}}{C}—S—\underset{|}{\overset{|}{C}}—$），分别由羧基与羟基和巯基缩水而成。硫酯键是高能键。

磷酸酯键（phosphoester bond $—\underset{|}{\overset{|}{C}}—O—\underset{\underset{\large O^-}{|}}{\overset{\overset{\large O}{\|}}{P}}—O^-$），由磷酸与羟基缩水而成。磷酸与两个羟基结合时，称为磷酸二酯键。这两种键中的磷酸羟基可解离成阴离子。

生物小分子大多是双官能团或多官能团分子，如糖是多羟基醛（酮），氨基酸、羟酸、酮酸分别是含有氨基、羟基、羰基的羧酸。官能团在碳链中的位置和在碳原子四周的空间排布的不同，进一步丰富了生物分子的异构现象。

（3）杂环集碳架和官能团于一体。杂环是碳环中有一个或多个碳原子被氮、氧、硫等杂原子取代所形成的结构。由于杂原子的存在，杂环体系有了独特的性质。生物分子大多有杂环结构，最常见的杂环是五元杂环、六元杂环和稠杂环。如氨基酸中有咪唑、吲哚，核苷酸中有嘧啶、嘌呤，糖结构中有吡喃和呋喃。

（4）异构现象丰富了分子结构的多样性。

1）生物分子有复杂的异构现象。异构体是原子组成相同而结构或构型不同的分子。

①结构异构。由于原子之间连接方式不同所引起的异构现象称为结构异构。结构异构包括由碳架不同产生的碳架异构、由官能团位置不同产生的位置异构和由官能团不同而产生的官能团异构。如丙基和异丙基互为碳架异构体，α-丙氨酸和 β-丙氨酸互为位置异构体，丙醛糖和丙酮糖互为官能团异构体。

②立体异构。同一结构异构体，由于原子或基团在三维空间的排布方式不同所引起的异构现象称为立体异构现象。立体异构可分为构型异构和构象异构。通常将分子中原子或原子团在空间位置上一定的排布方式称为构型。构型异构是结构相同而构型不同的异构现象，构型异构又包括顺反异构和光学异构。构型相同的分子，可由于单键旋转产生很多不同立体异构体，这种现象称为构象异构。

③互变异构。两种异构体互相转变，并可达到平衡的异构现象。

各种异构现象丰富了生物分子的多样性，扩充了生命过程对分子结构的选择范围。

2）手性碳原子引起的光学异构。左手与右手互为实物与镜像的关系，不能相互重合。分子与其镜像不能相互重合的特性称为手性，生物分子大多具有手性。结合 4 个不同原子或基团的碳原子，与其镜像不能重合，称为手性碳原子，又称不对称碳原子。手性碳原子具有左手与右手两种构型。

具有手性碳原子的分子，称为手性分子。具有 $n$ 个手性碳原子的分子，有 $2^n$ 个立体异构体。两两互有实物与镜像关系的异构体，称为对映体。彼此没有实物与镜像关系的，称为非对映体。对映体不论有几个手性碳原子，每个手性碳原子的构型都对映相反。非对映体有两个或两个以上手性碳原子，其中只有部分手性碳原子构型相反。其中只有一个手性碳原子构型相反的，又称为差向异构体。手性分子具有旋光性，所以又称为光学异构体。

3）双键引起顺反异构。双键也是手性因素。由于碳碳双键的旋转受到限制，从而限定以单键结合于双键的两个烯碳原子的 4 个基团或原子的空间取向，这种由于双键所产生的构型异构，称为顺反异构。

4）单键旋转引起构象异构。结合两个多价原子的单键的旋转，可使分子中的其余原子或基团的空间取向发生改变，从而产生种种可能的有差别的立体形象，这种现象称为构象异构。构象异构赋予生物大分子的构象柔顺性。与构型相比，构象是对分子中各原子空间排布情况的更深入的探讨，以阐明同一构型分子在非键合原子间相互作用的影响下，所发生的立体结构的变化。

5）互变异构。两种异构体同时存在，又能相互转变而处于动态平衡状态的现象，称为互变异构。生物分子中常见的互变异构体系主要是酮-烯醇互变异构。

互变异构有一定的平衡常数。25℃下，丙酮在水中平衡时，烯醇式仅占（1~2）×$10^{-6}$。互变异构现象具有重要生物学意义，DNA中碱基的互变异构与自发突变有关，酶的互变异构与催化有关，在代谢过程中也常发生代谢物的互变异构。

### 1.2.4 生物分子高层次结构的同一性

生物分子高层次结构的同一性有如下表现。

（1）生物大分子又称生物多聚物。生物大分子都是低分子量构件分子的线形多聚物，又称生物多聚物。构件都是双官能团或多官能团分子，通过官能团缩水结合，将构件分子连接起来。在生物大分子中，构件的保留部分称为残基。残基的相对分子质量等于构件相对分子质量减去18。残基在生物大分子中小的线性顺序称为序列。由同一种构件聚合而成的叫同聚物，如糖原、淀粉、纤维素由葡萄糖聚合而成。由不同构件聚合而成的叫杂聚物，如蛋白质、核酸和某些寡糖等。

（2）生物大分子具有多级结构。作为生物结构一个重要层次的生物大分子本身又有多级结构，构件按一定顺序连成一级结构。一级结构在空间的走向是二级结构，二级结构再盘绕组合形成三级结构。有的再由一定数目的三级结构单元缔合而成四级结构。

（3）一级结构按照模板指导组装原则合成。生物大分子的一级结构是在生物遗传信息的直接或间接指导下合成的，如DNA指导DNA和RNA合成，RNA指导蛋白质合成。这种以先在的信息分子为模板的组装过程，称为模板指导组装。

（4）高级结构按照自我组装原则形成。生物大分子的一级结构是形成其高级结构的基础。一级结构合成以后，根据确定的一级结构，就能自发地依次组装形成确定的高级结构，这就是自我组装原则。一级结构中不仅包含了自我组装形成高级结构的全部信息，还能提供自我组装所需的能量，即非键合原子间的非共价作用力。

（5）生物大分子按照互补性原则相结合。在形成生物大分子高级结构和超分子集合体时，相互结合的分子表面间往往有互补性（见图1-4）。这种互补性关系包括：分子接触面的几何学凹凸相依互补关系，借以达到两者之间的最大范德华接触；位于分子表面的亲水区与非亲水区、氢键供体与氢键受体、正电荷基团与负电荷基团的匹配对应关系等。

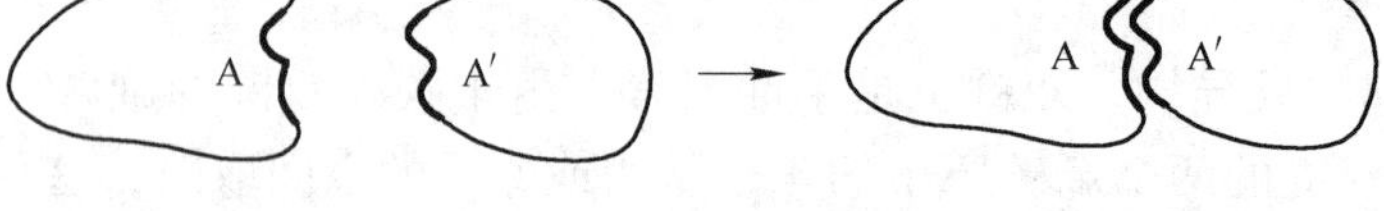

图1-4 分子间互补性表面的结合

通过分子互补表面间的各种非共价相互作用，最大限度地降低了体系的能量水平，这是形成稳定复合结构的动力。分子结合的互补性规定了分子相互结合的专一性，也规定了各个分子在复合结构中的定位和取向以及所形成的结构整体面貌。必须强调指出：生物分子间的互补性结合完全不同于锁-钥之间的那种僵硬的机械结合，而是一个诱导契合的过程，即在结合过程中，彼此诱导对方发生构象变化，通过结合-诱导-结合的过程，最后才达到两者间的完全契合。

## 习 题

1-1 为什么说生物化学是生命科学的前沿与基础?

1-2 请举例说明生物化学与其他科学的关系。

1-3 简述21世纪的生物化学重要研究领域。

1-4 简述生物分子间的作用力。

# 2 细胞、脂类与生物膜

**本章要点：**

(1) 细胞的类型及结构；

(2) 脂类的组成与主要功能；

(3) 生物膜的组成、结构与主要功能。

## 2.1 细　　胞

细胞是生命体活动的基本单位，主要由细胞壁、细胞膜、细胞液、细胞核和各种细胞器组成。生命体内所有的生理功能和化学反应都是在细胞及其合成排泄基质的基础上进行的。生物依组成个体的细胞数可分为单细胞生物与多细胞生物，后者由许多细胞共同组成个体，这些细胞分司不同功能以维持个体生存。细胞内各种生物分子的化学与空间结构、生物分子间的化学反应、生物分子的合成与降解、物质代谢与能量代谢的调控以及遗传信息的传递与表达等都是生物化学研究的主要内容。

### 2.1.1 细胞的元素组成

细胞是生命活动的基本结构和功能单位，它是由膜包被的一种原生质团，通过质膜与周围环境进行物质和信息交流。细胞具有自我复制能力，是有机体生长发育的基础。细胞是代谢与功能表达的基本单位，具有一套完整的代谢和调节系统。细胞是遗传的基本单位，具有发育的全能性。

组成细胞的基本元素包括氧、碳、氢、氮、硅、钾、钙、磷、镁等，其中氧、碳、氢、氮元素含量占90%以上。所有细胞都是由水、蛋白质、糖、脂、核酸等生物分子和盐及各种微量有机化合物组成的（见表2-1）。

**表2-1　细胞化学组成**（以细菌为例）

| 化学成分 | 细胞中的质量分数/% | 分子的种类 |
|---|---|---|
| 水 | 70 | 1 |
| 无机离子 | 1 | 20 |
| 简单糖及其前体 | 1 | 250 |
| 氨基酸及其前体 | 0.4 | 100 |
| 核苷及其前体 | 0.4 | 100 |
| 脂肪酸及其前体 | 1 | 50 |
| 大分子（蛋白质、核酸和多糖） | 26 | 3000 |
| 其他小分子 | 0.2 | 300 |

## 2.1.2 细胞的类型

在生物进化过程中，形成了两种不同类型的细胞，这两类细胞分别为原核细胞（prokaryotic cells）和真核细胞（eukaryotic cells）。具有原核细胞的生物称为原核生物（prokaryotes），主要包括细菌和蓝绿藻；具有真核细胞的生物称为真核生物（eukaryotes），包括微生物中的酵母和真菌以及所有的动、植物。

2.1.2.1 原核细胞

原核细胞最典型的特点是没有核膜。遗传物质集中在细胞的一个区域，称为核区。原核细胞的表面特征是具有鞭毛和纤毛，它们在形态上有很大差异，但有着共同的特征（见图 2-1）。鞭毛是一种长的管状突起，由一种称为鞭毛蛋白的蛋白质组成，鞭毛具有使细胞运动的功能。纤毛（或称为菌毛）为一种短的丝状物，也是由一种特异蛋白质构成，称为纤毛蛋白。只有一部分细菌具有纤毛，纤毛与细菌运动无关，但能帮助细菌吸附在细菌表面，并具有在细胞间传递遗传物质的功能。

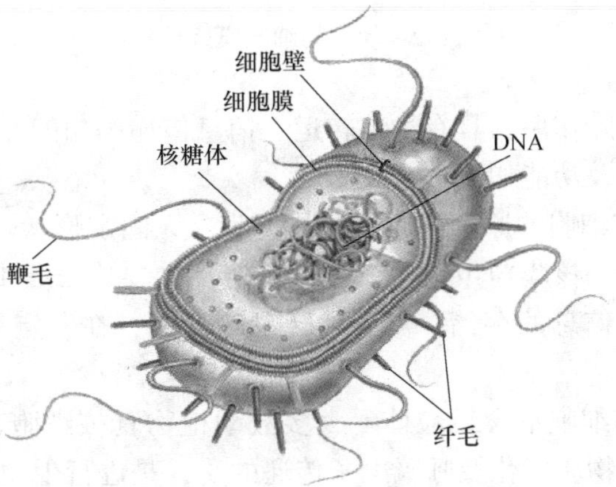


图 2-1 原核细胞模式结构

2.1.2.2 真核细胞

真核细胞具有细胞核和各种细胞器（见图 2-2）。植物细胞除了具有动物细胞所具有的基本结构外，还具有细胞壁、叶绿体、液泡等。细胞壁是由多糖构成的薄层坚韧结构；叶绿体是进行光合作用的细胞器。此外，植物细胞中还有大小不等的液泡，它储藏细胞的一些代谢物，参与细胞质组分的周转，与植物组织的水分关系（膨压、紧张性、生长伸长、抗寒性）十分密切。

## 2.1.3 细胞的结构及功能

在细胞内，有各种各样的特异分化的亚细胞结构，称为细胞器。细胞器具有独立的相态，特定的生理功能。细胞内除了各种细胞器以外的可溶性部分，称为细胞液，细胞液是各种细胞器之间互相联系的介质。细胞膜是包在细胞外面的一层薄膜，由双分子脂质层和蛋白质构成。细胞膜不仅将细胞与外界隔开，而且还向内延伸，在细胞内隔成大小不同的

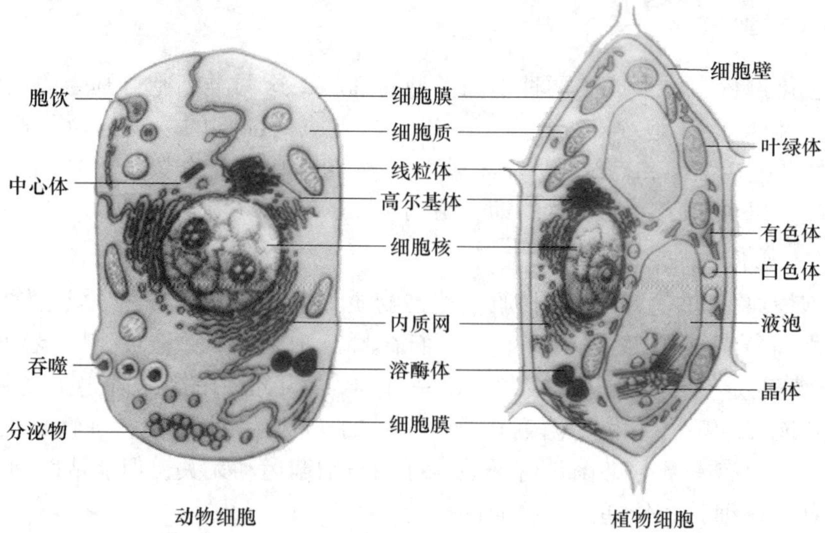


图 2-2　动植物细胞模式结构

区域。细胞膜起通透屏障作用，具有物质转运、信息传递等功能。

细胞器的主要组成及功能如下：

（1）细胞核。原核细胞的原始核无核仁与核膜，无固定形状，只有一个含 DNA 的区域；真核细胞含有核仁、核膜与组蛋白，形状固定，主要成分是 DNA、RNA 和有关的合成酶。细胞核具有遗传信息的存储、复制和转录等功能，在一定程度上控制着细胞的代谢、分化与繁殖。

（2）线粒体。原核细胞不含线粒体，大多数动植物真核细胞都含有线粒体。线粒体膜及基质中分布着有关物质氧化及呼吸电子传递的酶，是进行生物代谢和能量转换的最重要场所。

（3）核糖体。原核、真核生物都具有核糖体，它没有膜包裹，由核糖核酸与多种蛋白质构成。核糖体是细胞内蛋白质合成的“车间”，是蛋白质生产的主要场所。有的核糖体游离于细胞基质中，有的附着于糙面内质网上。

（4）内质网。原核细胞内无内质网，所有真核生物都具有。由细胞膜引申形成的小管和小胞构成，分为滑面内质网和糙面内质网两种类型。前者表面没有核糖体，后者表面附有许多颗粒状核糖体。内质网参与蛋白质、甘油酯和磷脂的合成及解毒等。

（5）高尔基体。真核细胞内由网状小管或泡组成的复杂结构，它的膜与内质网紧密联系在一起。高尔基体具有聚集、浓缩和储存新合成蛋白质的作用，对某些特异蛋白有修饰加工和分泌的功能，与细胞内物质的转运和细胞膜更新有关。

（6）溶酶体。由 30~40 种水解酶和膜基质组成的一种细胞器，能将外源性物质分解成小分子，是细胞内代谢物质分解、清除的主要场所。

（7）叶绿体。存在于绿色植物和藻类的细胞中，含有叶绿素，是进行光合作用的场所。

# 2.2 脂　　类

脂类是脂肪及类脂的总称，泛指不溶于水，易溶于有机溶剂的各类生物分子。脂类都含有碳、氢、氧元素，有的还含有氮和磷。脂类所包括的物质范围很广，结构差异也大。它们的共同特征是以长链或稠环脂肪烃分子为母体。脂类分子中没有极性基团的称为非极性脂；有极性基团的称为极性脂。极性脂的主体是脂溶性的，其中的部分结构是水溶性的。脂类不仅是生物体重要能源物质，而且参与机体的多种重要的生理功能。脂类也是构成生物膜的重要成分，细胞内的磷脂几乎都集中在生物膜中。另外，还有一些脂类物质具有特殊生理活性，如某些维生素和激素等。

## 2.2.1 脂类的分类

脂类按其化学结构可分为单脂、复脂和其他脂。

### 2.2.1.1 单脂

单脂是由各种高级脂肪酸与甘油或高级一元醇所生成的酯。

(1) 脂肪。脂肪是由甘油与三分子脂肪酸结合所生成的三酰甘油或称甘油三酯。一般室温时为固态的脂肪称为脂，或中性脂；一般室温时为液态的脂肪，称为油，或脂性油。就化学本质来说，脂含较多饱和脂肪酸，油含较多不饱和脂肪酸和低分子脂肪酸。

(2) 蜡。蜡是由高级脂肪酸和高级脂肪醇所生成的酯，如虫蜡、蜂蜡。

(3) 固醇酯。固醇酯是由脂肪酸和胆固醇所生成的酯。

### 2.2.1.2 复脂

复脂是指分子中除了含有脂肪酸和各种醇以外，还含有其他物质的脂，包括以下两种。

(1) 磷脂。磷脂分子中含有磷酸和有机碱，包括磷脂酸和各种磷脂。

(2) 糖脂。糖脂分子中含有糖类及其他物质，有脑苷脂（水解产物为脂肪酸、鞘氨醇和糖）和神经节苷脂（由脂肪酸、硝氨醇、糖和神经氨酸组成）。

磷脂是主要的复脂。复脂又称类脂，含有极性基团，是极性脂。

### 2.2.1.3 其他脂

其他脂包括不含脂肪酸的非皂化脂、衍生脂、结合脂类。

(1) 非皂化脂。非皂化脂包括类固醇、萜类和前列腺素类。不含脂肪酸，不能被碱水解的，称为非皂化脂。类固醇又称甾醇，是以环戊烷多氢菲为母核的一种脂类。胆固醇是人体内最重要的类固醇，它因有羟基而属于极性脂。萜类是异戊二烯聚合物，前列腺素是二十碳酸衍生物。

(2) 衍生脂。衍生脂是由单纯脂和复合脂衍生而来或者结构类似，并同时具有脂类一般性质的物质，如甘油、脂肪酸及其氧化产物，乙酰辅酶 A。

(3) 结合脂类。结合脂类是脂与糖或蛋白质结合，形成脂多糖和脂蛋白。

## 2.2.2 脂类物质的生理意义

脂类物质具有重要的生理作用，可归纳如下几点。

（1）储存能量和氧化供能。脂类物质最重要的功能之一就是储能和供能，在体内储存的脂类物质90%以上是甘油三酯，其氧化产生的能量比糖和蛋白质多一倍以上。根据计算，脂肪组织储存的能量约占人体可动用能量的85%，主要分布在皮下组织、腹腔大网膜及肠系膜等处，是机体最主要的储存能源。

（2）提供必需脂肪酸，协助和促进脂溶性维生素的吸收。必需脂肪酸（亚油酸、亚麻酸）是维持机体正常代谢的营养素，是构成磷脂的重要组成成分。花生四烯酸是合成前列腺素、血栓素和白三烯的原料。脂类物质也可促进脂溶性维生素A、维生素D、维生素E、维生素K和胡萝卜素的吸收，这些物质在调节细胞代谢上均有重要作用。

（3）保温和保护作用。人体皮下脂肪可以防止热量的散失而起保温作用，以维持正常体温。另外，以液态的甘油三酯为主要成分的脂肪组织具有防振和防撞击作用，可起缓冲作用而保护内脏和肌肉免受损伤。

（4）机体的主要结构成分。类脂特别是磷脂和胆固醇，是所有生物膜的重要组分。这些膜能维持细胞的完整，间隔细胞内部的不同部分。这些类脂的量是恒定的，不因肥胖而增加，不因饥饿而减少。

（5）参与机体代谢调节。胆固醇在体内可以转化成多种激素类物质，如肾上腺皮质激素和性激素等，因此具有广泛的调节代谢作用。脂类代谢产生的多种中间产物，如甘油二酯、三磷酸肌醇等广泛参与细胞内信号的传递，是重要的第二信使。

### 2.2.3 单脂

#### 2.2.3.1 脂肪酸

天然脂肪酸为无分支的具有偶数碳原子的饱和与不饱和脂肪酸族羧酸。按碳原子数目不同，可分为短链（2~4个碳原子）、中链（6~10个碳原子）及长链（12~26个碳原子）脂肪酸。按是否含双键分为饱和、不饱和脂肪酸。不饱和脂肪酸按所含双键的数目又分为单不饱和脂肪酸和多不饱和脂肪酸。自然界的脂肪酸达100多种，常见的脂肪酸列于表2-2。

油酸是哺乳动物中常见的不饱和脂肪酸。哺乳动物本身不能合成亚油酸和亚麻酸这两种不饱和脂肪酸，必须从食物中获得，因此称它们为“必需脂肪酸”。植物能合成亚油酸和亚麻酸，所以植物是这两种脂肪酸的最初来源。

**表2-2 某些天然存在的脂肪酸**

| 简写符号 | | 普通名称 | 结构简式 |
|---|---|---|---|
| 饱和脂肪酸 | 14：00 | 豆蔻酸 | $C_{13}H_{27}COOH$ |
| | 16：00 | 软脂酸 | $C_{15}H_{31}COOH$ |
| | 18：00 | 硬脂酸 | $C_{17}H_{35}COOH$ |
| | 20：00 | 花生酸 | $C_{19}H_{39}COOH$ |
| | 22：00 | 山嵛酸 | $C_{21}H_{43}COOH$ |
| | 24：00 | 掬焦油酸 | $C_{23}H_{47}COOH$ |
| | 26：00 | 蜡酸 | $C_{25}H_{51}COOH$ |

续表 2-2

| 简写符号 | | 普通名称 | 结构简式 |
|---|---|---|---|
| 不饱和脂肪酸 | 16：$1\Delta^{9}$ | 棕榈油酸 | $C_{15}H_{29}COOH$ |
| | 18：$1\Delta^{9}$ | 油酸 | $C_{17}H_{33}COOH$ |
| | 18：$2\Delta^{9,12}$ | 亚油酸 | $C_{17}H_{31}COOH$ |
| | 18：$3\Delta^{9,12,15}$ | α-亚麻酸 | $C_{17}H_{29}COOH$ |
| | 18：$3\Delta^{6,9,12}$ | γ-亚麻酸 | $C_{17}H_{29}COOH$ |
| | 18：$3\Delta^{9,11,13}$ | 棕榈酸 | $C_{17}H_{29}COOH$ |
| | 20：$3\Delta^{5,8,11,14}$ | 花生四烯酸 | $C_{13}H_{31}COOH$ |

动物体中的脂肪酸通常比较简单，都是直链的，可含最多六个双键；而细菌的脂肪酸最多只有一个双键，到目前为止细菌不饱和脂肪酸中还未发现有两个或两个以上双键的不饱和脂肪酸。此外，细菌中还含有支链（带甲基）的、含羟基的和环丙基的脂肪酸，如结核酸就是饱和支链脂肪酸。

植物脂肪酸中也有含炔键、环氧基、羟基和酮基或环丙烯基的。通常，在高等植物和低温生活的动物中，不饱和脂肪酸的含量高于饱和脂肪酸。

2.2.3.2　脂肪

A　脂肪的结构

脂肪是由一分子甘油与1~3分子脂肪酸所形成的酯。根据脂肪酸数量，可分为单酰甘油、二酰甘油和三酰甘油（也称为甘油三酯）。前两者在自然界中存在极少，而三酰甘油是脂类中含量最丰富的一类。通常所说的脂肪就是指三酰甘油。脂肪的化学结构通式如下：

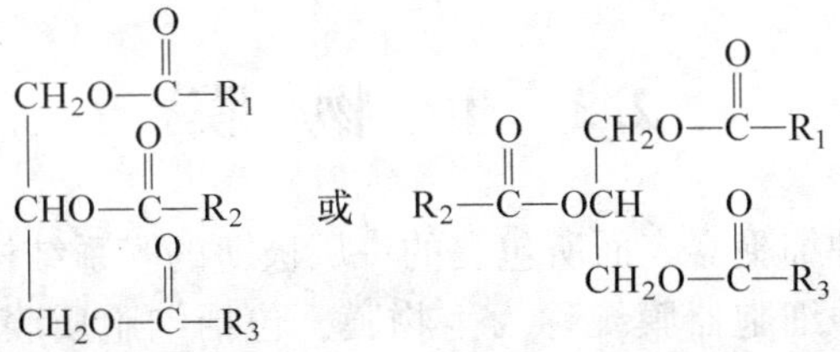

式中，$R_1$、$R_2$及$R_3$为各种脂肪酸的烃基，若$R_1$、$R_2$、$R_3$相同，则成为单纯甘油酯，命名时称三某脂酰甘油，如三硬脂酰甘油，三油酰甘油等；若$R_1$、$R_2$、$R_3$完全不相同，则成为混合甘油酯，命名时以α、β和γ分别表示不同脂肪酸的位置。

大多数植物脂肪如豆油、花生油等，因所含的不饱和脂肪酸比例较高（超过70%），具有较低的凝固点（或熔点）且在常温时为液体，故称为油。动物脂肪中不饱和脂肪含量低，凝固点比较高，在常温下呈固态，一般称为脂。生物体内的脂肪酸主要是十六个碳和十八个碳的饱和或不饱和脂肪酸。

B　脂肪的性质

脂肪不溶于水，而溶于有机溶剂（如苯、石油醚、乙醚等）。也就是说，它们是疏水的或在分子内有显著疏水部分。脂肪本身能溶解脂溶性维生素（如维生素A、D、E、

K）。脂肪的主要化学性质有如下几点。

（1）水解和皂化。脂肪可被酸、碱、蒸汽及酯酶水解，生成甘油和脂肪酸。在碱性溶液中，脂肪被水解而得到甘油和脂肪酸盐，这种水解称为皂化作用，得到的脂肪酸盐称为皂。甾体化合物、脂溶性维生素等溶于脂肪，但不被碱水解，故称不皂化物。

（2）酸败作用。脂肪在潮湿空气中久置产生臭味，称酸败现象。酸败的原因有两点：1）脂类长期经光和热或微生物作用水解，产生自由脂酸，低分子脂肪酸具有臭味；2）空气中的氧使不饱和的脂酸氧化，产生醛、酮，也有臭味。

（3）乙酰化作用。乙酰化是脂类的羟基脂肪酸产生的反应，含羟基的甘油酯和醋酸酐作用形成乙酰化酯（即乙酰基与—OH 基结合）。

（4）几种分析指标。

1）皂化值：指皂化 1g 脂肪所需的 KOH 的质量（以毫克为单位计）。根据皂化值的高低可知脂肪酸的平均相对分子质量，即：

$$平均相对分子质量=\frac{3\times56\times1000}{皂化价}$$

式中，56 为 KOH 的相对分子质量；3 是中和 1 当量脂肪的脂酸需要 3 当量的 KOH。

皂化值与脂肪（或脂酸）的相对分子质量成反比。

2）碘值：指 100g 脂肪所吸收的碘的质量（以克为单位计）。脂肪中的不饱和脂肪酸的双键可与碘起加成作用，形成碘化物。由碘值高低可知脂肪酸的不饱和程度，这在油脂分析上有重要的意义。

3）酸值：指中和 1g 脂类的游离脂酸所需要 KOH 的质量（以毫克为单位计）。它和皂化值的实质一样，酸值高低可以判断脂肪酸败程度。

4）乙酰化值：指中和由 1g 乙酰脂经皂化释放出的乙酸所需要 KOH 的质量（以毫克为单位计），从乙酰化值的高低可看出脂肪羟基化程度。

## 2.3 生 物 膜

生物膜是细胞和各种细胞器表面所包裹的一层极薄的膜系结构，具有高度选择性的半透性屏障。细胞膜和各种细胞器膜统称为生物膜，包括细胞质膜（细胞膜）、线粒体膜、内质网膜、高尔基体膜、溶酶体膜及核膜等。生物膜系在细胞的生命活动中具有十分重要的作用，生物体内许多重要的生命活动过程均与生物膜有关，生物膜执行各种生物学功能是与其化学组成、结构及特点密切相关的。

### 2.3.1 生物膜的化学组成

生物膜主要是由脂质（主要是磷脂、胆固醇和糖脂）、蛋白质（包括酶）和糖类组成，有的还含有少量的糖类、水和金属离子。

#### 2.3.1.1 脂质

生物膜的脂类有磷脂、胆固醇和糖脂，其中以磷脂为主要组分，分布很广泛。

（1）磷脂。磷脂是构成生物膜的基质，为生物膜的主要成分。磷脂包括甘油磷脂和鞘磷脂，在生物膜中呈双分子排列，构成脂双层。

构成生物膜主要成分的磷脂中主要是甘油磷酸二酯（见图 2-3），即以甘油为骨架，甘油中第 1、2 位碳原子的两个羟基分别与两个脂肪酸生成酯，第 3 位碳原子的羟基与磷酸生成酯，最简单的是 X-取代基为—OH 的磷酸酯，磷酸酯的含量虽然不多，但它是其他甘油磷酸酯合成的前体，如磷酸酰丝氨酸、双磷脂酰甘油和磷脂酰肌醇等。不同的甘油磷酸二酯，其取代基也不同，生物体内几类重要的甘油磷酸二酯的取代基的结构式如图 2-4 所示。

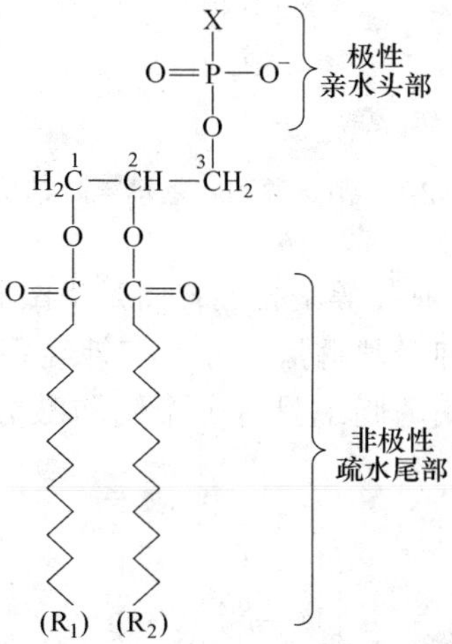


图 2-3 甘油磷酸二酯结构式

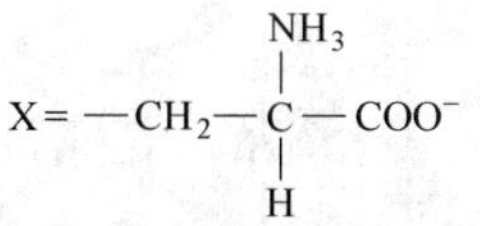

磷脂酰丝氨酸(phosphatidylserine)

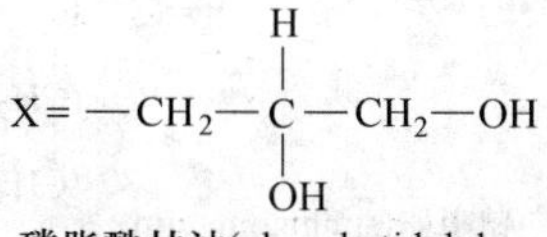

磷脂酰甘油(phosphatidylglycerol)

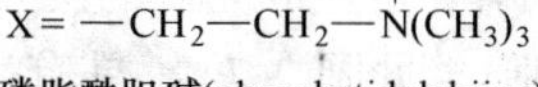

磷脂酰胆碱(phosphatidylchiine)

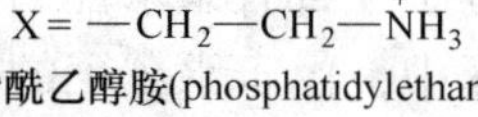

磷脂酰乙醇胺(phosphatidylethanolan)

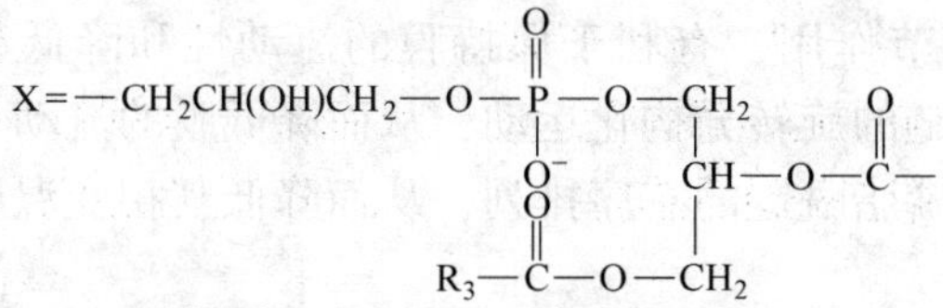

双磷脂酰甘油(diphosphatidylglycerol)

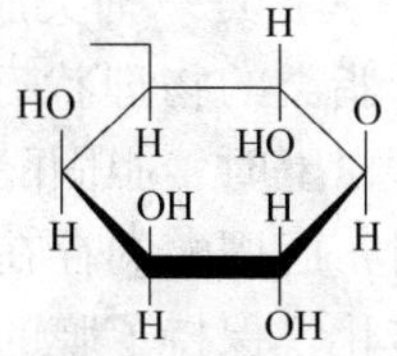

磷脂酰肌醇(phosphatidvlinositol)

图 2-4 生物体内几类重要的甘油磷酸二酯的取代基的结构式

(神经）鞘磷脂是一种不含甘油的磷脂，大量存在于神经组织和脑内，是动物细胞膜的重要组分。(神经）鞘磷脂是由磷酸、脂肪酸、胆碱以及（神经）鞘氨醇或二氢（神经）鞘氨醇组成。(神经）鞘氨醇是一个有 18 个碳的氨基二醇，目前发现的天然鞘氨醇有 30 余种，在哺乳动物中常见的结构式如图 2-5 所示。

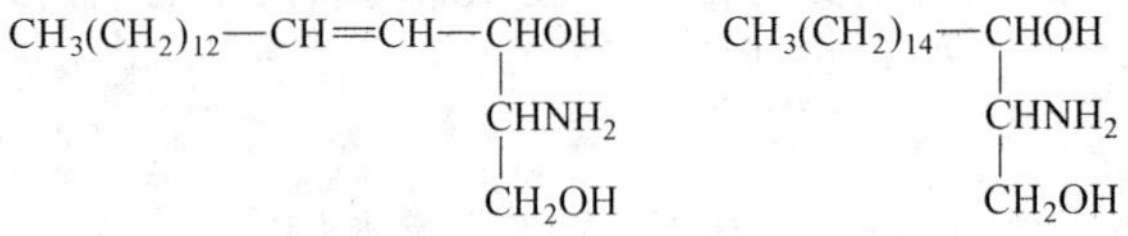

鞘氨醇　　二氢鞘氨醇

图 2-5　鞘氨醇和二氢鞘氨醇结构式

(神经）鞘磷脂的脂肪酸并非与醇基相连，而是借酰胺键与 $C_2$ 上的氨基结合，$C_1$ 上的羟基再与磷酸胆碱连接，即为神经鞘磷脂。可见在神经鞘磷脂中的酯键位于神经鞘氨醇、磷酸与胆碱之间，因此在神经鞘磷脂中只有 1 个脂肪酸分子（神经）鞘磷脂结构式如图 2-6 所示。

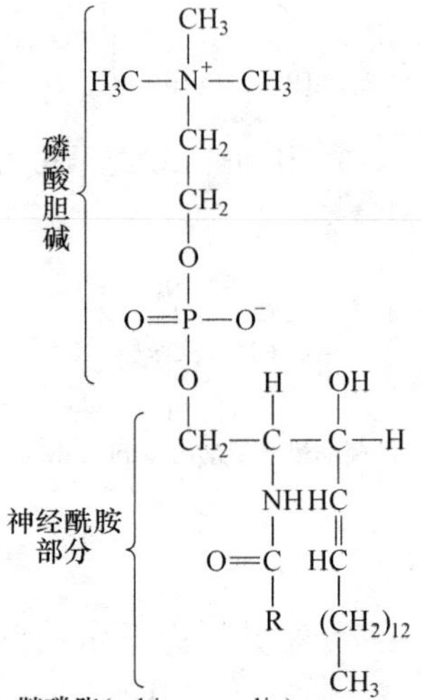


鞘磷脂(sphingomyelin)

图 2-6　鞘磷脂结构式

磷脂分子中含有亲水性的磷酸酯基和亲脂性的脂肪酸链，是优良的两亲分子。磷脂分子在水溶液中，由于水分子的作用，能够形成双层脂膜（见图 2-7)，具有生物膜的特性。

(2) 胆固醇。它是一种类脂化合物，其分子结构式如图 2-8 所示，分布在双层脂膜内，对生物膜中脂类的物理状态有一定调节作用，有利于保持膜的流动性和降低相变温度。在相变温度以上时，胆固醇分子脂酰链的旋转异构化运动，从而降低膜的流动性。在相变温度以下时，胆固醇的存在又会阻止磷脂酰链的有序排列，从而降低其相变温度，防止向凝胶态的转化，保持了膜的流动性。

(3) 糖脂。动物细胞的质膜几乎都含有糖脂，其含量约占外层膜脂的 5%。这些糖脂大多都是鞘胺醇的衍生物，例如半乳糖脑苷脂，它的极性头部含有一个半乳糖残基（见图

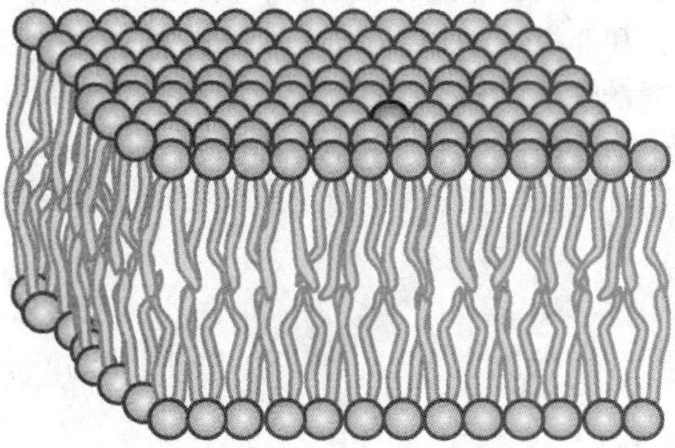

图 2-7 双层脂膜示意图

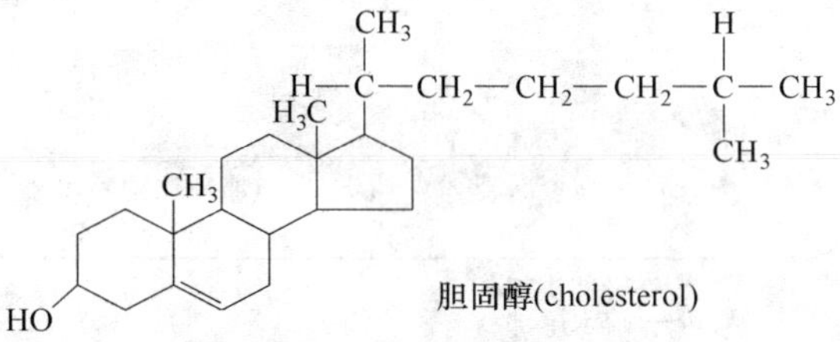


图 2-8 胆固醇结构式

2-9)，这种糖脂是髓鞘膜的主要糖脂，约占外层膜脂的 40%。糖脂在质膜中大多含有 1～15 个糖残基。糖脂是构成双层脂膜的结构物质，主要分布在细胞膜的外侧单分子层中。动物细胞膜中所含的糖脂主要是半乳糖脑苷脂，细菌和植物的细胞膜中主要是甘油的衍生物。

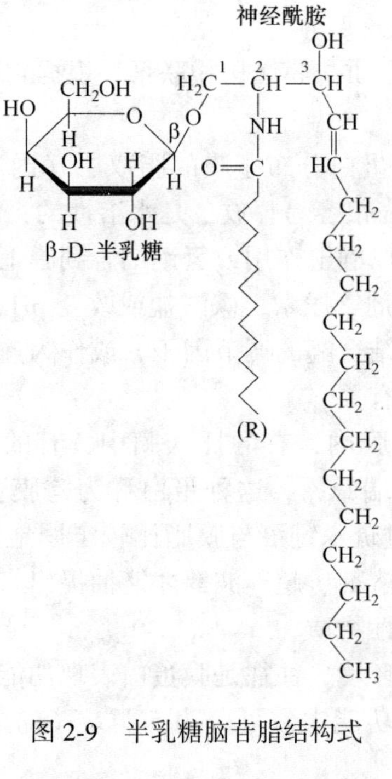


图 2-9 半乳糖脑苷脂结构式

一个典型的生物膜含有磷脂、糖脂和胆固醇。膜含有的脂有一共同的特点，它们都是两性分子，含有极性成分和非极性成分。例如当磷脂分子分散在水相时，其疏水端聚拢在一起避开水相，而亲水端暴露于水相，这样就形成了具有双分子层结构的封闭囊泡，这种理化特性非常接近天然生物膜的人工膜，被称为脂质体，如图 2-10 所示。脂质体是研究生物膜结构和功能的良好材料，也被用作药物载体，以提高药物的组织特异性和药物性能。

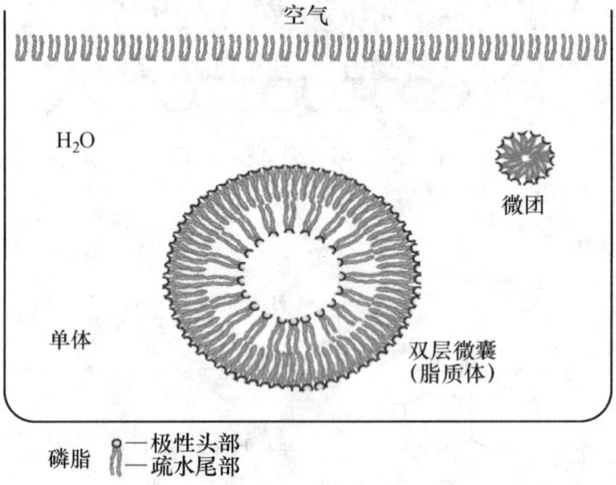


图 2-10　磷脂分子在水溶液中存在的几种结构形式

磷脂和糖脂在一定的条件下可以像肥皂那样形成单层膜或微团，然而在生物体内这些脂倾向于组装成一个脂双层。由于磷脂和糖脂含有两条烃链的尾巴，不能很好地包装成微团，却可以精巧地组装成脂双层。

2.3.1.2　膜蛋白

细胞中有 20%~25%的蛋白质与膜结构相联系，根据它们在膜上的定位可分为膜外周蛋白和膜内在蛋白。

(1) 膜外周蛋白。膜外周蛋白分布于膜的脂双层（内层或外层）的表面，占膜蛋白的 20%~30%，与膜结合松散，很容易释放，是水溶性的；膜外周蛋白通过与膜内在蛋白的亲水区域或膜脂的极性头部以静电作用或氢键结合到膜上，通过温度的改变或破坏静电或破坏氢键作用（如加入螯合剂、尿素、碳酸盐或改变 pH 值）而被释放出来。

这些膜外周蛋白可作为膜结合酶的调节因子，或作为连接膜内蛋白与胞间结构的中介物，或与一些膜蛋白的流动性有关。

(2) 膜内在蛋白。分布在膜内，有的插入膜中，有的埋在膜内，有的贯穿整个膜，有的一端暴露于膜外侧，或两端暴露，这种蛋白称为跨膜蛋白。膜内在蛋白占膜蛋白的 75%~80%。膜内在蛋白质通过疏水键可与膜脂比较牢固地结合，分离较困难，只有用较剧烈的条件如：去垢剂、有机溶剂、超声波等才能抽提出来。因为它们具有疏水性，去除萃取剂后又可重新聚合成不溶性物质。

脂质为膜蛋白提供合适的环境，往往是膜蛋白表现功能所必需的。

膜蛋白的种类很多，按其功能大致可分为 5 类。(1) 酶蛋白：包括氧化还原酶类、水解酶类、异构酶类、合成酶类中的某些成员，另外还有一些电子传递体（如光合链、呼吸链中的传递体）。（2）物质运输载体：如缬氨霉素，短杆菌肽，$Na^+$、$K^+$-ATP 酶，$Ca^{2+}$-ATP 酶等。(3) 与运动有关的蛋白质：如微管蛋白、微丝蛋白、纤毛蛋白、鞭毛蛋白等。(4) 信息的受体和传递体：如各种化学感受体、激素受体、细胞识别蛋白、免疫球蛋白等。(5) 与支持和保护有关的蛋白质：如胶原蛋白、糖蛋白等。

2.3.1.3 糖类

生物膜中含有一定的寡糖类，在真核细胞中，无论质膜还是细胞内膜系都有糖类分布，这些糖类占质膜质量的 2%~10%。它们大多与膜蛋白结合，少量与膜脂结合（估计细胞质膜约有 1/10 的膜脂与糖类结合）。糖类在膜上的分布是不对称的，全部处于生物膜的外侧。分布于质膜表面的糖残基形成一层多糖——蛋白质复合物或称细胞外壳。在生物膜中组成寡糖的单糖及衍生物主要有：半乳糖、甘露糖、半乳糖胺、葡萄糖胺、葡萄糖和唾液酸等，目前膜蛋白或膜脂寡糖侧链的功能尚未完全阐明。糖蛋白可能与大多数细胞的表面行为有关，细胞与周围环境的相互作用都涉及糖蛋白，因此有人将细胞膜的糖类部分比喻为细胞表面的天线，在接受外界信息以及细胞间相互识别方面具有重要作用。

## 2.3.2 生物膜的结构

脂双层形成了所有生物膜的基础，而蛋白质是生物膜的必要成分。不含蛋白质的脂双层的厚度是 5~6nm，而典型的生物膜的厚度是 6~10nm，这是由于存在着镶嵌在膜中或与膜结合的蛋白质的缘故。

1972 年，Singer 和 Nicolson 就生物膜的结构提出了流动镶嵌模型。根据这一模型的描述，膜蛋白看上去像是“冰山”飘浮在高度流动的脂双层“海”中，内在膜蛋白插入或跨越脂双层，与疏水内部接触，外周膜蛋白与膜表面松散连接（见图 2-11）。该模型强调以下几点：

（1）具有极性头部和非极性头部尾部的磷脂分子在水相中具有自发形成封闭的膜系统的性质，以疏水性尾部相对（处于膜内部），极性头部朝向膜内外表面。水相的磷脂双分子层是组成生物膜的基本结构，且磷脂双分子层具有一定的流动性。

（2）蛋白质分子以不同的方式镶嵌在这种流动的结构中。有的全部镶嵌在脂双层的

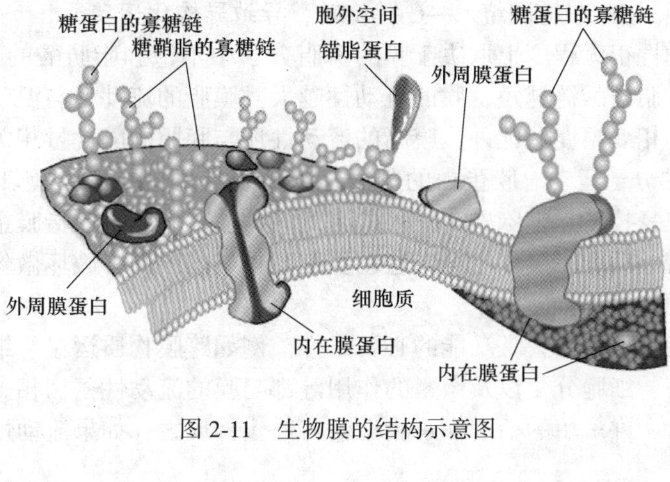


图 2-11 生物膜的结构示意图

内部，有的则部分镶嵌在其中，而以它的亲水性残基暴露于膜表面。有些蛋白质还可以穿过膜，把两头放在膜两侧的水介质中，包括所谓的“通道蛋白”和“运载蛋白”。膜蛋白可以侧向运动，但不能翻转滚动。

（3）生物膜可看成是蛋白质在双层脂分子中的二维结构。但膜蛋白与膜脂之间、膜蛋白与膜蛋白之间及其与膜两侧其他生物大分子间的复杂相互作用，不同程度上限制了膜蛋白和膜脂的流动性。

（4）无论膜的化学组成，还是结构，膜的两侧均有不对称性，证明了物质运输、信息传递等膜功能的方向性。

### 2.3.3 生物膜结构的主要特征

#### 2.3.3.1 膜组分的不对称性

膜的不对称性主要指膜脂、膜蛋白在膜两侧的分布是不对称的，进而表现为生物膜的不同部位具有功能上的不对称性。在膜脂的双分子层中，外半层以磷脂酰胆碱为主，内半层则以磷脂酰丝氨酸和磷脂酰乙醇胺为主，同时不饱和脂肪酸主要位于外半层；膜蛋白的不对称性是指每种膜蛋白分子在细胞膜上都具有明确的方向性和分布的区域性，各种膜蛋白在膜上都有特定的分布区域。膜蛋白的不对称性表现为膜脂内外两半层所含外周蛋白种类及数量不同，除此之外，外周蛋白和内在蛋白在质膜上也呈不对称分布。糖类在膜上的分布也是不对称的，无论质膜还是细胞内膜系的糖脂和糖蛋白的寡糖的分布都是不对称的。膜结构的这种不对称性与其生物学功能密切相关。

#### 2.3.3.2 生物膜的流动性

质膜的流动性既包括膜脂的流动性，也包括膜蛋白的流动性，流动性对于生物膜发挥其正常功能具有重要意义。

（1）膜脂分子的运动。

1）侧向扩散：同一平面上相邻的脂分子交换位置。

2）旋转运动：膜脂分子围绕与膜平面垂直的轴进行快速旋转。

3）摆动运动：膜脂分子围绕与膜平面垂直的轴进行左右摇摆。

4）伸缩振荡：脂肪酸链沿着纵轴进行伸缩振荡运动。

5）翻转运动：膜脂分子从脂双层的一层翻转到另一层，是在翻转酶的催化下完成。

6）旋转异构：脂肪酸链围绕 C—C 键旋转，导致异构化运动。

生物膜的流动性很大程度上取决于膜的磷脂分子中不饱和脂肪酸的含量及碳链长短，不饱和程度越高、脂肪酸链越短，膜的流动性越大。膜脂的流动性与温度密切相关，各种膜脂都具有不同的相变温度。此外，膜脂的流动性还与膜胆固醇含量相关。

（2）膜蛋白的分子运动。膜蛋白的分子运动主要有侧向扩散和旋转扩散两种运动方式，可用光脱色恢复技术和细胞融合技术检测侧向扩散；旋转扩散指膜蛋白围绕与膜平面垂直的轴进行旋转运动。膜蛋白的侧向运动受细胞骨架的限制，破坏微丝的药物如细胞松弛素 B 能促进膜蛋白的侧向运动。

质膜的流动性是保证其正常功能的必要条件，例如跨膜物质运输、细胞信息传递、细胞识别、细胞免疫、细胞分化以及激素的作用等都与膜的流动性密切相关。当膜的流动性低于一定的阈值时，许多酶的活动和跨膜运输将停止；反之，如果流动性过高，又会造成膜的溶解。

### 2.3.4 生物膜的功能

生物膜的结构决定了它具有多种重要的生物学功能。细胞质膜首先为细胞的生命活动提供了相对稳定的内环境，同时还介导细胞与细胞、细胞与基质之间的连接。生物膜可以选择性地进行物质运输。此外，生物膜还提供了细胞识别的位点，并完成细胞内外信息跨膜传递。总体来说，生物膜具有保护、转运、能量转运、信息传递、运动和免疫等生物功能。

2.3.4.1 保护功能

将其内含物与外界环境分开，使之具有特殊功能的独立个体。保护细胞或细胞器不受或少受外界环境因素的影响，保持它原有的形状和完整结构。

2.3.4.2 物质运输

跨膜运输是生物膜的主要功能之一，物质运输可分为被动运输和主动运输（见图2-12）。被动运输是生物膜从高浓度一侧将物质顺浓度梯度运送到低浓度一侧的过程，这是一个不需要外界供给能量的自发过程。主动运输是指生物膜通过特定的通道或载体逆电化学梯度把某种分子（或离子）转运到膜的另一侧，这种运输具有专一性、饱和性、方向性和选择性，需要外界供给能量。

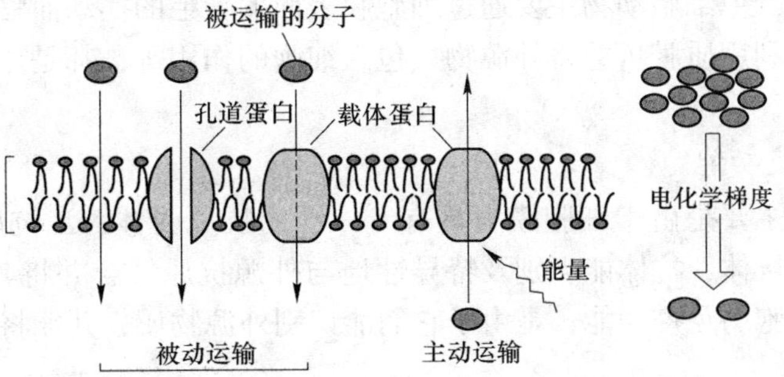


图 2-12 被动运输和主动运输示意图

A 被动运输

被动运输可分为简单扩散和促进扩散两种形式。

（1）简单扩散是被动运输的基本方式。简单扩散的特点是沿浓度梯度（或电化学梯度）扩散，不需要提供能量，无须膜蛋白的协助。影响简单扩散的因素主要是物质的脂溶性、分子大小和带电性。非极性分子一般比极性分子容易透过，相对分子质量小、脂溶性高的分子通过膜的速率较快。事实上，细胞通过简单扩散进行物质转运的现象很少。

（2）促进扩散是指非脂溶性物质或亲水性物质如氨基酸、糖和金属离子等借助膜蛋白的帮助，顺浓度梯度或电化学梯度，不消耗能量进入膜内的一种运输方式。与简单扩散相比，促进扩散具有以下特点：转运速率比简单扩散高几个数量级；当溶质的跨膜浓度差达到一定程度时，促进扩散的速率不再提高，具有饱和性；具有高度的选择性；膜运输蛋白的运输作用也会受到类似于酶的竞争性抑制，或蛋白质变性剂的抑制等。

B 主动运输

主动运输的特点是：逆浓度梯度（或电化学梯度）运输；需要能量或与释放能量的过程偶联（协同运输）；有载体蛋白参与。主动运输的目的是建立和维持各种离子在细胞内外的浓度梯度或电化学梯度，这些离子的浓度差异对于细胞的生存和行使功能至关重要。

2.3.4.3 能量转换

能量转化是指化学能、生物能和光能之间的转换。真核细胞的氧化磷酸化主要在线粒体膜上进行。原核细胞的氧化磷酸化则是在细胞质膜上进行。光合磷酸化主要在叶绿体膜上进行。氧化磷酸化是通过生物氧化作用，将食物分子中存储的化学能转变成生物能，即将化学能转换成 ATP 分子的高能磷酸键，然后再通过 ATP 分子磷酸键的分解释放能量，供生物体使用。光合磷酸化是指光合作用将光能（主要是太阳能）转换成 ATP 的高能磷酸键，再利用 ATP 的能量合成糖类物质。

2.3.4.4 信息传递

生物体内信息传递主要在细胞膜上进行。细胞膜上有接受不同信息的专一受体，这些受体能识别和接受各种特殊信息，然后将不同信息分别传递给有关的靶细胞并产生相应的效应以调节代谢和其他生理活动。

2.3.4.5 运动功能

许多原生动物及单细胞动物主要通过细胞膜表面的鞭毛的摆动而移动。淋巴细胞的吞噬作用和某些细胞利用质膜折叠将外源物质包入细胞的作用等，都是靠细胞膜的运动来实现的。

2.3.4.6 免疫功能

细胞的免疫性主要是由于细胞膜上具有专一性的抗原受体，当抗原受体被抗原激活后，即生产相应的抗体，抗体能识别及特异性地与外源抗原结合并将其吞噬消灭。另外，吞噬细胞和淋巴细胞的免疫功能，是由于它们能识别外源物质，并能将这些外源物质吞噬消灭。

## 拓展阅读——污染物对膜结构与功能的影响

生物膜具有多种重要的生物学功能，其中细胞膜由于其为细胞提供了相对稳定的内环境，可以选择性地在细胞内外进行物质运输；此外，细胞膜上的一些生物分子还是细胞识别外界信号的位点，从而完成细胞内外信息跨膜传递。因此，细胞膜对生命活动具有重要的理论意义。污染物往往通过破坏生物膜结构影响其生理功能。污染物对膜结构与功能的影响包括以下几种。

（1）对生物膜通透性的影响。生物膜的通透性与细胞的功能有密切联系。在污染物作用下，如果细胞膜的通透性发生改变，细胞的功能也将发生改变。DDT 等有机氯污染物可以作用于神经皱缩膜，使膜对 $Na^+$、$K^+$ 的通透性发生改变，因此 DDT 的毒性作用与神经膜的离子通透性改变有关。

（2）对细胞膜电荷和膜电位的影响。细胞膜表面电荷的性质和密度反映了细胞表面的结构和功能，对于膜内外离子的迁移具有非常重要的作用。有的污染物可以引起细胞膜表面电荷特性的改变，$SiO_2$表面的硅醇基在一定条件下可以电离并与膜脂中带正电荷的季胺离子结合，这种结合使结构发生改变而损伤膜的完整性。膜电位在细胞能量转换中起着至关重要的作用，然而有的污染物可以使膜电位发生改变，粉尘颗粒导致的溶血性即与膜电位密切相关，有研究发现溶血作用越强的颗粒降低膜电位的幅度也越大。

(3) 膜脂过氧化。膜脂过氧化被认为是许多中毒反应的起点，是“三致”作用的重要环节之一。四氯化碳等污染物可以使构成生物膜的多不饱和脂肪酸转化成自由基，从而引起膜脂的过氧化。由于多不饱和脂肪酸自由基之间存在着一定的结合能力，改变了与膜脂相连的膜蛋白所处的正常疏水环境，使膜结合酶的结构和性质发生改变，致使依赖于这些酶的细胞生物功能受到影响。

膜脂过氧化还可以使动物细胞内质网上的核糖核酸酶失活，核糖体脱落而干扰蛋白质的合成。此外膜脂过氧化对线粒体的氧化磷酸化过程产生抑制，使线粒体的部分成分析出，引起线粒体的肿胀和溶解，酶活性降低，乙醇对高等动物肝脏的损伤就是因膜脂过氧化引起线粒体肿胀和膜的破裂所致。

(4) 对生物膜结合酶的影响。生物膜结构中镶嵌的多种蛋白酶催化细胞膜内外的物质迁移和转化以及能量转换过程的进行，污染物对膜结合酶的作用将会引起酶活性的改变而影响整个细胞的活动。DDT 可以与 $Na^+\cdot K^+$-ATP 及 5-核苷酸酶结合而使其活性大大降低，狄氏剂抑制 $Mg^{2+}$-ATP 酶活性而提高 5-核苷酸酶活。有机磷污染物可以与红细胞膜上的乙酰胆碱酯酶（Ach E）的活性位点丝氨酸分子结合而抑制 Ach E 的活性。这种污染物引起的酶活性的改变将会导致细胞生理功能的紊乱，使细胞的生长和分裂受到影响。

(5) 对膜成分和结构的影响。保持生物膜特定的成分和结构与维持膜的生理功能密切相关。但是，外源污染物对生物膜的影响可以直接或间接诱导膜的成分和结构的变化。有机磷杀虫剂对膜脂成分有显著的影响，对硫磷可以改变动物膜脂肪酸的组成，而其代谢产物对氧磷则可以使肝细胞膜中胆固醇和磷脂含量发生变化。酚类污染物及其衍生物对磷脂构象有一定影响。通过对细胞膜脂的影响，细胞膜的通透性改变，从而改变细胞膜的功能。此外，污染物对膜蛋白也有显著的影响，膜脂和膜蛋白作用构成细胞膜的基本成分，其结构或构象发生改变后，细胞的生命代谢活动受到影响。

## 习　题

2-1 为什么细胞是生物化学反应进行的基本场所？

2-2 简述脂类物质分类及生理意义。

2-3 写出油脂的各自特点及脂肪化学性质。

2-4 试解释膜蛋白的主要功能。

2-5 为什么磷脂具有形成双层脂膜的趋势？

2-6 什么是生物膜？生物膜有什么重要功能？

2-7 试述生物膜的两侧不对称性。

# 3 蛋白质化学

本章要点：

(1) 氨基酸的结构与性质；

(2) 肽的结构与性质；

(3) 蛋白质的结构及其特点；

(4) 蛋白质结构与功能的关系；

(5) 蛋白质的性质及分离纯化方法。

## 3.1 概　　述

蛋白质在希腊语中的意思是“最重要的”“最原始的”“第一的”。蛋白质是生命的物质基础，担负着重要而繁多的生理功能。整个自然界中含有100多亿种不同的蛋白质，人体内含有10万多种不同的蛋白质。蛋白质功能上的多样性是由其结构的千差万别决定的。所以只有深入了解蛋白质结构，才能更透彻地了解蛋白质的功能及其在生命活动中的重要性。

### 3.1.1 概念及组成

3.1.1.1　定义

蛋白质是一类含氮的有机化合物，是最重要的一类生物大分子，存在于所有的生物细胞中，构成生物体最基本的结构物质与功能物质。

3.1.1.2　蛋白质的元素组成

从动植物组织细胞中提取的各种蛋白质，经分析可知，蛋白质中的主要元素C、H、O、N的含量分别是50%~55%、6%~8%、20%~28%、15%~18%；除了主要元素，蛋白质大多数还含有一些其他元素，主要是S、P、Fe、Cu、I、Zn和Mo等。

一切蛋白质均含有氮，大多数蛋白质的含氮量比较接近且恒定，平均约16%，这是蛋白质元素组成的一个重要特点，也是各种定氮法测定蛋白质含量的计算基础。由于蛋白质占生物组织所有含氮物质的绝大多数，因此生物组织的含氮量可近似地看作蛋白质的含氮量，其中最常用的定氮法是凯氏定氮法。根据蛋白质中氮的平均含量为16%，将含氮量转换成蛋白质量的转换系数6.25，即：

$$\text{蛋白质的含量} = (100/16) \times \text{样品含氮量} = 6.25 \times \text{样品含氮量}$$

### 3.1.2 生物学功能

生命是物质运动的高级形式，这种运动形式是通过蛋白质来实现的，因此蛋白质具有重要的生物学功能。

3.1.2.1 蛋白质功能的多样性

蛋白质在生物体内的存在形式和作用是多样化的，有的是生物体的结构物质，有的是功能物质。一切生物的肌肉和结缔组织、促进体内化学反应的酶，调节生理的肽类激素、运输氧或其他离子（或物质）的载体、抗病菌的抗体，以及危害生物的病毒等，有的本身是蛋白质，有的是同蛋白质相结合的复合物。概括起来，蛋白质主要有以下功能：催化功能、调节功能、运输功能、免疫功能、运动功能。当然，蛋白质还具有其他功能，如结构功能、储藏功能、信息传递功能、生物膜的功能等。

3.1.2.2 蛋白质功能的复杂性

同一种蛋白质，其功能又呈现出复杂性，如糖蛋白的细胞识别功能涉及糖蛋白及其相应受体、糖基转移酶及其底物，或糖苷水解酶及其底物所参与的一系列生化过程；又如酶催化功能受许多因素的影响，并表现出竞争性、可调节性等。有的酶具有几种不同的催化功能，以适应多变的内外环境。

## 3.2 氨 基 酸

蛋白质相对分子质量大，一般在 $10^4 \sim 10^6$之间，结构非常复杂，为了研究其组成和结构，常将蛋白质水解成小分子，其水解方法有酸、碱和酶法。蛋白质的水解过程为：蛋白质→脲→胨→多肽→二肽→氨基酸。所以氨基酸是蛋白质的构件分子，具有酸碱性、手性、聚合能力、特定的侧链结构及多样的化学反应。

### 3.2.1 氨基酸的结构与分类

3.2.1.1 结构

氨基酸是含有氨基的羧酸，即羧酸中 α-碳原子上一个氢原子被氨基取代而生成的化合物。其结构通式为：

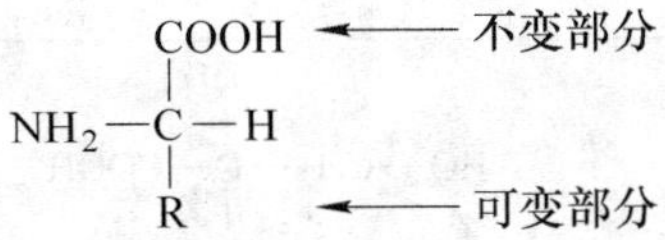


式中，R 表示化学基团（因为它们常常处于蛋白质链状分子的侧链上，故又称为侧链基团）。R 基不同就构成不同的氨基酸，这些氨基酸的 α-氨基和 α-羧基连在同一个碳原子上，统称为 α-氨基酸，这是氨基酸在结构上的共同特点。此外，从结构通式可以看出，除 R 为氢原子（即甘氨酸）外，所有 α-氨基酸的 α-碳原子都是不对称碳原子，即手性碳原子，它是 α-氨基酸的不对称中心。所以，一般氨基酸都有旋光活性，而且构成蛋白质的氨基酸都是 L 型，大多具有右旋性，少数具有左旋性。

3.2.1.2 基本氨基酸

虽然蛋白质种类繁多，但大多数蛋白质都是由 20 种氨基酸组成，这 20 种氨基酸被称为基本氨基酸（见表 3-1）；少数蛋白质含有若干不常见氨基酸，它们都是基本氨基酸的衍生物。

**表 3-1 构成蛋白质的 20 种氨基酸的名称、结构、存在及用途**

| 名 称 | 符号 | 结 构 式 | 存在及用途 |
|---|---|---|---|
| 甘氨酸<br>(glycine) | Gly<br>G | 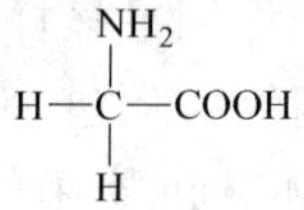 | 有甜味，胶原中含 25%～30%；可治胃酸过多与肌力衰竭 |
| 丙氨酸<br>(alanine) | Ala<br>A | 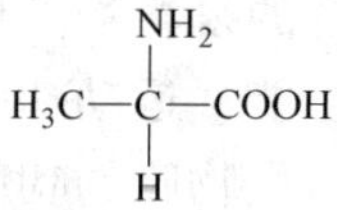 | 丝纤维蛋白中含 25% |
| 缬氨酸<br>(valine) | Val<br>V | 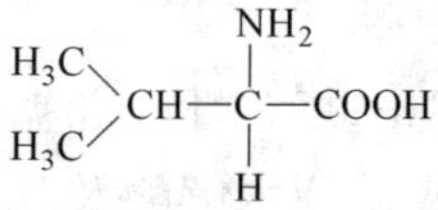 | 卵蛋白及乳蛋白中含 10% |
| 亮氨酸<br>(leucine) | Leu<br>L | 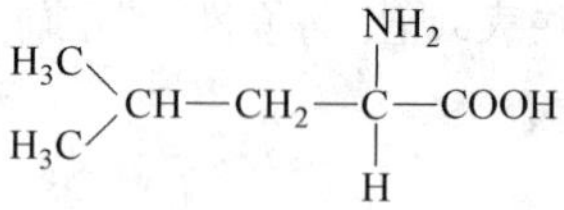 | 谷物、玉米蛋白中含 22%～24% |
| 异亮氨酸<br>(isoleucine) | Ile<br>I | 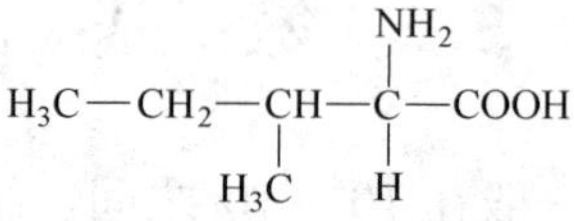 | 糖蜜、肉蛋白中含 5%～6.5% |
| 苯丙氨酸<br>(phenylalanine) | Phe<br>F | 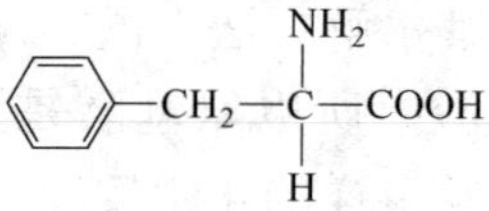 | 一般蛋白中含 4%～5% |
| 酪氨酸<br>(tyrosine) | Tyr<br>Y | 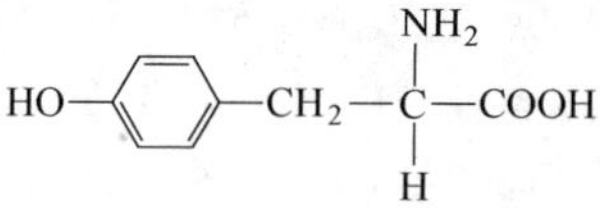 | 奶酪中含量高，明胶中含量最少 |
| 色氨酸<br>(tryptophan) | Try (Trp)<br>W | 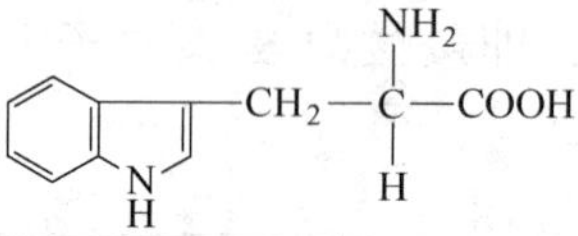 | 各种蛋白中均含少量 |
| 丝氨酸<br>(serine) | Ser<br>S | 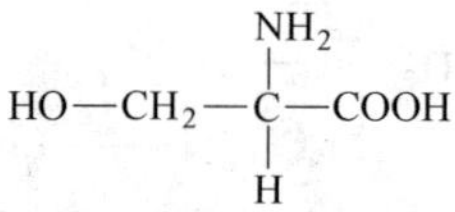 | 丝蛋白中含量丰富，精蛋白中含 7.8% |
| 苏氨酸<br>(threonine) | Thr<br>T | 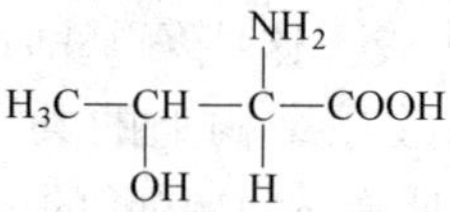 | 酪蛋白中较多，肉蛋白、乳蛋白、卵蛋白中占 4.5%～5%；有抗贫血作用 |
| 半胱氨酸<br>(cysteine) | CysH<br>(Cys)<br>C | 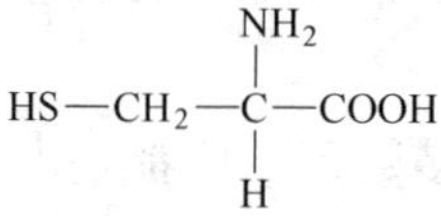 | 毛、发、角、蹄等角蛋白中含量较多；有解毒作用，可促进肝细胞再生 |

续表 3-1

| 名　称 | 符号 | 结　构　式 | 存在及用途 |
|---|---|---|---|
| 甲硫氨酸（methionine） | Met<br>M | $H_3C-S-CH_2-CH_2-CH(NH_2)-COOH$ | 肉蛋白、卵蛋白中含量占 3%～4%；用于抗脂肪肝，治疗肝炎、肝硬化等 |
| 天冬氨酸（aspartic acid） | Asp<br>D | $HOOC-CH_2-CH(NH_2)-COOH$ | 多种蛋白中均含有，植物蛋白中尤多 |
| 谷氨酸（glutamine acid） | Glu<br>E | $HOOC-CH_2-CH_2-CH(NH_2)-COOH$ | 谷物蛋白中含 20%～45%；用于降血氨，治疗肝昏迷，其钠盐即食用味精 |
| 天冬酰胺（asparagine） | Asn<br>N | $H_2N-C(=O)-CH_2-CH(NH_2)-COOH$ | 多种蛋白中均含有 |
| 谷氨酰胺（glutamine） | Gln<br>Q | $H_2N-C(=O)-CH_2-CH_2-CH(NH_2)-COOH$ | 多种蛋白中均含有 |
| 精氨酸（arginine） | Arg<br>R | $H_2N-C(=NH)-NH-CH_2-CH_2-CH_2-CH(NH_2)-COOH$ | 鱼精蛋白的主要成分 |
| 赖氨酸（lysine） | Lys<br>K | $H_2N-CH_2-CH_2-CH_2-CH_2-CH(NH_2)-COOH$ | 肉、乳、卵的蛋白中含量占 7%～9%，血红蛋白中含量也多 |
| 组氨酸（histidine） | His<br>H | 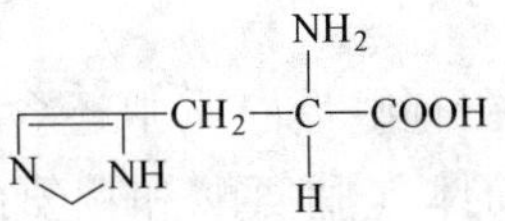 | 血红蛋白中含量最多，一般蛋白中含 1%～3%，明胶，玉米中最少；可做消化性溃疡的辅助治疗剂 |
| 脯氨酸（proline） | Pro<br>P | 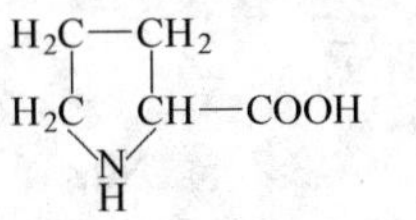 | 结缔组织与谷蛋白中含量最多，明胶中含 20% |

3.2.1.3　分类

对组成蛋白质的 20 种常见氨基酸的分类方法，主要有 3 种。

（1）根据酸碱性，可分为三类。

1）酸性氨基酸：有两种，即谷氨酸（Glu）和天冬氨酸（Asp），它们含有一个氨基和两个羧基。

2）碱性氨基酸：有 3 种，即精氨酸（Arg）、赖氨酸（Lys）和组氨酸（His），它们含有一个羧基、两个以上的氨基或亚氨基。

3）中性氨基酸：有 15 种，是含一个氨基和一个羧基的氨基酸，其中包括两种酸性氨基酸产生的酰胺。

（2）根据 R 基的化学结构，可分为 4 类。

1）芳香族氨基酸：有 3 种，即苯丙氨酸（Phe）、酪氨酸（Tyr）和色氨酸（Trp），它们的 R 基含有芳香环。

2）杂环氨基酸：只有 1 种，即组氨酸（His），其 R 基中含有咪唑基。

3）亚杂环氨基酸：有 1 种，即脯氨酸（Pro），其 R 基取代了氨基的一个氢而形成一个杂环，从而使脯氨酸中没有自由氨基，而只含有一个亚氨基。

4）脂肪族氨基酸：共 15 种，这与中性氨基酸的 15 种不完全一致。

（3）根据 R 基团的极性，可分为 4 类。

1）带正电氨基酸：实为 3 种碱性氨基酸，是在 pH=7 时带净正电荷的氨基酸。

2）带负电氨基酸：即两种酸性氨基酸，在 pH=6~7 时，带净负电荷。

3）极性不带电氨基酸：它们的 R 基中含有不解离的极性基团，能与水形成氢键，共有 7 种，包括含羟基的丝氨酸（Ser）、苏氨酸（Thr）和酪氨酸（Tyr）；含酰胺基的天冬酰胺（Asn）和谷氨酰胺（Gln）；含巯基的半胱氨酸（Cys）；甘氨酸（Gly）的 R 基为氢，对强极性的氨基、羧基影响很小，其极性最弱，有时将它归于非极性氨基酸类。

4）非极性氨基酸：它们的 R 基中含有脂肪烃链或芳香环等，共有 8 种，其中带有脂肪烃链的有丙氨酸（Ala）、缬氨酸（Val）、亮氨酸（Leu）和异亮氨酸（Ile）；含有芳香环的有苯丙氨酸（Phe）和色氨酸（Trp）；含硫的甲硫氨酸（Met），还有一种亚氨基酸—脯氨酸（Pro）。非极性氨基酸在水中的溶解度比极性氨基酸小。其中丙氨酸的疏水性最弱，它介于非极性氨基酸和极性不带电氨基酸之间。

### 3.2.2 重要的不常见氨基酸和非蛋白氨基酸

#### 3.2.2.1 不常见氨基酸

除了 20 种常见氨基酸外，在有些蛋白质中还含有不常见氨基酸，它们都是相应的常见氨基酸的衍生物，由它们的前体（脯氨酸和赖氨酸）修饰而来。如胱氨酸（Cys），还有弹性蛋白和胶原蛋白中含的羟赖氨酸（Hyly）、羟脯氨酸等（Hyp）。胱氨酸、羟赖氨酸、羟脯氨酸的结构式如图 3-1 所示。

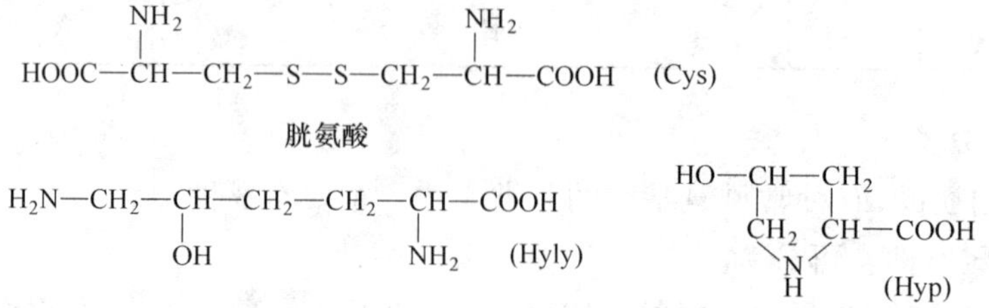


羟脯氨酸　　羟赖氨酸

图 3-1 胱氨酸、羟赖氨酸、羟脯氨酸的结构式

#### 3.2.2.2 非蛋白氨基酸

近年来从各种组织和细胞中发现的新氨基酸已达150多种，这些特有的氨基酸大多是由常见氨基酸衍生而来的，也有D型氨基酸和β、γ、δ氨基酸，不少新氨基酸的生物学作用还不清楚，有待进一步研究。这些氨基酸中大多数是不参与蛋白质组成的，称为非蛋白质氨基酸。它们以游离或结合状态存在于生物的某些组织或细胞中，如维生素泛酸的组成成分β-丙氨酸、尿素循环的中间产物鸟氨酸和瓜氨酸等。重要的非蛋白质氨基酸见表3-2。

**表 3-2 重要的非蛋白质氨基酸**

| 名 称 | 结 构 式 | 存 在 |
|---|---|---|
| β-丙氨酸 | $H_2N—CH_2—CH_2—COOH$ | 泛酸及辅酶A的组成成分 |
| γ-氨基丁酸 | $H_2N—CH_2—CH_2—CH_2—COOH$ | 存在于脑组织中，与脑组织营养及神经传递有关 |
| 高半胱氨酸 | $HS—CH_2—CH_2—C(NH_2)(H)—COOH$ | 甲硫氨酸生物合成的中间产物 |
| 高丝氨酸 | $HO—CH_2—CH_2—C(NH_2)(H)—COOH$ | 苏氨酸、天冬氨酸，甲硫氨酸代谢的中间产物 |
| 鸟氨酸 | $H_2N—CH_2—CH_2—CH_2—C(NH_2)(H)—COOH$ | 尿素生成的中间产物 |
| 瓜氨酸 | $H_2N—C(=O)—NH—CH_2—CH_2—CH_2—C(NH_2)(H)—COOH$ | 尿素生成的中间产物 |
| 苯甘氨酸 | 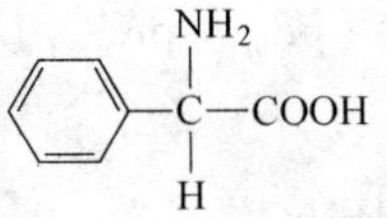 | 抗生素 |
| 甲基天冬氨酸 | $HOOC—C(H_3C)(H)—C(NH_2)(H)—COOH$ | 天冬霉素 |

### 3.2.3 氨基酸的性质

α-氨基酸为无色晶体，熔点较高，一般高于200℃，有的可达250℃左右；其味随不同氨基酸有所不同，有的无味、有的味甜、有的味苦。谷氨酸的单钠盐有鲜味，是味精的主要成分。各种氨基酸在水中的溶解度差别很大，一般能溶于水、稀酸或稀碱中，但不溶于有机溶剂；通常酒精能使氨基酸从其溶液中析出；除甘氨酸外都有旋光性。

3.2.3.1 两性性质——氨基酸是弱两性电解质

氨基酸的同一分子中含有碱性的氨基（—$NH_2$）和酸性的羧基（—COOH），实际上，氨基酸在结晶形态或水溶液中，并不是以游离的羧基或氨基存在的，而是解离成两性离子，以质子化的—$NH_3^+$和解离态的—$COO^-$存在的。

在水溶液中，以两性离子形式存在的氨基酸既可作为酸（质子给体），也可作为碱（质子供体）。在不同 pH 值条件下，两性离子状态也随之发生变化。

当它处于酸性环境时，由于羧基结合质子而使氨基酸带正电荷；当它处于碱性环境时，由于氨基的解离而使氨基酸带负电荷；当它处于某一 pH 值时，氨基酸所带正电荷和负电荷相等，即净电荷为零，此时的 pH 值称为氨基酸的等电点，用 pI 表示。

氨基酸的两性解离式为：

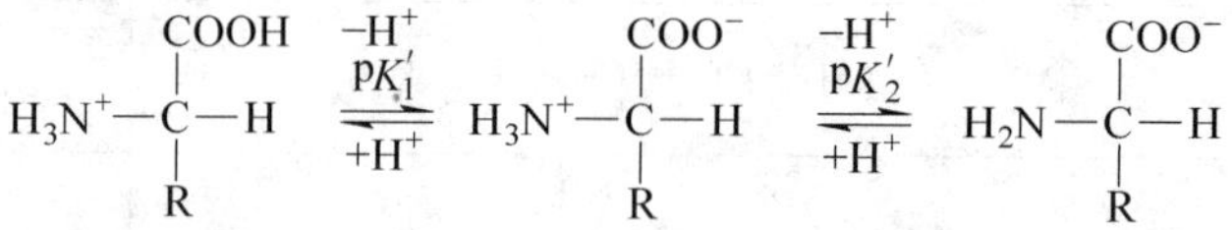

**酸性溶液** **中性溶液** **碱性溶液**

pH值<pI pH值=pI pH值>pI

$pK_1'$和 $pK_2'$分别代表 α-COOH 和 α-$NH_3^+$的解离常数的负对数。

pH 值>pI 时，氨基酸带净负电荷，在电场中向阳极运动；pH 值<pI 时，氨基酸带净正电荷，在电场中向阴极运动。pH 值与 pI 相差越大，氨基酸携带的净电荷量越多。由于静电作用，在等电点时，氨基酸的溶解度最小，容易沉淀，利用这一性质可分离制备某些氨基酸。

各种解离基团的解离常数（$pK'$）与 pH 值的关系为：

$$pK' = pH - \lg \frac{[质子受体]}{[质子供体]}$$

由上式可见，解离常数 $pK'$是一种特定条件下的 pH 值，即当质子供体与质子受体浓度相等时的 pH 值。由 $pK'$又可求出氨基酸的等电点（pI），pI 相当于氨基酸的两性离子状态两侧的基团 $pK$ 值之和的一半，即 $pI = (pK_n' + pK_{n+1}')/2$，式中，$n$ 表示氨基酸完全质子化时所带正电荷的最大数值。

对于侧链不含解离基团的中性氨基酸：

$$pI = (pK_1' + pK_2')/2$$

对于侧链含解离基团的氨基酸有以下两种。

酸性氨基酸： $pI = (pK_1' + pK_R')/2$

碱性氨基酸： $pI = (pK_2' + pK_R')/2$

不同氨基酸具有不同 $pK'$及 pI 见表 3-3。

**表 3-3 不同氨基酸的 $pK'$及 pI**

| 氨 基 酸 | $pK_1'$(COOH) | $pK_2'$($NH_3^+$) | $pK_R'$ | pI |
|---|---|---|---|---|
| 甘氨酸 | 2.34 | 9.60 | | 5.97 |
| 丙氨酸 | 2.34 | 9.69 | | 6.02 |

续表3-3

| 氨 基 酸 | $pK_1'$(COOH) | $pK_2'$($NH_3^+$) | $pK_R'$ | pI |
|---|---|---|---|---|
| 缬氨酸 | 2.32 | 9.62 | | 5.97 |
| 亮氨酸 | 2.36 | 9.60 | | 5.89 |
| 异亮氨酸 | 2.36 | 9.68 | | 6.02 |
| 丝氨酸 | 2.21 | 9.15 | | 5.68 |
| 苏氨酸 | 2.63 | 10.43 | | 6.53 |
| 天冬氨酸 | 2.09 | 9.82 | 3.86（β-COOH） | 2.89 |
| 天冬酰胺 | 2.02 | 8.80 | | 5.41 |
| 谷氨酸 | 2.19 | 9.67 | 4.25（γ-COOH） | 3.22 |
| 谷氨酰胺 | 2017 | 9.13 | | 5.65 |
| 精氨酸 | 2.17 | 9.04 | 12.48（胍基） | 10.76 |
| 赖氨酸 | 2.18 | 8.95 | 10.53（ε-$NH_3^+$） | 9.74 |
| 组氨酸 | 1.82 | 9.17 | 6.00（咪唑基） | 7.59 |
| 半胱氨酸 | 1.71 | 8.33 | 10.78（β-SH） | 5.02 |
| 甲硫氨酸 | 2.28 | 9.21 | | 5.75 |
| 苯丙氨酸 | 1.83 | 9.13 | | 6.48 |
| 酪氨酸 | 2.20 | 9.11 | 10.07（酚羟基） | 5.66 |
| 色氨酸 | 2.38 | 9.39 | | 5.89 |
| 脯氨酸 | 1.19 | 10.60 | | 6.30 |

#### 3.2.3.2 紫外吸收——芳香族氨基酸具有特征紫外吸收

构成蛋白质的氨基酸在可见光区没有光吸收，但在紫外区由于芳香族氨基酸含有苯环，因而具有光吸收能力。苯丙氨酸的最大吸收在259nm处，络氨酸的最大吸收在278nm处，色氨酸的最大吸收在279nm处。一般蛋白质都含有这些芳香族氨基酸，因此也具有紫外吸收能力，所以可以采用紫外分光光度计280nm处最大光吸收测定蛋白质含量。

#### 3.2.3.3 化学性质——氨基酸的一些特殊反应用于定性与定量

氨基酸的化学性质主要表现在所发生的化学反应方面。氨基酸分子中含有α-COOH和α-$NH_2$，有些氨基酸的侧链还含有活性官能团，因此能发生多种化学反应。在蛋白质化学中具有重要意义的化学反应有以下几种。

A 由α-氨基参与的反应

a 与亚硝酸反应

氨基酸的氨基在室温下与亚硝酸作用生成羟基酸和氮气。反应式为：

$$\mathrm{R{-}\underset{\displaystyle |}{\overset{\displaystyle NH_2}{CH}}{-}COOH} + \mathrm{HNO_2} \longrightarrow \mathrm{R{-}\overset{\displaystyle OH}{CH}{-}COOH} + \mathrm{N_2}\uparrow + \mathrm{H_2O}$$

上述反应中所产生的氮气只有一半来自氨基酸的氨基氮，另一半来自亚硝酸。在标准条件下测定生成的氮气体积，即可计算出氨基酸的量，这就是 Van Slyke（范斯莱克）法测定氨基酸氮的基础。在生产上，可用此来进行氨基酸定量和蛋白质水解程度的测定。因为在水解过程中，蛋白质的总氮量是不变的，而氨基酸含量却不断上升，用氨基氮与总蛋白氮的比例可表示蛋白质的水解程度。

b　与甲醛反应

氨基酸在溶液中有如下平衡：

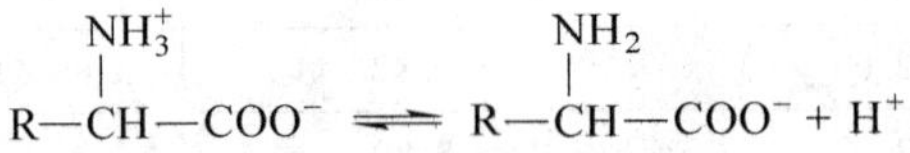

氨基酸分子在溶液中主要是两性离子。氨基酸的酸性基团羧基与碱性基团氨基相距很近，当用碱滴定羧基时，由于氨基的影响，致使氨基酸这种两性离子即使达到滴定终点也不会完全分解，因而不能准确测定。如果用中性甲醛与氨基酸的氨基化合，将氨基保护起来使其不生成两性离子，然后再用碱来滴定氨基酸中的羧基，就能测定出氨基酸的量。相关反应式为：

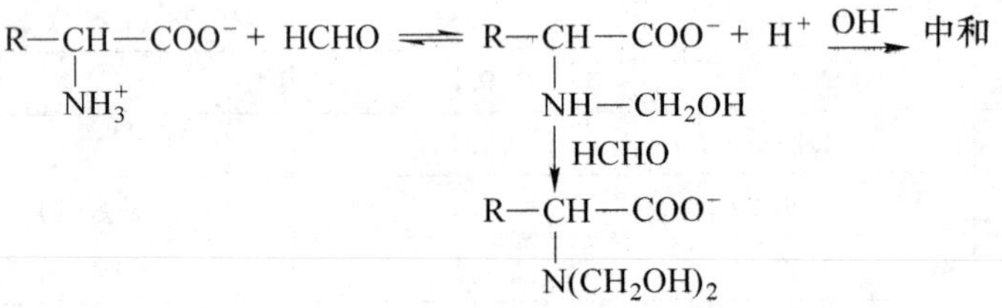

c　与酰化试剂反应

氨基酸的α-氨基与酰氯或酸酐在弱碱溶液中发生反应时，α-氨基即被酰基化。例如：

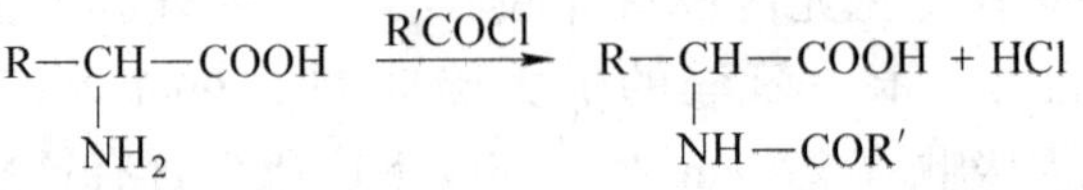

酰化试剂还有很多种，在多肽和蛋白质的人工合成中常被用作氨基保护试剂。

d　烃基化反应

氨基酸的α-氨基上的一个氢原子可被烃基取代。在弱碱溶液中，氨基酸的α-氨基很容易与2，4-二硝基氟苯（DNFB）作用，生成稳定的黄色2，4-二硝基苯氨基酸（简写为DNP-氨基酸）。该反应可用于鉴定氨基酸，也用于蛋白质的结构测定。因为此反应首先被 F. Sanger 用于蛋白质结构测定，所以现在也常将 DNFB 称为 Sanger 试剂，化学反应式为：

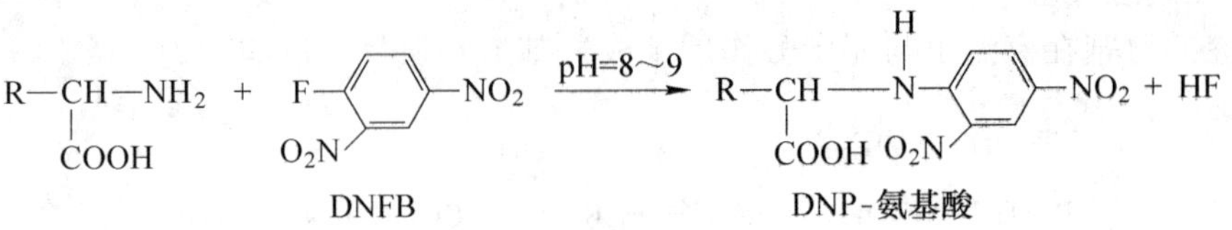

α-氨基另一个重要的烃基化反应是与异硫氰酸苯酯（PITC）的反应，该反应首先被

Edman 用于鉴定多肽或蛋白质氨基末端氨基酸。它在多肽和蛋白质的氨基酸顺序分析方面具有重要意义。

e　形成席夫碱反应

氨基酸的 α-氨基能与醛类化合物反应生成弱碱，即所谓席夫碱（Schiff base），其反应式如下：

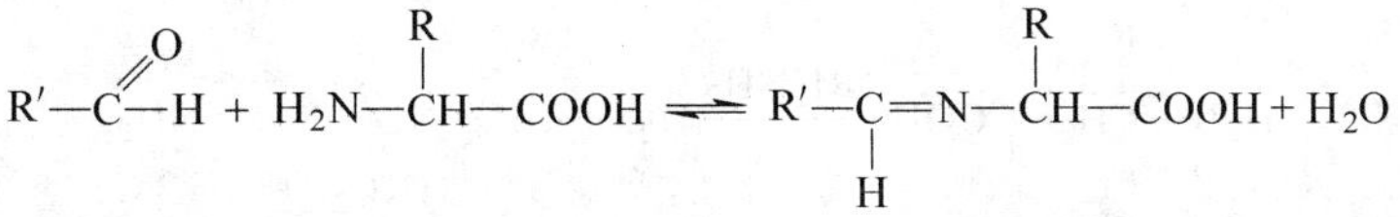

这是引起食品褐变的反应之一。食品中的氨基酸与葡萄糖醛基发生所谓羰氨反应，生成席夫碱，进一步转变成有色物质，这是非酶促褐变的一种机制。

f　成盐反应

氨基酸的氨基与 HCl 作用产生氨基酸盐化合物。用 HCl 水解蛋白质制得的氨基酸就是氨基酸盐酸盐，反应式如下：

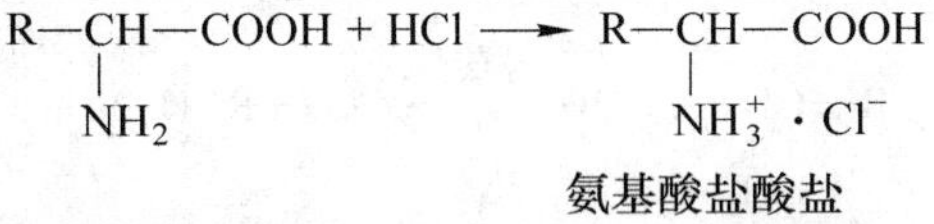


g　脱氨基和转氨基反应

氨基酸在生物体内经酶催化可脱去 α-氨基而转变成 α-酮酸，反应式如下：

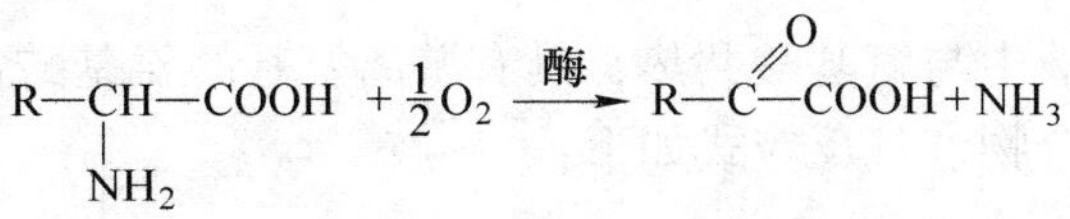


B　由 α-羧基参与的反应

氨基酸的 α-羧基和其他有机酸的羧基一样，在一定条件下可发生成盐、成酯、成酰氯、脱羧和叠氮化等反应。

a　成盐与成酯反应

氨基酸的 α-羧基作为酸可与碱作用生成盐，与醇反应形成相应的酯。氨基酸的羧基氨基酸酯是制备氨基酸的酰胺或酰肼的中间产物。当氨基酸的羧基变成甲酯、乙酯或钠盐后，羧基的化学反应性能即被掩蔽（或者说羧基被保护），而氨基的化学反应性能则得到加强或氨基被活化，易与酰基或烃基结合，这就是氨基酸的酰基化和烃基化需要在碱性条件下进行的原因。

b　成酰氯反应

氨基酸的氨基如果用适当的保护基（如甲酰基）保护后，其羧基可与二氯亚砜或五氯化磷作用生成酰氯。该反应可使氨基酸的羧基活化，使之易与另一个氨基酸的氨基结合，因此在人工合成多肽中常用，反应式如下：

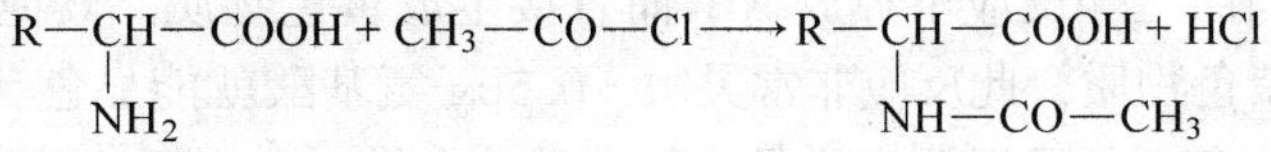

$$\underset{\displaystyle |\atop \displaystyle NH-CO-CH_3}{R-CH-COOH} + PCl_5 \longrightarrow \underset{\displaystyle |\atop \displaystyle NH-CO-CH_3}{R-CH-CO-Cl} + POCl_3 + HCl$$

c　叠氮反应

氨基酸酰基化和酯化先将自由氨基酸变为酰化氨基酸甲酯，然后与联氨和 $HNO_2$ 作用变成叠氮化合物，反应式如下：

$$H_2N-\overset{\displaystyle R\atop \displaystyle |}{CH}-COOH \xrightarrow{NH_2NH_2} H_2N-\overset{\displaystyle R\atop \displaystyle |}{CH}-CO-NH-NH_2 \xrightarrow{HNO_2} H_2N-\overset{\displaystyle R\atop \displaystyle |}{CH}-CON_3 + 2H_2O$$

酰化氨基酸叠氮化合物

此反应能使氨基酸的羧基活化，在人工合成肽的过程中也是常用的。

d　脱羧基反应

生物体内的氨基酸经脱羧酶作用放出 $CO_2$，并产生相应的胺，反应式如下：

$$\underset{\displaystyle |\atop \displaystyle NH_2}{R-CH-COOH} \xrightarrow{脱羧酶} CO_2 + RCH_2NH_2$$

生物体内的胺主要由氨基酸脱羧产生，具有一定的生理效能。

C　α-氨基与 α-羧基共同参加反应

a　与茚三酮反应

茚三酮在弱酸性溶液中与氨基酸共热，具有游离氨基的氨基酸都生成紫色化合物，而亚氨基酸则生成黄色化合物。其反应式如下：

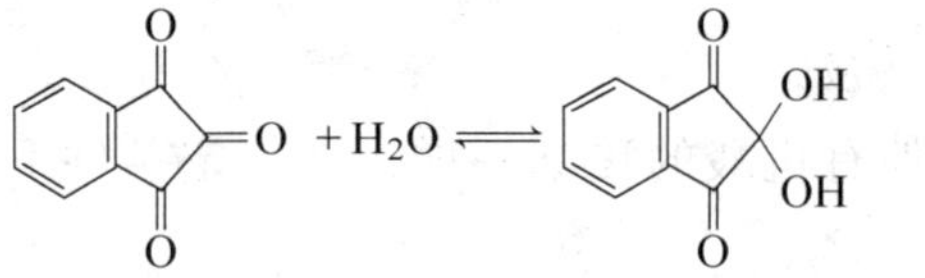


水合茚三酮

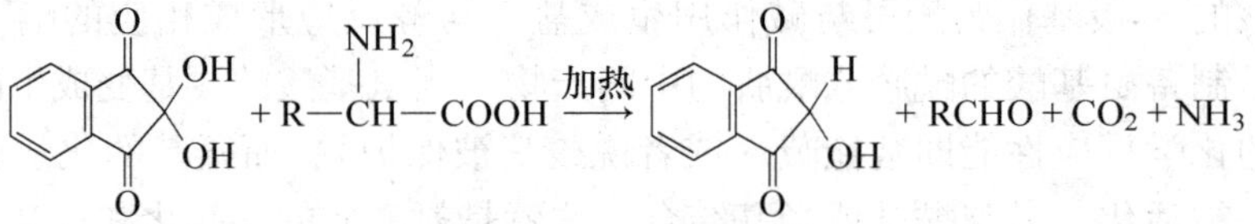


还原茚三酮

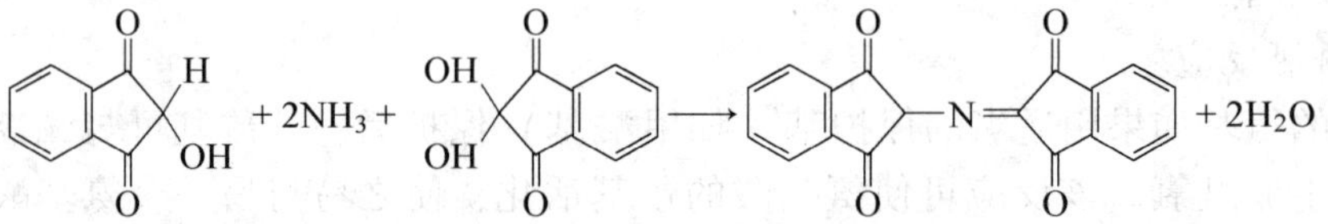


还原茚三酮　　茚三酮　　蓝紫色物质

脯氨酸和羟脯氨酸与茚三酮反应不释放 $NH_3$ 而直接生成黄色物质。其他所有 α-氨基酸与茚三酮反应均产生蓝紫色物质，此反应非常灵敏，0.5μg 氨基酸就能显色。根据蓝紫色的深浅，在 570nm 处进行比色，就可以测定样品中氨基酸的含量。采用纸色谱、离子交换色谱和电泳等技术分离氨基酸时，常用茚三酮溶液作显色剂，以定性和定量测定氨基酸。

b 成肽反应

一个氨基酸的氨基与另一个氨基酸的羧基可以缩合成肽，形成的键为酰胺键。例如：

$$H_2N-\underset{\textstyle\overset{|}{}}{\overset{R^1}{\underset{|}{}}}\!\!\!CH-COOH+H_2N-\overset{R^2}{\overset{|}{C}}H-COOH\xrightarrow{H_2O}H_2N-\overset{R^1}{\overset{|}{C}}H-\overset{O}{\overset{\|}{C}}-\underset{H}{N}-\overset{R^2}{\overset{|}{C}}H-COOH$$

D 侧链 R 基参加的反应

α-氨基酸分子中侧链基团（R 基）也能发生化学反应，这些基团包括巯基、羧基、酚基、吲哚基、咪唑基、胍基等，含有相应基团的氨基酸就具有相关化学性质。这些性质可用于鉴别特定氨基酸，也可对蛋白质进行分子修饰并改变蛋白质的功能。

a 特殊侧链基团

氨基酸特殊侧链基团参与的反应及用途见表 3-4。

**表 3-4 氨基酸特殊侧链基团参与的反应及用途**

| R 基团名称 | 化学反应 | 用 途 |
|---|---|---|
| **酚基** 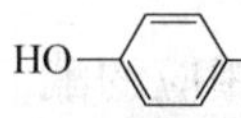 (Tyr) | Millon 反应：与 $HgNO_3$、$Hg(NO_3)_2$、$HNO_3$反应呈红色<br>Folin 反应：酚基可还原磷钼酸、磷钨酸成蓝色物质 | 用于鉴定酪氨酸，进行蛋白质定性定量测定 |
| **咪唑基**  (His) | Pauly 反应：与重氮盐化合物结合生成棕红色物质 | 用于组氨酸及酪氨酸的测定 |
| **胍基** $NH_2-\overset{NH}{\overset{\|}{C}}-NH-$ (Arg) | 坂口反应：在碱性溶液中胍基与含有 α-萘酚及次氯酸钠的物质反应生成红色物质 | 进行精氨酸的测定 |
| **吲哚基** 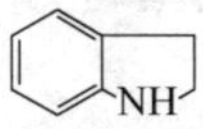 (Trp) | 乙醛酸反应：与乙醛酸或二甲基氨甲醛反应，生成紫红色化合物<br>还原反应：还原磷钼酸、磷钨酸成钼蓝、钨蓝 | 鉴定色氨酸，做蛋白质定性实验 |
| **巯基** HS— (Cys) | 亚硝基亚铁氰酸钠反应：在稀氨溶液中与亚硝基亚铁氰酸钠反应生成红色化合物 | 进行半胱氨酸及胱氨酸的测定 |
| **苯基** 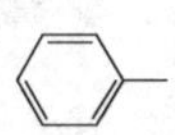 (Tyr、Phe) | 黄色反应：与 $HNO_3$ 作用生成黄色物质 | 做蛋白质定性实验，用于鉴定苯丙氨酸和酪氨酸 |

b 巯基及二硫键

巯基还原性强，很活泼，可与苄氯、碘乙酰胺等结合，从而使巯基得到保护而不被破坏，在肽合成中常用到。反应式如下：

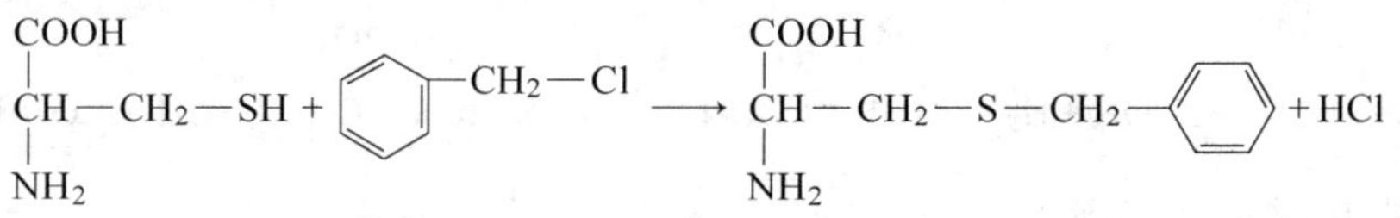

苄氯

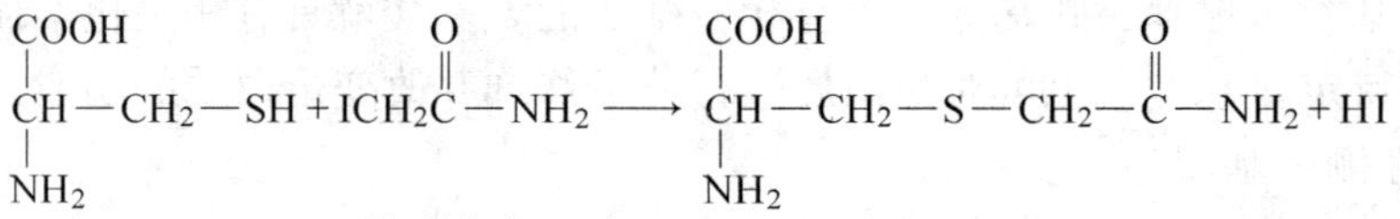

碘乙酰胺

两个—SH 通过氧化可失去两个氢原子而形成—S—S—，被称为二硫键。例如：两个半胱氨酸通过氧化而形成胱氨酸。相反，二硫键也可通过还原作用形成两个—SH，如以巯基乙醇作还原剂。所以—SH 和—S—S—组成一个氧化还原体系。

c 羟基

羟基可与酸生成酯，如丝氨酸或苏氨酸与乙酸、磷酸反应，生成相应的酯。磷蛋白中磷酸通常都是与这两种氨基酸的侧链羟基缩合生成磷酸酯。

## 3.3 肽

### 3.3.1 肽的结构与性质

3.3.1.1 结构

由两个或多个氨基酸残基通过肽键相连而形成的化合物称为肽。肽有寡肽和多肽之分，残基数在 10 个以下的称为寡肽，在 10 个以上的称为多肽。肽可由氨基酸缩合形成，也可由蛋白质水解产生，另外还有存在于生物体内的天然活性肽。

肽链中氨基酸间的连接是通过肽键，肽键是由一个氨基酸的 α-氨基与另一个氨基酸的 α-羧基缩合失水而形成的酰胺键。

肽呈链状，因而称为肽链。肽链中的氨基酸由于参加肽键的形成，因而不再是原来完整的分子，这时称为氨基酸残基。两个氨基酸形成一个肽键时失去一分子水，因此失去的水分子数比氨基酸残基数少一个。每个氨基酸残基的平均相对分子质量为 110。肽链中仍保留有类似于氨基酸的游离的 $\alpha\text{-}NH_2$ 和 α-COOH，它们分别位于肽链的两端，这两端分别称为氨基末端（N-末端）和羧基末端（C-末端）。在阅读和书写时，从左至右为 N-末端到 C-末端，这就是肽链的方向性。命名时，从 N-末端开始，氨基酸残基的名称变为某氨酰，C-末端氨基酸残基用氨基酸的本名。由几个残基构成即为几肽。

3.3.1.2 肽的理化性质

肽与氨基酸的相同之处在于都含有 α-COOH、$\alpha\text{-}NH_2$；不同之处在于肽还含有侧链 R 基上的可解离基团，且肽的可解离基团主要在侧链上。肽键的酰胺氢不解离，肽的酸碱性质主要决定于肽键中的游离末端 α-$NH_2$、α-COOH 及侧链 R 基上的可解离基团；肽中末端 α-羧基和 α-氨基的间距比一般氨基酸大，它们之间的静电引力较弱，可离子化程度较低；游离的 α-氨基、α-羧基和 R 基可发生与氨基酸中相应的类似反应，如茚三酮反应等；蛋白质部分水解后所得的肽若不发生消旋，则具有旋光性，短肽的旋光度约等于组成氨基酸的旋光度之和，较长的肽的旋光度则不是简单加和。

### 3.3.2 天然的重要多肽

在生物体中，多肽重要的存在形式是作为蛋白质的亚单位。但是，也有许多相对分子质量比较小的多肽以游离状态存在，这类多肽通常都具有特殊的生理功能，称为生物活性肽，又称为天然肽。它们一般为寡肽或小肽，是沟通细胞、器官之间的重要化学信使。

#### 3.3.2.1 谷胱甘肽

谷胱甘肽是谷氨酸、半胱氨酸和甘氨酸构成的三肽（见图 3-2)，广泛存在于动植物和微生物细胞中。其结构组成与大多数肽类不同，第一是谷氨酸的 γ-羧基参与反应，形成 γ-肽键；第二是谷胱甘肽的侧链中含有巯基。

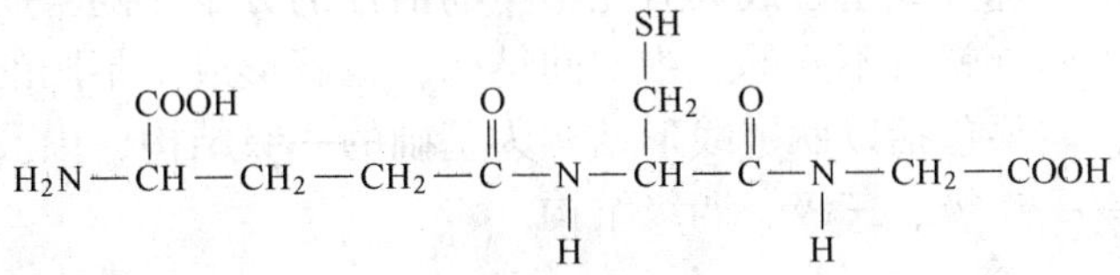


图 3-2 谷胱甘肽的结构式

#### 3.3.2.2 催产素和升压素

催产素和升压素都是在下丘脑的神经细胞中合成的多肽激素，合成后与神经垂体运载蛋白相结合，经轴突运输到神经垂体，再释放到血液中。它们都是九肽，在它们的分子中都有环状结构。催产素和升压素虽然结构相似，但由于有两个氨基酸不同，所以两者在生理功能上有所不同。前者使子宫和乳腺平滑肌收缩，具有催产及使乳腺排乳作用；后者则是促进血管平滑肌收缩，从而升高血压，并有减少排尿的作用，所以也称抗利尿激素。

#### 3.3.2.3 神经肽

神经肽是首先从脑组织中分离出来并主要存在于中枢神经系统（其他组织也有分布）的一类活性肽，主要包括脑啡肽、内啡肽、强啡肽等一系列脑肽和 P-物质。因为这些肽类都与痛觉有关，且具有像吗啡一样的镇痛作用，所以就把它们称作脑内产生的吗啡样肽或内源性吗啡样肽。

#### 3.3.2.4 抗菌肽

抗菌肽是一种抗生素，是一类抑制细菌和其他微生物生长或繁殖的物质，对传染性疾病的治疗有重要意义。抗菌肽是由特定微生物产生的，并含有一些通常不在蛋白质或肽类中存在的氨基酸，或含有异常的酰胺结合方式。该类物质中最常见的是青霉素，青霉素的主体结构可以看作是由半胱氨酸和缬氨酸结合成的二肽衍生物，不过这种结合为非肽键连接。青霉素即氨基酸的二肽衍生物，其侧链 R 基不同，即为不同的青霉素，其结构通式如图 3-3 所示。

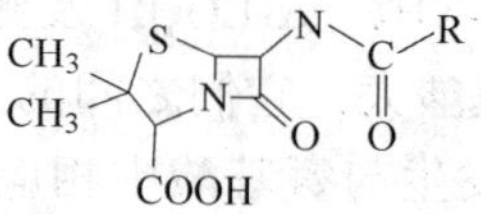

图 3-3 青霉素的结构通式

3.3.2.5 其他活性肽

在功能性食品研究中发现，有多种食物蛋白质水解产生的肽类物质具有明显的生物活性，被称为功能性活性肽。通常根据其原料来源分为：乳肽、大豆肽、玉米肽、豌豆肽、卵白肽、畜产肽、水产肽和复合肽等，它们在调节人体代谢、促进免疫、促进消化吸收、抗菌、抗病毒、降血压等方面具有广泛作用，目前已成为功能性食品研究的热点之一。

## 3.4 蛋白质的结构

实验已经证明，蛋白质是由各种氨基酸通过肽键连接而成的多肽链，再由一条或一条以上的多肽链按各自特殊方式组合成具有完整生物活性的分子。随着肽链数目、氨基酸组成及其排列顺序的不同，就有不同的三维空间结构，也就形成了不同的蛋白质。蛋白质的结构是非常复杂的，主要包括以肽链线形结构为基础的一级结构，以及由肽链卷曲、折叠而形成的三维结构——二级、三级、四级结构。

### 3.4.1 蛋白质的一级结构

3.4.1.1 一级结构的定义

蛋白质的一级结构包括组成蛋白质的多肽链的数目，多肽链的氨基酸顺序以及多肽链内或链间二硫键的数目和位置。其中最重要的是多肽链的氨基酸顺序，它是蛋白质生物功能的基础。蛋白质氨基酸顺序的改变，不仅影响蛋白质的高级结构，而且直接影响其生物功能。

3.4.1.2 一级结构的测定

蛋白质的一级结构指的是以肽键连接而成的肽链中氨基酸的排列顺序。一级结构确定的原则：自然界中蛋白质多种多样，其分子中氨基酸的排列顺序也各不相同。测定蛋白质中氨基酸的排列顺序往往随着不同的蛋白质有所不同，但是一般还是有些原则可循的，其要点是：（1）测定蛋白质中氨基酸组成；（2）蛋白质的 N-末端和 C-末端的测定；（3）应用两种或两种以上不同的水解方法将所要测定的蛋白质肽链断裂成大小不同的肽段；（4）分离提纯所产生的肽，并测定出它们的序列；（5）从有重叠结构的各个肽的序列中推断出蛋白质中全部氨基酸排列顺序。

蛋白质一级结构测定的战略原则是将大化小，逐段分析，先后采用不同方法制成两套肽片段，并对照两套肽段，找出重叠片段，排出肽的前后位置，最后确定蛋白质的完整序列。

多肽氨基酸的顺序分析方法有如下几种。

A N-末端测定

（1）二硝基氟苯（DNFB）法。由于氨基酸的 α-$NH_2$可与卤素化合物发生取代反应，肽链末端的α-$NH_2$也可与二硝基氟苯（DNFB）反应，生成二硝基苯衍生物，即DNP-肽链。由于新生成的DNP-肽链中苯核与氨基之间的键比肽键稳定，不易被酸水解，因此DNP-肽链经酸水解后，得到一个DNP-氨基酸和其余所有游离氨基酸的混合液。DNP-氨基酸为黄色，可用乙醚抽提，然后用纸色谱、薄层色谱或高效液相色谱进行分离鉴定和定量测定，即可知道肽链的N-末端是何种氨基酸。

（2）丹磺酰氯（DNS）法。二甲基氨基萘磺酰氯简称丹磺酰氯（DNS-Cl）。DNS法的原理与DNFB法相同，只是用DNS代替DNFB试剂。由于丹磺酰氯具有强烈的荧光，此法的灵敏度比DNS法高100倍，并且水解后的DNS-氨基酸不需要抽提，可直接通过纸电泳或薄层色谱进行鉴定，还可用荧光剂检测。

（3）苯异硫氰酸（PITC）法。肽链的末端氨基也能与苯异硫氰（PITC）作用，生成苯氨基硫甲酰衍生物（PTC-肽链）。在温和酸性条件下，末端氨基酸环化并释放出来，即苯乙内酰硫脲氨基酸（PTH-氨基酸），留下一条完整的、缺少一个氨基酸残基的肽链。PTH-氨基酸用乙酸乙酯抽提后，可用纸色谱或薄层色谱鉴定。对抽提后剩余的肽链，可多次重复上述降解方法，每次从肽链的N-末端依次移去一个氨基酸残基，最终测出全部肽链或肽段的氨基酸顺序。

（4）氨肽酶法。氨肽酶是一类肽链外切酶，它们能从多肽链的N-末端逐个地向内切。根据不同的反应时间测出酶水解所释放的氨基酸种类和数量，按反应时间和残基释放量绘制动力学曲线，就能知道该蛋白质的N-末端残基顺序。

B C-末端测定

（1）肼解法。这是测定C-末端最重要的化学方法。多肽与肼在无水条件下加热可以断裂所有的肽键，除C-末端氨基酸游离外，其他氨基酸都转变成相应的酰肼化合物。肼解下来的C-末端氨基酸通过DNFB法或DNS法以及色谱技术可以进行鉴定。此法的缺点是：肼解中天冬酰胺、谷氨酰胺和半胱氨酸等被破坏而不易测出，精氨酸转变为鸟氨酸，致使C-末端由这几种氨基酸组成的肽链分析不够准确。

（2）还原法。肽链的C-末端氨基酸用硼氢化锂还原成相应的α-氨基醇，肽链完全水解后，鉴别α-氨基醇。

（3）羧肽酶法。羧肽酶是一种专门水解并释放肽链C-末端氨基酸的蛋白水解酶。被释放的氨基酸数目与种类随反应时间而变化，目前常用的羧肽酸有A、B、C、Y等几种。将多肽在pH=8.0、30℃下与羧肽酶一起保温，按一定时间间隔取样分析，用色谱法测定释放出来的氨基酸。根据释放的氨基酸量（物质的量，单位为mol）与反应时间的关系，就可以知道C-末端氨基酸的排列顺序。

C 二硫键的断裂

（1）过甲酸氧化法。这是将二硫键中的两个半胱氨酸残基（C—S—S—C）氧化成为两个半胱胺磺酸（C—$SO_3H$），该过程为不可逆氧化，仅用于测序及结构研究中。

（2）巯基化合物还原法。常用的还原剂是β-巯基乙醇和二硫苏糖醇，它们可以将二硫键还原成为两个半胱氨酸残基（C—SH），该法条件温和，反应可逆，在蛋白质性质研究中应用较多。测序时为了防止C—SH再被重新氧化，需再用碘乙酸进行烷基化，保护生成的半胱氨酸的巯基。

D 多肽链的裂解

对肽链的裂解条件的基本要求是：选择性强，裂解点少，反应产率高。基本方法有化学裂解法和酶解法。化学裂解法最常用的是溴化氰裂解和羟胺断裂，酶解法最常用的是胰蛋白酶水解。

（1）溴化氰（CNBr）裂解。CNBr 能专一性地切断肽链中甲硫氨酸羧基端的肽键。此法转移性强，在肽链上切点少且产率高。蛋白质中一般含甲硫氨酸很少，故可获得较大的片段，产物的 N-末端为甲硫氨酸。

（2）羟胺（$NH_2OH$）断裂。$NH_2OH$ 在 pH＝9 时能专一地断裂 Asn-Gly 之间的肽键，但在其他条件下，没有专一性。由于蛋白质中 Asn-Gly 键出现的概率很低，故此法所得的肽段都很大，对相对分子质量大的蛋白质的测序有用。

（3）酶裂解。蛋白质水解酶对肽键的水解率很高，且不同酶作用位点不同，因此可根据需要选择不同的蛋白酶进行肽链的部分水解。最常用的蛋白水解酶有胰蛋白酶、胰凝乳蛋白酶、胃蛋白酶等内切酶，其酶切位点如图 3-4 所示。

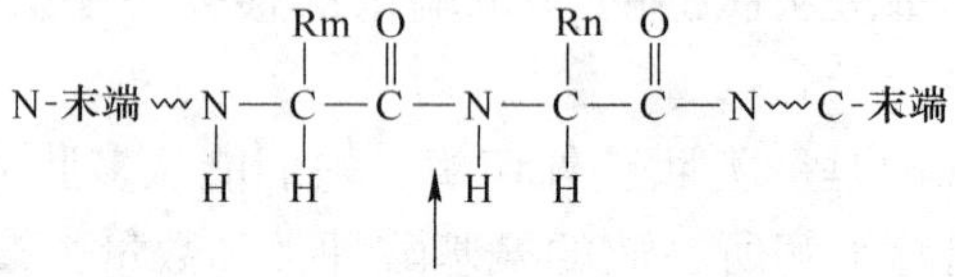


| 酶 | 可能水解位置 |
| --- | --- |
| 胰蛋白酶 | Rm=Lys，Arg，碱性氨基酸 |
| 胰凝乳蛋白酶 | Rm=Tyr，Phe，Trp，Leu，Ile，Val，芳香族、非极性侧链氨基酸 |
| 胃蛋白酶 | Rm=Phe，Leu和其他 |
| 凝血酶 | Rm=Arg |
| 木瓜蛋白酶 | Rm=Arg，Lys |
| 菠萝蛋白酶 | Rm=Arg，Lys，Tyr，Gly |

图 3-4 不同蛋白质水解酶的酶切位点

E 氨基酸组成的测定

用于蛋白质的氨基酸组成分析的水解方法主要是酸水解，同时辅以碱水解。酸水解中使用最广泛的是盐酸，一般用 6mol/L 的 HCl 于 110℃ 在真空或充氮条件下进行水解，时间 10~24h，水解后除去 HCl。所得氨基酸不消旋，但色氨酸全部被破坏，丝氨酸、苏氨酸和酪氨酸也遭到部分破坏；同时，天冬酰胺和谷氨酰胺的酰胺基被水解下来，生成相应的游离氨基酸和铵离子。蛋白质中的酰胺基总量可由水解液中的氨量算出。为测定色氨酸含量，蛋白质可用碱水解，虽然很多种氨基酸遭受破坏，但色氨酸能定量回收。碱水解通常用 5mol/L NaOH，于 110℃ 在真空或充氮条件下进行，时间 20h 左右；不破坏色氨酸，但半胱氨酸、苏氨酸、丝氨酸、精氨酸、赖氨酸被破坏，且部分转变为 D 型。

F 肽段的氨基酸序列测定

多肽链经降解和分离后得到大小合适、纯度合格的肽段，即可进行肽段的氨基酸顺序分析，常用的方法主要有 Edman 降解法、酶解法、质谱法等。

（1）Edman 降解法。此法由 P. Edman 于 1950 年首先提出，最初是用于 N-末端氨基酸残基的分析，即异硫氰酸苯酯法。这种技术每次都只是标记、水解和鉴定肽段的 N-末端氨基酸残基，而留下其他完整的肽链，是一项使蛋白质序列分析革命化的技术。1967 年 Edman 和 Begg 依据此原理设计出了多肽氨基酸序列分析仪。Edman 降解法是用 Edman 试剂 PITC 与游离氨基作用生成 PTH-氨基酸，并可用各种层析技术分离。它的最大优越性是在水解除去末端标记的氨基酸残基时，不会破坏余下的多肽链，故可重复进行上述反应过程，用此法降解一次可连续测出 60~70 个氨基酸残基的序列，但工作量大，操作麻烦，现已改用蛋白质测序仪。

（2）酶解法。采用肽链外切酶（又称外肽酶），如氨肽酶和羧肽酶，它们分别从肽链的 N-末端和 C-末端逐个往里切。这种方法在实际应用中有很多困难，局限性很大，它只能用来测定末端附近很少几个氨基酸残基的顺序。

（3）质谱法。其原理是先将多肽切割成 2~6 肽的小片段，并将之转化为挥发性的衍生物，经气相色谱和质谱的分离分析、计算机数据处理，可得到其氨基酸排列顺序。目前质谱法一次能测的氨基酸残基数还不多，一般 10 个左右。但质谱法具有样品用最少、分析速度快的优点，用质谱仪分析化合物的结构要求样品有较高的纯度。

（4）由核苷酸序列推定法。推定的依据是生物学上的“中心法则”，细胞内的遗传信息流是由 DNA 到 RNA 到蛋白质，核酸分子的线性核苷酸序列决定蛋白质分子的氨基酸序列。该方法将蛋白质的模板 mRNA 反转录成 cDNA，推出 cDNA 的核苷酸序列，然后推测出蛋白质的氨基酸序列。

G　肽段在肽链中次序的确定

一般来说，如果多肽链只断裂成两段或三段便能测出它们的氨基酸序列，就不难推断出它们在原多肽链中的前后次序，只要知道原多肽链的 C-末端和 N-末端的氨基酸残基即可，除非末端残基恰好与切口的氨基酸一样才不能得出结论。然而多数场合，断裂得到的肽段多于此数目，因此除了能确定 C-末端肽段和 N-末端肽段的位置之外，中间那些太短的次序还是不能确定。为此，常用两种或两种以上的不同方法对肽链进行有控制的部分裂解，生成两套或几套肽段。不同方法是指断裂的专一性不同，即切口是彼此错位的，因此两套或几套肽段恰好跨过切口而重叠，这样的肽段称为重叠肽。借助重叠肽可以确定肽段在原多肽链中的正确位置，从而拼凑出整个多肽链的氨基酸顺序（见图 3-5）。同时，几套肽段可以互相核对各个肽段的氨基酸顺序测定是否有误。

H　二硫键位置的确定

如果蛋白质分子中存在链间或链内二硫键，则在完成多肽链的氨基酸序列分析后，需要对二硫键的位置加以确定。一般采用胃蛋白酶水解原来的含二硫键的蛋白质，因为它的专一性比较低，切点多，这样生成的肽段都比较小，利于后面的分离与鉴定；胃蛋白酶的作用在 pH 值酸性范围，有利于防止二硫键发生交换反应而造成的麻烦；再利用双向电泳技术分离出各个肽段，用过甲酸处理后，将每个肽段进行组成及顺序分析，然后同其他方法分析的肽段进行比较，确定二硫键的位置。

### 3.4.2 蛋白质的高级结构

蛋白质的高级结构又称为蛋白质的构象、空间结构、立体结构、三维结构，是指蛋白

$H_3\overset{\oplus}{N}$-Gly-Arg↓-Ala-Ser-Phe-Gly-Asn-Lys↓-Trp-Glu-Val-$COO^{\ominus}$

↓ 胰蛋白酶

$H_3\overset{\oplus}{N}$-Gly-Arg-$COO^{\ominus}$ + $H_3\overset{\oplus}{N}$-Ala-Ser-Phe-Gly-Asn-Lys-$COO^{\ominus}$ + $H_3\overset{\oplus}{N}$-Trp-Glu-Val-$COO^{\ominus}$

a

$H_3\overset{\oplus}{N}$-Gly-Arg-Ala-Ser-Phe↓-Gly-Asn-Lys-Trp↓-Glu-Val-$COO^{\ominus}$

↓ 胰凝乳蛋白酶

$H_3\overset{\oplus}{N}$-Gly-Arg-Ala-Ser-Phe-$COO^{\ominus}$ + $H_3\overset{\oplus}{N}$-Gly-Asn-Lys-Trp-$COO^{\ominus}$ + $H_3\overset{\oplus}{N}$-Glu-Val-$COO^{\ominus}$

b

| | | |
|---|---|---|
| Gly-Arg | Ala-Ser-Phe-Gly-Asn-Lys | Trp-Glu-Val |
| Gly-Arg-Ala-Ser-Phe | Gly-Asn-Lys-Trp | Glu-Val |

c

图 3-5 重叠肽法基本原理

a—胰蛋白酶作用；b—胰凝乳蛋白酶作用；c—利用两个酶作用生成的两组片断确定蛋白质序列

质的分子中所有原子在三维空间中的排布，分为二级结构、三级结构、四级结构三个不同层次。

### 3.4.2.1 蛋白质的二级结构

蛋白质的二级结构是指肽链的主链在空间的排列，它只涉及肽链主链的构象及链内或链间形成的氢键。由于肽键的部分双键特性妨碍了 C—N 键的旋转，其结果造成肽单位实际上是个平面。但蛋白质中的每一个 N—$C_\alpha$ 键和每一个 $C_\alpha$—C 键都可以自由旋转（图 3-6），使—C ═O 与—N—H 能形成链内或链间氢键。二级结构的类型有 α-螺旋、β-折叠、β-转角和无规卷曲等。

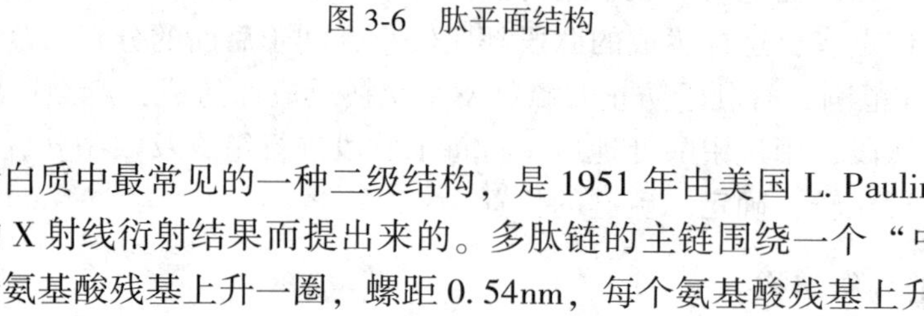


图 3-6 肽平面结构

#### A α-螺旋

α-螺旋是蛋白质中最常见的一种二级结构，是 1951 年由美国 L. Pauling 和 R. B. Corey 根据对角蛋白的 X 射线衍射结果而提出来的。多肽链的主链围绕一个“中心轴”螺旋上升，每隔 3.6 个氨基酸残基上升一圈，螺距 0.54nm，每个氨基酸残基上升 0.15nm，每个氨基酸残基旋转 100°。相邻螺旋之间要形成链内氢键，在每个氨基酸残基的氨基与其前面第4个氨基酸残基的羧基间形成。氢键的取向几乎与中心轴平行（氢键的4个原子位于一条直线上），且是维系α-螺旋的主要作用力。R侧链在螺旋的外侧，如图3-7所示。

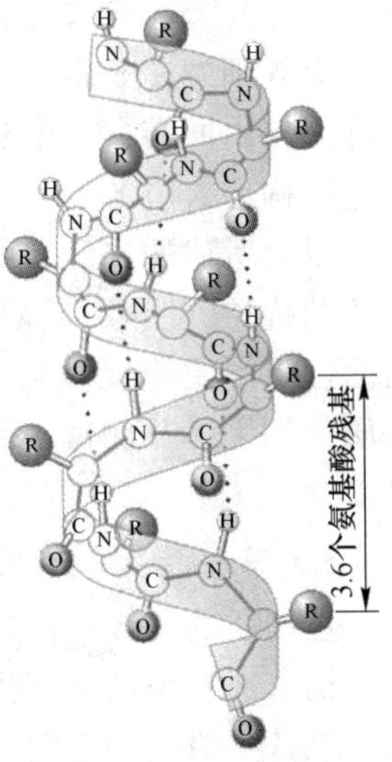


图3-7 α-螺旋示意图

B β-折叠

在研究丝蛋白的X射线衍射时，发现丝蛋白肽链存在一种与α-螺旋不同的结构，Pauling等提出一种折叠式结构，称为β-折叠。β-折叠结构的氢键主要是在两条肽链之间形成的，也可以在同一肽链的不同部分之间形成。几乎所有肽键都参与链内氢键的交联，氢键与链的长轴接近垂直，用以维持片层间结构稳定性（见图3-8）。β-折叠有两种类型，一种为平行式，即所有肽链的N-末端都在同一边，另一种为反平行式，即相邻两条肽链的方向相反（见图3-9）。在两种β-折叠中，反平行式结构更稳定。因为反平行式中氢键不垂直于肽键，角度较大，氢键中各原子与主链各原子间排斥力较小。

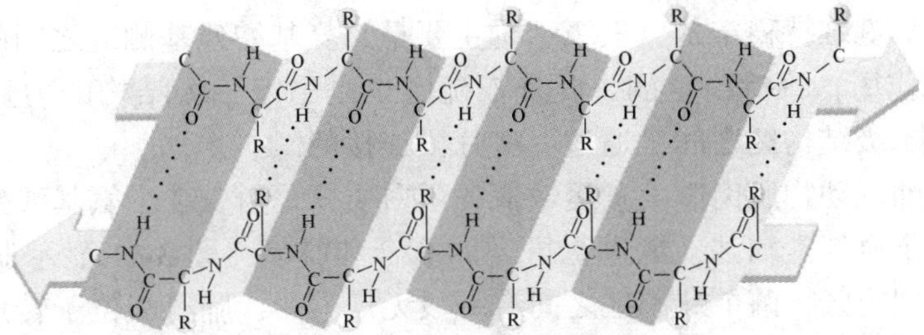

图3-8 β-折叠结构示意图

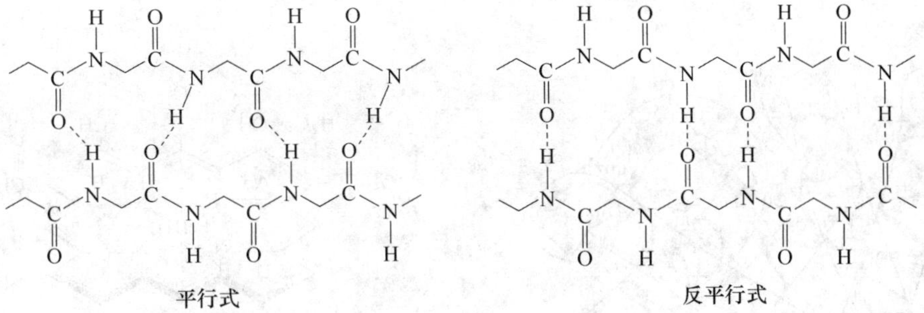


图3-9 β-折叠结构类型

C β-转角

β-转角是由伸展的肽链经180°回折，形成的转角结构（见图3-10）。它由4个连续的氨基酸残基构成，弯曲处的第一个氨基酸残基的—C ═O 和第四个残基的—N—H 之间形成氢键，形成一个不很稳定的环状结构。β-转角是球状蛋白中广泛存在的一种结构类型。

D　无规则卷曲

无规则卷曲是指没有确定规律性的那部分肽链构象，也称为自由回转，是上述几种结构单元以外的其他松散肽链结构形式。

以上所述的二级结构实际上都是多数蛋白质中最常见的结构单元，仅涉及多肽主链本身的盘曲、折叠。然而活性蛋白质绝大多数不是纤维状蛋白肽链而是球状蛋白质，如果涉及侧链 R 基的情况，蛋白质的空间结构将更复杂。

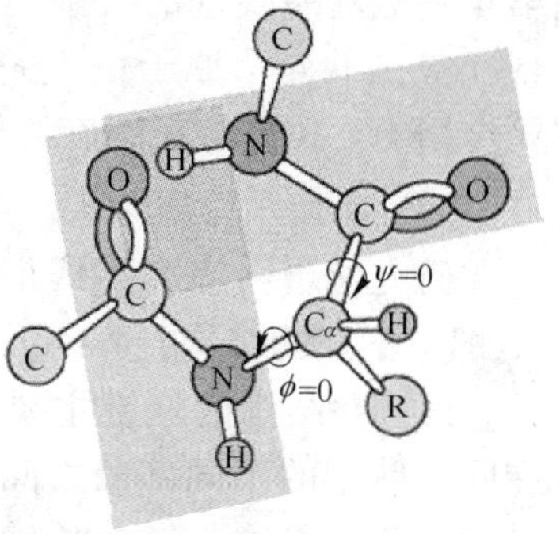

图 3-10　β-转角示意图

3.4.2.2　蛋白质的三级结构

蛋白质的三级结构是指一条肽链在二级结构的基础上进一步折叠，构成一个不规则的特定构象，它包括全部主链、侧链在内的所有原子的空间排布，但不包括肽链间的相互作用。维持三级结构稳定的作用力有氢键、二硫键、离子键、范德华力、疏水作用力，其中疏水作用力起主要作用。三级结构的一个重要特点是在一级结构上离得远的氨基酸残基在三级结构中可以靠得很近，它们的侧链可以发生相互作用。二级结构是靠骨架中的酰胺和羰基之间形成的氢键维持稳定的，三级结构主要是靠氨基酸残基侧链之间的非共价相互作用（主要是疏水作用）维持稳定的，此外二硫键也是稳定三级结构的力。在一个蛋白质的三级结构中，二级结构区之间是通过一些片段连接的。

肌红蛋白是哺乳动物肌肉中负责运输氧的蛋白质，是由 153 个氨基酸残基构成的单链蛋白质，含有 1 个血红素辅基，能进行可逆的氧合和脱氧，图 3-11 显示肌红蛋白的三级结构；它有 8 个螺旋区，两个螺旋区之间有一段无规卷曲，脯氨酸位于转角处。由于侧链 R 基团的相互作用，多肽链缠绕形成一个球状分子，球表面主要有亲水侧链，疏水侧链则位于分子内部。辅基血红素（见图 3-12）就处于肌红蛋白分子表面的一个洞穴内，并通过组氨酸残基与肌红蛋白分子内部相连。

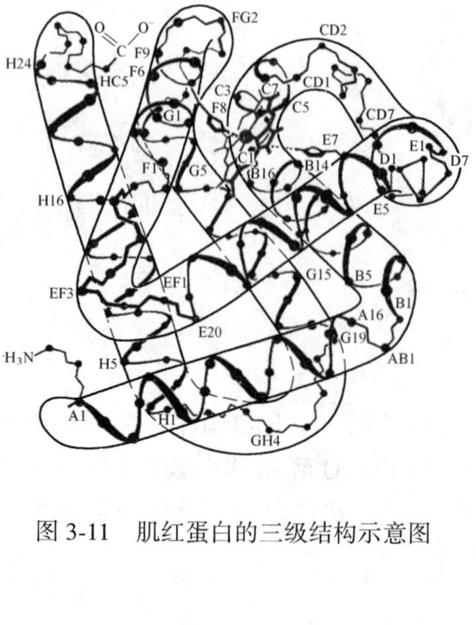

图 3-11　肌红蛋白的三级结构示意图

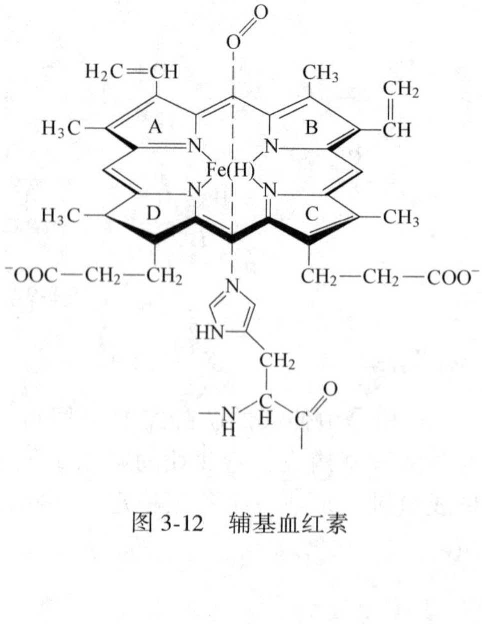

图 3-12　辅基血红素

### 3.4.2.3 蛋白质的四级结构

许多蛋白质分子含有两条或多条肽链，每一条肽链都有其完整的三级结构，称为蛋白质的亚基。亚基与亚基之间呈特定的三维空间排布，并以非共价键相连接和相互作用所形成的空间结构，称为蛋白质的四级结构。对具有四级结构的蛋白质来说，单独的亚基一般没有生物学功能，只有聚合成四级结构才具有完整的生物活性，蛋白质的四种结构水平关系如图 3-13 所示。维持蛋白质四级结构的化学键主要是疏水作用力，此外，氢键、离子键及范德华力也参与四级结构的形成。

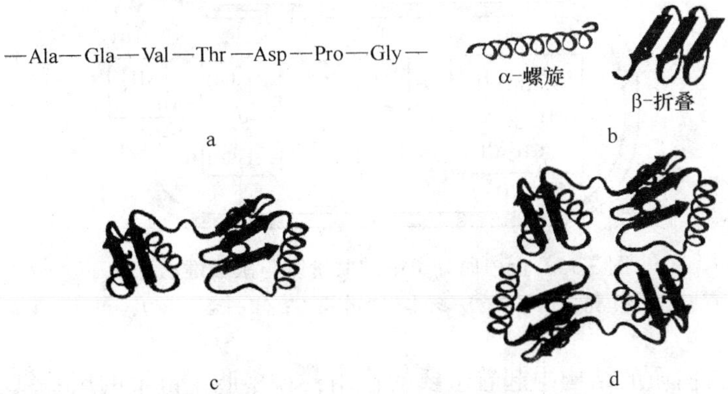


图 3-13 蛋白质的四种结构水平

a— 一级结构；b—二级结构；c—三级结构；d—四级结构

最简单的具有四级结构的蛋白质是血红蛋白。血红蛋白是一个由 2 条 α-链和 2 条 β-链，即 4 条多肽链组成的四聚体，四条链的三级结构很像肌红蛋白，它们的肽链是同源的，只是血红蛋白的肽链稍微短一点。α-链和 β-链隔着一个空腔彼此相向（见图 3-14）。

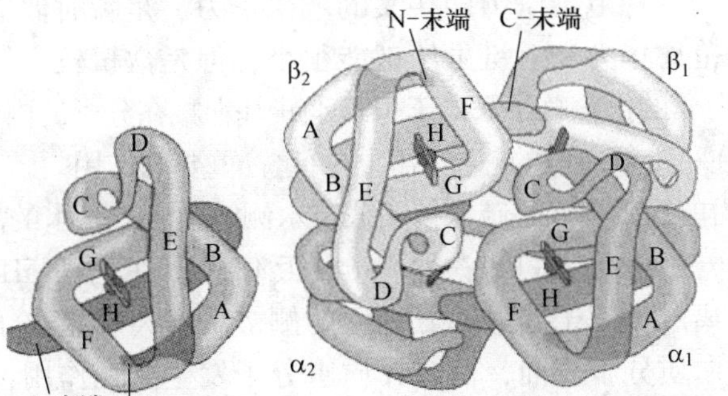


图 3-14 肌红蛋白与血红蛋白的比较

### 3.4.2.4 蛋白质分子中的共价键与次级键

维系蛋白质一级结构的化学键为共价键，主要为肽键，还有二硫键。维持蛋白质三维结构的主要是非共价键或次级键，主要包括氢键、范德华力、疏水作用和离子键（见图 3-15）；同时，它们也是稳定核酸构象、生物膜结构的作用力。此外，共价二硫键在稳定某些蛋白质的构象方面也起着重要作用，二硫键越多，蛋白质分子构象越稳定。

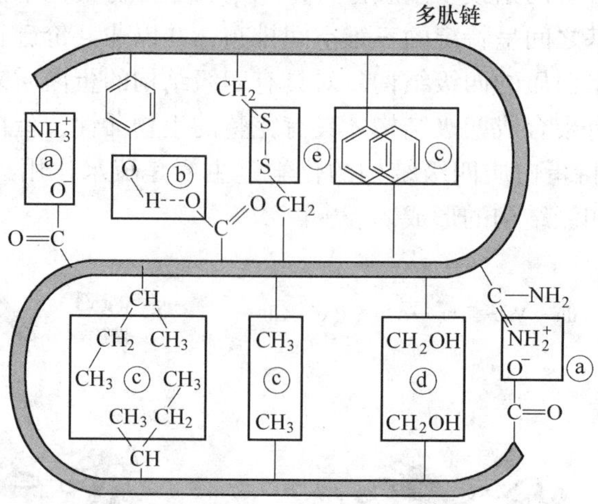


图 3-15　蛋白质分子中的共价键与次级键示意图

ⓐ—离子键；ⓑ—氢键；ⓒ—疏水相互作用力；ⓓ—范德华力；ⓔ—二硫键

氢键在稳定蛋白质的结构中起着重要的作用，在多肽主链上的羰基氧和酰胺氢之间形成的氢键，是稳定蛋白质二级结构的主要作用力。除此之外，氢键还易于在侧链与侧链、侧链与介质水、主链肽基与侧链或主链肽基与水之间形成。

广义的范德华力包括三种较弱的作用力，即定向效应、诱导效应和分散效应。定向效应发生在极性分子或极性基团之间，是永久偶极间的静电相互作用，氢键可认为属于这种范德华力。诱导效应发生在极性物质与非极性物质之间，这是永久偶极与由它诱导而来的诱导偶极之间的静电相互作用。分散效应是在多数情况下其主要作用的范德华力，是非极性分子或基团间仅有的一种范德华力即狭义的范德华力，是瞬时偶极间的相互作用，偶极方向是瞬时变化的。范德华力和氢键虽然键能很小，但是数量较大。

水介质中球状蛋白质的折叠总是倾向于把疏水残基埋藏在分子的内部，这一现象被称为疏水作用，疏水作用力在稳定蛋白质的三维结构方面起着重要的作用。疏水作用其实并不是疏水基团之间有什么吸引力的缘故，而是疏水基团或疏水侧链出于避开水的需要而被迫接近。

离子键是正电荷与负电荷之间的一种静电相互作用。在生理 pH 值下，蛋白质中的酸性氨基酸的侧链可解离成负离子，碱性氨基酸的侧链可解离成正离子。在多数情况下这些基团都分布在球状蛋白质分子表面，而与介质水分子发生相互作用，形成排列有序的水化层，这对稳定蛋白质的构象有一定作用，离子键的数量较小。

### 3.4.3　蛋白质结构与功能的关系

研究蛋白质结构与功能的关系，是从分子水平上认识生命现象的一个极为重要的领域。各种蛋白质都有其特异的生物学功能，而所有这些功能又都是以蛋白质分子的特异结构为基础的。

#### 3.4.3.1　蛋白质的一级结构与功能的关系

一级结构决定空间结构，空间结构是蛋白质生物学功能表现所必需的，因此蛋白质的一级结构也与其功能密切相关。

A 蛋白质一级结构和分子进化

在自然界中蛋白质的种类非常多，不同的生物体各自有其特异的蛋白质，但自然界中也还存在许多同功蛋白质。所谓同功蛋白质是指不同种属来源的执行同种生物学功能的蛋白质。它们在分子组成上基本相同，但有差异。从不同生物体的同功蛋白一级结构的比较研究，发现它们之间在氨基酸残基顺序上有明显的相似性，并在一定程度上反映了种属的进化，因此一级结构研究的进展推动了分子进化的研究。

同功蛋白一级结构研究较多的是细胞色素 c。细胞色素 c 是由一条含有 104~111 个氨基酸残基的多肽链组成的（见图 3-16），对已弄清的近 100 种生物的细胞色素 c 的氨基酸序列进行比较，发现亲缘关系越近，其结构越相似；亲缘关系越远，在结构组成上差异越

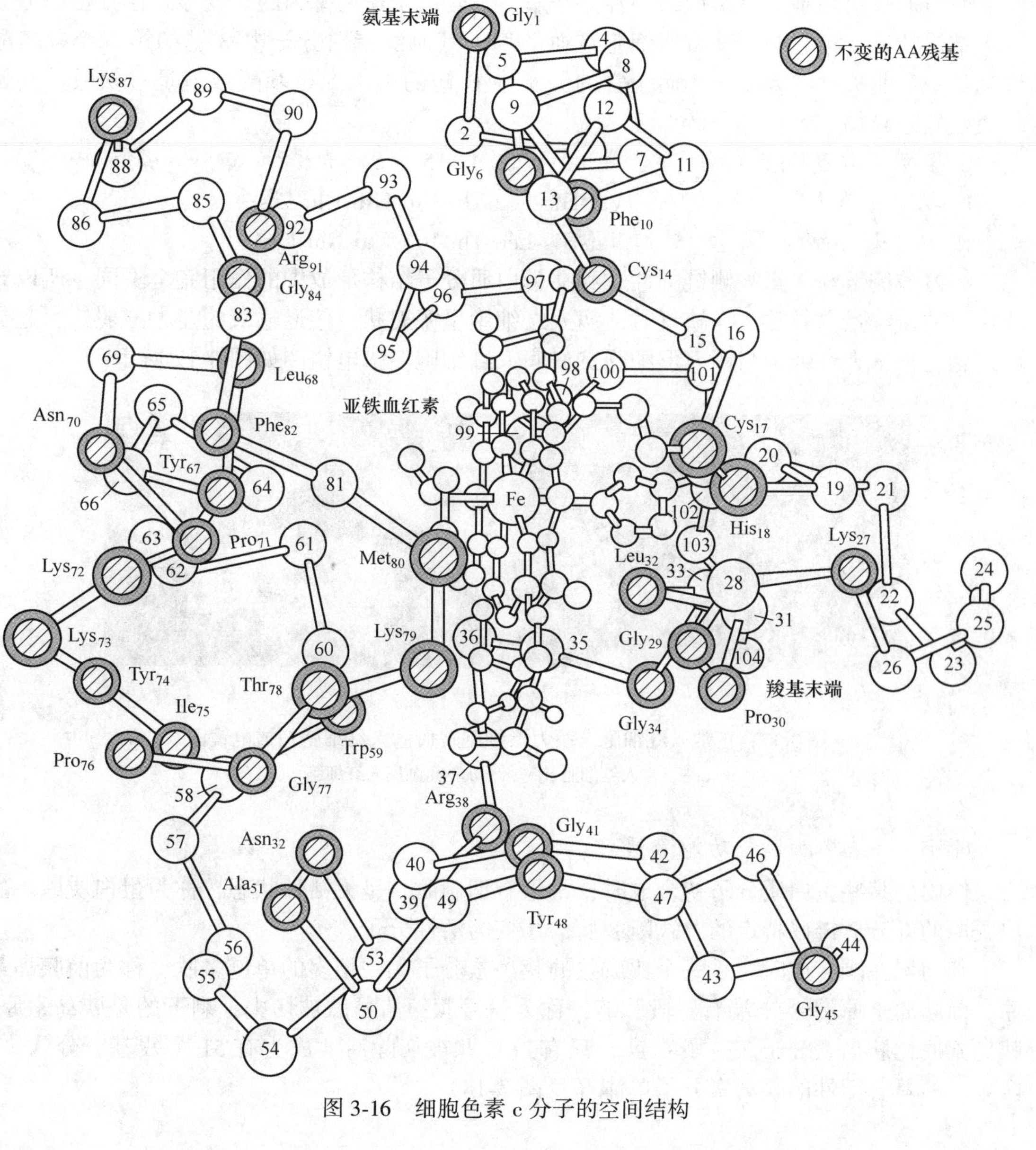


图 3-16 细胞色素 c 分子的空间结构

大。根据同功蛋白质在组成上的差异程度，可以断定它们亲缘关系的远近。例如人与黑猩猩的细胞色素 c 的氨基酸序列完全一样，但与猴、狗、金枪鱼和酵母的细胞色素 c 相比，可变换的氨基酸残基数依次为 1、10、21 和 44。那些进化中不易改变的、保守的 35 个氨基酸残基是维持细胞色素 c 功能所必需的，其中有的可能参加维持分子构象，有的可能参与电子传递，有的可能参与“识别”并结合细胞色素还原酶和氧化酶。由同一个祖先进化来的表现出序列相似性的蛋白质称为同源蛋白质。

B 一级结构变异与分子病

随着蛋白质一级结构研究的深入，从分子水平上对遗传性疾病的病因有了进一步的了解，从而提出了分子病的概念。所谓分子病是指某种蛋白质分子一级结构的氨基酸排列顺序与正常的有所不同的遗传病。

镰刀形贫血病是最早认识的一种分子病，它是由于遗传基因的突变导致血红蛋白分子一级结构的突变引起的。镰刀形细胞贫血的病人其血红蛋白分子中 β-链的第六个氨基酸残基是一个非极性的缬氨酸，而正常的分子中 β-链的第六个氨基酸残基是谷氨酸，其氨基酸残基差异如下：

| | |
|---|---|
| β-链 N-末端氨基酸排列顺序： | 1 2 3 4 5 6 7 8 |
| Hb-A（正常人）： | Val-His-Leu-Thr-Pro-**Glu**-Glu-Lys··· |
| Hb-S（患　者）： | Val-His-Leu-Thr-Pro-**Val**-Glu-Lys··· |

缬氨酸侧链与谷氨酸侧链的性质和在蛋白质分子结构形成中的作用完全不同，所以导致病人的血红蛋白异常。在缺氧时，病人红细胞呈镰刀状，使运输氧的能力减弱，引起贫血症状。正常人红细胞与镰刀形细胞贫血病人红细胞扫描电镜图如图 3-17 所示。

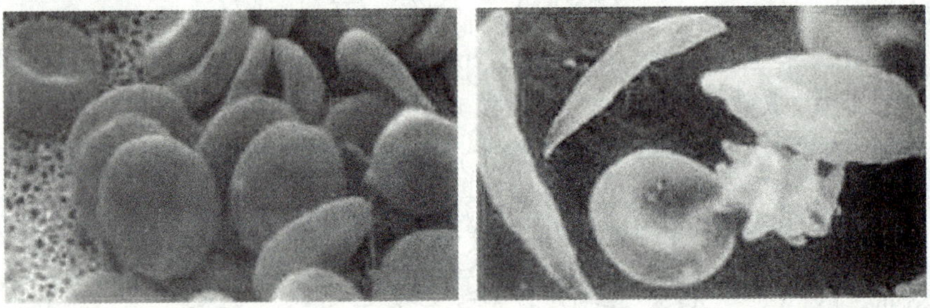

a　　b

图 3-17　正常人红细胞与镰刀形细胞贫血病人红细胞扫描电镜图

a—正常人红细胞；b—镰刀形贫血病人红细胞

C 一级结构断裂与功能激活

体内的某些蛋白质分子初合成时，常带有抑制肽，呈无活性状态，称为蛋白质原。蛋白质原的部分肽链以特定的方式断裂后，才变为活性分子。

胰岛素在刚合成时，是一个比成熟的胰岛素分子大一倍多的单链多肽，称为前胰岛素原。前胰岛素原的 N-末端有一段肽链，称为信号肽；信号肽被切去，剩下的是胰岛素原。胰岛素原比胰岛素分子多一段 C 肽，只有当 C 肽被切除后才成为有 51 个残基，分 A、B 两条链的具有活性的胰岛素分子单体（见图 3-18）。

3.4.3.2 蛋白质的空间结构与功能的关系

生物系统中所有蛋白质的一级结构都是由基因决定的。任何一种蛋白质，当被合成之后，规定其复杂的三维结构所需的信息包含在它的氨基酸顺序中。这就是说，蛋白质多肽链只有按照特定方式盘卷、折叠形成待定的三维结构之后，才能表达其生物功能。如果通过化学的或物理的方法破坏其三维结构，蛋白质原有的生物功能就会丧失；但是，当去除这些破坏因素后，蛋白质的生物功能又会复原。前一种现象称蛋白质变性，而后一种现象称为复性。由于变性过程中只是破坏了维持蛋白质三维结构的弱的化学作用力，因而原来的有一定规则的三维结构被破坏，所以丧失了原有生物功能。此外，蛋白质当处于活性状态时都有一定的构象（空间结构），而在执行功能中，往往又伴随着构象的某种微妙的变化，这种现象称为交构效应或别构效应。

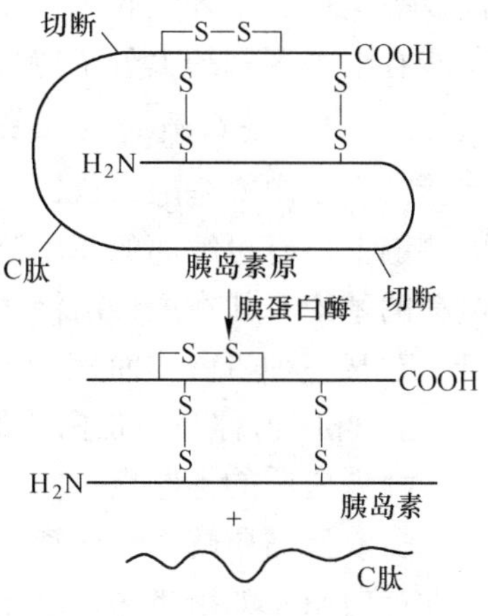

图 3-18 胰岛素原的激活

A 变性作用

引起蛋白质变性的理化因素包括：温度、紫外线、X 射线、超声波、机械搅拌等物理因素；强酸（碱）、尿素、乙醇、三氯乙酸等化学因素。蛋白质变性后，其理化性质均要发生改变，最显著的是溶解度降低、黏度增大、分子扩散减慢、渗透压降低。由于所带电荷改变而引起等电点改变，以及表现出一些新的颜色反应等。蛋白质变性后其生物活性降低或丧失，如酶失去活性、激素蛋白失去原有生理功能等，而且变性蛋白质易于被酶水解。

之所以存在蛋白质的变性现象，是由于蛋白质分子内部的结构发生了改变。天然蛋白质分子内部通过氢键等化学键的联系使整个分子具有紧密的结构，变性后，氢键等次级键被破坏，蛋白质分子就从原有秩序的紧密结构变为无秩序的松散结构。

B 变构现象

蛋白质的变构现象是蛋白质表现其生物功能中的一种相当普遍而又十分重要的现象，如血红蛋白在表现其输氧功能时的变构现象就是一个例子。如前所述，血红蛋白是由两个 α 亚基和两个 β 亚基组合而成的四聚体，具有稳定的高级结构，和氧的亲和力很弱；但当氧和血红蛋白分子中一个亚基血红素铁结合后，即引起该亚基的构象发生改变，一个亚基构象的改变又会引起另外三个亚基相继发生变化，亚基间的次级键被破坏，结果整个分子的构象发生改变，使所有亚基血红素铁原子的位置都变得适宜于与氧结合，所以血红蛋白与氧结合的速度大大加快。

## 3.5 蛋白质的性质及分离纯化

### 3.5.1 蛋白质的性质

蛋白质是由氨基酸组成的高分子有机化合物，因此它具有氨基酸的一些性质，如两性电离及等电点、紫外吸收等性质。但是，蛋白质作为高分子化合物，它又表现出与小分子氨基酸有根本区别的大分子特性，如胶体性质、变性与复性等。

#### 3.5.1.1 蛋白质的两性解离和电泳现象

蛋白质是由氨基酸组成，其分子末端除有自由的α-羧基和α-氨基外，许多氨基酸残基的侧链上还有可解离的基团，这些基团在溶液一定 pH 值条件下可以解离成带负电荷或正电荷的基团。如在酸性溶液中，蛋白质解离成阳离子；在碱性溶液中，蛋白质解离成阴离子。对某一种蛋白质而言，当在某一 pH 值时，其所带正负电荷恰好相等（即静电荷为零），这一 pH 值称为该蛋白质的等电点。

各种蛋白质的等电点不同，但大多数接近于 pH=5.0，所以在人体液 pH=7.4 的环境下，大多数蛋白质解离成阴离子。少数蛋白质含碱性氨基酸较多，其等电点偏于碱性，称为碱性蛋白质，如组蛋白、细胞色素等。也有少数蛋白质含酸性氨基酸较多，其等电点偏于酸性，称为酸性蛋白质，如胃蛋白酶、蚕丝蛋白等。

蛋白质分子的等电点不是固定不变的，它随溶剂性质、离子强度等的不同而变化。蛋白质的等电点在一定程度上取决于介质中的离子组成，在不含任何盐的纯水中进行蛋白质等电点测定时，所得的等电点称为等离子点。等电点不一定等于等离子点。

蛋白质在等电点时，其导电率、渗透压、溶解度、浓度等均达到最低值。这是由于在等电点时，蛋白质分子以两性离子形式存在，总净电荷为零，这样的蛋白质颗粒之间无电荷的排斥作用，就容易凝聚成大颗粒，因而最不稳定、溶解度最小、易沉淀析出。

根据蛋白质的电学性质，选择不同的 pH 值环境，使蛋白质在电场中移动，这种现象称为蛋白质电泳。利用这种电泳现象可将蛋白质分离。

#### 3.5.1.2 蛋白质的沉淀作用与盐析

蛋白质这种亲水胶体比较稳定，其稳定因素为水化层和带电层。水化层是蛋白质分子表面许多亲水基团与水分子结合形成一层水膜，它使蛋白颗粒不能接触聚集而形成大颗粒；带电层是蛋白质分子表面的解离基团在一定 pH 值环境下产生的，由于同性电荷的蛋白质颗粒相互排斥，也使蛋白质颗粒不能聚集。

蛋白质在溶液中的稳定性是正常代谢所必需的，也是有条件的、相对的。如果破坏水化层和带电层，则蛋白质就会从溶液中沉淀出来。

中性盐对蛋白质的溶解度有显著的影响，当浓度较高时，中性盐降低蛋白质的溶解度，使蛋白质发生沉淀。这种由于蛋白质溶液中加入大量的中性盐，使蛋白质沉淀析出的作用称为盐析。盐析产生的原因是大量中性盐既中和了蛋白质所带电荷，又破坏了水化层，即大量中性盐破坏了蛋白质的两个稳定因素。

盐析所需盐浓度一般较高，但不引起蛋白质变性。不同蛋白质盐析时所需盐浓度不同，所以在蛋白质溶液中逐渐增大中性盐的浓度，不同蛋白质就会先后析出，这种方法称为分段盐析。

#### 3.5.1.3 蛋白质的变性作用

某些理化因素使蛋白质的空间构象发生改变或破坏，导致其理化性质改变，尤其是生物活性丧失，称为蛋白质变性。

由于理化因素引起维持蛋白质空间结构的次级键被破坏，所以导致其空间结构解体。但是维持蛋白质一级结构的共价键没有被破坏，所以蛋白质的一级结构是不变的，一旦解除引起变性的条件，蛋白质又可能重新形成空间结构，并恢复全部或部分理化特性和生物学活性，即存在复性可能。因此，蛋白质的变性分为可逆变性和不可逆变性。一般条件剧烈时引起的变性常常是不可逆的；反之，则可逆。可逆变性一般是三级以上结构遭到破坏，而不可逆变性则是二级结构也遭到破坏，因此就不能再恢复为原来的构象。

#### 3.5.1.4 蛋白质的胶体性质

蛋白质溶液属于胶体系统，其具备形成胶体系统的条件：分散相（蛋白质分子颗粒）的质点大小在1~100nm，能在分散介质中做布朗运动；分散相的质点带同种电荷，不易凝聚成大颗粒而沉淀。

蛋白质相对分子质量大，在溶液中形成的颗粒大，因而不能通过半透膜。利用这种性质可将蛋白质和一些小分子物质分开，这种分离方法称为渗析。即将要纯化的蛋白质溶液盛入半透膜袋内，放在流水中让无机盐等小分子物质扩散入流水中而除去的一种分离方法。

#### 3.5.1.5 蛋白质的紫外吸收

大多数蛋白质均含有带芳香环的氨基酸苯丙氨酸、酪氨酸和色氨酸。这三种氨基酸在280nm处具有紫外吸收能力。由于一般蛋白质都含有这些芳香族氨基酸，因此也具有紫外吸收能力，所以可以采用紫外分光光度计280nm处最大吸收对蛋白质进行定性鉴定。

#### 3.5.1.6 蛋白质的颜色反应

蛋白质分子中某些氨基酸的侧链基团和肽键可发生一些特殊的颜色反应，包括以下几类。

A 一般颜色反应——蛋白质具有氨基酸的颜色反应

氨基酸具有黄色反应、Million反应、乙醛酸反应、茚三酮反应、坂口反应、酚试剂反应，蛋白质也具有这些反应特性，它们可用于蛋白质的定性鉴定和定量测定，酚试剂反应可用于测定蛋白质水解是否彻底。

B 特殊颜色反应——蛋白质还具有氨基酸不具备的颜色反应

其中最典型的是蛋白质能发生特殊的双缩脲反应，双缩脲生成反应式为：

$$2H_2N-\overset{\displaystyle O}{\overset{\|}{C}}-NH_2 \xrightarrow{132^\circ C} H_2N-\overset{\displaystyle O}{\overset{\|}{C}}-\underset{\displaystyle H}{\underset{|}{N}}-\overset{\displaystyle O}{\overset{\|}{C}}-NH_2+NH_3\uparrow$$

$$\text{双缩脲} \xrightarrow{CuSO_4+NaOH} \text{紫红色物质}$$

在碱性溶液中，双缩脲与硫酸铜结合，生成紫红色或红色物质，这一反应称为双缩脲反应。凡含两个或两个以上肽键结构的化合物都具有这种反应。

蛋白质的肽键与双缩脲的部分结构相似，具有同样的反应，因而双缩脲反应是肽键理论的根据之一。同时，双缩脲反应还可用于定性鉴定和定量测定蛋白质。

### 3.5.2 蛋白质的分离和纯化

蛋白质的分离和纯化主要是利用蛋白质之间各种特性的差异，包括蛋白质分子的酸碱性质、分子的大小和形状、溶解度、吸附性质和对配体分子的特异亲和力等。

3.5.2.1 根据分子大小不同的分离纯化方法

蛋白质分子最明显的特征之一就是颗粒大，并且不同的蛋白质在分子大小方面是不同的，因此可以利用一些较简便的方法使蛋白质和小分子的物质分开，并使蛋白质混合物也得到分离。

A 透析和超滤

透析是利用蛋白质分子不能通过半透膜的性质，使蛋白质与其他小分子物质如无机盐、单糖等分离。常用的半透膜是玻璃纸、火棉纸和其他改型的纤维素材料。透析是把待纯化的蛋白质溶液装在半透膜的透析袋里，放入透析液中进行，透析液可以更换，直至透析袋内无机盐等小分子物质降低到最小值为止。

超滤是利用压力或离心力强行使水和其他小分子溶质通过半透膜而蛋白质被截留在膜上，以达到浓缩和脱盐的目的。超滤既可用于小量样品处理，也可用于日常生产检验。现已有各种超滤膜装置可供选用，有加压、抽滤和离心等多种形式。

B 密度梯度（区带）离心

蛋白质颗粒的沉降不仅决定于它的大小，而且也取决于它的密度。蛋白质颗粒在具有密度梯度的介质中离心时，质量和密度大的颗粒比质量和密度小的颗粒沉降得快，且每种蛋白质颗粒沉降到与其自身密度相等的介质密度梯度时，即停止不前，最后各种蛋白质在离心管中被分离成不同的区带，分成区带的蛋白质可以在管底刺一个小孔逐滴放出，分别收集。使用密度梯度的主要原因是这种设计能起一种稳定作用，可以消除因对流和机械振动引起区带界面的扰乱。

C 凝胶过滤

凝胶过滤即凝胶过滤层析，也称分子排阻层析。凝胶过滤所用的介质是凝胶珠或凝胶颗粒，颗粒内部为多孔的网状结构。凝胶的交联度或孔度（网孔大小）决定了凝胶的分级分离范围，即能被该凝胶分离开来的蛋白质混合物的相对分子质量范围。当不同分子大小的蛋白质流经凝胶层析柱时，比凝胶珠孔径大的分子不能进入珠内网状结构，而被排阻在凝胶珠之外随着溶剂在凝胶珠之间的孔隙向下移动并最先流出柱外；比网孔小的分子能不同程度地自由出入凝胶珠的内外。这样由于不同大小的分子所经的路径不同而得到分离，大分子物质先被洗脱出来，小分子物质后被洗脱出来。

3.5.2.2 利用溶解度差别的分离纯化方法

利用蛋白质溶解度的差别来分离纯化蛋白质是实践中最常用的方法。影响蛋白质溶解度的外部因素很多，主要有溶液 pH 值、离子强度、介电常数、温度等。但在同一特定外部条件下，不同蛋白质具有不同的溶解度，这是因为溶解度归根结底取决于它们本身的分子结构。

A 等电点沉淀和 pH 值控制

蛋白质是带有正电荷和负电荷基团的两性电解质，蛋白质分子的电荷性质和数量则因

pH 值不同而变化。蛋白质处于等电点时，其净电荷为零，由于相邻蛋白质分子之间没有静电斥力而趋于聚集沉淀。因此在其他条件相同时，它的溶解度达到最低点。在等电点以上或以下的 pH 值时，蛋白质分子携带同种净电荷而相互排斥，阻止了单个分子聚集形成沉淀，因此溶解度较大。不同的蛋白质具有不同的等电点，利用蛋白质在等电点时溶解度最低的原理，可以把蛋白质混合物分开。

B 蛋白质的盐溶和盐析

中性盐在低浓度时可增加蛋白质的溶解度，即盐溶。其原因是蛋白质分子吸附盐类离子后，带电层使蛋白质分子彼此排斥，而与水分子相互作用加强；当离子强度增大到足够高时，此时与蛋白质疏水基团接触的自由水被移去以溶剂化盐离子，导致蛋白质疏水基团暴露，使蛋白质因疏水作用凝聚沉淀。

C 有机溶剂分级分离法

有机溶剂引起蛋白质沉淀的主要原因之一是改变了介质的介电常数。水是高介电常数物质，有机溶剂是低介电常数物质，因此有机溶剂的加入使水溶液的介电常数降低，从而增加了两个相反电荷之间的吸引力。这样蛋白质分子表面可解离基团的离子化程度减弱，水化程度降低，因此促进了蛋白质分子的聚集和沉淀。有机溶剂引起蛋白质沉淀的另一重要方式可能与盐析相似，与蛋白质直接争夺水化水，致使蛋白质聚集而沉淀。

D 温度对蛋白质溶解度的影响

在一定温度范围内，0~40℃，大部分的球状蛋白质溶解度随温度升高而增加。在 40~50℃，大部分蛋白质变得不稳定并开始变性，一般在中性 pH 值介质中即失去溶解力。大多数蛋白质在低温下比较稳定，因此蛋白质的分级分离操作一般都在 0℃ 或更低的温度下进行。

#### 3.5.2.3 根据电荷不同的分离纯化方法

A 电泳

在外电场作用下，带电颗粒，例如不处于等电状态的蛋白质分子，将向着与其电性相反的电极移动，这种现象称为电泳或离子泳。

（1）区带电泳。区带电泳是由于在支持物上电泳蛋白质混合物被分离成若干区带而得名。区带电泳按其支持物的物理性状不同可以分成 4 类：滤纸电泳和薄膜电泳、粉末电泳（支持介质是淀粉、纤维素与适当的溶剂调和，铺设成平板）、细丝电泳（如尼龙丝和其他人造丝电泳，这是一类微量电泳）、凝胶电泳。凝胶电泳最常用的支持介质有聚丙烯酰胺凝胶和琼脂糖凝胶，前者适于分离蛋白质和寡核苷酸，后者适于分离核酸，这两种凝胶电泳的分辨率都很高。区带电泳具有设备简单、操作方便、样品用量少等优点，它是蛋白质分析分离的常用技术。

（2）聚丙烯酰胺凝胶电泳。聚丙烯酰胺凝胶电泳（简称 PAGE），也称圆盘凝胶电泳或圆盘电泳，是在区带电泳的基础上发展起来的。它以聚丙烯酰胺凝胶为支持物，一般制成凝胶柱或凝胶板，凝胶由两部分组成（小的部分是浓缩胶，大的部分是分离胶），这两部分凝胶的浓度（孔径大小）、缓冲液组分和离子强度、pH 值以及电场强度都是不同的，是不连续的。这样，电泳时样品首先在不连续的两相间积聚浓缩而形成很薄的起始区带，然后再进行电泳分离。在圆盘电泳过程中有三种物理效应：样品的浓度效应；凝胶对被分离分子的筛选效应；一般电泳分离的电荷效应。由于这三种物理效应，使样品的分离效果好，分辨率高。聚丙烯酰胺凝胶电泳具有设备简单，操作方便，样品用量少等优点。

（3）毛细管电泳。毛细管电泳能用于分离多种生物分子，包括氨基酸、肽、蛋白质、DNA 片段和核酸以及多种小分子，如药物，甚至金属离子。此方法也成功地用于手性化合物的分离。使用毛细管电泳的一个优点是减少了由于热效应产生的许多问题。因为管的孔径小，面积与体积之比大，这样可以提高热散失，有助于消除由于热引起的扩散增加而造成的对流和区带变宽，因此管中不需要加入稳定介质即可进行自由流动电泳。

B　离子交换层析

离子交换层析是一种常用的氨基酸分离制备方法，常用酸性或碱性的人工合成的高分子化合物作为离子交换树脂装填于柱内进行层析。阳离子交换树脂含有的酸性基团—$SO_3H$（强酸型）或—COOH（弱酸型）在固定相中。在交换柱中，树脂使用前处理成钠型，将氨基酸混合液上柱。当流动相中有氨基酸阳离子存在时，可与其发生正离子交换，氨基酸阳离子被交换后固定在树脂上，$Na^+$、$H^+$被洗下来。在一定 pH 值下，不同氨基酸所带电荷不同，因此其交换行为也不同。用阳离子交换柱时，氨基酸一般按酸性、中性、碱性氨基酸的顺序先后被洗脱。在带电荷相同的情况下，极性大的氨基酸先被洗脱下来。

阴离子交换树脂含有强碱性基团如 —$N(CH_3)_3^+OH^-$ 或弱碱性基团如—$NH_3OH$，碱性基团解离出的 $OH^-$离子可以和溶液里的氨基酸阴离子发生交换，然后被洗脱。氨基酸的洗脱顺序与阳离子交换柱相反。

C　等电聚焦

等电聚焦是一种高分辨率的蛋白质分离技术，可用于蛋白质等电点的测定。利用这种技术分离蛋白质混合物是在具有 pH 值梯度的介质中进行的。外加电场时，蛋白质混合物在具有 pH 值梯度的介质中移向并聚焦（停留）在等于其等电点的 pH 值处，形成区带。pH 值梯度的制作一般利用两性电解质，它是脂肪族多胺和多羧类的同系物，它们具有相近但不相同的 $pK_a$和 pI 值。在外电场作用下，自然形成 pH 值梯度。

D　层析聚焦

层析聚焦是根据蛋白质的等电点差异分离蛋白质混合物的柱层析方法。它不需要聚焦电泳装置也不需要柱层析中常用的梯度混合器，但具有等电聚焦电泳的高分辨率和柱层析的操作简便的优点。层析聚焦的原理是：当用特种多缓冲液滴洗填充在柱中的特种多缓冲交换剂时，就会在层析柱中建立连续的 pH 值梯度，蛋白质样品由柱上端随缓冲液的展开而聚焦在各自的等电点 pH 值处，形成区段；并在展开过程中随 pH 值梯度下移，蛋白质混合物的各组分先后从柱中流出，达到分离纯化的目的。

#### 3.5.2.4　利用选择性吸附的分离纯化方法

某些称为吸附剂的固体物质具有吸附能力，能够将其他种类的分子吸附在自己的表面，吸附能力的强弱因被吸附物质的性质而异。吸附层析就是利用待纯化的分子和杂质分子与吸附剂之间的吸附能力和解析性质不同而达到分离目的的。典型的吸附剂有硅石、氧化铝、活性炭和疏水吸附剂等。

#### 3.5.2.5　利用对配体的特异亲和力的分离纯化方法

亲和层析是利用蛋白质分子对其配体分子特有的识别能力，也即生物学亲和力，建立起来的一种有效的纯化方法。亲和层析的基本原理是把纯化的某一蛋白质的特异配体通过适当的化学反应共价地连接到像琼脂糖凝胶一类的载体表面的功能基上，这类载体在其他性能方面允许蛋白质能自由通过。当蛋白质混合物加到填有亲和介质的层析柱时，待纯化的某一蛋白质则被吸附在含配体的琼脂糖颗粒表面上，而其他的蛋白质则因对该配体无特异的结合部位而不被吸附，它们通过洗涤即可除去，被特异结合的蛋白质可用含游离的相应配体溶液把它从柱上洗脱下来（称亲和洗脱）。

还有其他的蛋白质分离纯化方法，如高效液相层析（HPLC）和快速蛋白质液相层析（FPLC）等。高效液相层析实际上是离子交换、分子排阻、吸附和分配等层析技术的发展新阶段，因此一方面它以这些层析的原理为基础，另一方面在技术上做了很大的改进，使这些层析有更高的效率、更高的分辨率和更快的过柱速度。快速蛋白质液相层析是专门用于蛋白质分离的，它没有自己特有的原理，只是基于反相、亲和、排阻、疏水作用、离子交换和等电聚焦等层析。微内径玻璃衬里的不锈钢柱，能用于分离微量样品，分离时间不到 10min，FPLC 能分离直接上柱的胰蛋白消化液和微生物培养上清液中的蛋白质混合物。

## 拓展阅读——环境有毒物对酶蛋白功能的干扰及机制

酶是主要的生物化学催化剂，生物体中几乎所有的代谢过程都与酶的催化密切相关，因此，酶功能的正常作用是保证生物体健康的关键。有毒物进入生物体后，一方面在酶的催化作用下通过生化反应进行代谢转化；另一方面也可干扰酶的正常作用，对酶的活性和数量等有影响，有些严重中毒将使某些酶的活性完全丧失，导致生物体死亡。可以说，各种疾病，包括严重疾病如基因突变、癌症、畸变等几乎都与酶功能的干扰有关。因此，毒物对生物体的中毒效应，最根本的就是对生物体中各种酶功能的干扰。酶的干扰机制主要有以下几种类型。

一、重金属元素与酶结合

亲硫重金属离子，特别是 $Hg^{2+}$、$Pb^{2+}$和 $Cd^{2+}$，能与酶结构中的巯基中的硫原子结合。

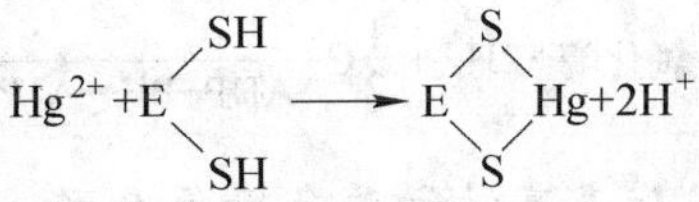

以亚砷酸盐形式存在的三价砷 As(Ⅲ) 也能与酶中的巯基作用，可形成一个非常稳定的五元环结构。

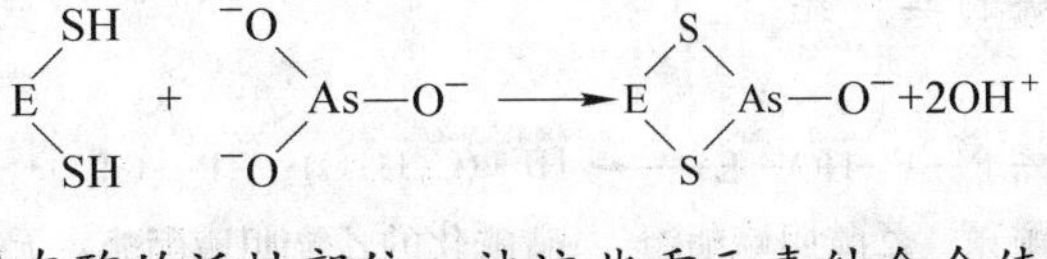

由于—SH 基团一般在酶的活性部位，被这些重元素结合会使酶功能受损，使许多酶的活性受到破坏，尤其是对于在柠檬酸循环中参与产生细胞能量的那些酶更容易受到影响。干扰亚铁血红素（取代卟啉和 $Fe^{2+}$的配合物，存在于血红蛋白和细胞色素中）的合成是铅的最重要的生物化学效应之一。铅能与血红素整个合成过程中几种关键的酶结合，抑制这些酶的功能，结果造成代谢过程中中间产物的积累。其中一个中间产物是 2-氨基酮基己二酸，通过丙氨酸脱水酶的催化作用，它被转化为3-丙酸基-4-乙酸基-5-氨甲基吡咯。

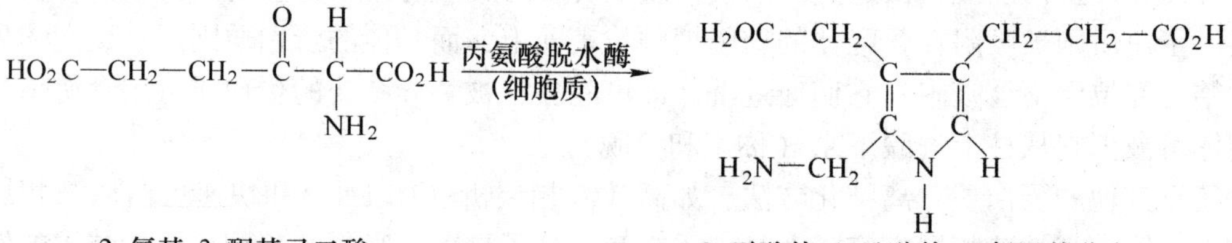


2-氨基-3-酮基己二酸　　　　3-丙酸基-4-乙酸基-5-氨甲基吡咯

由于铅与丙氨酸脱水酶结合抑制了以上转化功能，因此造成了2-氨基-3-酮基己二酸积累，而不是形成合成亚铁血红素所需要的3-丙酸基-4-乙酸基-5-氨甲基吡咯，导致大量2-氨基-3-酮基己二酸从尿中排泄。铅也能抑制亚铁血红素合成中的其他步骤。最后的结果是减少血红蛋白以及其他呼吸色素（例如需要亚铁血红素的细胞色素）的合成。因此，铅最终使有机体不能利用氧和葡萄糖生产能量来维持生命。

二、其他金属取代金属酶中的金属

含有金属离子的酶称为金属酶，酶分子中的金属离子可以被另一种电荷相同和大小相似的金属离子取代，因而抑制酶的活性。锌是一种常见的金属酶的组分。$Cd^{2+}$与$Zn^{2+}$之间化学性质很相似，非常容易取代酶中的$Zn^{2+}$，但是与镉结合的酶并不具有相应的功能，这就是镉产生毒性的普遍原因。可被$Cd^{2+}$抑制的酶有三磷酸腺苷酶、L-醇脱氢酶、淀粉酶、碳酸酐酶、羧肽酶和谷氨酸草酰乙酸转氨酶等。

三、配位体与金属酶中的金属配位

有些配位体能与金属酶中的金属形成配合物，从而抑制金属酶的活性。例如，在含镁的酶中，$F^-$可与$Mg^{2+}$配位，因而抑制酶的活性。高铁细胞色素氧化酶是在线粒体内氧化磷酸化过程中产生的最后一种细胞色素，它以特殊的方式来参与ATP的合成，其反应的顺序如下：

步聚Ⅰ：　$\text{Fe(Ⅲ)-氧化酶} + \text{还原剂} \longrightarrow \text{Fe(Ⅱ)-氧化酶} + \text{还原剂氧化产物}$

步聚Ⅱ：　$\text{Fe(Ⅱ)-氧化酶} + 2H^+ + \frac{1}{2}O_2 \xrightarrow[\text{ADP+Pi}\rightarrow\text{ATP}]{} \text{Fe(Ⅲ)-氧化酶} + H_2O$

反应式中“Fe(Ⅲ)-氧化酶”是代表高铁细胞色素氧化酶，“Fe(Ⅱ)-氧化酶”是代表亚铁细胞色素氧化酶，R表示无机磷酸盐。氰离子$CN^-$能与高铁细胞色素氧化酶中的Fe(Ⅲ)络合，抑制第1步反应中电子转移，从而抑制ATP的合成。

四、有机化合物与酶的共价结合

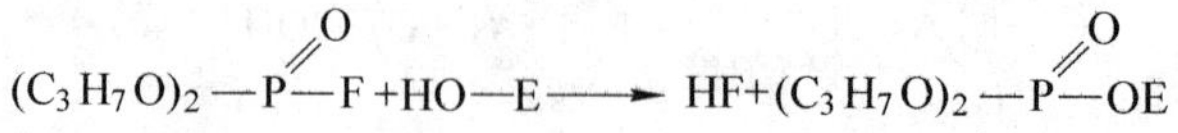

二异丙基磷酰氟　乙酰胆碱酯酶　磷酰化的乙酰胆碱酯酶，无活性

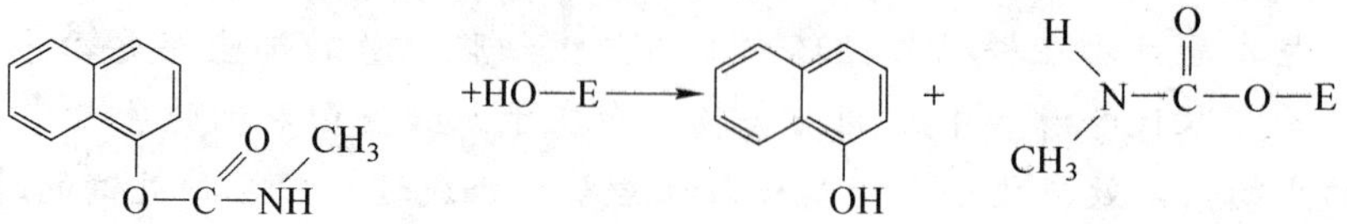

*N*-甲基(α-萘氧基)甲酰胺　　乙酰胆碱酯酶　　氨基甲酰胺乙酰胆碱酯酶，无活性

$$(CH_3)_3\overset{+}{N}CH_2CH_2O-\overset{\overset{O}{\|}}{C}CH_3+H_2O \xrightarrow{\text{乙酰胆碱酯酶}} (CH_3)_3\overset{+}{N}CH_2CH_2OH+CH_3COOH$$

乙酰胆碱　　　　　　　　胆碱

有机化合物与酶的共价结合也可造成酶功能的抑制，这种结合通常发生在酶的活性部位羟基上。典型的例子是神经毒气二异丙基磷酰氟（DFP）和氨基甲酸酯与乙酰胆碱酯酶的结合。这些结合对乙酰胆碱酯酶活性造成不可逆的抑制，使之不能执行原有催化乙酰胆碱水解的功能。乙酰胆碱是一种神经传递物质，在神经冲动的传递中起着重要作用。正常的神经冲动中重要的一个步骤就是冲动的休止需要通过乙酰胆碱的水解来实现。

因此，有机磷酸酯和氨基甲酸酯对乙酰胆碱酯酶抑制所造成的乙酰胆碱积累，将使神经过分刺激，而引起机体痉挛、瘫痪等一系列神经中毒病症，甚至死亡。

## 习　题

3-1 参与维持蛋白质空间结构的力有哪些？

3-2 试述蛋白质结构与功能的关系。

3-3 蛋白质化学结构测定的基本原则是什么？

3-4 常用于蛋白质多肽链 N-末瑞、C-末端测定的方法有几种？基本原理是什么？

3-5 蛋白质变性作用与变构作用有何本质差别？

3-6 解释下列名词：

（1）构象与构型；（2）蛋白质的二级结构与三级结构；（3）肽与肽键；（4）等电点。

3-7 计算 0.1mol/L 的谷氨酸溶液在等电点时主要离子浓度。

3-8（1）欲配制 100mL pH=2.4，0.3mmol/L 甘氨酸-HCl 缓冲液，需多少质量的甘氨酸［相对分子质量 75.07，$pK_1$(—COOH)=2.4，$pK_2$(—$NH_3$)=9.6］和多少体积 1mol/L HCl?（2）欲配制 100mL pH=9.3，0.3mmol/L 甘氨酸-NaOH 缓冲液，需多少质量的甘氨酸和多少体积 1mol/L NaOH?

3-9 假定有 1mmol 的五肽，酸水解生成 2mmol 谷氨酸，1mmol 赖氨酸，没有能够定量回收其他氨基酸。将原来的五肽用胰蛋白酶水解成两个肽段，在 pH=7.0 进行电泳，一个肽段移向阳极，另一个移向阴极。用 FDNB 处理胰蛋白酶水解的一个肽段，再用酸水解，生成 DNP-谷氨酸。用胰凝乳蛋白酶处理原来的五肽生成两个肽段及游离谷氨酸，试从上述实验结果写出该五肽的氨基酸序列。

# 4 糖类化学

**本章要点：**

(1) 糖的定义及分类；
(2) 单糖的开链结构与环状结构；
(3) 常见寡糖的结构与性质；
(4) 常见多糖的结构与性质

## 4.1 概　　述

### 4.1.1 糖的定义

糖是一类多元醇的醛或酮的衍生物，包括多羟基醛、多羟基酮和它们的缩聚物及其衍生物，如常见的葡萄糖和果糖分别是多羟基醛和多羟基酮。糖在生命活动中的主要作用是提供碳源和能源。糖也是人体组织结构的重要成分，如糖脂是细胞膜及神经组织的成分；蛋白多糖是结缔组织的成分。另外，糖还参与构成一些生物活性物质，如免疫球蛋白、酶、激素、血型物质等。

### 4.1.2 糖的分类

根据糖类物质能否被水解和水解后的产物，将糖类物质分为单糖、聚糖和复合糖三类，其中聚糖又可以分为寡糖和多糖。

单糖是指简单的多羟基醛和多羟基酮类化合物，它是构成寡糖和多糖的基本单位，自身不能被水解成更简单的糖类物质。重要的单糖有核糖、脱氧核糖、葡萄糖、果糖和半乳糖。

寡糖是指由2~10个单糖分子缩合而成的糖类物质，寡糖水解后可以得到几分子单糖。最常见的寡糖是二糖，它可以看做是2个单糖分子缩合失水而形成的糖，蔗糖、麦芽糖和乳糖等是常见的二糖；棉籽糖和龙胆三糖是常见的三糖；水苏糖是四糖；毛蕊花糖是五糖；筋骨草糖是六糖。

多糖是由许多单糖分子缩合而成的糖类物质。多糖可以分为同多糖（均一多糖）和杂多糖（不均一多糖）。由一种单糖分子缩合而成的多糖称为同多糖，如淀粉、糖原和纤维素等；由两种或两种以上的单糖分子缩合而成的多糖称为杂多糖，如黏多糖和果胶等。

复合糖是指由糖和非糖类物质共价结合而成的复合物，它在生物体内分布广泛，功能多样，主要包括糖与蛋白质结合而成的糖蛋白，以及糖和脂类结合而成的糖脂。

### 4.1.3 糖的命名

自然界中的单糖很多。单糖的名称一般不用有机化学系统命名法，除少数简单的单糖如二羟丙酮按基团命名外，大多数单糖用其俗名来命名。单糖是多羟基的醛或酮。根据单糖分子中碳原子的数目分别称为乙糖、丙糖、丁糖、戊糖、己糖等。碳数相同的单糖又可区分为醛糖和酮糖两类：羰基位于分子末端的糖称为醛糖，如葡萄糖；羰基位于分子中的$C_2$位的糖称为酮糖，如果糖。单糖的命名是多糖命名的基础。单糖的通俗名称常与其来源有关，如葡萄糖曾是从葡萄中提取出来的，果糖在水果中的含量较高。

寡糖的命名除了根据所含单糖数量分别命名为二糖、三糖、四糖等外，一般采用习惯命名法，如蔗糖、麦芽糖、棉籽糖等。

## 4.2 单糖的结构和性质

### 4.2.1 单糖的旋光性

当光波通过尼科尔棱镜时，由于棱镜的结构只允许沿某一平面振动的光波通过，其他光波都被阻断，这种光称为平面偏振光。当这种光通过旋光物质的溶液时，则光的偏振面会向右（顺时针方向或正向，符号+）旋转或向左（逆时针方向或负向，符号-）旋转。使偏振面右旋的称为右旋光物质，左旋的称为左旋光物质。

旋光物质使平面偏振光的偏振面发生旋转的能力称为旋光性、光化学活性或旋光度。在一定条件下旋光度 $\alpha_D^t$ 与待测液的浓度（$C$）和偏振光通过待测液的路径长度（$L$）的乘积成正比：

$$\alpha_D^t = [\alpha]_D^t CL \quad 或 \quad [\alpha]_D^t = \frac{\alpha_D^t}{C \times L}$$

式中 $L$——光程，旋光管的长度，dm；

$C$——浓度，1mL 溶液中所含溶质的克数；

$\alpha_D^t$——以钠光灯（称为 $D$ 线）为光源，温度为 $t$ 时，实测的旋光度；

$[\alpha]_D^t$——比例常数，称比旋光度或旋光率，即单位浓度和单位长度下的旋光度，比旋光度是旋光物质的特征物理常数；

$t$——测定时的温度；

$D$——所用的光波波长，一般用钠光（$D$=589nm）。

某一物质的 $[\alpha]_D^t$ 值或旋光方向，与测定时的温度、光波波长、溶剂种类、溶质浓度以及 pH 值等有关。因此测定比旋光度时，必须标明这些因素。

不对称碳原子是指与四个不同的原子或原子基团共价连接并因而失去对称性的四面体碳，也称手性碳原子、不对称中心或手性中心，用 $C^*$ 表示。含有手性碳原子的分子一般都是手性分子。

凡具有旋光性的物质，其分子都是不对称分子，这种结构的分子与其镜像不能重叠，如同左手和右手一样。对于单糖而言，除二羟基丙酮（三糖）外，都含有手性碳原子，因此都具有旋光性。

### 4.2.2 单糖的开链结构

甘油醛是只含有一个不对称碳原子的最简单糖，对于这个不对称碳原子而言，羟基可以在右边也可以在左边。事实上，由于羟基的空间结构（称为构型）不同，形成了两种不同的物质，它们互为镜像，不能重合，所以尽管它们的分子组成相同，由于构型不同导致其性质也不尽相同。人为规定：羟基位于右边的甘油醛为D-甘油醛，羟基位于左边的甘油醛为L-甘油醛，其结构式如图4-1所示。

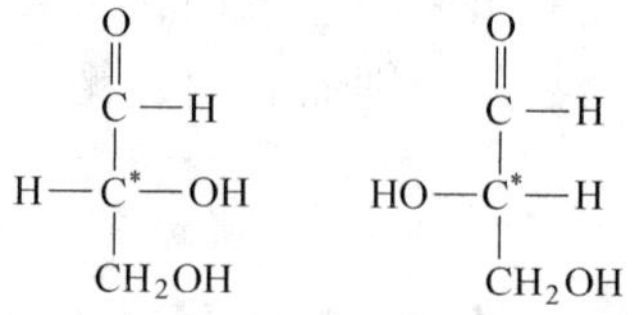

D-甘油醛　　L-甘油醛

图4-1　D-甘油醛与L-甘油醛结构式

由于D-甘油醛和L-甘油醛的空间排布不同而表现出不同的旋光性，一种使偏振光的偏振面向右旋转，另一种则使偏振光的偏振面向左旋转。由不对称分子中原子或原子团在空间的不同排列对平面偏振光的偏振面发生不同影响所引起的异构现象称为旋光异构现象，所产生的异构体称为旋光异构体。甘油醛的两个旋光异构体在结构上不是同一种物质，而且互为镜像，对映但不重合，所以这种异构体又称为对映异构体。对映异构体的化学性质和大部分物理性质相同，只是对平面偏振光的影响不同。如果用旋光仪测定该对映异构体，可以发现一个使偏振面偏左（称为左旋性，用l或–表示），一个使偏振面偏右（称为右旋性，用d或+表示）。需要指出的是，旋光物质的构型（D和L）与其旋光性（d和l）是不同的概念，构型是人为规定的，旋光性是用旋光仪测定时偏振面偏转的实际方向。具有D-型的物质可能具有右旋性，也可能具有左旋性。

对于含3个碳原子以上的糖，由于存在不止1个不对称原子，在规定其构型时，以距醛基或酮基最远的不对称碳原子为准，羟基在右边的称为D-型，羟基在左边的称为L-型（见图4-2）。自然界中存在的糖类物质以D-型为主。

经元素组成和相对分子质量的测定，确定葡萄糖的分子式为$C_6H_{12}O_6$。葡萄糖与乙酸酐加热，形成结晶的五乙酸酐，证明葡萄糖分子含有5个羟基；葡萄糖与无水氰化氢加成生成的氰醇衍生物，经水解和氢碘酸还原得到正庚酸，表明葡萄糖是直链的已醛；1个碳原子上只带1个羟基的结构是稳定的，因此葡萄糖是链端碳原子为醛基、其他5个碳原子各带1个羟基的直链多羟基醛。果糖的分子式也是$C_6H_{12}O_6$，同样经上述反应可表明它是直链的多羟基酮。葡萄糖是已醛糖，果糖是已酮糖，它们的非立体链状结构如图4-3所示。

### 4.2.3 单糖的环状结构

#### 4.2.3.1　环状结构

不同条件下得到的结晶D-葡萄糖，其比旋度和熔点都不相同。从低于30℃的乙醇中结晶的葡萄糖，$[\alpha]_D^{20}=+112°$，熔点为146℃；另一种从吡啶中结晶出来的葡萄糖，

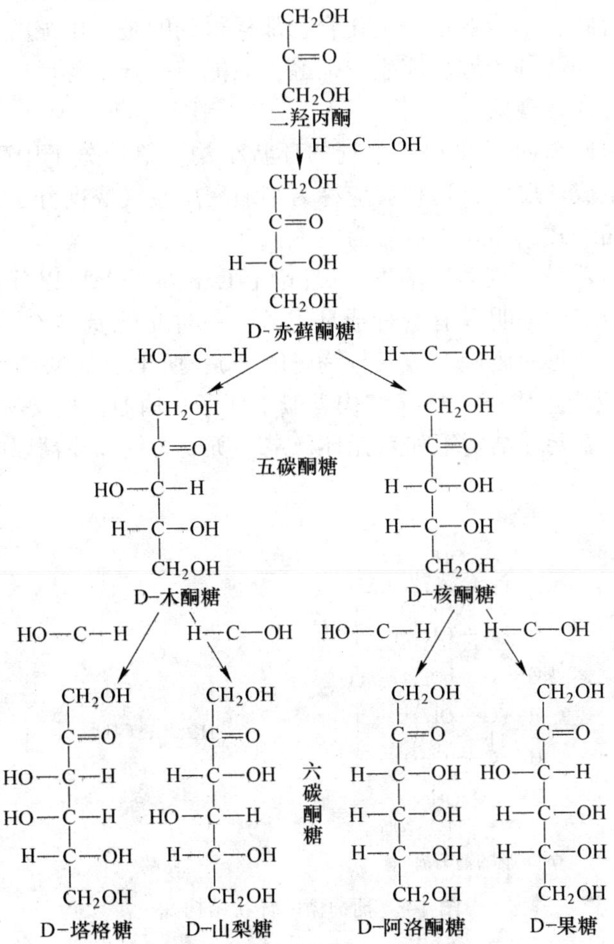


图 4-2 与二羟丙酮相关的长链的酮糖

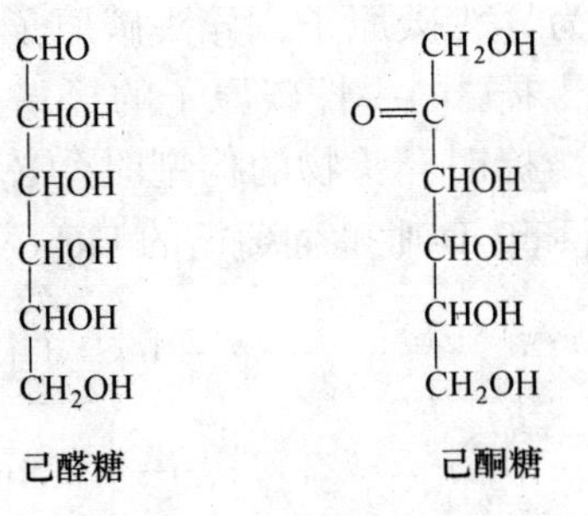


图 4-3 己醛糖与己酮糖的非立体链状结构式

$[\alpha]_D^{20}=+18.7°$，熔点为 148~150℃。将这两种葡萄糖结晶溶解在水中时，比旋光度会随着时间的推移逐渐改变，达到平衡后都固定于+52.5°。这种旋光度自行改变的现象称为变旋现象。此外，葡萄糖是多羟基醛，应该显示醛的特性反应，但实际上葡萄糖不如普通醛类化合物那么活泼。例如，葡萄糖不与 Schiff 试剂（品红-亚硫酸）发生紫红色反应；

也难与亚硫酸钠发生加成反应；而且葡萄糖在无水甲醇中以氯化氢作催化剂时，得到的是只含一个甲基的化合物，不像普通醛类化合物那样得到的是二甲缩醛，这说明葡萄糖与醛类化合物不同，不能与两分子醇反应生成缩醛，只能与一分子醇反应生成半缩醛。葡萄糖的开链结构无法解释这些现象。

针对上述情况，E. Fischer 提出了单糖的环状结构。单糖分子中醛基和分子内其他碳原子上的羟基能发生成环反应，这种反应称为半缩醛反应。醛糖分子的结构既有开链的醛式，也有环状的半缩醛式，而且以后者为主。

由于单糖为多羟基醛（或多羟基酮），理论上 $C_1$位的醛基可以分别与多个羟基发生成环的半缩醛反应，但实验证明只有两种成环方式：一种是醛基与 $C_5$位上的羟基反应生成六元环（结构类似于环形醚吡喃，故又称为吡喃环），所生成的糖类称为吡喃糖；另一种是与 $C_4$位上的羟基反应生成五元环（结构类似于环形呋喃糖，故又称为呋喃环），所生成的糖为呋喃糖。由于五元环结构不如六元环稳定，所以天然葡萄糖以吡喃糖为主。结构式如图 4-4 所示。

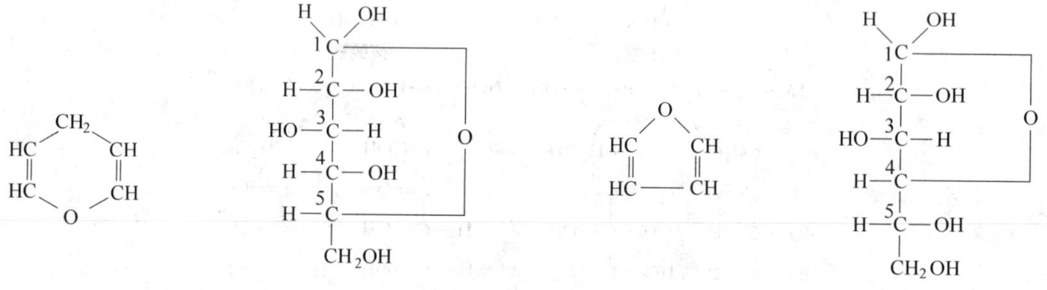

吡喃　　α-D-吡喃葡萄糖　　呋喃　　α-D-呋喃葡萄糖

图 4-4　葡萄糖的环状结构式

单糖由直链结构变成环状结构后，羟基碳原子成为新的手性碳原子，导致 $C_1$差向异构化，产生两个非对映异构体。这种只在羰基碳原子上形成的差向异构体称异头物。在环状结构中，半缩醛碳原子也称为异头碳原子，异头碳原子上新生成的羟基称为半缩醛羟基。人为规定：半缩醛羟基与最末端的手性碳原子的羟基具有相同取向的异构体称为 α-型，具有相反取向的称为 β-型。标明异头物的构型时，必须同时指出糖的构型（D-型或 L-型）。例如，α-D-吡喃葡萄糖和 β-D-吡喃葡萄糖的 Ficher 投影式如图 4-5 所示。

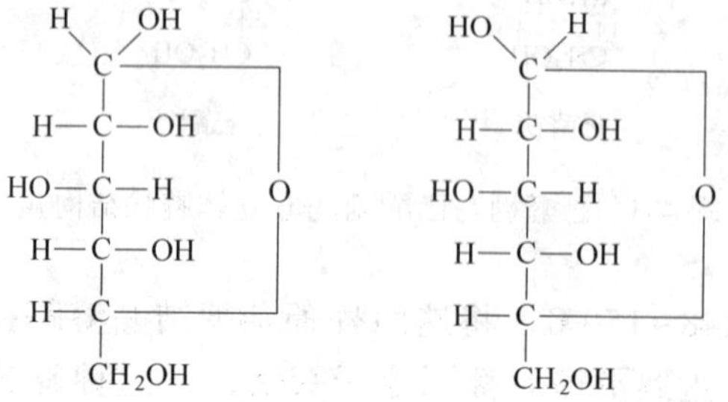

α-D-吡喃葡萄糖　　β-D-吡喃葡萄糖

图 4-5　α-D-吡喃葡萄糖和 β-D-吡喃葡萄糖的 Ficher 投影式

由于环状结构过长的氧桥不符合实际情况（碳原子所处的键角并不等于180°），故多采用另一种书写方式，即所谓的Haworth式（透视式）。将Fisher式改写成Haworth式时应该遵循如下原则：一是环上氧原子写在右上角，碳原子顺时针排列；二是将直链碳链右边的羟基写在环下面，左面的写在上面；三是当糖成环后还有多余的碳原子（即存在未成环的碳原子）时，如果直链环是向右的，则未成环碳原子人为规定写在环之上，反之写在环之下（酮糖的 $C_1$ 位例外）。Haworth设计的透视式中，用粗线条来代表靠近读者的一边。例如，两种环状结构的葡萄糖由Fischer投影式改写成Haworth式的结构式如图4-6所示。

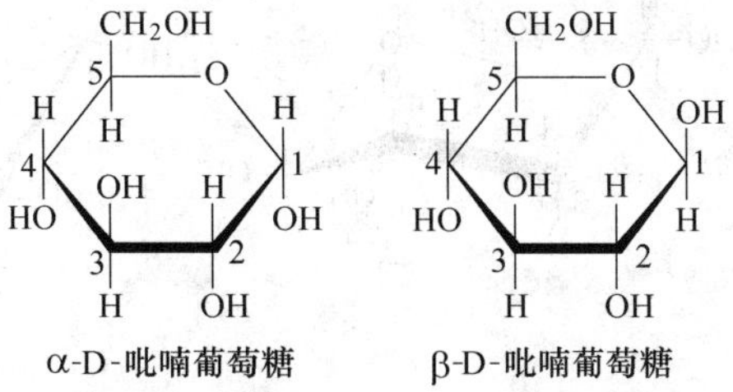


图4-6　葡萄糖的Haworth式的结构式

用糖的环状结构就可以解释开链结构无法解释的某些性质。由于糖的环状结构中存在一个半缩醛羟基，而此羟基在空间内排列位置的不同将会导致产生不同的异构体，因此会有不止一个比旋光度；在成环过程中该羟基位置会不断变化，最终达到平衡，所以有变旋现象。D-葡萄糖的变旋过程如图4-7所示。

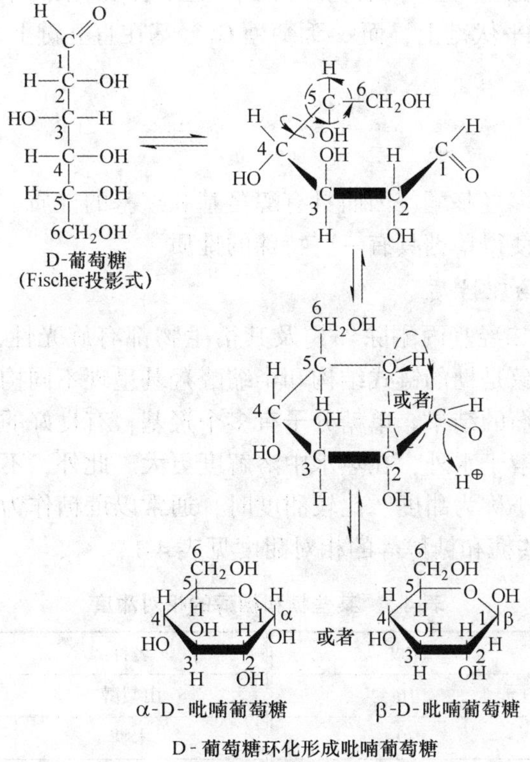


图4-7　D-葡萄糖的变旋过程

此外，由于糖的醛基在成环后变成了半缩醛羟基，其性质不如醛基活泼，因而不能与亚硫酸氢钠发生加成反应。对于D-葡萄糖，平衡后α-D-葡萄糖约占36%，β-D葡萄糖约占64%，含游离醛基的开链葡萄糖占不到0.03%。

4.2.3.2 立体构象

根据X射线衍射分析得知，Haworth式葡萄糖的吡喃环上的5个碳原子并不在一个平面上，而是扭曲成两种不同的构象：船式和椅式。β-D葡萄糖的不同构象如图4-8所示。

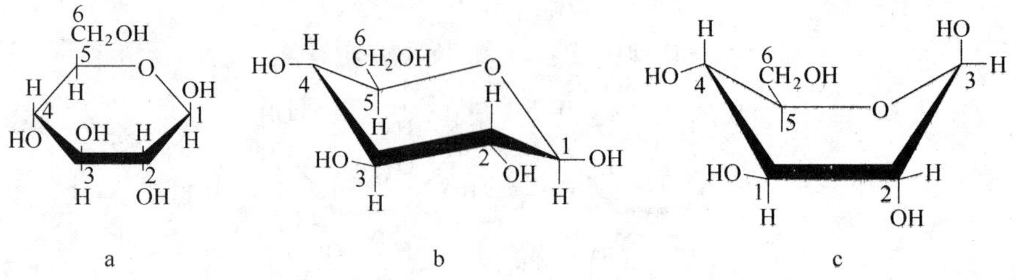

图4-8 β-D葡萄糖的不同构象

a—Haworth投影式；b—椅式构象；c—船式构象

船式构象和椅式构象可相互转变，其中椅式构象较为稳定。椅式结构中的取代基团在几何学上和化学上并不都是等同的，可将它们分为垂直于$C_1$、$C_3$、$C_5$形成平面的称为直立键（a键）和大体与该平面平行的键称为平伏键（e键）。这两种键的稳定性不同，一般而言平伏键比直立键稳定一些。因为相邻两个直立键间的距离小，键上两个基团排斥力大。β-葡萄糖$C_1$羟基在平伏键上，而α-葡萄糖$C_1$羟基在直立键上，故β-葡萄糖比α-葡萄糖稳定。

### 4.2.4 单糖的性质

单糖是多羟基醛或多羟基酮，因而具有醇羟基和羰基的性质。由于单糖的特殊结构以及各基团的相互影响，使得单糖具有一些特殊的性质。

4.2.4.1 单糖的物理性质

几乎所有的单糖（二羟基丙酮除外）及其衍生物都有旋光性，许多单糖在水溶液中发生变旋现象。变旋现象是糖的链式结构和半缩醛羟基呈现不同构型的环状结构之间发生相互转化并最终达到平衡的结果。单糖分子有多个羟基，有良好的水溶性，除甘油醛微溶于水外，其他单糖均易溶于水外，在热水中溶解度更大。此外，不同的单糖具有不同程度的甜味，甜味的相对大小称为甜度。比较甜度时，通常以蔗糖作为标准参考物，并规定它的相对甜度为100。某些糖和糖醇等的相对甜度见表4-1。

**表4-1 某些糖和糖醇的相对甜度**

| 名称 | 甜度 | 名称 | 甜度 |
|---|---|---|---|
| 乳糖 | 16 | 山梨醇 | 40 |
| 半乳糖 | 30 | 木糖 | 45 |
| 麦芽糖 | 35 | 甘露醇 | 50 |

续表 4-1

| 名称 | 甜度 | 名称 | 甜度 |
|---|---|---|---|
| 葡萄糖 | 70 | 转化糖 | 150 |
| 麦芽糖 | 90 | 果糖 | 175 |
| 蔗糖 | 100 | 阿斯巴甜 | 15000 |
| 木糖醇 | 125 | 应乐果甜蛋白 | 20000 |

#### 4.2.4.2 单糖的化学性质

A 还原性

单糖含有一个可反应的羰基，容易被较弱的氧化剂（例如 $Fe^{3+}$ 离子或 $Cu^{2+}$ 离子）氧化为羧酸，这样的糖称为还原糖。葡萄糖氧化的相应反应式如下：

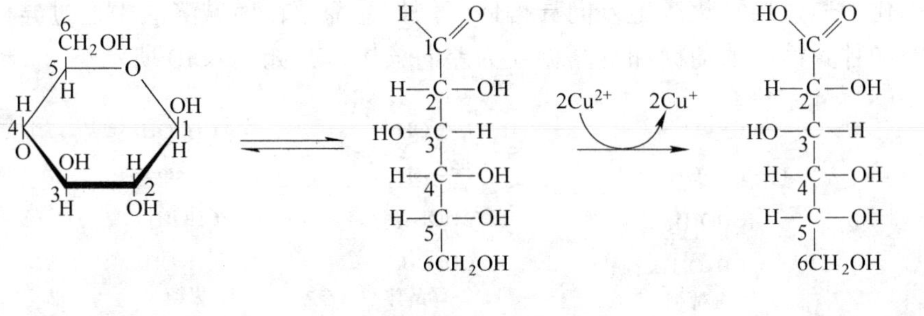

β-D-吡喃葡萄糖（Hworth投影式）　　D-葡萄糖（Fischer投影式）　　D-葡萄糖酸（开链形式）

B 苯肼反应

苯肼是单糖的定性试剂。单糖与苯肼反应后有沉淀产生，故可检出溶液中的单糖。常温时，与一分子苯肼缩合成糖的缩合物称为苯腙；在过量的苯肼试剂中加热反应，糖与二分子苯肼的缩合物称为糖脎。甘露糖与葡萄糖是差向异构体，它们的糖脎相同。糖脎的溶解度小，容易得到结晶，不同的糖脎晶体形状不同，熔点不同，可用来作定性鉴定。

C 过碘酸反应

单糖具有连续羟基的结构，和多元醇一样在过碘酸作用下，两端羟基氧化成醛基，中间羟基断裂生成甲酸。

D 酸反应

单糖在稀酸溶液中是稳定的，但在稀酸中加热或在强酸作用下颜色变深。戊糖和己糖在非氧化性强酸作用下发生脱水环化，分别生成呋喃甲醛和羟甲基呋喃甲醛，呋喃甲醛又名糠醛，如图 4-9 所示。

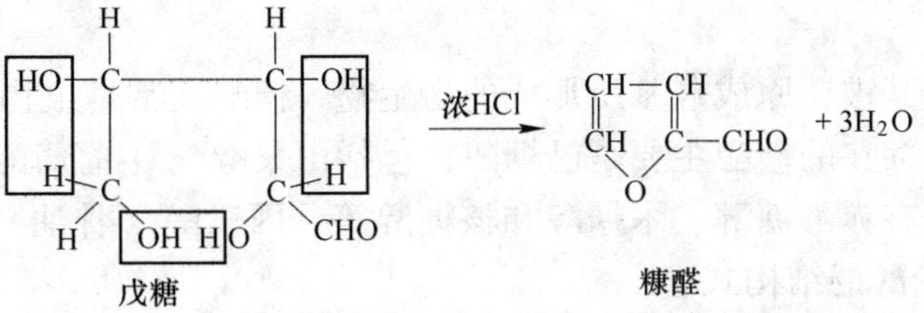

戊糖　　糠醛

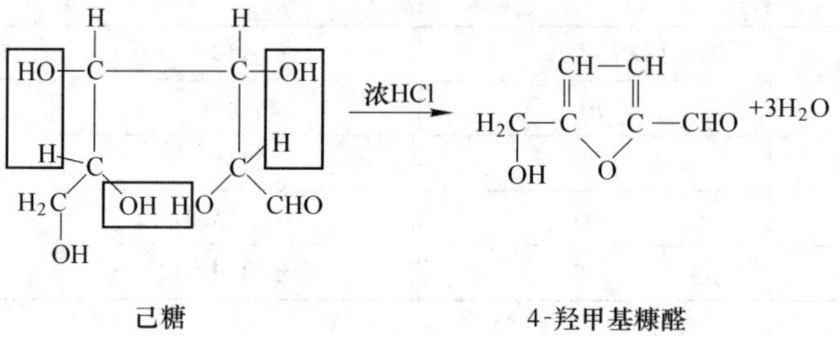


图 4-9 戊糖和己糖的酸反应方程式

E 碱反应

单糖在浓碱溶液中很不稳定，因条件不同可分解成不同的产物。单糖在稀碱溶液中则易发生异构化，通过烯醇化产生差向异构体。例如葡萄糖在稀碱溶液中通过异构化会产生一部分果糖和甘露糖，葡萄糖和甘露糖互为差向异构体，如图 4-10 所示。

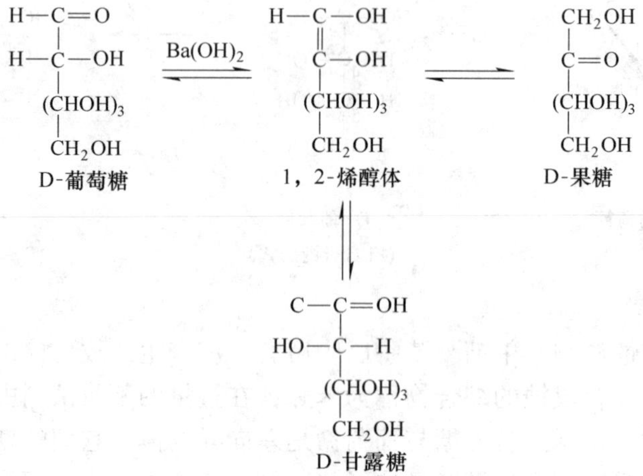


图 4-10 葡萄糖的碱反应

4.2.4.3 单糖的衍生物

A 取代单糖

单糖分子中某些基团可以被其他化学基团取代，生成取代单糖，最常见的是氨基糖。氨基糖是单糖分子中一个羟基被氨基所取代的糖衍生物，具有代表性的氨基糖及其衍生物是葡萄糖胺、N-乙酰葡萄糖胺、半乳糖胺和 N-乙酰半乳糖胺。几种重要的氨基糖结构式如图 4-11 所示。

B 糖醇

糖醇是单糖的羰基被还原成羟基所形成的衍生物。糖醇通常是生物有机体的组成成分和代谢产物。自然界存在的糖醇主要是己糖醇，包括山梨醇（D-葡萄醇）、甘露醇和半乳糖醇，其他的糖醇还有赤藓糖醇、木糖醇和核糖醇等，丙三醇（甘油）是最简单的糖醇。图 4-12 给出了 5 种糖醇的结构式。

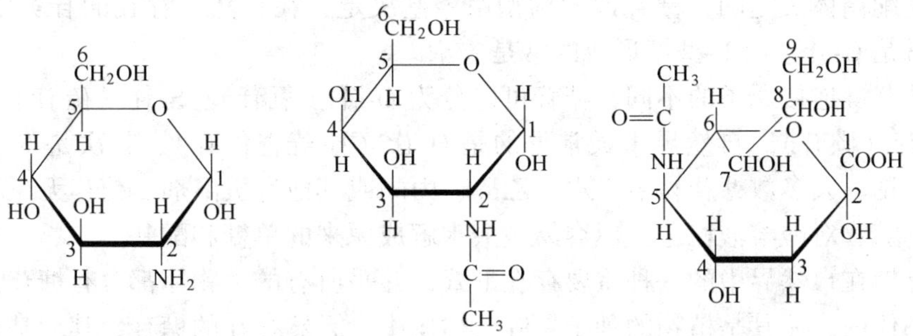

α-D-葡萄糖胺　　N-乙酰-D-半乳糖胺　　N-乙酰神经氨酸

图 4-11　几种重要氨基糖的结构式

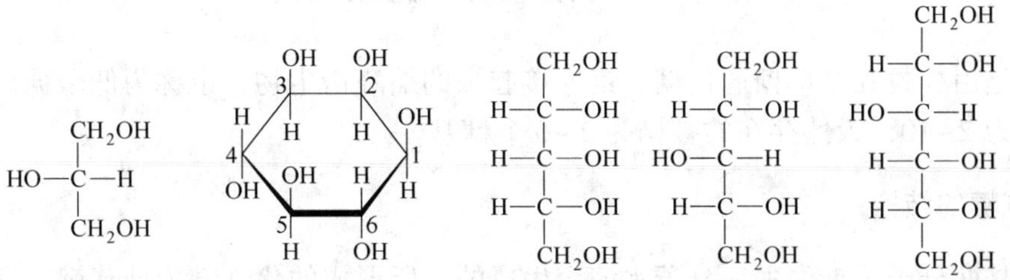

甘油　　肌醇　　D-核醇　　D-木糖醇　　D-山梨糖醇

图 4-12　5 种糖醇的结构式

C　糖酸

根据氧化条件的不同，醛糖可被氧化成糖酸、糖醛酸和糖二酸。糖二酸在自然界中极少见，但植物界广泛存在的 L（+）-酒石酸可看成 D-苏糖的糖二酸。糖酸和糖醛酸都可形成稳定的分子内酯。葡萄糖酸可形成 δ-和 γ-两种内酯，但葡萄糖酸-δ-内酯较为稳定。

葡萄糖氧化酶可以将葡萄糖氧化成葡萄糖酸，可用于葡萄糖酸的工业制备；葡萄糖被硝酸氧化可制备葡萄糖二酸；葡萄糖酸、葡萄糖醛酸和葡萄糖二酸结构式如图 4-13 所示。

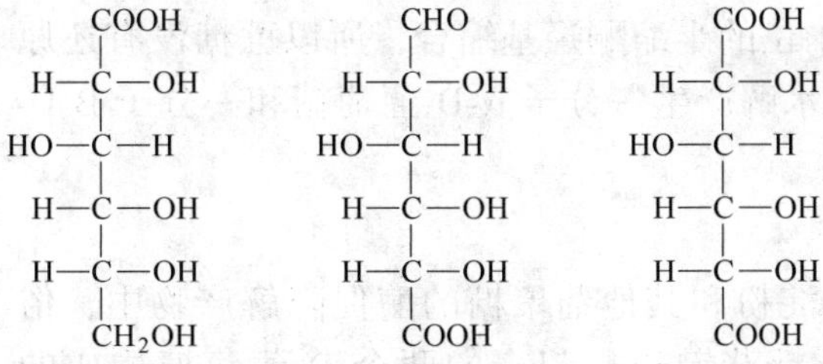

葡萄糖酸　　葡萄糖醛酸　　葡萄糖二酸

图 4-13　葡萄糖酸、葡萄糖醛酸和葡萄糖二酸的结构式

D　糖苷

糖苷是单糖半缩醛上的羟基与其他含羟基化合物失水缩合而生成的缩醛式衍生物，形成的化学键称为糖苷键。在糖苷中，若糖的成分是葡萄糖则称为葡萄糖苷；糖苷中的非糖部分称为配基或配糖体，如配基是另一个糖分子，则称为二糖。糖苷的化学性质和生物功

能主要是由配糖体决定的；糖苷键的构型由糖基决定，在自然界存在的苷类中，由 D-型糖形成的常是 β-苷，由 L-型糖形成的常是 α-苷。

根据糖苷键连接原子的不同，糖苷可以分为 O-苷（氧苷）、S-苷（硫苷）、N-苷（氮苷）和 C-苷（碳苷）。自然界中最常见的是 O-苷（如苦杏仁苷），其次是 N-苷，S-苷和 C-苷比较少见。大多数糖苷易溶于水、乙醇、丙酮或其他有机溶剂。糖苷无还原性，也无变旋现象。糖苷对碱溶液稳定，但容易被酸水解成原来的单糖和配基。

糖苷是糖在自然界中的一种重要存在形式，几乎所有的生物体都含有糖苷，但它主要存在于植物体内，尤其是植物的种子、叶及树皮中。天然存在的糖苷，其配基有醇类、酚类、醛类和嘌呤，大多数糖苷有很强的毒性，但少数糖苷可作为药物。

## 4.3 寡糖的结构和性质

寡糖是由少数几个单糖通过糖苷键连接起来的缩醛衍生物，也称为低聚糖。寡糖的糖基数一般为 2~10，天然存在的寡糖为 2~6 个糖基。

### 4.3.1 寡糖的结构

二糖是两分子单糖失去一分子水缩合生成的，所形成的化学键为糖苷键，糖苷键的构型由提供半缩醛（酮）羟基的单糖的构型决定。糖苷键的表示方法：指出键连接两个碳原子的位置。由糖基的碳位用箭头指向配基的碳位，如 1→4。如两糖都是 1 位（提供半缩醛或酮羟基的）碳连接，用双箭头表示 1⟷1。最常见的寡糖有二糖、三糖。自然界最重要的二糖有蔗糖、麦芽糖、乳糖、纤维二糖。棉籽糖是自然界最重要的三糖。

4.3.1.1 *蔗糖*

蔗糖俗称为食糖或白砂糖，是自然界中最丰富的二糖，它只在植物中合成。蔗糖的主要来源是甘蔗、甜菜。蔗糖是由一分子葡萄糖和一分子果糖脱水缩合而成（葡萄糖 α（1⟷2）β 果糖苷），其结构式如图 4-14 所示，即 α-D-吡喃葡萄糖 $C_1$ 位的半缩醛羟基与 β-D-呋喃果糖 $C_2$ 位的半缩酮羟基缩合，所以蔗糖没有还原性，无变旋现象。蔗糖水解产生一分子 α-D-葡萄糖和一分子 β-D-果糖。

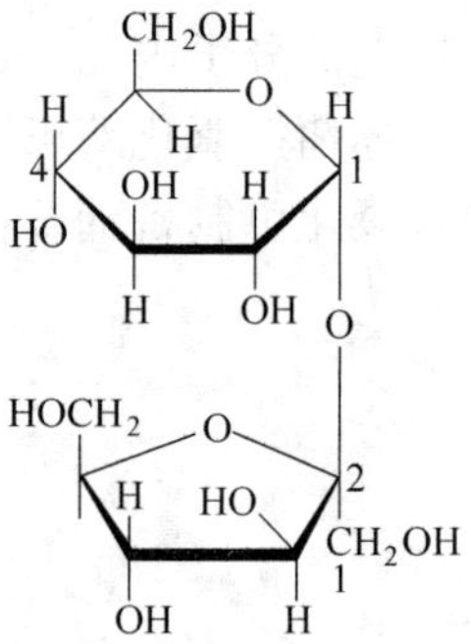

图 4-14 蔗糖的结构式

4.3.1.2 *麦芽糖*

麦芽糖主要存在于淀粉和其他葡聚糖的酶促降解产物中，俗称饴糖。它是由一个α-糖苷键连接起来的两个 D-葡萄糖构成的（葡萄糖 α（1→4）葡萄糖苷），如图 4-15 所示。其大量存在于发芽的种子中。

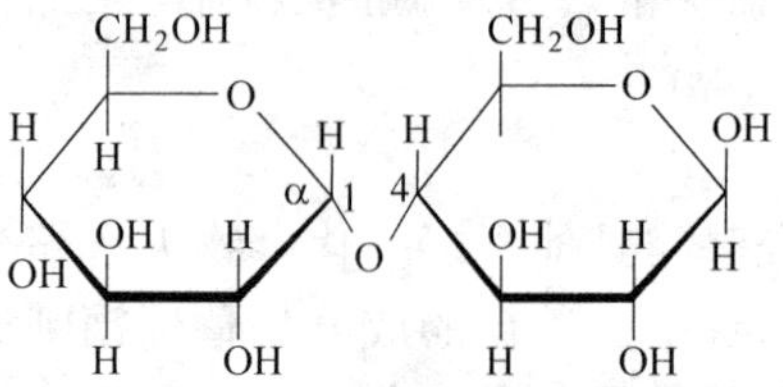

图 4-15 麦芽糖的结构式

#### 4.3.1.3　乳糖

乳糖由一分子β-D-吡喃半乳糖和一分子α-D-吡喃葡萄糖通过1→4糖苷键连接而成（半乳糖β（1→4）葡萄糖），其结构式如图4-16所示。它是奶中主要的糖，乳糖几乎存在于所有哺乳动物的乳汁中，是纤维二糖的差向异构体。乳糖具有还原性和变旋现象。

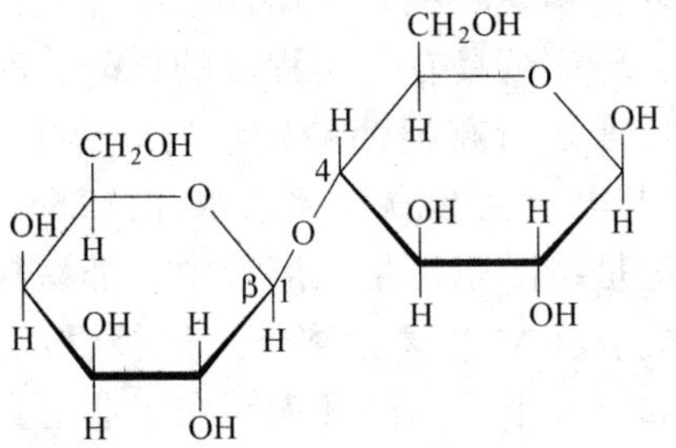


图4-16　乳糖的结构式

#### 4.3.1.4　纤维二糖

纤维二糖是葡萄糖的另一个二聚体。纤维二糖由两分子β-D-吡喃葡萄糖通过1→4糖苷键形成，其结构如图4-17所示。纤维二糖与麦芽糖的结构几乎相同，其区别就在于糖苷键，纤维二糖中是β-糖苷键，而麦芽糖中是α-糖苷键。纤维二糖不能被人体消化（因缺乏β-葡萄糖苷酶），也不能被酵母发酵。

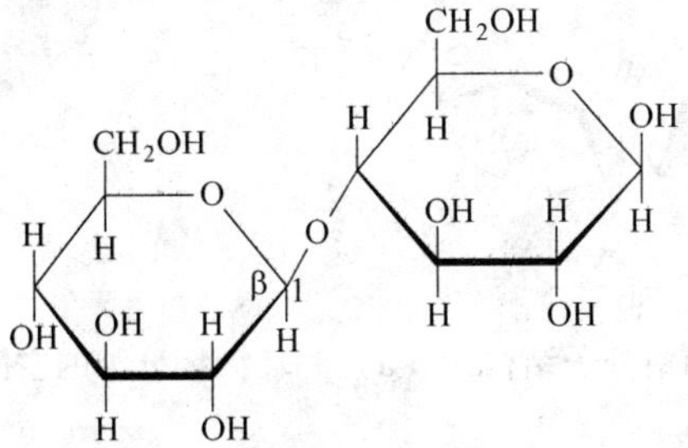


图4-17　纤维二糖的结构式

#### 4.3.1.5　棉籽糖

棉籽糖是自然界最重要的三糖。它广泛存在于棉籽、大豆、甜菜和桉树中，其全称是α-D-吡喃半乳糖（1→6）α-D-吡喃葡萄糖（1⟷2）β-D-呋喃果糖苷，棉籽糖是非还原糖，其结构式如图4-18所示。

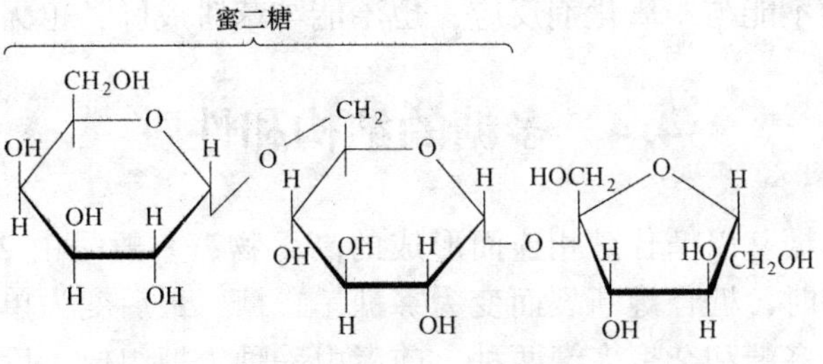


图4-18　棉籽糖的结构式

4.3.1.6 环糊精

环糊精葡萄糖基转移酶作用于淀粉溶液得到的一系列结构相关的寡糖称为环糊精，环糊精是α-D-吡喃葡萄糖残基通过α（1→4）糖苷键连接而成的环状结构分子，分子内的葡萄糖残基数一般为6~12。最常见的环糊精含有6个、7个和8个葡萄糖残基，分别称为α-环糊精、β-环糊精和γ-环糊精。环糊精无游离的半缩醛羟基，属于非还原糖。

由于具有环状分子结构，环糊精具有一定程度的抗酸、碱和酶作用力的能力。环糊精分子的结构像一个轮胎，其特点是所有葡萄糖残基的$C_6$位的羟基都在大环的外边缘，而$C_2$和$C_3$位的羟基位于大环的内边缘，形成外部亲水和内部相对疏水的特殊结构。由于具有这一特殊结构，环糊精无论是结晶态还是在溶液中，都易与某些小分子或离子形成包含配合物，如极性的酸类、胺类、$SCN^-$、卤素离子、无极性的芳香族碳氢化合物及稀有气体都可以包含在环糊精形成的空穴里，因而环糊精在工业上具有极广泛的用途。β-环糊精的结构和环糊精分子的空间填充模型如图4-19所示。

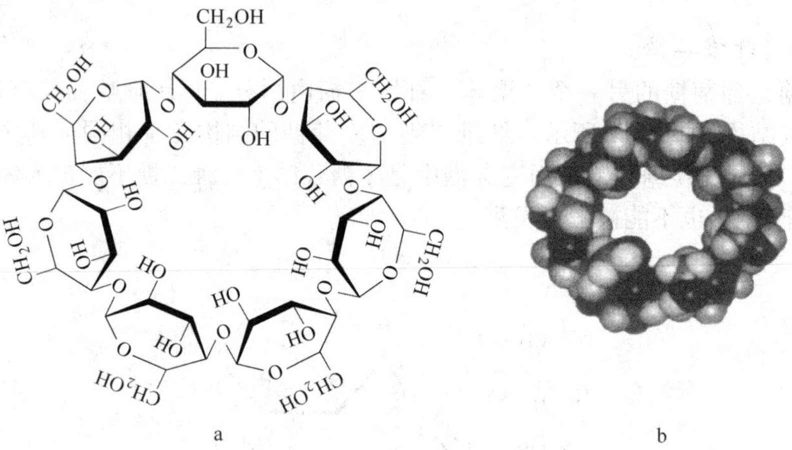


图4-19 β-环糊精分子结构式（a）和环糊精分子的空间填充模型（b）

### 4.3.2 寡糖的性质

寡糖的糖基有两种状态，一种是以一个单糖的半缩醛羟基与另一个单糖的2、3、4或6位上羟基形成糖苷键，这种寡糖仍有一个游离的半缩醛羟基，因而有还原性，称为还原糖，例如麦芽糖、乳糖均为还原糖，还原糖可与Fehling试剂反应，仍有变旋现象；另一种寡糖的糖苷键由两个半缩醛羟基连接而成，因为没有游离的半缩醛羟基为非还原性糖，例如蔗糖，非还原糖不能与弱氧化剂反应，也不能与苯肼成脎，也无变旋现象。

## 4.4 多糖的结构和性质

多糖是由多个单糖基以糖苷键相连而形成的高聚物，一般是由20个以上的单糖聚合而成。多糖完全水解时，糖苷键断裂而变为寡糖、二糖，最后变为单糖。按多糖的组成成分，可将其分成同聚多糖和杂聚多糖两种。前者由一种单糖组成，后者则由一种以上单糖或其衍生物组成，其中有些还含有非糖类物质。

### 4.4.1　常见多糖的结构与性质

常见的多糖有淀粉、糖原、纤维素、几丁质、半纤维素、糖胺聚糖、葡聚糖和细菌多糖等。

4.4.1.1　淀粉

淀粉存在于植物的种子、根茎及果实中，是储存多糖。天然淀粉由直链淀粉与支链淀粉组成，直链与支链淀粉之比一般为5%~25%比75%~85%。

直链淀粉相对分子质量为$3.2\times10^4\sim1.6\times10^6$，相当于含有200~980个葡萄糖分子，以α(1→4)糖苷键聚合而成，其结构式如图4-20所示。每个直链淀粉分子是一条线性的无分支的链状结构，它的真实结构是以平均每6个葡萄糖单位构成螺旋圈，许多螺旋圈再构成弹簧状的空间结构（见图4-21）。直链淀粉遇碘显蓝色。

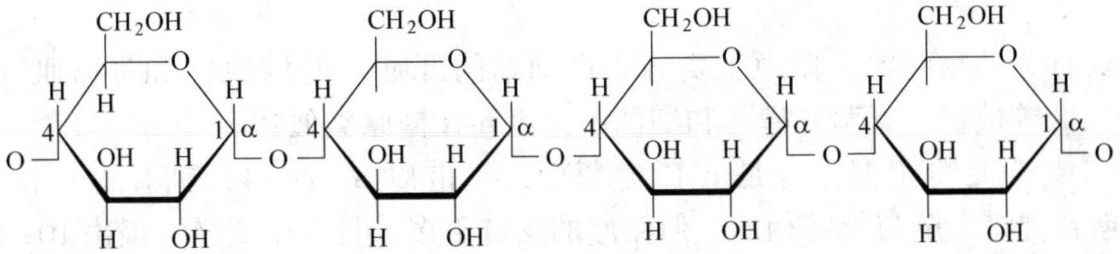

图4-20　直链淀粉的分子结构式

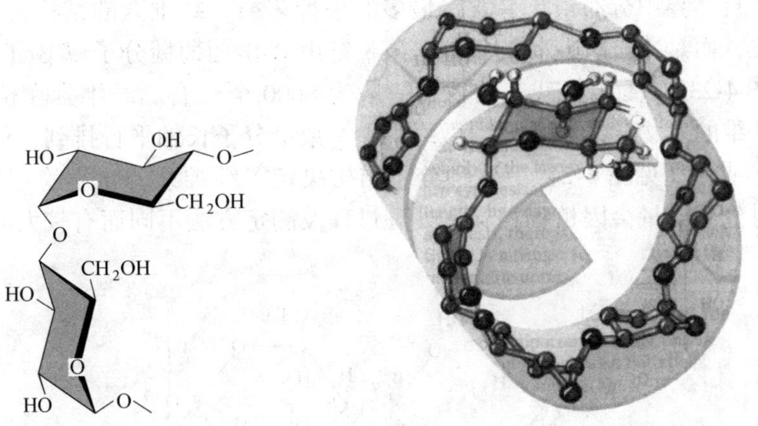


图4-21　直链淀粉的空间结构
a—分子结构式；b—空间结构

支链淀粉是一种带支链的多糖，除了有α（1→4）糖苷键外，与主链以α（1→6）糖苷键连接的分支（见图4-22）。支链淀粉的相对分子质量较高，一般在$1\times10^5\sim1\times10^6$之间，相当于含有600~6000个葡萄糖残基。支链淀粉遇碘显红色。

淀粉无还原性，具有右旋性，$[\alpha]_D^{20}=+201.5°\sim+205°$。天然淀粉一般不溶于水，且密度较大，其悬浮液放置一段时间后很容易沉淀，工业上常用此法来精制淀粉。

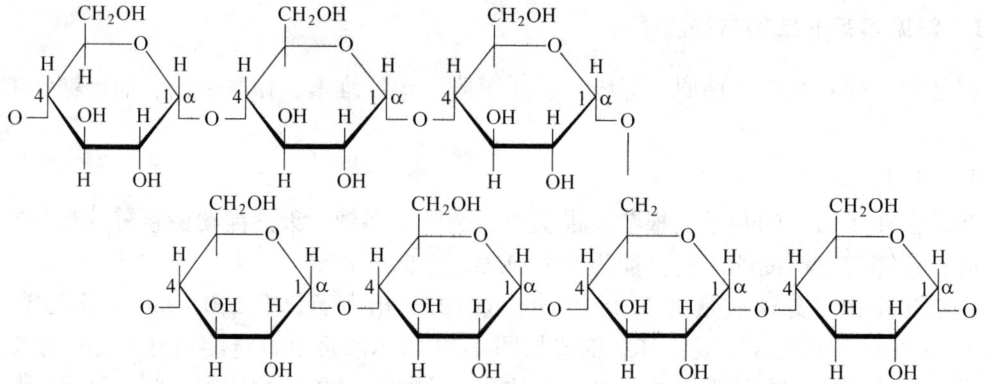

图 4-22　支链淀粉的分子结构式

4.4.1.2　糖原

糖原又称为动物淀粉。糖原主要分布在动物的肝脏（肝糖原）和骨骼肌（肌糖原）中，在一些低等植物、真菌、酵母和细菌中，也存在糖原类似物。

糖原与支链淀粉相似，也是α-D-葡萄糖，主链以α(1→4)糖苷键连接，再通过α(1→6)糖苷键将主链与支链相连。但糖原的支链更多，且一个支链一般由10~14个葡萄糖单元组成，主链上每隔3~5个葡萄糖基就有一个分支，整个糖原分子呈球形。

糖原无还原性，遇碘呈红色；糖原具有右旋性。

4.4.1.3　纤维素

纤维素是自然界中分布最广，含量最多的一种多糖。纤维素的结构类似于直链淀粉，分子中无分支，而是一条螺旋状的长链，该长链由β-D-葡萄糖分子以β(1→4)糖苷键连接而成（见图4-23），葡萄糖残基的数目一般为8000个左右。纤维素在植物体内集结成一种称为微纤维的生物学结构单元，微纤维由一束沿分子长轴平行排列，但又存在交叉重叠的纤维分子结构（见图4-24），这种分子结构决定了纤维素的化学稳定性和机械性能。纤维素的相对分子质量会因植物种类、处理过程及测定方法不同而有较大的出入，一般为5万~200万。

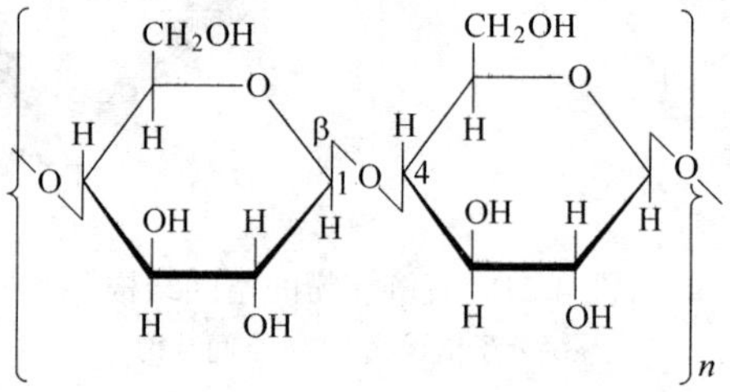

图 4-23　纤维素的分子结构式

4.4.1.4　几丁质

几丁质又称壳多糖、甲壳素，是N-乙酰-2-氨基葡萄糖（或称N-乙酰葡萄糖胺），通过β(1→4)糖苷键连接（见图4-25）。壳多糖的结构类似于纤维素，为线性分子。由于氢键比纤维素多，因而比较坚硬，是藻类、昆虫、甲壳动物的结构材料。

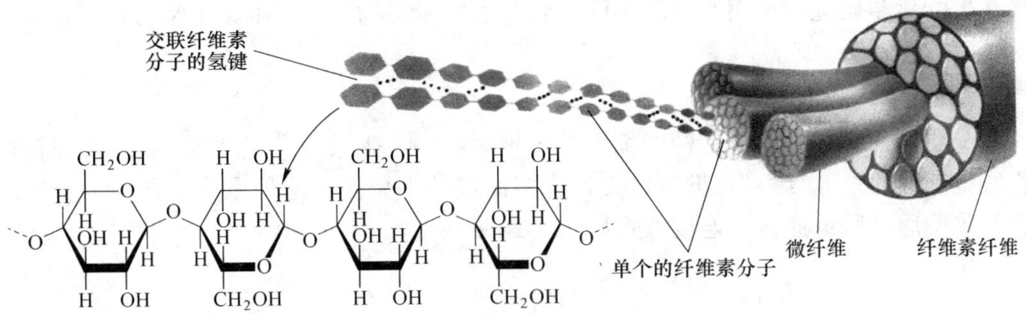


图 4-24 纤维素的结构单元

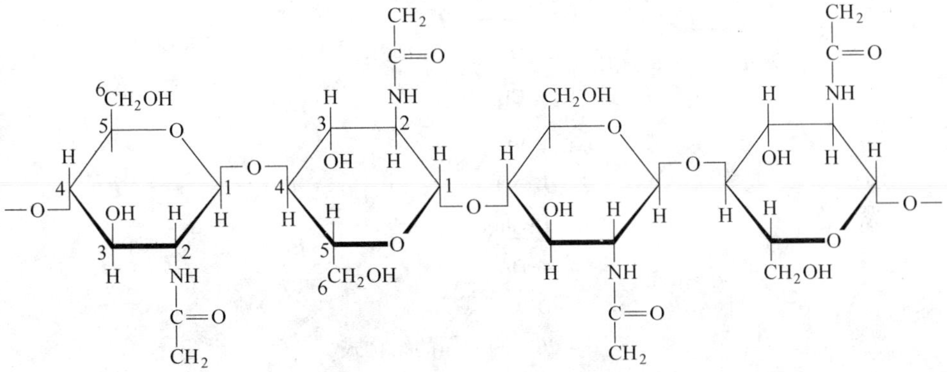

图 4-25 几丁质的分子结构式

4.4.1.5 半纤维素

半纤维素大量存在于植物的木质化部分如秸秆、坚果壳、玉米穗轴等，其含量依植物种类、部位不同而异。半纤维素是一些与纤维素同存在于植物细胞壁中的多糖的总称，换言之，半纤维素是指除纤维素以外的全部糖类（果胶质与淀粉除外），构成半纤维素的单糖基有葡萄糖、果糖、甘露糖、半乳糖、阿拉伯糖、木糖、鼠李糖及糖醛酸等。有的半纤维素是均一多糖，有的则是混合多糖。

在植物组织中，用作细胞壁或结构成分的多糖，还包括海藻中的琼脂，琼脂含有 D-与 L-半乳糖基，其中有些是半乳糖基的硫酸酯。植物中常见的阿拉伯树胶是由 D-半乳糖和 D-葡萄糖醛酸基以及阿拉伯糖基、鼠李糖基等组成的。

4.4.1.6 糖胺聚糖

糖胺聚糖是一类含氮的多糖，以氨基己糖和糖醛酸组成的二糖为基本结构单元，不同的氨基己糖和糖醛酸以及糖分子上取代基的不同都会形成不同的糖胺聚糖。由于这类多糖大多具有黏性，故也称为黏多糖。又因为分子中含有许多酸性基团，也称为酸性黏多糖。黏多糖常存在于动物的软骨、关节、肌腱等部位，是结缔组织间质和细胞间质的主要成分，常见的黏多糖有肝素、硫酸软骨素、透明质酸等。

4.4.1.7 葡聚糖

葡聚糖（右旋糖苷）是 D-葡萄糖以糖苷键缩合为主链骨架，以 α(1→3) 和 α(1→4) 糖苷键构成支链。整个分子形成网状，由于水的作用可形成凝胶。用葡聚糖凝胶制成的分子筛在生物化学研究中可用于分离不同相对分子质量的物质，在临床上又可代替血浆，以维持血液的渗透压。

4.4.1.8 细菌多糖

胞壁质也称为肽聚糖，是构成细菌细胞壁骨架的一种多糖。它是由N-乙酰葡萄糖胺和乙酰胞壁酸通过β(1→4) 糖苷键交替连接而成的多聚体，这种多聚体再作为交联结构的重复单位通过肽链连接，连接方式如图4-26所示。

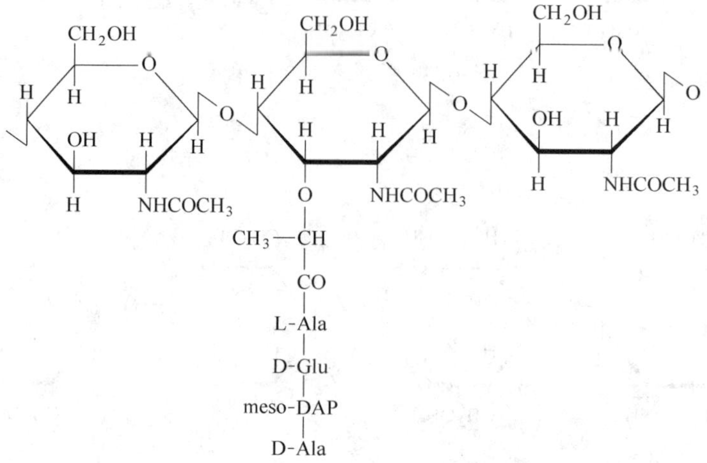

图4-26 胞壁质的结构式

上述这种骨架链，通过L-氨基酸和D-氨基酸短肽链连接起来构成肽聚糖。革兰氏阳性菌和革兰氏阴性菌细胞壁肽聚糖，其结构上的区别在于各有不同的氨基酸及不同方式构成的肽链。

### 4.4.2 复合糖

复合糖类是指糖和非糖物质的复合物。糖类成分与蛋白质共价键相连就构成糖蛋白，与脂类相连就构成脂糖。

4.4.2.1 糖蛋白与蛋白多糖

按多糖与蛋白质的相对比例，糖与蛋白质的复合物可分为糖蛋白与蛋白多糖两类。糖蛋白是以蛋白质为主，糖只是作为蛋白质的辅基，如卵清蛋白含糖基1%；而蛋白多糖是以多糖为主，蛋白或肽类所占比例较少，如黏蛋白含糖基高达80%。

蛋白质与它的糖成分连接的键主要包括两类：O-糖苷键型糖蛋白、N-糖苷键型糖蛋白。在大多数的O-糖苷键型糖蛋白中，主要的键是N-乙酰葡糖胺和一个丝氨酸或苏氨酸残基的羟基之间形成的键。在N-糖苷键型糖蛋白中，糖苷键是葡糖胺与天冬酰胺的酰胺基之间形成的键。具体连接方式如图4-27所示。

糖蛋白具有多种生物学功能，糖蛋白的糖基总是位于细胞的外表面，成为某些病毒、细菌、激素、毒素和凝集素的受体而起作用。它不仅可作为识别标记和多肽链的决定因子，而且寡糖链的存在与否还会影响某些糖蛋白与其他分子的结合，甚至改变糖蛋白的溶解度、沉淀性和在水中的黏度。此外，糖蛋白对蛋白质水解酶的耐受力、糖蛋白的分泌及

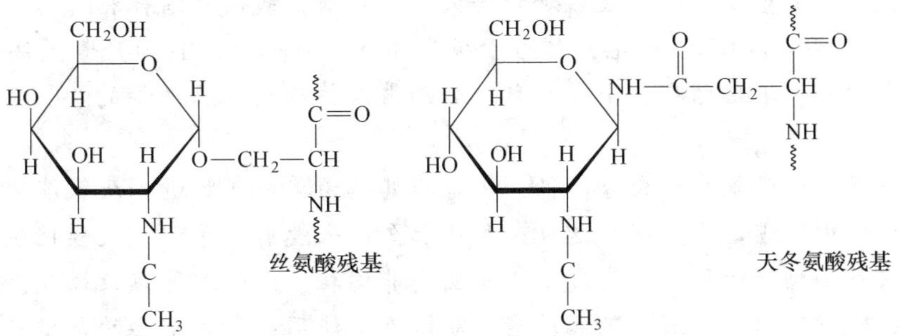


图 4-27 糖蛋白中糖与蛋白质的连接方式

运输等也常与所含寡糖链密切相关。

4.4.4.2 糖脂与脂多糖

糖脂类（糖脂与脂多糖）是广泛存在于动物、植物和微生物中的脂类与糖（或低聚糖）结合的一类复合糖。

糖脂分为甘油醇糖脂和 N-酰基神经醇糖脂。甘油醇糖脂是由甘油二酯与己糖结合而成的化合物，已糖主要是半乳糖、甘露糖或脱氧葡萄糖。甘油醇糖脂有的含有一分子已糖，有的含有二分子已糖，有的糖基还带有—$SO_3H$ 磺酸基。细胞膜含有各种糖脂，特别是暴露于膜表面的糖脂和糖蛋白是细胞识别的分子基础。

脂多糖是革兰氏阴性细菌细胞壁成分。不同细菌所含糖组分及其结构都有较大差别，通常含有 5~9 种糖。脂多糖可吸附钙、镁等离子而提高细胞壁的稳定性，因而对细胞具有保护作用。由于脂多糖的结构多变，决定了革兰氏阴性细菌细胞表面抗原决定簇的多样性，因而又称为抗原性多糖。同时，脂多糖还有控制某些物质进出细胞的部分选择性屏障功能。

## 拓展阅读——废纤维素的资源化与造纸废水中植物纤维的厌氧降解

一、废纤维素的资源化

纤维素是生物圈中数量最大的废物，我国每年的主要农林废弃物就有约 7000 万吨，然而其中被利用的不足 2%，这是因为纤维素和半纤维素，特别是木质素难以被微生物分解。因此，寻找能高效分解纤维素的菌种或纤维素酶是废纤维素资源化的关键之一。

目前发现以绿色木霉为发生源的纤维素酶活性很高，并在 1962 年生产了该菌的纤维素酶制剂，该株木霉经改进后，其酶活力已经提高了 19 倍，并据此开发了纤维素酶解糖化工艺。该工艺由制酶、原料预处理、水解与糖浆回收三阶段组成，以旧报纸为原料生产葡萄糖，转化率为 50%。据推算，年产 8 万吨葡萄糖的成本中，制酶费用占 60%，可见提高酶活力，减少酶的消耗量，提高回收率对降低成本具有重要意义。

用纤维素肥料生产单细胞蛋白（SCP）的技术也在不断改进中。一些放线菌菌株能广泛分解纤维素、半纤维素、木质素和淀粉等有机物产生 SCP，容积生产效率可达 29g/L 以上，对纤维素的得率为 45%左右，菌体细胞蛋白含量在 60%以上。

以纤维素为底物进行厌氧发酵，使其转化成为生物质能源，是解决能源短缺、环境污染的有效途径，具有重要的经济效益和社会效益。目前，我国年消耗秸秆用于沼气生产近1000万吨，沼气年产值60多亿元，相当于替代500万吨标煤。我国产量最高的农作物秸秆主要是玉米秸秆、水稻秸秆和小麦秸秆，分别占农作物秸秆总产量的29.02%、26.60%和20.37%。

秸秆类物料中含碳量高，含氮量低，如果将其作为单一底物进入厌氧消化系统中进行发酵容易使系统中的碳氮比失衡，这也是秸秆长久以来没有用于沼气规模化生产的主要原因。此外，农作物秸秆体积大，密度小，呈固态非均相，因此其传热效果差，搅拌和进出料都很困难，现有的沼气发酵工艺和反应器难以直接使用；更为重要的是秸秆组成以纤维素、半纤维素为主，其次是木质素、蛋白质、氨基酸，木质素非常难被水解，而且与半纤维素以共价键形式结合，形成一种天然屏障，导致纤维素的利用效率不高。因此，对纤维素类生物质的预处理成为了近年来纤维素类生物质资源化的研究热点，物理、化学和生物预处理方法被广泛地研究并且取得了一些令人瞩目的结果。

除厌氧发酵产沼气外，以农作物秸秆为生产原料，通过预处理、酶水解、微生物发酵和蒸馏等工艺还可以制取纤维素乙醇。木质纤维素类生物质生产乙醇的全过程包括：原料收集和预处理、酶解糖化、发酵及产物分离。以玉米秸秆为例，基于蒸汽爆破预处理和干酸预处理技术，然后在纤维素酶和酵母菌的共同作用下发酵，可得到高产率的乙醇。吉林省松原市已建成万吨级乙醇规模化连续生产示范项目，以秸秆、玉米芯等农业废弃物为原料，开发出的产品以秸秆乙醇为主，生物绿色车用压缩天然气、木质素热塑材料为辅，所得到的秸秆乙醇含量超过99.5%。细菌、酵母菌和丝状真菌等微生物都能够发酵木质纤维素水解产物生产乙醇，目前纤维素乙醇发酵中使用最广泛的微生物是酵母菌。纤维素乙醇的糖化与发酵方法较多，主要有分步糖化发酵法、同步糖化发酵法、同步糖化共发酵法和直接微生物转化发酵法。直接微生物转化又统称生物工艺，是指原料中木质纤维素成分通过某些能够产生纤维素酶的微生物群生产乙醇，同时该微生物还能利用糖生产乙醇，所有过程集中在一个反应器内进行。目前研究最多的是粗糙脉孢菌和尖镰孢菌，它们可以独立生产纤维素酶，在有氧和无氧的条件下发酵己糖和戊糖为乙醇。

此外，用混合培育方法可直接将纤维素转化为乙醇，即用热纤梭菌来水解纤维素，同时运用热解糖梭菌把前者不能代替的戊糖转化为乙醇，从而可以同时将戊糖和己糖转化为乙醇，并使纤维素水解和乙醇发酵结合进行。从原料中得到的乙醇已经达到理论最高产量的85%，这种一步转化技术的经济潜力超过了多步流程，应用前景十分明显。

### 二、造纸废水中植物纤维的厌氧降解

在制浆造纸工业废水中也含有相当多的纤维素、半纤维素及其在制浆过程中的降解产物，也含有一定量的果胶或其降解物。纤维素能够由微生物所分泌的胞外纤维素酶水解为单糖和二糖，即葡萄糖和纤维二糖，从而通过上述过程被降解。而其他物质也有类似的降解途径。

#### （一）果胶的厌氧降解

果胶是一种由1,4-β键连接的并在羧基部分不同程度地甲氧基化的半乳糖醛多聚体。含果胶的有机残体物质，首先由果胶降解菌分泌原果胶酶将有机物质中的原果胶水解成可溶性果胶，使有机残体物质细胞离析，可溶性果胶经果胶甲基酯酶水解成果胶酸，果胶酸再由多缩半乳糖酶水解成半乳糖醛酸，其过程如下：

$$原果胶+H_2O \longrightarrow 可溶性果胶+多缩戊糖$$
$$可溶性果胶+H_2O \longrightarrow 果胶酸+甲醇$$
$$果胶酸+H_2O \longrightarrow 半乳糖醛酸$$

（二）木质纤维素的厌氧降解

木质纤维素也称半纤维素。半纤维素的构成为多缩戊糖（木糖和阿拉伯糖）、多缩己糖（半乳糖、甘露糖）以及多缩糖醛酸（葡萄糖醛酸和半乳糖醛酸）等。

半纤维素进入厌氧环境中后，易为许多厌氧细菌所水解。这些厌氧细菌分泌的半纤维素酶和多缩糖酶依次将半纤维素水解为单糖和糖醛酸，被吸收后发酵成各种产物，包括乙酸、丁酸、甲酸、乙醇、$H_2$、$CO_2$等。

（三）木素的降解

木素是一类由苯丙烷单元通过醚键和碳碳键连接成的复杂无定形高聚物。有关厌氧降解木质素的微生物的研究不多，然而已分离到两种类型的能分解芳香族化合物的细菌：一类是能运动的革兰阴性杆菌，与利用氢的细菌协作可完成降解，其产物是甲酸、乙酸、二氧化碳和氢；另一类是不要求利用氢的细菌的协作，单独降解环状化合物的革兰阴性无芽孢的杆状厌氧菌。

植物纤维原料中含有的三大组分是纤维素、半纤维素和木素。制浆中添加化学品的主要目的就是破坏木素与纤维素之间的连接，并使木素溶于蒸煮液中，因此木素降解物是制浆废液中最重要的成分。在化学制浆或半化学和化机浆制浆中，不可避免地有半纤维素的溶出，半纤维素比纤维素的稳定性弱，易于部分地溶于蒸煮液中。在化学浆、半化学浆中，木素占有很高比例，如黑液中木素可以占到总COD的50%左右。木素是带有芳香结构的立体网状聚合物，它属于难生物降解的化合物，因此含有高浓度木素的废水难以在厌氧处理中达到很高的去除率。半纤维素是多种单糖形成的聚合物，制浆过程中半纤维素以单糖或低聚糖形式进入废水中。原料中的少量纤维素在制浆中也会以葡萄糖及其寡聚物形式进入废水中，纤维素、半纤维素的降解产物也会形成有机酸，它们在厌氧处理过程中是易于降解的。

（四）造纸污泥的厌氧发酵

当前造纸污泥主要用于制作砖材、陶粒、填料、水泥、板材等，但是考虑到造纸污泥的高纤维素特性，将其用来厌氧发酵，既可以达到减量化和稳定化作用，还可以产生高热值沼气，沼气回收后可用于燃烧供热或发电，也可将沼气净化、提纯后加工成工业原料产品；造纸污泥消化后的残余物经脱水和无害化处理后，可制成有机肥料或作为砖厂、水泥厂、火电厂等工厂燃烧的辅助燃料。因主要成分相同，造纸污泥的厌氧发酵过程与秸秆类似。同时，利用造纸污泥也可以生产乙醇，由于造纸污泥成分复杂，且含有大量的金属离子对发酵有一定的抑制作用，使得发酵效率相对较低，也使其工业化应用受到限制。

## 习　题

4-1 名词解释：

（1）寡糖；（2）糖苷键；（3）变旋性；（4）同聚多糖。

4-2 淀粉、糖原、纤维素的化学组成如何？其结构性质有何异同？

4-3 说明下列寡糖所含单糖的种类、糖苷键的类型及有无还原性：

（1）蔗糖；（2）乳糖；（3）棉籽糖；（4）麦芽糖；（4）纤维二糖。

4-4 从牛奶中分离出某种三糖，由一半乳糖苷酶完全水解为半乳糖和葡萄糖，它们之比为 2：1。将原来的三糖先用 $NaBH_4$ 还原，再使其完全甲基化，酸水解，然后再用 $NaBH_4$ 还原，最后用醋酸酐乙酸化，得到三种产物：（1）2，3，4，6-四-O-甲基-1，5-二乙酰基-半乳糖醇；（2）2，3，4-三-O-甲基-1，5，6-三乙酰基-半乳糖醇；（3）1，2，3，5，6-五-O-甲基-4-乙酰基-山梨糖醇。根据上述结果，请写出此三糖的结构式，并写出推断过程。

4-5 将 30g 由 D-甘露糖和 D-葡萄糖组成的多糖完全水解，水解液稀释到 100mL，在 10cm 旋光管中测得稀释液的旋光度为+9.07°。计算多糖中 D-甘露糖和 D-葡萄糖的比值（α/β-D-甘露糖的比旋光度为+14.5°，α/β-D-葡萄糖的比旋光度为+52.7°）。

# 5 核酸化学

本章要点：

(1) 核酸的组成与分类；

(2) DNA 的一级结构、二级结构的特点；

(3) DNA 的生物学功能；

(4) RNA 的结构与生物学功能；

(5) 核酸的性质。

## 5.1 概　　述

核酸是生物体内一类含有磷酸基团的重要的生物大分子，担负着生命信息的储存与传递。核酸与蛋白质一样，是一切生物机体不可缺少的组成部分，它是生命遗传信息的携带者和传递者，对生命的延续、生物物种遗传特性的保持、生长发育、细胞分化等起着重要的作用，同时也是现代生物化学、分子生物学的重要研究领域，是基因工程操作的核心内容。

### 5.1.1 核酸及相关概念

核酸是遗传变异的物质基础，是遗传信息的载体，在蛋白质生物合成中起十分重要的作用。各种生物遗传信息储存于 DNA 的核苷酸序列中，蛋白质的结构是由核酸决定的。生物体的遗传、变异、生长发育、细胞分化等都与核酸密切相关。而基因是 DNA 分子中最小的功能单位，它是核酸的一些组成部分或结构区域。基因组表示全部 DNA 的碱基对总数。

染色体是细胞核内能被碱性染料着色的螺旋集缩体，由核酸、组蛋白、非组蛋白等组成。大部分细胞生活周期里以弥散状的染色质形式存在，只有在细胞的有丝分裂期是以染色体形式存在。

### 5.1.2 核酸的组成及分类

5.1.2.1 核酸的元素组成

组成核酸的基本元素有碳、氢、氧、氮、磷，还含有少量的硫。其中磷的含量比较稳定，占 9%～10%，因此通过测定磷的含量可以推算核酸的含量。DNA 平均含磷量为 9.9%，RNA 为 9.4%。由于核酸都含有中强酸磷酸与弱碱性的碱基，因此核酸呈酸性。

核酸同蛋白质一样，也是高分子有机化合物，经过不同程度的水解，可得到多核苷酸、寡核苷酸和核苷酸；彻底水解产物，包括糖、含氮碱基和磷酸。

5.1.2.2 核酸的分布和分类

根据彻底水解产物中所含糖的不同，核酸分为脱氧核糖核酸（deoxy-ribose nucleic

acid，简称 DNA）和核糖核酸（ribose nucleic acid，简称 RNA）两类。

DNA 为双链分子，其中大多数是线形结构大分子，也有少部分呈环状结构，主要存在于染色体中，少部分在核外（如线粒体 DNA、叶绿体 DNA 和质粒 DNA 等）。DNA 是主要的遗传物质，是遗传信息的主要载体。

RNA 为单链分子，主要负责 DNA 遗传信息的翻译和表达，相对分子质量比 DNA 小很多。真核生物细胞中，RNA 分布于各种细胞器中，核仁富含 RNA，是合成 RNA 的主要场所。此外，线粒体及叶绿体也含有少量 RNA。真核细胞中的 RNA 主要存在于细胞质中；原核生物的 RNA 全部存在于细胞质中。

根据 RNA 功能的不同，主要分为三类：信使 RNA（mRNA），在核内合成，存在于细胞质中，约占细胞 RNA 总量的 5%；转运 RNA（tRNA），在核内合成，存在于细胞质中，约占细胞 RNA 总量的 15%；核糖体 RNA（rRNA），在核仁中合成，存在于细胞质中，约占细胞 RNA 总量的 80%。这三种 RNA 共同参与蛋白质的生物合成。

5.1.2.3 核酸的组成

核酸在化学组成上是多聚核苷酸，核苷酸是构成核酸分子的基本结构单位。核苷酸是核苷的磷酸酯，核苷又由核糖（或脱氧核糖）与碱基组成，所以核苷酸由碱基、戊糖和磷酸三部分组成。

A 核酸的结构单元——核苷酸

a 基本的碱基结构

核酸中的含氮碱基有嘌呤碱和嘧啶碱。常见的嘌呤碱基有腺嘌呤（A）和鸟嘌呤（G），它们都是嘌呤的衍生物（见图 5-1）。

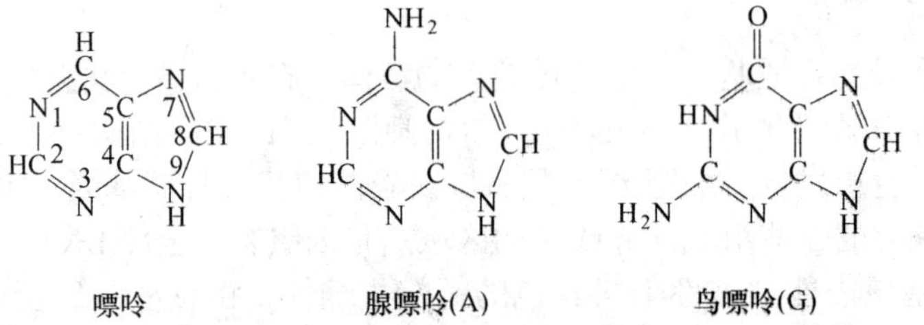


图 5-1 嘌呤、腺嘌呤和鸟嘌呤的结构式

嘧啶碱基有胞嘧啶（C）、尿嘧啶（U）及胸腺嘧啶（T）三种，它们都是嘧啶衍生物（见图 5-2）。

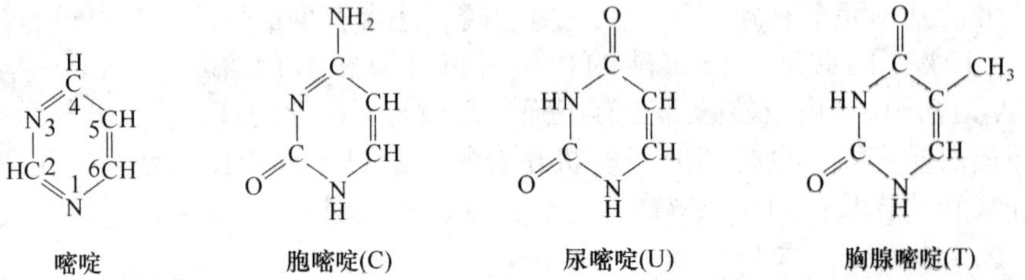


图 5-2 嘧啶、胞嘧啶、尿嘧啶及胸腺嘧啶的结构式

除上述五种碱基外，核酸中还存在着一些特殊的、含量很少的碱基，称为稀有碱基。其中大多数是碱基的甲基化产物，也有少数是乙酰化、硫代、甲硫化以及带有各种侧链的碱基衍生物。现已发现的稀有碱基以及由此形成的稀有核苷、稀有核苷酸达 70 多种。

上述五种碱基，每种碱基都有几种互变异构体，如腺嘌呤和胞嘧啶可以以氨或亚氨的形式存在；而鸟嘌呤、胸腺嘧啶和尿嘧啶可以以酮式或烯醇式存在。在大多数细胞的内部，氨式和酮式占优势（见图 5-3），是最稳定的。

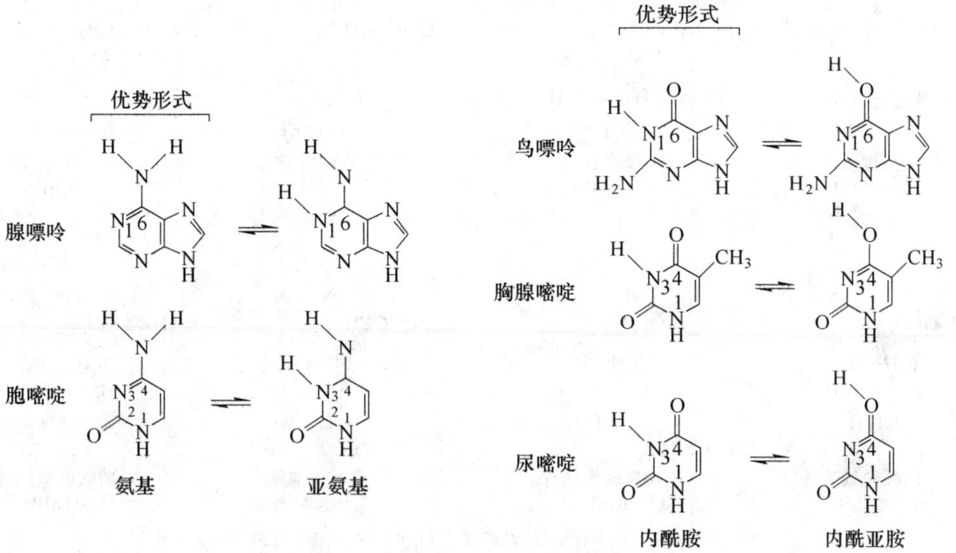

图 5-3　五种碱基的互变异构体结构式

b　戊糖结构

组成核酸的戊糖有两种。RNA 所含的糖则为 β-D-核糖；DNA 所含的糖为 β-D-2-脱氧核糖。其结构式如图 5-4 所示。

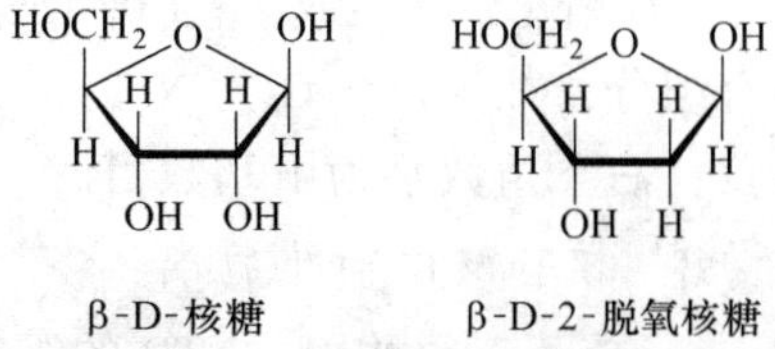

图 5-4　核酸的戊糖的结构式

c　核苷

核苷是由含氮碱基与戊糖缩合而成的糖苷。在糖苷键中，糖的第一位碳原子（$C_1'$）分别与嘧啶碱基的第一位氮原子（$N_1$）或嘌呤碱基的第九位氮原子（$N_9$）相连，所以糖与碱基之间的连接键 C′-N 糖苷键，其连接方式如图 5-5 所示。

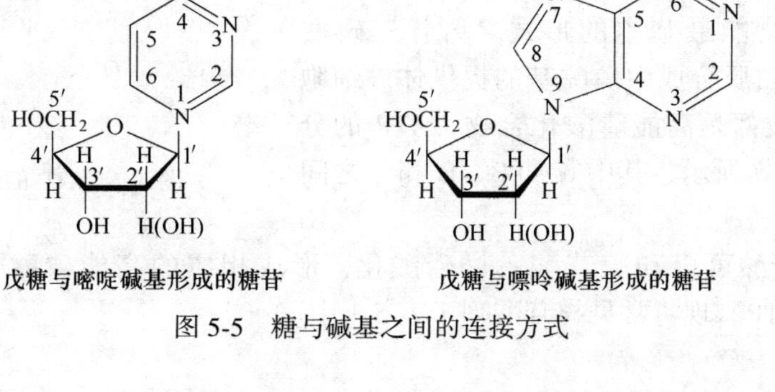

图 5-5　糖与碱基之间的连接方式

d 核苷酸

核苷酸是核苷的磷酸酯。由于核糖核苷的戊糖环有三个自由羟基（2′、3′、5′），所以与磷酸成酯时可生成三种核糖核苷酸，而脱氧核苷的戊糖环上只有两个自由羟基（3′、5′），故只能形成两种脱氧核苷酸。生物体内游离存在的多是5′-核苷酸。它们各有四种（见图5-6）。

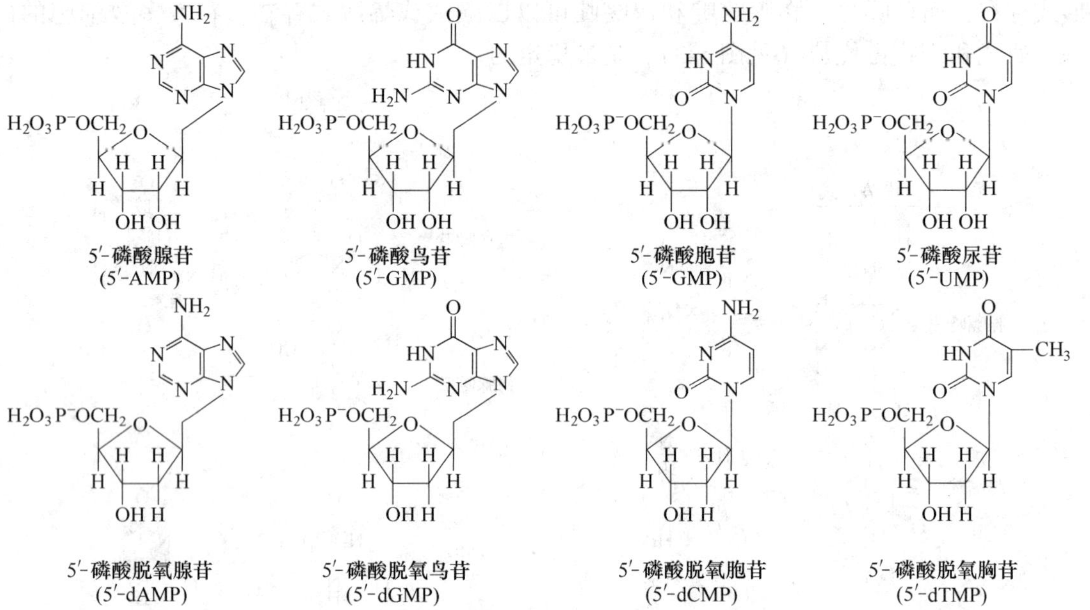


图5-6 生物体内游离存在的5′-核苷酸结构式

e 核酸组分的表示方式

通常用3个字母表示碱基，1个字母表示核苷。如Ade为腺嘌呤，A为腺苷。腺苷酸用pA（磷酸5′位）或Ap（磷酸3′位）表示。B代表任一碱基，N代表任一核苷。甲基化稀有组分，如$m_3^{2,2,7}G$为$N^2$，$N^2$，$N^7$-三甲基鸟苷，m代表甲基，右上角数字为甲基所在位置，右下角数字为甲基数目。

B 核苷酸的衍生物

a 核苷三磷酸——NTP的结构

核苷酸还可以进一步磷酸化生成核苷二磷酸和核苷三磷酸。例如腺苷酸（AMP）可以形成腺苷二磷酸（ADP）和腺苷三磷酸（ATP）。它们是高能磷酸化合物，在能量转换中起十分重要的作用。ATP是生物能最基本的形式。鸟苷三磷酸（GTP）作为蛋白质合成中磷酰基的提供体。细胞中的核苷三磷酸都是高能磷酸化合物。ATP的分子结构式如图5-7所示，其中α和β、β和γ之间是高能磷酸键。

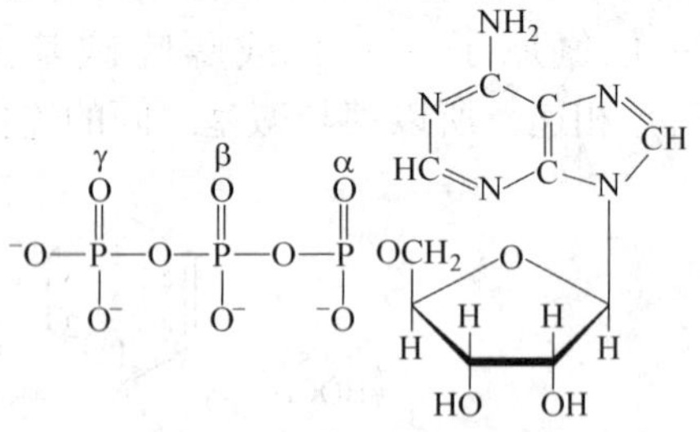

图5-7 ATP的分子结构式

其他单核苷酸可以和腺苷酸一样磷酸化，形成相应的高能磷酸化合物，如ATP、GTP、CTP、dTTP。现将常见核苷酸列于表5-1中。

表 5-1 常见核苷酸及其缩写符号

| 碱 基 | 核糖核苷酸 | 符 号 | 脱氧核糖核苷酸 | 符 号 |
|---|---|---|---|---|
| 腺嘌呤 | 腺嘌呤核苷酸 | AMP | 腺嘌呤脱氧核苷酸 | dAMP |
| 鸟嘌呤 | 鸟嘌呤核苷酸 | GMP | 鸟嘌呤脱氧核苷酸 | dGMP |
| 胞嘧啶 | 胞嘧啶核苷酸 | CMP | 胞嘧啶脱氧核苷酸 | dCMP |
| 尿嘧啶 | 尿嘧啶核苷酸 | UMP | — | — |
| 胸腺嘧啶 | — | — | 胸腺嘧啶脱氧核苷酸 | dTMP |

b 环化核苷酸——cAMP 和 cGMP 的结构

核苷酸还可以发生环化而形成环化核苷酸，如 3′,5′-环腺苷酸（cAMP）和 3′,5′-环鸟苷酸（cGMP），它们的结构式如图 5-8 所示。这两种环化核苷酸在细胞的代谢调节中有重要作用。ATP 在腺苷酸环化酶作用时脱下一分子焦磷酸形成 cAMP。哺乳动物体内的激素很多是通过 cAMP 起作用的，因此 cAMP 被称为第二信使。体内重要的环化核苷酸除 3′,5′-环腺苷酸（cAMP）外，还有 3′,5′-环鸟苷酸（cGMP）；它们不是核酸的组成成分，而是重要的调节物质。微生物细胞内，还有 cUMP、cCMP、cIMP，但功能不明。

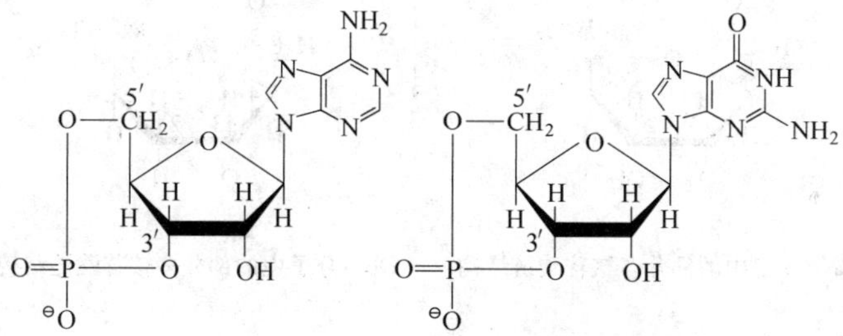


图 5-8 cAMP 与 cGMP 的结构式

C 多聚核苷酸

多聚核苷酸是通过核苷酸的 5′-磷酸基与另一分子核苷酸的 $C_3'$—OH 形成磷酸二酯键相连而成的链状聚合物。其中由核糖核苷酸聚合而成的称为 RNA 链；由脱氧核糖核苷酸聚合而成的称为 DNA 链，其结构式如图 5-9 所示。

其中多聚核苷酸有以下特点：首先，在多聚核苷酸中，两个核苷酸之间形成的磷酸二酯键通常称为 5′-3′磷酸二酯键；其次，多聚核苷酸链一端的 $C_5'$带有一个自由磷酸基的称为 5′-磷酸端（常用 5′-P 表示），另一端 $C_3'$带有自由的羟基的称为 3′-羟基端（常用 3′—OH 表示）；最后，多聚核苷酸链具有方向性，当表示一个多聚核苷酸链时，必须注明它的方向是 5′→3′或者 3′→5′。

多聚核苷酸有如下表示方式。

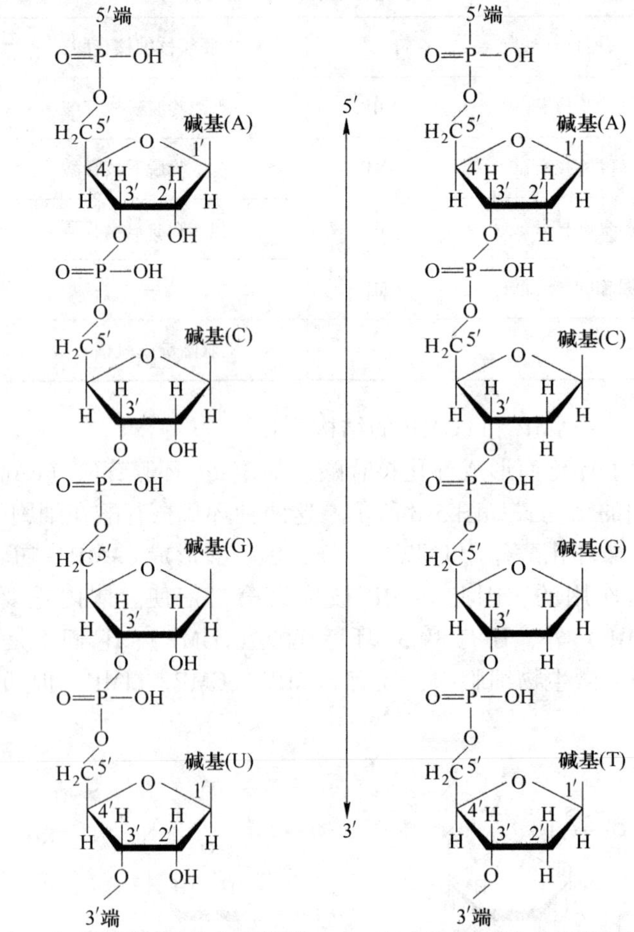


RNA分子中的部分多核苷酸链结构　　DNA分子中的部分多核苷酸链结构

图 5-9　RNA 链与 DNA 链结构式

a　线条式缩写

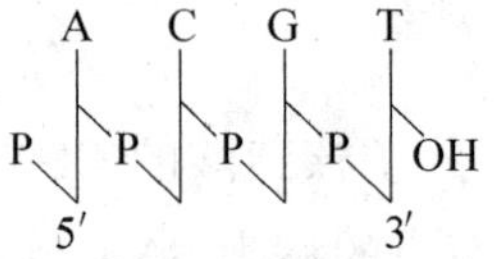


DNA线条式缩写

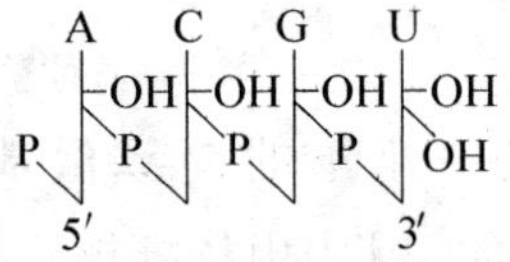


RNA线条式缩写

b　字母式缩写

| DNA | RNA |
|---|---|
| $5'{}_{p}dA_{p}dC_{p}dG_{p}dT_{OH}\ 3'$ | $5'{}_{p}A_{p}C_{p}G_{p}U_{OH}\ 3'$ |
| 5′ACGTGCGT　3′ | 5′ACGUAUGU　3′ |
| ACGTGCGT | ACGUAUGU |
| DNA 字母式缩写 | RNA 字母式缩写 |

# 5.2 DNA的结构与生物功能

虽然构成DNA的脱氧核苷酸只有四种，由于四种脱氧核苷酸的数目、比例、排列顺序的不同，可以构成多种结构不同的DNA。

## 5.2.1 DNA的结构

5.2.1.1 DNA的一级结构

DNA多核苷酸链中脱氧核苷酸的组成和排列顺序为DNA一级结构，也可指DNA分子中碱基的顺序。所谓DNA的碱基组成是指四种主要碱基A、G、T、C的摩尔组成。

Chargaff等在20世纪50年代应用纸层析及紫外分光光度法对各种生物DNA的碱基组成进行了定量测定，发现了以下规律。

(1) 所有DNA中腺嘌呤和胸腺嘧啶的摩尔含量相等，即A=T；鸟嘌呤与胞嘧啶的摩尔含量相等，即G=C。因此，嘌呤的总含量与嘧啶的总含量相等，即A+G=C+T。

(2) DNA的碱基组成具有种属特异性，即不同生物种的DNA具有自己独特的碱基组成。但DNA的碱基组成没有组织和器官的特异性，生长发育阶段、营养状态和环境的改变都不影响DNA的碱基组成。

所有DNA中碱基组成必定是A=T、G=C，这一规律的发现，提示了A与T，G与C之间碱基互补的可能性，为以后DNA双螺旋结构的建立提供了重要依据。

5.2.1.2 DNA的二级结构

1953年Watson和Crick在前人工作的基础上，提出了著名的DNA双螺旋二级结构模型，即B-DNA模型（见图5-10）。其主要依据：首先是Chargaff的碱基组成规律，这是

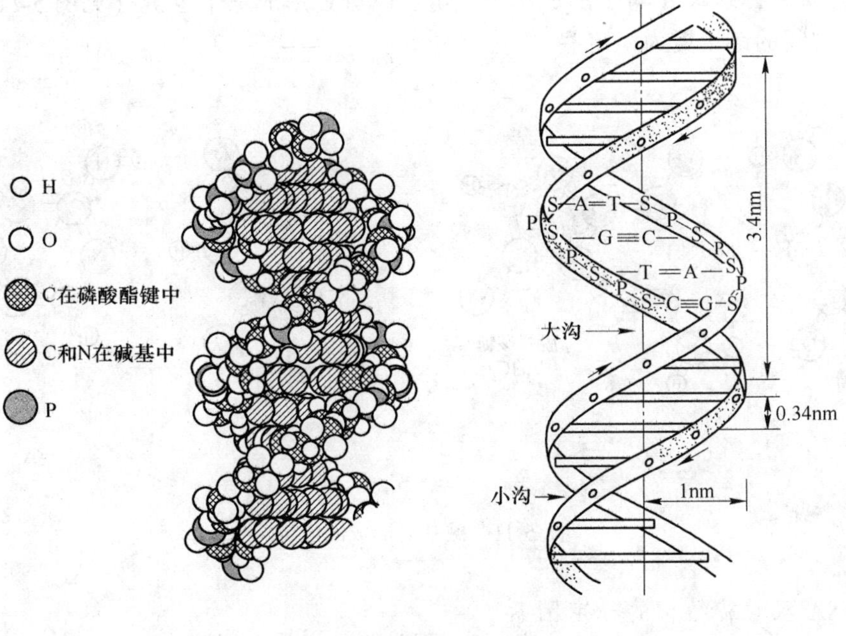


图5-10 DNA双螺旋结构模型

双股多核苷酸链间碱基互补配对的依据；其次是 Wilkins 等对纤维状 DNA 进行的 X 光衍射分析，衍射图谱上有两个周期性结构，一个周期为 0.34nm、另一个周期为 3.4nm。

A DNA 双螺旋模型

DNA 双螺旋模型有以下主要内容。

（1）螺旋中的两条链反向平行，即其中一条链的方向为 5′→3′，而另一条链的方向为 3′→5′，两条链共同围绕一个假想的中心轴呈右手双螺旋结构。

（2）疏水的碱基位于双螺旋的内侧，亲水的磷酸和脱氧核糖基位于螺旋外侧。碱基平面与螺旋轴垂直，脱氧核糖平面与中心轴平行。由于几何形状的限制，碱基对只能由嘌呤和嘧啶配对，即 A 与 T，G 与 C。这种配对关系，称为碱基互补。

（3）由于碱基对排列的方向性，使得碱基对占据的空间是不对称的。因此，在双螺旋的表面形成大小两个凹槽，分别称为大沟和小沟，二者交替出现。

（4）双螺旋横截面的直径约为 2nm，相邻两个碱基平面之间的距离（轴距）为 0.34nm，旋转夹角为 36°，每 10 个核苷酸形成一个螺旋，其螺距（即螺旋旋转一圈）的高度为 3.4nm。

（5）两条链主要借碱基之间的氢键和碱基堆积力（即碱基之间的范德华力）牢固地连接起来，维持 DNA 双螺旋的三维结构。两条链是互补关系。

B DNA 双螺旋结构中的碱基互补

DNA 双螺旋结构中碱基互补的专一性是由双螺旋的空间结构和形成稳定氢键的要求这两个因素决定的。DNA 双螺旋的直径为 2nm，这就要求两条链上两个成对碱基的空间距离应为 1.085nm。这个距离正好适合一个嘌呤碱基和一个嘧啶碱基形成由氢链连接的碱基对，而且只有反向平行的两链间 A 与 T、G 与 C 配对，才能形成最稳定的氢键。根据对碱基构象的研究，确认 A 与 T 形成两个氢键；G 与 C 形成三个氢键（见图 5-11）。由此看来，G、C 之间的链接更为稳定些。

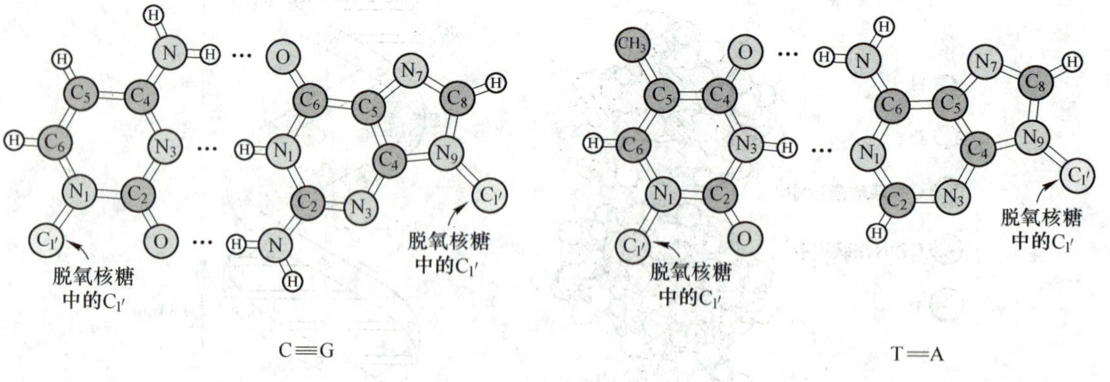


图 5-11 碱基对形成的氢键

C DNA 双螺旋结构的稳定因素

以下稳定因素决定了 DNA 的双螺旋结构。

a 碱基对间的氢键

在DNA双螺旋的双螺旋区，碱基对的大小使其在螺旋内的距离很适合于形成氢键。氢键是一种较弱的非共价键，但许多氢键的集合能量是很大的。如果不能使许多氢键同时打开，局部打开的氢键有恢复原有状态、保持分子构象不变的趋势。

b 碱基堆积力

在DNA双螺旋的双螺旋区，相邻碱基平面间的距离使平面上下分布的π电子云可以相互作用；同时，环境中的水对疏水的碱基产生的作用力也有助于螺旋内的碱基堆积成有规律的疏水核心。螺旋外围的核糖和磷酸基上的亲水基团，使环境中的水在螺旋外围形成水壳，也有助于螺旋的稳定。碱基堆积力对维持核酸的空间结构起主要作用。

c 离子键

DNA分子中磷酸基团在生理条件下解离，使DNA成为一种多电荷阴离子，这有利于与带正电荷的组蛋白或介质中的阳离子之间形成静电作用，能减少双链间的静电排斥，有利于双螺旋的稳定。

D DNA双螺旋的不同构象

每个核苷酸残基都有6个可自由旋转的单键，使得DNA分子具有柔性，并具有不同的构象形式。进一步研究表明，因DNA纤维含水量不同，还可以形成其他的DNA构象(见图5-12与表5-2)，这主要取决于制备DNA晶体的相对湿度、盐的种类及盐浓度。上述Watson和Crick提出的DNA双螺旋结构的特征，是针对在相对湿度为92%时制备的DNA钠盐纤维，即所谓B-DNA所具有的构象而言的，这也是DNA分子在溶液中或细胞内生理条件下出现的结构。在DNA的二级结构研究中，最引人注意的是Z-DNA结构的发现，它是左手双螺旋。有证据表明，在原核生物或真核生物的DNA中存在某些短的Z-DNA区。虽然目前仍不清楚这些Z-DNA区存在的确切意义，但认为可能与某些基因的表达或遗传重组有关。

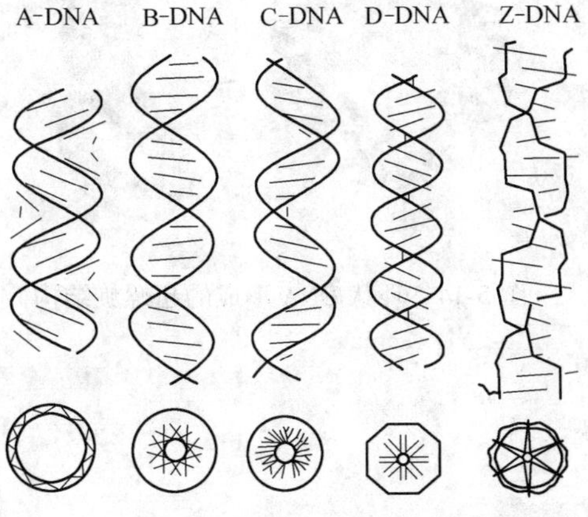


图5-12 DNA双螺旋的不同构象

**表5-2 三种DNA双螺旋构象参数比较**

| 参数 | A | B | Z |
|---|---|---|---|
| 外形 | 粗短 | 适中 | 细长 |
| 螺旋方向 | 右手 | 右手 | 左手 |
| 螺旋直径/nm | 2.55 | 2.37 | 1.84 |
| 碱基直径/nm | 0.23 | 0.34 | 0.38 |
| 碱基夹角/(°) | 32.7 | 34.6 | 60.0 |
| 每圈碱基数 | 11 | 10.4 | 12 |
| 碱基倾角/(°) | 19 | 1 | 9 |
| 糖苷键构象 | 反式 | 反式 | C、T反式，G顺式 |
| 大沟 | 很窄很深 | 很宽很深 | 平坦 |
| 小沟 | 很宽、浅 | 窄、深 | 较窄很深 |

E DNA 双螺旋结构的意义

该模型揭示了 DNA 作为遗传物质的稳定性特征，最有价值的是确认了碱基配对原则，这是 DNA 复制、转录和反转录的分子基础，也是遗传信息传递和表达的分子基础。该模型的提出是 20 世纪生命科学的重大突破之一，它奠定了生物化学和分子生物学乃至整个生命科学飞速发展的基石。

5.2.1.3 DNA 的三级结构

DNA 分子是十分巨大的信息高分子，而且进化程度越高的生物体，其 DNA 的分子构成越大，结构越复杂，因此 DNA 的长度就要求其必须形成紧密的折叠旋转的形式才能够存在于小小的细胞核内。DNA 应该在二级结构双螺旋的基础上，进一步折叠产生三级结构，并在蛋白质作用下以致密形式压缩在染色质中。所以，DNA 的三级结构是指 DNA 双螺旋分子通过扭曲和折叠所形成的特定构象，包括不同二级结构单元间的相互作用、单链与二级结构单元间的相互作用以及 DNA 的拓扑特征。DNA 三级结构包括开链环状、闭链环状和超螺旋结构。

超螺旋的形成是由于 DNA 双螺旋处于最低能量状态的结构，如果使正常 DNA 的双螺旋额外地多转几圈或少转几圈，就会使双螺旋内的原子偏离正常的位置，这样在双螺旋分子中就存在额外的张力。如果双螺旋末端是开放的，张力会通过链的旋转而释放；如果 DNA 分子两端是以某种方式固定的，这些额外张力就不能释放到分子之外，而只能在 DNA 分子内部重新分配，从而造成原子或基因的重排，并导致 DNA 形成超螺旋。

超螺旋有两种方式，通过旋紧双螺旋而形成的过旋 DNA 会自动形成额外左手螺旋，这样的超螺旋称为正超螺旋；通过放松双螺旋而形成的欠旋 DNA 会形成额外右手螺旋，称为负超螺旋（见图 5-13）。绝大部分原核生物的都是共价封闭的环状双螺旋分子，这种双螺旋分子再次螺旋化形成超螺旋结构（见图 5-14）。细胞内 DNA 的三级结构主要以超螺旋形式存在，比如，人的 DNA 在染色体中的超螺旋结构，使 DNA 分子反复折叠盘绕后共压缩 8400 倍左右。

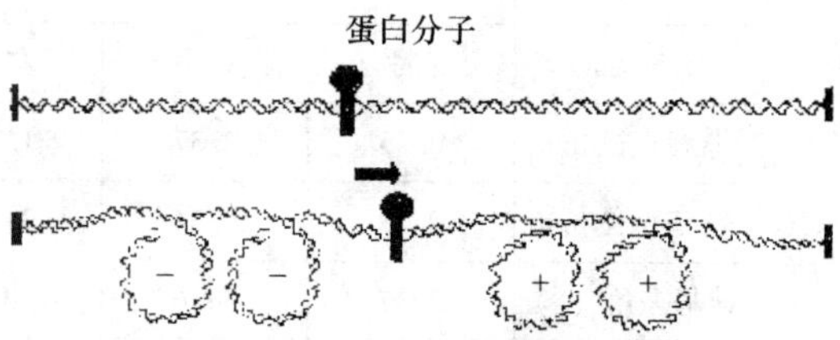


图 5-13 两种不同方式超螺旋

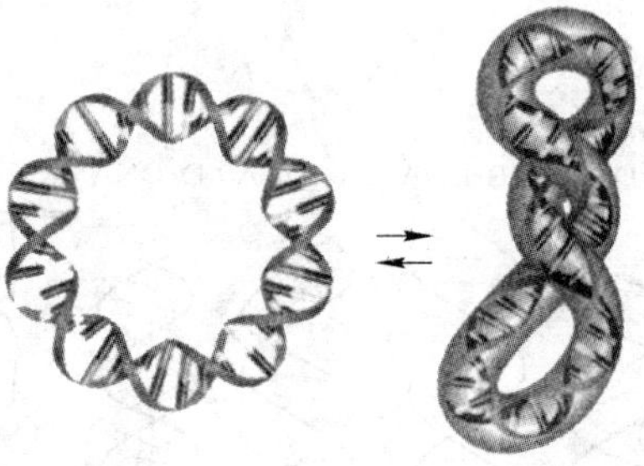

图 5-14 环状 DNA 形成的超螺旋结构

## 5.2.2 DNA 的生物功能

5.2.2.1 中心法则与 DNA 的复制

现代生物学已充分证明，DNA 是生物遗传的主要物质基础。它是遗传信息的载体，DNA 具有储存、传递（包括复制、转录、翻译）、接受遗传信息的功能，与 RNA、蛋白质间存在下面的关系：生物机体的遗传特征以密码子的形式编码在DNA分子上，表现为特定的脱氧核苷酸排列顺序，并且通过DNA的复制，把遗传信息由亲代传递给子代。在后代的个体发育过程中，遗传信息自DNA转录给RNA，然后通过RNA翻译成特异的蛋白质，以执行各种生命功能，使后代表现出与亲代相似的遗传性状，这个遗传信息传递途径被称为分子生物学的“中心法则”（见图5-15）。所谓“复制”，就是指以原来DNA分子为模板合成相同分子的过程。生物遗传是通过亲代DNA传给子代的过程，因此DNA复制是保持生物种群遗传性状稳定性的基本分子机制，是DNA最重要的生物功能之一。

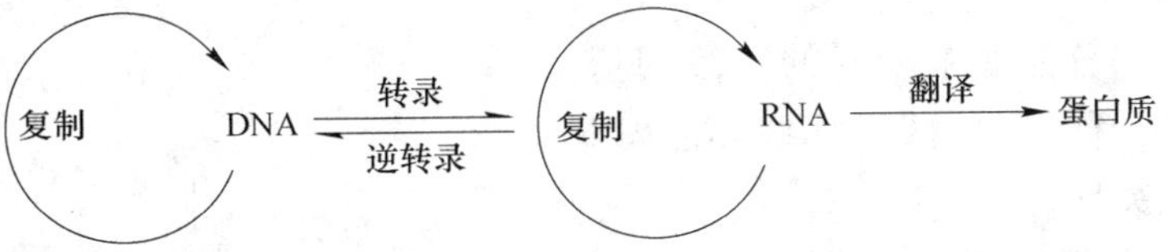


图5-15　中心法则示意图

5.2.2.2　生物遗传变异的化学本质

生物遗传变异是指生物的繁衍生息过程中，子代表现出与亲代不同特征或性状。生物遗传变异是生物进化的基本机制，而遗传变异也是遗传性疾病以及某些疾病产生的主要原因。

事实证明，DNA结构的改变将导致相应蛋白质一级结构的变化，从而引起生物特征或性状发生变异，所以一切生物进化或变异都可以认为是由于DNA的改变造成蛋白质组成和性质的变化。

由于DNA是具有复制功能的分子，一旦DNA碱基序列出错，它会通过复制机制遗传下去。一般说来，由于生物体有一套保证复制精确性的机制，出现复制错误的概率是很小的。但是，在某些物理因素或化学因素影响下，DNA复制出现错误的概率大大增加。由于DNA碱基序列的改变引起生物遗传性状显著变化的现象，称为基因突变。其中引起基因突变的主要因素包括以下几种。

DNA分子中碱基的互变异构：DNA碱基存在酮式-烯醇式和氨式-亚氨式互变异构体，不同异构体形成氢键方式不同，有可能导致复制时出现错误。

物理因素：紫外线、高能射线、电离辐射等。

化学因素：烷基试剂、亚硝酸盐、碱基类似物等。

## 5.3　RNA的结构与生物功能

### 5.3.1　RNA的结构

RNA是由四种核苷酸，通过3′-5′磷酸二酯键连接成的多核苷酸链。但与DNA不同，RNA多以单链形式存在，碱基组成也不具有等摩尔分子规律。单链RNA分子局部回折，某些区域在A和U，G和C间相互配对，形成短的双螺旋区。没有参与配对的区段形成突环。A和U配对形成两个双键；G和C配对形成三个氢键。因此，RNA分子中各核苷之间的连接方式（3′-5′磷酸二酯键）和排列顺序叫做 RNA 的一级结构。

5.3.1.1 tRNA 的分子结构

tRNA 分子质量较小，约为 25000u，沉降系数约 4S，在蛋白质生物合成中起着转运活性氨基酸的作用。它对不同氨基酸有特异性，一种 tRNA 只能运载一种氨基酸，而一种氨基酸则可有一种以上的 tRNA 作为它的运载工具，所以 tRNA 的种类比氨基酸的种类多。

所有 tRNA 的二级结构都是三叶草型结构（见图 5-16）。各种不同类型的 tRNA 长度变化不大，都是由 70～90 个核苷酸组成。在一级结构基础上，部分能碱基配对的区段回折，即形成双螺旋区，称为“臂”；那些不能碱基配对的区段形成突环。

这种三叶草型的二级结构包括四臂、四环，四臂为氨基酸臂、D 臂、反密码子臂和 TΨC 臂（假尿嘧啶核苷-胸腺嘧啶核糖核苷酸臂）；四环为 D 环，反密码子环，可变环和 TΨC 环。臂像叶柄，环像小叶。由于双螺旋结构所占比例很高，tRNA 的二级结构十分稳定。

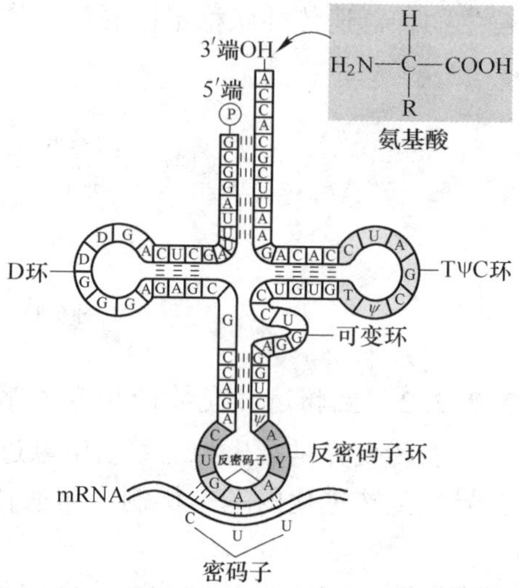


图 5-16 tRNA 的二级结构

（1）氨基酸接受臂：tRNA 的氨基酸臂由 7 对碱基组成，这个臂的 5′端一般是 G 或 C，3′端有 3 个固定的核苷酸序列 CCA。被运载的氨基酸就是通过酯键结合在 3′端的腺嘌呤核苷酸的 3′—OH 上。

（2）D 环。也称二氢尿嘧啶环，由 8～12 个核苷酸残基组成，以其中存在 2 分子二氢尿嘧啶核苷为基本特征。此环由 3～4 对碱基组成的双螺旋区（D 臂）与其他部分连接，这个环的功能主要是识别氨酰 tRNA 合成酶，稀有碱基在识别中可能有重要作用。

（3）反密码子环。反密码子环由 7 个核苷酸组成，环的中间由 3 个核苷酸组成反密码子。反密码子的读码顺序与密码子相反，是从 3′端到 5′端。次黄嘌呤核苷常出现于反密码子的 5′端，这不是偶然的，它具有较广泛的碱基配对适应，因而在遗传信息的翻译中具有重要作用。这个环通过由 5 对碱基组成的双链区（反密码子臂）与其他部分连接。

（4）可变环。这个环由 3～18 个核苷酸组成，不同 tRNA 中这个环的核苷酸残基数差别较大，可以作为 tRNA 分类的重要指标。可变环既非常易变，又暴露在三级结构的表面，也可能参与对酶的识别。

（5）TΨC 环。这个环由 7 个核苷酸组成，各种 tRNA 都有 TΨC 的核苷酸序列，它可能起着识别核糖体的作用。这个环通过 5 对碱基组成的双链区（TΨC 臂）与其他部分连接。

Kim（1973 年）及 Robertus（1974 年）分别用分辨率为 $3\times10^{-10}$ 的 X 射线衍射证明了 tRNA 的倒 L 型三级结构（见图 5-17），这是由三叶草型二级空间结构进一步排布而形成的。D 环和 TΨC 环构成“L”的拐角，这就使携带在 3′端上的氨基酸与反密码子在空间上更加接近。

5.3.1.2 rRNA 的分子结构

rRNA 是蛋白质生物合成的场所——核糖体的组成成分，rRNA 在代谢上很稳定。原核生物中 rRNA 有 23S、16S 和 5S 三种；在真核生物中 rRNA 有 28S、18S、5S 和 5.8S 四种。

核糖体 RNA 的结构还不十分清楚，各种 rRNA 都是一条单链，其二级结构在链内有互补配对和成环现象（见图 5-18）。

5.3.1.3 mRNA 的分子结构

mRNA 是以 DNA 为模板“浇铸”出来的，因而它的核苷酸序列中带有 DNA 的遗传信息，具有传递遗传信息、指导合成蛋白质的功能。mRNA 很不稳定，形成后很快会被降解，半衰期短。

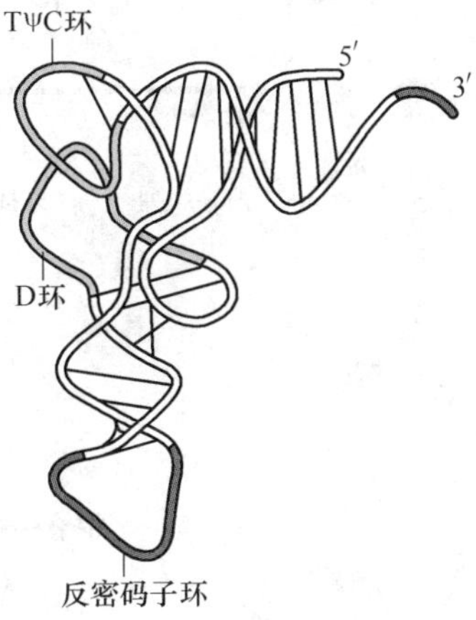


图 5-17 tRNA 的倒 L 型三级结构模型

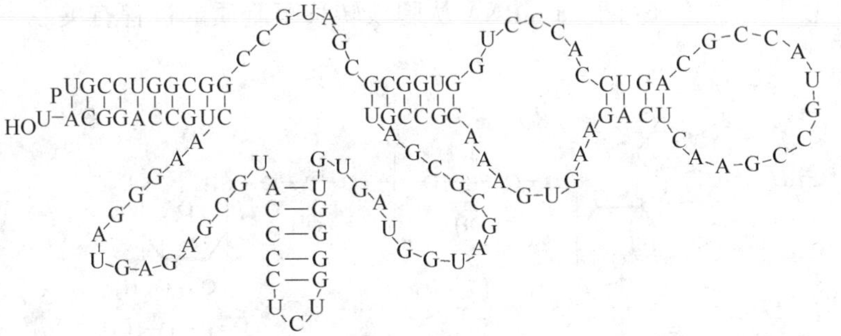


图 5-18 5srRNA 的二级结构

mRNA 种类很多，每种蛋白质多肽链都有与之相对应的 mRNA。mRNA 是单股、伸展的多核苷酸直链，没有双螺旋区段。它的核苷酸序列除含有能翻译为氨基酸序列的编码区外，在编码区的 5′端和 3′端分别有一段核苷酸序列为非编码区。在 mRNA 的 3′端和 5′端以及原核生物的多顺反子 mRNA 中的顺反子之间都存在非编码区。在编码区内尚无非编码区插入的证据。顺反子是由顺反试验所规定的遗传单位，相当于一个基因，含有决定一种蛋白质氨基酸序列的全部核苷酸序列。多顺反子（是指携带一种以上蛋白质合成信息的 mRNA）在原核生物 mRNA 起始密码子 AUG 的上游约 10 核苷酸处，含有一段富含嘌呤核苷酸的序列，这段序列称为前导序列。由于该序列是由 Shine-Dalgarno 首先发现的，因此又常称为 Shine-Dalgarno 序列，简称 SD 序列，这段序列与翻译起始有关，是核糖体小亚基 16SrRNA 结合的部位（见图 5-19）。除此之外，真核细胞 mRNA 5′-末端有一个称为“帽子”（cap）的头，以及 3′-末端一段长约 200 个残基的多聚腺苷酸“尾巴”（polyA）（见图 5-20）。

真核细胞 mRNA 5′帽子结构的通式为 $m^7$GpppNmp（见图 5-21），它表示 5′-末端的鸟嘌呤上 $N_7$ 被甲基化。鸟嘌呤核苷酸通过焦磷酸与相邻一个核苷酸（Np）相连。存在于 mRNA 中的帽子结构有三类：$m^7$GpppNpN、$m^7$GpppNmpN、$m^7$GpppNmpNm。帽子的功能

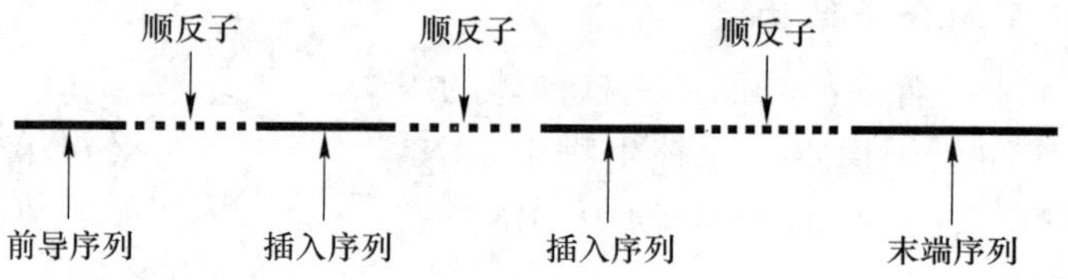


图 5-19　原核细胞 mRNA 的结构特点

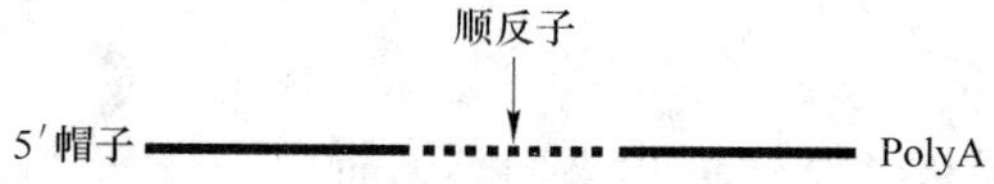


图 5-20　真核细胞 mRNA 的结构特点

可能是保护 mRNA 免受核酸水解酶的降解，并使翻译过程易于启动。polyA 尾巴与 mRNA 的稳定性和半衰期有关，还可能与 mRNA 从胞核转移至胞质的过程有关。

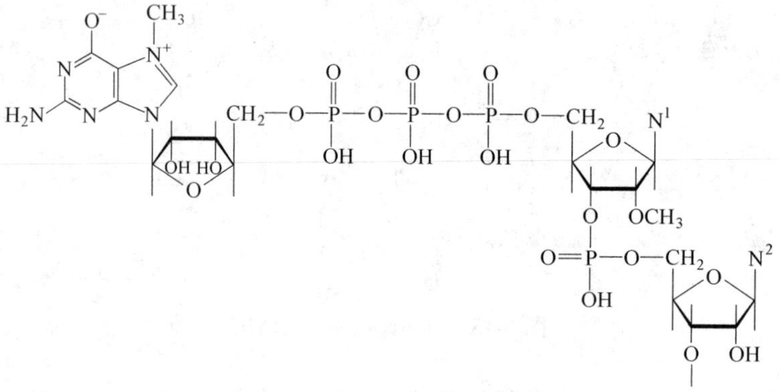

图 5-21　mRNA 中的帽子结构式

### 5.3.2　RNA 的生物功能

5.3.2.1　RNA 与生物遗传信息的表达

生物的遗传信息是以 DNA 的碱基顺序形式储存在细胞之中，而生物遗传信息最终是以蛋白质的形式表现出来。在 DNA 分子所携带的遗传信息表达过程中，RNA 起着重要的作用。首先，DNA 通过转录作用，将其所携带的遗传信息传递给 mRNA，在三种 RNA 的共同作用下，完成蛋白质的合成。生物的遗传信息从 DNA 传递给 mRNA 的过程称为转录。

A　mRNA 的功能

基因的转录是以 DNA 为模板合成与其碱基互补的 mRNA 的过程。细胞生长周期的某个阶段，DNA 双螺旋解开成为转录模板，在 RNA 聚合酶催化下合成 mRNA。mRNA 是 DNA 的转录体，携带合成蛋白质的全部信息。蛋白质生物合成实际上是以 mRNA 作为模板进行的。

将 mRNA 上的遗传信息解读，合成出具有特定氨基酸顺序的蛋白质肽链的过程称为遗传信息的翻译。mRNA 上的核苷酸排列顺序与蛋白质多肽链中氨基酸排列顺序之间有着严格的对应关系，那么排列在 DNA 或 mRNA 链上为蛋白质氨基酸编码的核苷酸序列称为遗传密码。在 mRNA 分子中从 5′→3′方向，以 AUG 开始，每三个碱基组成一组称为三联体；每个三联体代表一种氨基酸，所以称为密码子。

B tRNA 和 rRNA 的功能

a tRNA 的功能

在蛋白质生物合成过程中，tRNA 起着运载氨基酸工具的作用。每一种氨基酸都有一种或几种特定的 tRNA，将这些 tRNA 称为同工受体 tRNA。特定的 tRNA 搬运特定的氨基酸，保证了遗传信息传递的准确性。tRNA 的氨基酸臂可携带活化的相应氨基酸，其反密码子环上的反密码子是识别密码子的关键部位，根据碱基互补配对原则，反密码子与密码子对应结合。活化氨基酸可跨越能障，使肽键的形成变得容易，将密码子信息转换为对应氨基酸的符号。

b rRNA 的功能

rRNA 是从 DNA 某一部分转录下来的，是含量最大的一种 RNA。核糖体是蛋白质合成的场所，rRNA 是构成核糖体的主要组成部分。虽然目前对 rRNA 在蛋白质合成中的详细作用机制还不清楚，但是它在其中的重要作用是确定的。

C 与蛋白质合成的关系

a tRNA 对氨基酸的识别、结合和活化

tRNA 在氨基酰-tRNA 合成酶的帮助下，识别相应的氨基酸，并通过 tRNA 氨基酸臂的 3′—OH 与氨基酸的羧基形成活化酯-氨基酰-tRNA。

b 氨基酰-tRNA 在 mRNA 模板的指导下组装成蛋白质

氨基酰-tRNA 通过反密码臂上的三联体反密码子识别 mRNA 上相应的遗传密码，并将所携带的氨基酸按 mRNA 遗传密码的顺序安置在特定的位置，最后在核糖体中合成肽链。

5.3.2.2 核酸的催化性质

1981~1982 年，Cech R. Thomas 实验发现某些天然 RNA 也具有催化性质，称为核酶。因此，核酶就是具有特殊结构的 RNA。不同核酶的多聚核苷酸链的长度有很大的差异，比如一种原核生物的核酶 RNase P 链长在 455~417 核苷酸之间，而锤头状核酶只含有 49 个核苷酸单元。体外研究证明，最小的核酶只有 3 个核苷酸单元。

RNA 是核酶的功能部分。有的核酶分子除了含有 RNA 外，还含有蛋白质、无机离子等。其中蛋白质起增强活性的作用，无机离子具有激活的作用。

核酶催化的底物基本上都是 RNA，与蛋白酶相比，具有催化效率低、易水解等特点。

## 5.4 核酸的性质

核酸的性质是与其分子的组成及结构密切相关的。研究核酸的许多方法都是在认识了核酸各种性质的基础上建立和发展起来的，要研究核酸结构和功能之间的关系也必须首先认识核酸的一些重要性质。

### 5.4.1 核酸的解离与溶解性

5.4.1.1 核酸的解离

核酸分子上既含有磷酸基团，又含有碱基基团，所以核酸是两性电解质。磷酸基的解离常数比碱基的解离常数低，磷酸基全部处于解离态，故核酸呈现出多阴离子状态。核酸分子中磷酸基团是一个中等强度的酸，而碱基是弱碱，所以核酸的等电点较低。DNA 的等电点为 4~4.5，RNA 为 2~2.5。

由于核酸、核苷酸是两性电解质，在一定 pH 值条件下各解离基团的解离情况各不相同，使核酸、核苷酸带一定种类和数量的电荷，因此可用离子交换法对核酸、核苷酸进行分离。

5.4.1.2 核酸的溶解性

DNA 和 RNA 的组成成分核苷酸、核苷、碱基的纯品都是呈白色粉末或结晶，而大分子 DNA 则是白色纤维状固体，RNA 是白色粉末状固体。

DNA 和 RNA 都是极性化合物。它们都微溶于水而不溶于一般有机溶剂，如乙醇、乙醚、氯仿、戊醇、三氯醋酸等，因此常用乙醇来沉淀 DNA；它们的钠盐在水中的溶解度较大。大分子化合物溶液一般具有较大的黏度。RNA 的分子长度比 DNA 短得多，而且只有部分双链区，因此 RNA 的黏度比 DNA 小得多。

在生物体细胞内，大多数核酸（DNA 和 RNA）都与蛋白质结合成核酸蛋白形式存在，即 DNA 蛋白（DNP）和 RNA 蛋白（RNP）。两种核酸蛋白在水中的溶解度受盐浓度的影响而不相同。DNA 蛋白难溶于 0.14mol/L 的 NaCl 溶液，可溶于 1~2mol/L 的 NaCl 溶液，RNA 蛋白则相反，可据此分离两者。因此，在核酸分离提取时，常用 0.14mol/L 的 NaCl 溶液来分别提取 DNA 蛋白和 RNA 蛋白，然后用蛋白质变性剂（如十二烷基硫酸钠）去除蛋白，即得到纯的 DNA 或 RNA，此法称为 0.14 摩尔法。

### 5.4.2 核酸的紫外吸收性质

由于嘌呤碱和嘧啶碱具有共轭双键的存在，碱基、核苷、核苷酸、核酸都在 240~290nm 范围内有特征吸收。由于各组分结构上的差异，其紫外吸收也有区别，不同核苷酸最大吸收波长如图 5-22 所示。核酸的吸收光谱是几种碱基的混合光谱，其最大吸收峰在 260nm。因此常以此波长作为区别蛋白质以及对核酸与其组分定性和定量测定的依据，进行核酸纯度鉴定，也可作为核酸变性和复性的指标。

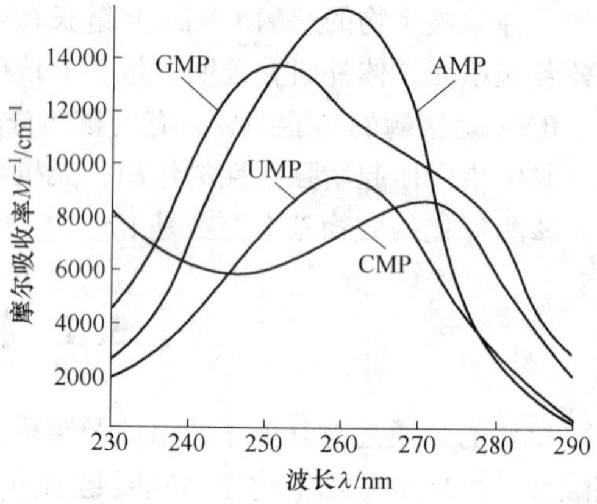

图 5-22 DNA 的紫外吸收光谱

由于碱基的紫外吸收受溶液 pH 值的影响，因此测定核酸和核苷酸时应注意在一定 pH 值下进行。核酸的紫外吸收值既取决于其碱基组成，也受核酸二级结构的影响，使得大分子的 DNA 在 260nm 的吸光值比 DNA 分子中的各个碱基在 260nm 处的吸光值总和小得多，这种现象称为“减色效应”。这是因为在DNA双螺旋中，碱基层层堆积，并包在螺旋内部，它们之间的π电子相互作用，致使紫外吸收降低的原因。

DNA和RNA的紫外吸收性质无明显差别，最大吸收峰258nm，最小吸收峰232nm。它们的纯度常用$A_{260}/A_{280}$的比值来判断，纯DNA溶液的$A_{260}/A_{280}$为1.8；纯RNA溶液的$A_{260}/A_{280}$比值为2.0。样品中若有蛋白质，则$A_{260}/A_{280}$比值要下降。

对DNA和RNA制品，可测定其$A_{260}$，用下式求出核苷酸百分含量：

$$核苷酸百分含量 = \frac{M_r \times A_{260}}{\varepsilon_{260} \times C} \times 100\%$$

式中，$M_r$为核苷酸相对分子质量；$\varepsilon_{260}$为在260nm处的吸收系数；$C$为样品浓度，mg/mL；$A_{260}$为样品在260nm波长下的吸光度值。

### 5.4.3 核酸的水解

核酸的水解反应对于核酸分子实际操作以及核酸或核苷酸物质的制备是重要的，这里将对一些重要的核酸水解反应进行说明。

#### 5.4.3.1 酸或碱水解

核酸分子中的磷酸二酯键可在酸或碱性条件下水解切断。DNA和RNA对酸或碱的耐受程度有很大差别。室温条件下，DNA在碱中变性，但不水解，RNA水解。例如，在0.1mol/L NaOH溶液中，RNA几乎可以完全水解；DNA在同样条件下则不受影响。

#### 5.4.3.2 酶水解

降解核酸中磷酸二酯键的酶称为核酸酶（nuclease）。根据水解对象的不同，分为DNA水解酶（DNase）和RNA水解酶（RNase）；根据对底物的作用方式，又可分为核酸外切酶和核酸内切酶。

### 5.4.4 核酸的变性、复性和分子杂交

#### 5.4.4.1 核酸的变性

核酸和蛋白质一样，分子具有一定的空间构象，维持空间构象的主要作用力是氢键、碱基堆积力等，因而也容易被破坏而表现变性等特性。

核酸的变性是指在一些物理和化学因素作用下，核酸中氢键断裂，双螺旋解开，变成无规则线团的现象。变性的实质是维持二级结构的作用力受到破坏，即双螺旋破坏；但一级结构未变，即变性不引起共价键的断裂。

引起变性的因素很多，如加热、强酸、强碱、有机溶剂（如乙醇、丙酮），一般变性剂如脲、盐酸胍和各种射线等。核酸变性后，引起一系列物理和化学性质的改变，如生物活性丧失、黏度下降、浮力密度增大、紫外吸收增强等。

高温引起的变性称为热变性。DNA的加热变性一般在较窄的温度范围内发生，很像固体结晶物质在其熔点时的相变情况。当DNA溶液慢慢加热，直到双螺旋开始解“链”之前，在260nm处的紫外吸收值基本保持不变。但当温度升到一定高度时（一般在75℃以上），紫外吸收急剧增加，直到两条链完全分开变成随机卷曲状态为止，这时分子由具有一定刚性变为无规则线团，DNA溶液的黏度降低，沉降速度加快；藏在内部的碱基全部暴露出来，DNA的$A_{260}$增大，即表现出增色效应。在热变性过程中，产生紫外吸收值

跃变的温度称为熔解温度，通常以增色效应达到一半时的温度称为“熔点”或解链温度（$T_m$）（见图 5-23）。

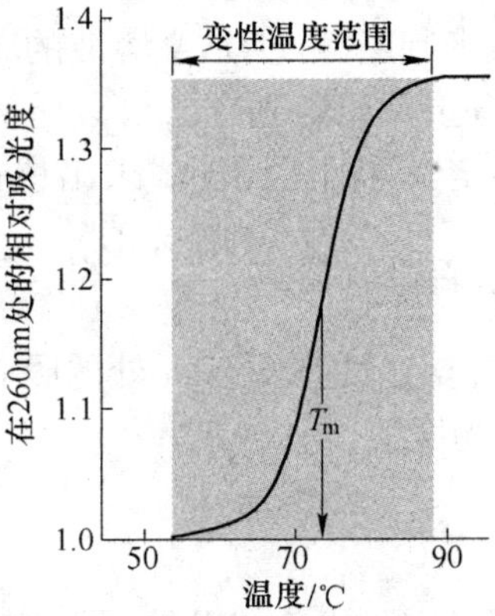


图 5-23　DNA 在 260nm 处的相对吸光度与解链温度（$T_m$）的关系

DNA 的 $T_m$ 值大小与下列因素有关。

A　DNA 的均一性

如果 DNA 的组成比较均一，它的解链温度范围也就比较窄；若 DNA 的组成不均一，混杂有其他 DNA，它的解链温度范围就比较宽。

B　G-C 含量

G-C 含量较高的 DNA 分子 $T_m$ 值较高，这是因为 G 与 C 间含有的三个氢键比 A 和 T 间含有的两个氢键更稳定的缘故。（G+C）含量与 $T_m$ 之间的关系如图 5-24 所示。所以测定 $T_m$ 值可推算 G-C 对的含量，其经验公式为：$(G+C)\% = (T_m - 69.3) \times 2.44$。

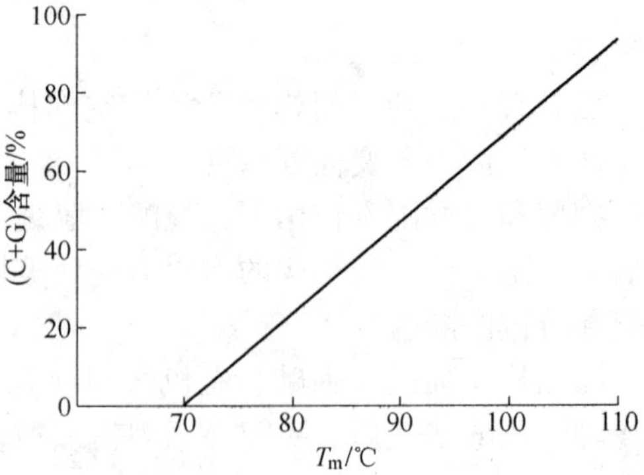


图 5-24　DNA 的 $T_m$ 与（G+C）含量的关系

C　介质中的离子强度

在离子强度较低的介质中，DNA 的 $T_m$ 较低，而且解链的温度范围较宽；在离子强度较高的介质中，DNA 的 $T_m$ 较高，解链的温度范围较窄。在离子强度低于 $10^{-3}$mol/L 介质中，无需加热，就会使溶于其中的 DNA 发生不可逆的变性。因此，DNA 样品不应保存在极稀的电解质溶液中，在 1mol/L 的氯化钠溶液中保存较为稳定。

5.4.4.2　核酸的复性

DNA 的变性是可逆的，如果在加热后缓慢冷却（又称为退火），则分开的链又可恢复为双螺旋结构（见图 5-25），这一过程叫复性。DNA 复性后，一系列理化性质也随之恢复。

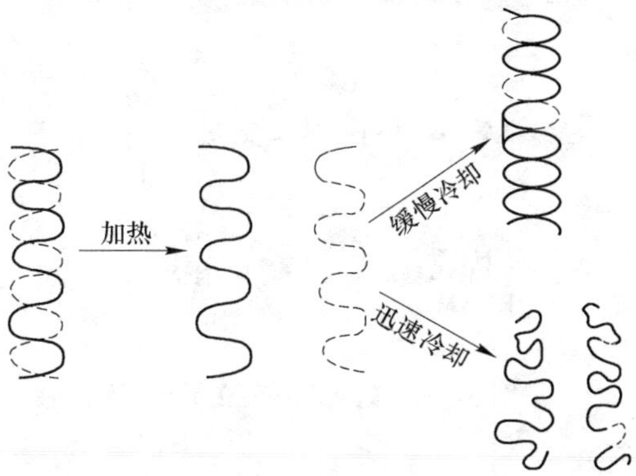


图 5-25　核酸的变性与复性

DNA 复性速度受到很多因素的影响。

A　DNA 分子的大小

DNA 片段小的比大的复性容易，信息含量少的比信息含量多的易于复性。因为信息含量太大，在介质中遇到扩散问题，寻找互补链的机会大大减少，往往不能准确地重新结合，影响复性的速度。

B　离子强度

增加盐的浓度，两条互补单链重新结合的速度加快。因为盐能中和两条单链中磷酸基团的负电荷，减少互补单链间的负电荷相互排斥。

C　DNA 的浓度

复性需要两条互补单链相互接触才能重新结合形成双股螺旋分子。由此可见，DNA 的浓度大，两条单链彼此相遇的可能性就大，复性的速度也就加快。所以，复性的速度服从二级反应动力学，即重新结合的速度与两条反应单链的浓度成正比。

5.4.4.3　核酸的杂交

在复性过程中，并不是也不可能是完全恢复原状。任何一条单链只要找到另一条碱基大致互补的单链，就能大部分相互结合形成双螺旋结构。因此，不同来源的 DNA 单链间或单链 DNA 与 RNA 之间只要有碱基配对的区域，在复性时可形成局部双螺旋区，就可得到杂种分子，称核酸分子杂交（见图 5-26）。在进行分子杂交时，以已知序列的预先用放射性同位素（$^{32}P$）标记的分子或片段制备特定的探针（probe），用它来识别另一分子中与其同源的部分，通过杂交技术可进行基因的检测和定位研究。所以，核酸的杂交技术在分子生物学和分子遗传学的研究中应用极广，许多重大的分子遗传学问题都是用分子杂交来解决的。

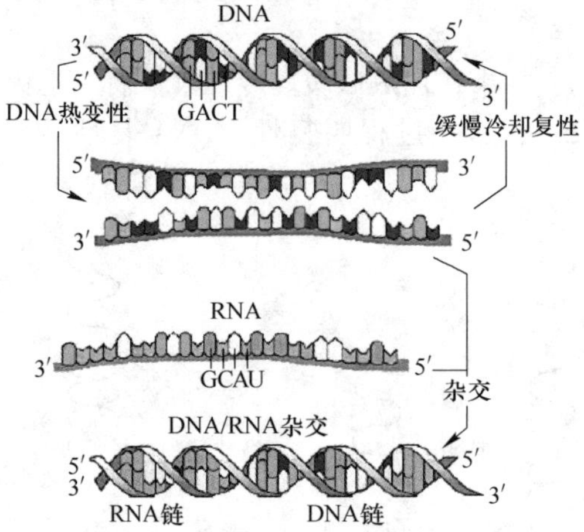


图 5-26　核酸分子杂交示意图

# 拓展阅读——环境有毒物对基因的毒害作用

一、致突变作用

生物细胞内 DNA 发生改变从而引起的遗传特性突变的作用称为致突变作用。这种突变可以传至后代。具有致突变作用的污染物质称为致突变物。致突变作用分为基因突变和染色体突变两类。基因突变是 DNA 碱基对的排列顺序发生改变，它包含碱基对的转换、颠倒、插入和缺失四种类型（见图 5-27）。

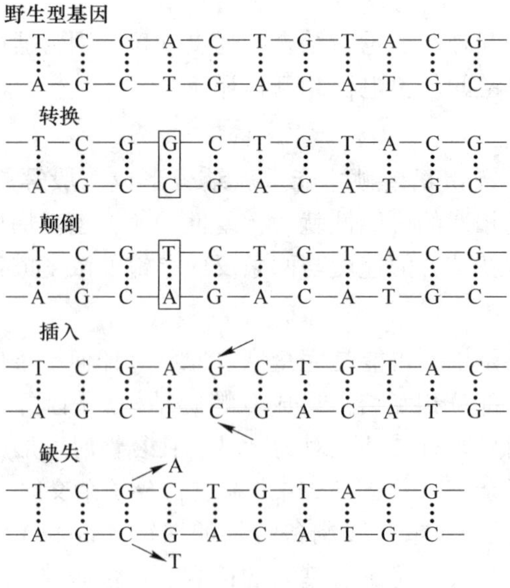


图 5-27　基因突变的类型

转换是同型碱基之间的置换，即嘌呤碱被另一嘌呤碱取代，嘧啶碱被另一嘧啶碱取代。如亚硝酸可使带氨基的碱基 A、G 和 C，脱氨而变成带酮基的碱基，于是可以引起一种碱基对转换（见图 5-28）。

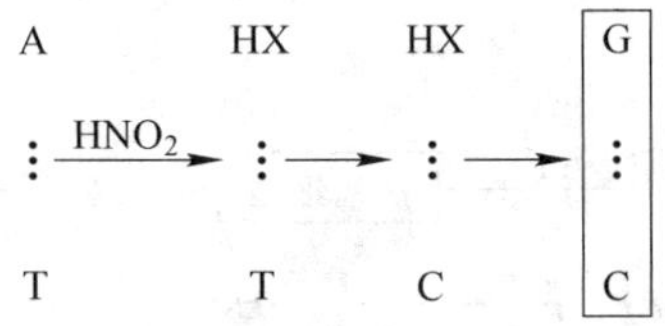


图 5-28　碱基对转换机理

HX 为次黄嘌呤。即在 DNA 复制时 A 被 HX 取代，而后因 HX 较易同 C 配对及 C 又更易与 G 配对，所以进一步复制时就出现图 5-28 中转换部分所示的 G…C 对。

颠倒是异型碱基之间的置换，就是嘌呤碱基为嘧啶碱基取代；反之，也是。颠倒和转换统称碱型置换，所致突变称为碱型置换突变。

插入和缺失分别是 DNA 碱基对顺序中增加和减少一对碱基或几对碱基，使遗传代码格式发生改变，自该突发点之后的一系列遗传密码都发生错误，这两种突变统称为移码突变。如吖啶类染料处理细胞时，很容易发生移码突变。

细胞内染色体是一种复杂的核蛋白结构，主要成分是 DNA。在染色体上排列着很多基因。若其改变只限于基因范围，就是上述的基因突变。而若涉及整个染色体，呈现染色体结构或数目的改变，则称为染色体畸变。

染色体畸变属于细胞水平的变化，这种改变可用普通光学显微镜直接观察。基因突变属于分子水平的变化，不能用显微镜直接观察，要用其他方法来鉴定。常用的鉴定基因突变的试验，是鼠伤寒沙门菌–哺乳动物肝微粒体酶试验（艾姆斯试验）。

突变本来是人类及生物界的一种自然现象，是生物进化的基础，但对于大多数机体个体往往有害。如人和哺乳动物的性细胞如果发生突变，可以影响妊娠过程，导致不孕和胚胎早期死亡等；体细胞的突变，可能是形成癌肿的基础。因此，致突变作用是毒理学和毒理化学中的一个很重要的课题。

常见的具有致突变作用的有毒物包括：亚硝胺类、苯并［α］芘、甲醛、苯、砷、铅、烷基汞化合物、甲基硫磷、敌敌畏、百草枯、黄曲霉素 $B_1$ 等。

二、致癌作用

体细胞不受控制的生长现象称为癌症。化合物致癌作用过程如图 5-29 所示。能在动物和人体中引起致癌的物质称为致癌物。致癌物根据性质可分为化学（性）致癌物、物理性致癌物（如 X 射线、放射性核素氡）和生物性致癌物（如某些致癌病毒）。据估计，人类癌症的 80%～85% 与化学致癌物有关，在化学致癌物中又以合成化学物质为主。因此，化学品与人类癌症的关系密切，受到多门学科和公众的极大关注。

化学致癌物的分类方法很多。按照对人和动物致癌作用的不同，可分为确证致癌物、可疑致癌物和潜在致癌物。确证致癌物是经人群流行病调查和动物实验均已确定有致癌作用的化学物质。可疑致癌物是已确定对试验动物致癌作用，而对人致癌性证据尚不充分的化学物质。潜在致癌物是对试验动物致癌，但无任何资料表明对人有致癌作用的化学物

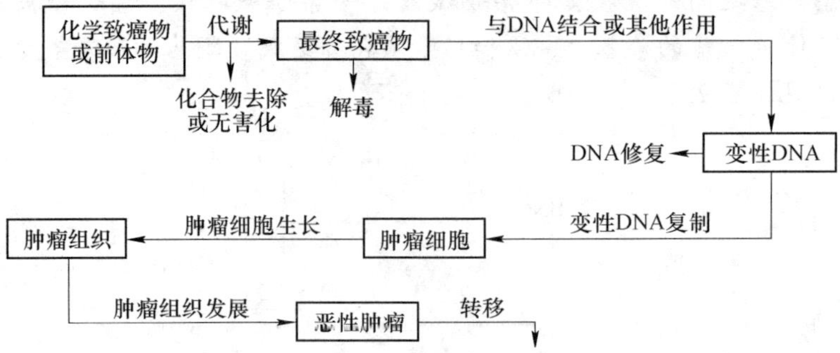


图 5-29 致癌物或其前体物导致癌症的过程

质。到1978年为止，确定为动物致癌的化学物质达到3000种，以后每年都有数以百计的新致癌物被发现。目前，确认为对人类有致癌作用的化学物质有20多种，如苯并［a］芘、二甲基亚硝胺、2-萘胺、砷及其化合物、石棉等。

化学致癌物根据作用机理，可分为遗传毒性致癌物和非遗传毒性致癌物。

遗毒性致癌物细分为：直接致癌物，即能直接与DNA反应引起DNA基因突变的致癌物，如双氯甲醚；间接致癌物，又称前致癌物，它们不能与DNA反应，而需要机体代谢活化转变，经过近致癌物至终致癌物后，才能与DNA反应导致遗传密码修改，如苯并［a］芘、二甲基亚硝胺等。大多数目前已知的致癌物都是前致癌物。

非遗传毒性致癌物不与DNA反应，而是通过其他机制，影响或呈现致癌作用的物质。包括促癌物，可使已经癌变细胞不断增殖而形成瘤块，如巴豆油中的巴豆醇二酯、雌性激素乙烯雌酚等，免疫抑制剂硝基咪唑硫嘌呤等；助致癌物可加速细胞癌变和已癌变细胞增殖成瘤块，如二氧化硫、乙醇、儿茶酚、十二烷等，促癌物巴豆醇二酯同时也是助致癌物；固体致癌物，如石棉、塑料、玻璃等可诱发机体间质的肿瘤。

此外，还有其他种类致癌物。例如，铬、镍、砷等若干重金属的单质及其无机化合物对动物是致癌的，有的对人也是致癌的。根据临床病例及流行病学研究结果，无论是服用大量砷进行治疗，还是职业上的接触者，砷化合物都可引起皮肤癌。

化学致癌物的致癌机制非常复杂，仍在研讨之中。关于遗传毒性致癌物的致癌机制，一般认为有两个阶段。(1) 引发阶段，即致癌物与DNA反应，引起基因突变，导致遗传密码改变。大部分环境致癌物都是间接致癌物，需通过机制代谢活化，经近致癌物阶段，由后者来引发。如果细胞中原有修复机制对DNA损伤不能修复或修而不复，则正常细胞便转变成突变细胞。(2) 促长阶段，主要是突变细胞改变了遗传信息的表达，增殖成为肿瘤，其中恶性肿瘤还会向机体其他部位扩展。

在引发阶段中直接致癌物或间接致癌物的终致癌物，都是亲电性质的活泼物质，能通过烷基化、芳基化等作用与DNA碱基中富电的氮或氧原子，以共价相结合而引起DNA基因突发，这是引发阶段的始发机制。例如：可以认为，二甲基亚硝胺通过混合功能氧化酶催化氧化成活性中间产物N-亚硝基-N-羟甲基甲胺，再经几步化学转化失去甲醛，最后产生活泼的亲电甲基正碳离子 $CH_3^+$，而与DNA碱基中富电的氮（或氧）原子相结合，使之烷基化，导致DNA基因突发。关于苯并［a］芘致癌的始发机制，可认为主要是经混合功能氧化酶催化氧化形成相应的7，8-环氧化物，再由水化酶作用形成相应的7,8-二氢二醇，而后酶促氧化形成7,8-二氢二醇-9,10-环氧化合物，经开环形成相应芳基正碳离子，与DNA碱基中氮（或氧）相结合，使之芳基化，导致DNA基因突发。

## 习 题

5-1 是非判断，如不对，说明原因。

（1）双链DNA中一条链上某片段核苷酸顺序为pCTGGAC，那么另一条链相应的片段的核苷酸顺序为pGACCTG。

（2）双链DNA中，每条单链的（G+C）百分含量与双链的（G+C）百分含量相等。

（3）一个核酸分子由一个磷酸、一个五碳糖和一个碱基构成。

（4）在一个生物个体不同组织中的DNA，其碱基组成不同。

（5）维持DNA分子稳定的主要化学键是氢键。

（6）碱基配对发生在嘧啶碱与嘌呤碱之间。

（7）RNA的分子组成中，通常A不等于U，G不等于C。

5-2 简述DNA双螺旋的结构特点。

5-3 简述tRNA二级结构的组成特点。

5-4 说明DNA和RNA在化学组成、分子结构和生物学功能方面的异同点。

5-5 列述RNA的主要类型及其结构和功能特点。

5-6 简述核酸结构的稳定因素。

5-7 对一双链DNA而言，若一条链中(A+G)/(T+C)= 0.7，则:(1)互补链中(A+G)/(T+C)= ？(2)在整个DNA分子中(A+G)/(T+C)= ？(3)若一条链中(A+T)/(G+C)= 0.7，则互补链中(A+T)/(G+C)= ?在整个DNA分子中(A+T)/(G+C)= ?

# 6 酶 化 学

**本章要点：**

（1） 酶的概念与酶催化的特点；
（2） 酶结构与催化作用的关系；
（3） 酶促反应的机制；
（4） 酶促反应动力学。

## 6.1 概 述

生物体内各种物质代谢过程是在酶的催化下进行的，物质代谢过程就是一系列连续的酶促反应。物质代谢的速度、方向、部位或场所以及物质代谢过程的调节控制无一不是在酶的参与下进行的。因此，可以认为没有酶，生物体内便不会发生一系列化学反应；没有物质的代谢，酶也就失去了存在的价值。

物质在体内的新陈代谢是生命活动的物质基础，物质代谢紊乱必然会影响生命活动的正常进行，严重时会导致疾病甚至此亡。因此，要研究正常人体内的物质代谢过程及其规律，就必须对酶的分子结构、作用机制、酶作用的调控以及影响酶促反应的各种因素等有充分的认识和了解。

### 6.1.1 酶是生物催化剂

酶是由活细胞合成的具有极高催化效率的一类蛋白质，又称为生物催化剂。酶所催化的反应称为酶促反应。在酶促反应中被酶催化的物质称为底物，反应的生成物称为产物。酶所具有的催化能力称为酶的活性。酶失去催化能力称为酶的失活。到目前为止已经发现约有一万余种酶，均证明其化学本质是蛋白质。直到 1982 年 Cech 从四膜虫的 rRNA 前体加工研究中，首先发现 rRNA 前体本身也具有催化作用，从而提出核酶的概念，但这种具有酶催化活力的 RNA 数量较少。

### 6.1.2 酶催化作用的特性

6.1.2.1 极高的催化效率

与不加催化剂相比酶的催化效率可提高 $10^8 \sim 10^{20}$，与加普通催化剂相比可提高 $10^7 \sim 10^{13}$。如 Fe 粉与脲酶都可催化尿素的水解反应（见下式），但脲酶的催化效率比 Fe 粉高 $10^{15}$倍。

$$\mathrm{C(NH_2)_2{=}O} + H_2O \xrightarrow[\text{Fe粉}]{\text{脲酶}} CO_2 + 2NH_3$$

6.1.2.2 高度的专一性

一种酶只能作用于某一类或某种特定的物质，这种性质称为酶的专一性，主要包括以下内容。

（1）结构专一性：酶对所催化的分子化学结构有特殊要求和选择。

（2）立体专一性：酶除了对底物分子的化学结构有要求外，对其立体异构也有一定的要求。

此外，酶作为生物催化剂，还具有易失活（蛋白质变性）、活性可调控（激活作用、抑制作用）、常需辅助因子（辅酶、辅基等）等特性。

### 6.1.3 酶的组成、分类及命名

6.1.3.1 酶的组成

根据酶的化学组成可将酶分为以下两类。

（1）单纯蛋白酶类：只含有蛋白质成分。

（2）结合蛋白酶类（全酶）：含有蛋白成分（酶蛋白）和非蛋白成分（辅助因子）。

因此，全酶=酶蛋白+辅助因子，酶蛋白和辅助因子单独存在均无催化活性，只有两者结合为全酶才有催化活性。

辅助因子包括辅酶和辅基。其中，与酶蛋白结合比较疏松，用透析方法可去除的称为辅酶；与酶蛋白结合紧密的，用透析方法不能去除的称为辅基。这种根据结合的松紧程度来区别辅酶和辅基的方法并不是很严格。

辅酶及辅基从其化学本质来看可分为两类：一类为无机金属元素，如铜、锌、镁、锰、铁等；另一类为小分子的有机物，如维生素、铁卟啉等，这些小分子有机化合物与酶蛋白结合在一起并协同实施催化作用，参与的酶促反应主要为氧化-还原反应或基团转移反应。研究发现，大多数辅酶或辅基的前体主要是水溶性 B 族维生素，许多维生素的生理功能与辅酶的作用密切相关。

辅酶（或辅基）在酶促反应中的作用特点：辅酶在催化反应过程中，直接参加了反应；每一种辅酶都具有特殊的功能，可以特定地催化某一类型的反应；同一种辅酶可以和多种不同的酶蛋白结合形成不同的全酶。一般来说，全酶中的辅酶决定了酶所催化的类型（反应专一性），而酶蛋白则决定了所催化的底物类型（底物专一性）。

6.1.3.2 酶的分类

根据酶所催化的反应类型，可将酶分为六大类。

（1）氧化-还原酶：这类酶催化氧化-还原反应，主要包括脱氢酶和氧化酶。

$$AH_2+B(O_2) \rightleftharpoons A+BH_2(H_2O_2,\ H_2O)$$

（2）转移酶：转移酶催化基团转移反应，即将一个底物分子的基团或原子转移到另一个底物的分子上。

$$A \cdot X+B \rightleftharpoons A+B \cdot X$$

（3）水解酶：催化底物的加水分解反应，主要包括淀粉酶、蛋白酶、核酸酶及脂酶等。

$$AB+H_2O \rightleftharpoons AOH+BH$$

（4）裂解酶：催化从底物分子中移去一个基团或原子形成双键的反应及其逆反应，

主要包括醛缩酶、水化酶及脱氨酶等。

$$AB \rightleftharpoons A+B$$

（5）异构酶：催化各种同分异构体的相互转化，即底物分子内基团或原子的重排过程。

$$A \rightleftharpoons B$$

（6）合成酶：又称为连接酶，能够催化 C—C、C—O、C—N 以及 C—S 键的形成，这类反应必须与 ATP 分解反应相互偶联。

$$A + B + ATP + H_2O \rightleftharpoons AB + ADP + Pi$$

#### 6.1.3.3 酶的命名

##### A 习惯命名法

习惯命名法要求简短、使用方便，习惯命名法的原则包括以下几点。

（1）根据作用底物来命名，如淀粉酶、蛋白酶等。

（2）根据所催化的反应的类型命名，如脱氢酶、转移酶等。

（3）上述两个原则结合起来命名，如丙酮酸脱羧酶等。

（4）根据酶的来源或其他特点来命名，如胃蛋白酶、胰蛋白酶等。

由于习惯命名法的缺点是不够系统、不够准确，有时难免会出现一酶数名或一名数酶的混乱情况。为此，1961 年，国际酶学委员会（Enzyme Commission，EC）提出了系统命名法。

##### B 系统命名法

系统名称包括底物名称、构型、反应性质，最后加一个酶字。如果反应中有多个底物，则每个底物均需写出（水解反应中的“水”可以省去），底物名称间用“:”隔开。由于酶的系统名称往往太长，一般使用习惯名称。例如：

习惯名称：谷丙转氨酶

系统名称：L-丙氨酸：α-酮戊二酸氨基转移酶

酶催化的反应：L-丙氨酸+α-酮戊二酸$\rightleftharpoons$丙酮酸+ L-谷氨酸

#### 6.1.3.4 酶的编码

每个酶都有一个由四个数字组成的编码，称为酶标数（EC）。如乳酸脱氢酶组成的编码为 1.1.1.27，各数字表示的意义如图 6-1 所示。

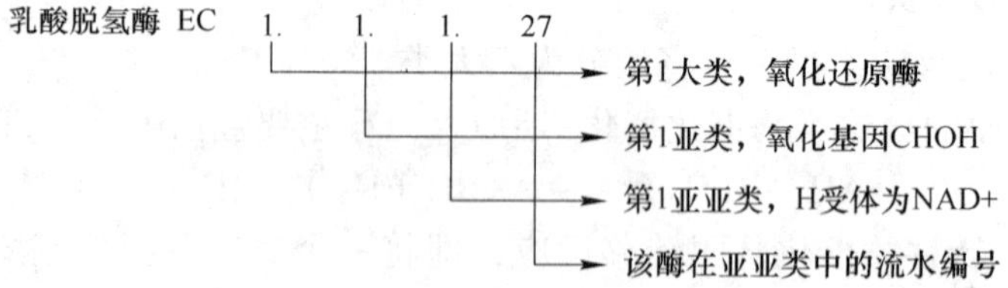


图 6-1 乳酸脱氢酶酶标数及意义

## 6.2 酶结构与催化作用机制

酶的化学本质是蛋白质，同样具有一、二、三级结构，有些酶还具有四级结构。作为生物催化剂，酶的结构又有一些自己的特点。

### 6.2.1 与催化作用相关的结构特点

酶分子中有各种功能基团，如—$NH_2$、—COOH、—SH、—OH 等，但并不是酶分子中所有的这些基团都与酶活性直接相关，而只是酶蛋白一定部位的若干功能基团才与催化作用有关。这种关系到酶催化作用的化学基团包括酶的必需基团与调控部位。

参与构成酶的活性中心和维持酶的特定构象所需的基团称为必需基团，包括活性中心基团及维持活性中心的基团。这些基团有丝氨酸的羟基，半胱氨酸的巯基和组氨酸的咪唑基等亲核性基团；门冬氨酸和谷氨酸的羧基，赖氨酸的氨基，酪氨酸的酚羟基，组氨酸的咪唑基和半胱氨酸的巯基等酸碱性基团。

酶的活性中心是指酶分子中直接和底物结合，并和酶催化作用直接有关的部位。酶的活性中心可分为两类：能与底物结合，决定酶的专一性的部位称为结合部位；能促进底物发生化学变化，底物的敏感键在此处断裂而形成新键，决定酶的高效性的部位称为催化部位。

调控部位是指酶分子中存在着一些可以与其他分子发生某种程度的结合的部位，这种结合可以引起酶分子空间构象的变化，对酶起激活或抑制作用。如依赖 cAMP 的蛋白激酶，只有当酶的调控部位与 cAMP 结合后，其催化部位才能释放出来（见图 6-2）。

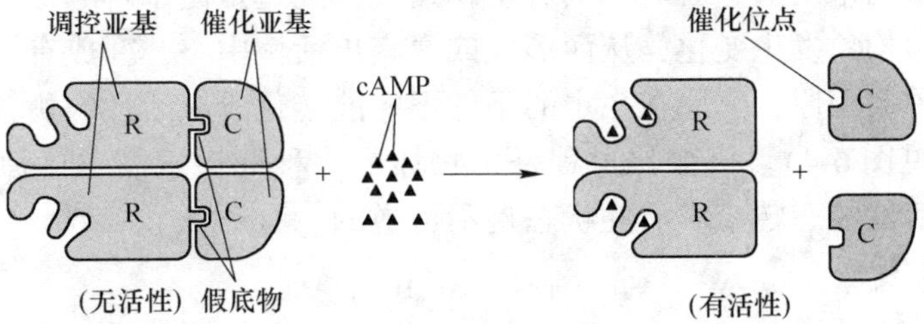


图 6-2 依赖 cAMP 的蛋白激酶催化部位的释放

### 6.2.2 酶高级结构与活性中心的关系

酶的活性与其高级结构密切相关。就某种程度而言，因为只有高级结构才能形成活性中心，不同的酶构成活性中心的基团和构象均不同。对不需要辅酶的酶（单纯酶）来说，活性中心就是酶分子在三级结构中比较靠近的少数几个氨基酸残基或者这些残基上的某些基团，它们在一级结构上可能相距很远，甚至位于不同肽段上，通过肽链的折叠盘绕而在空间构象上相互靠近（见图 6-3）；对需要辅酶的酶（结合酶）来说，活性中心主要就是辅酶分子或辅酶分子上的某一部分结构，以及与辅酶分子在结构上紧密相连的蛋白质的结构区域。

酶分子的活性中心一般只有一个，有的有数个，催化中心通常只有一个，包括 2～3 个氨基酸残基。结合中心则因酶而异，有的仅有一个，有的有数个，每个结合中心的氨基酸数目也很不一致。

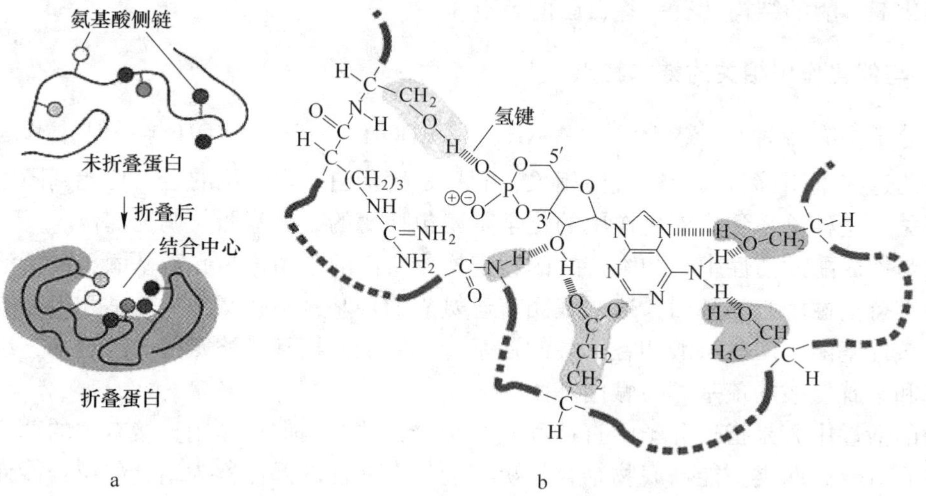


图 6-3 酶高级结构与活性中心的关系

a—活性中心的形成；b—活性中心与底物作用

### 6.2.3 酶原的激活

生物体内合成出来的酶，有时不具有生物活性，经过蛋白水解酶专一作用后，去掉分子中的部分肽段，构象发生变化，从而形成或暴露出活性中心，变成有活性的酶。这个不具活性的蛋白质称为酶原，酶原在一定的条件下才能转化成有活性的酶，这一转化过程称为酶原的激活（见图 6-4）。该变化过程是生物体的一种调控机制。这种调控作用的特点是，蛋白质由无活性状态转变成活性状态是不可逆的。

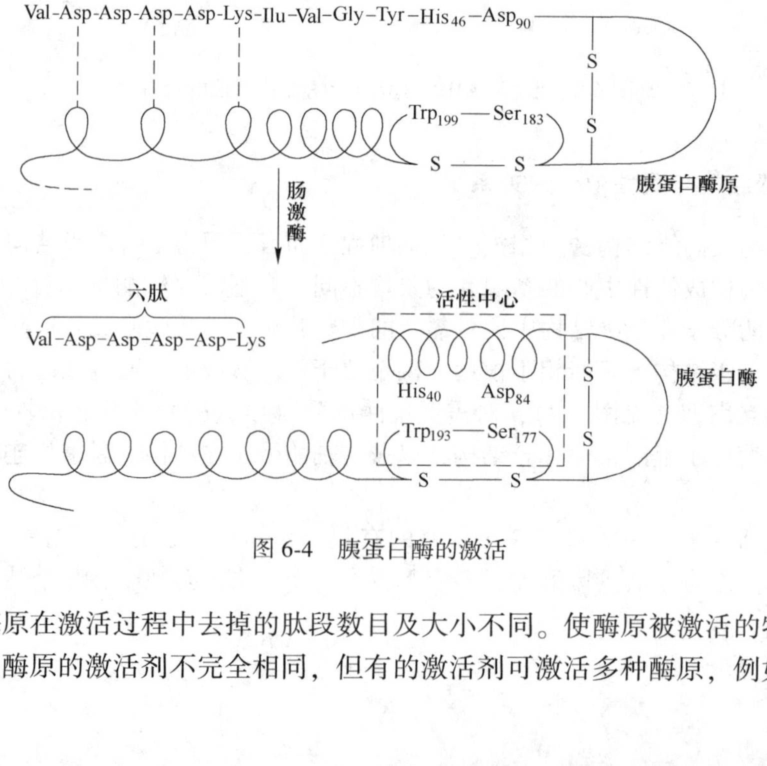


图 6-4 胰蛋白酶的激活

不同的酶原在激活过程中去掉的肽段数目及大小不同。使酶原被激活的物质称为激活剂。虽然不同酶原的激活剂不完全相同，但有的激活剂可激活多种酶原，例如胰蛋白酶可以激活动物消化系统的多种酶原（见图6-5）。

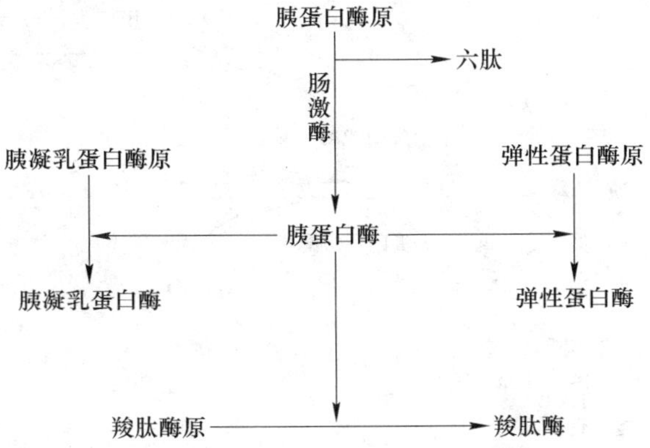


图6-5 胰蛋白酶对各种胰脏蛋白酶的激活作用

### 6.2.4 酶的共价修饰

某些酶可以通过其他酶对其多肽链上某些基团进行可逆的共价修饰，使其处于活性与非活性的互变状态，从而调节酶活性，这类酶称为共价修饰酶。目前发现有数百种酶翻译后都要进行共价修饰，其中一部分处于分支代谢途径中，成为对代谢流量起调节作用的关键酶或限速酶（见图6-6）。

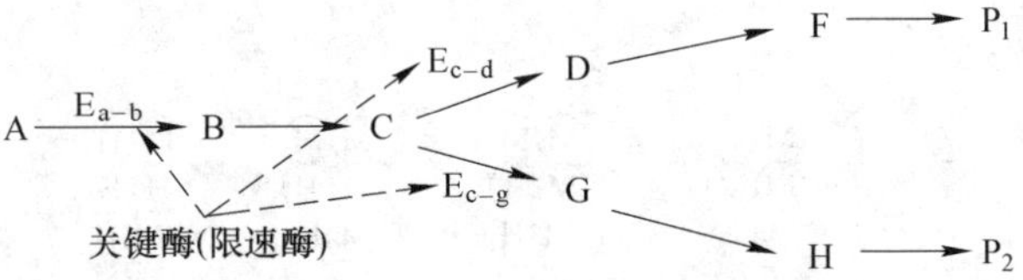


图6-6 对代谢流量起调节作用的关键酶或限速酶

在细胞内有一些酶存在天然的共价修饰，包括磷酸化与去磷酸化（见图6-7）、乙酰化与去乙酰化、甲基化与去甲基化等。其中磷酸化与去磷酸化是细胞内酶共价修饰最重要的过程之一。不同的调节酶其修饰情况不一样，有的酶接上一个基团后有活性，去掉这个基团后失去活性；有些酶则刚好相反。

由于这种调节的生理意义广泛，反应灵敏，节约能量，机制多样，在生物体内显得十分灵活；再加上它们常受激素甚至神经的指令，导致出现联级放大反应，所以日益引人注目。

### 6.2.5 酶的多种分子形式

存在于同一种属或不同种属，同一个体的不同组织或同一组织、同一细胞，具有不同分子形式但能催化相同的化学反应的一组酶，称为同工酶。同工酶都由两个或两个以上的肽链聚合而成，它们的生理性质及理化特性，如血清学性质、$K_m$ 值及电泳行为等都是不同的。同工酶的结构主要表现在非活性中心部分不同或所含亚基组合情况不同。对整个酶

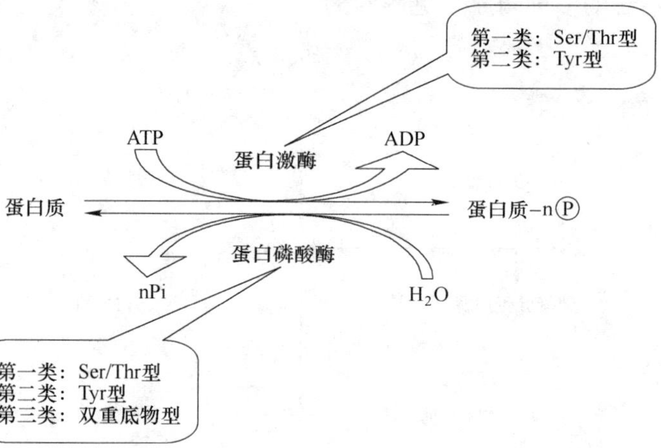


图 6-7　蛋白质的磷酸化和去磷酸化

分子而言，各同工酶与酶活性有关的部分结构相同。

同工酶的存在并不表示酶分子的结构与功能无关或结构与功能的不统一，而只是表示同一种组织或同一细胞中，所含的同一种酶可在结构上显示出器官特异性或细胞部位特异性。乳酸脱氢酶（LDH）是最早发现的一种同工酶，LDH 含有 α 和 β 两种亚基，为一四聚体蛋白。LDH 有五种同工酶，这五种同工酶的亚基组成不同（见图 6-8）：$LDH_1$ 主要分布于心肌中，$LDH_5$ 主要分布于骨骼肌中，因而也将 α 亚基称为心肌型（H 型），β 亚基称为骨骼肌型（M 型）。

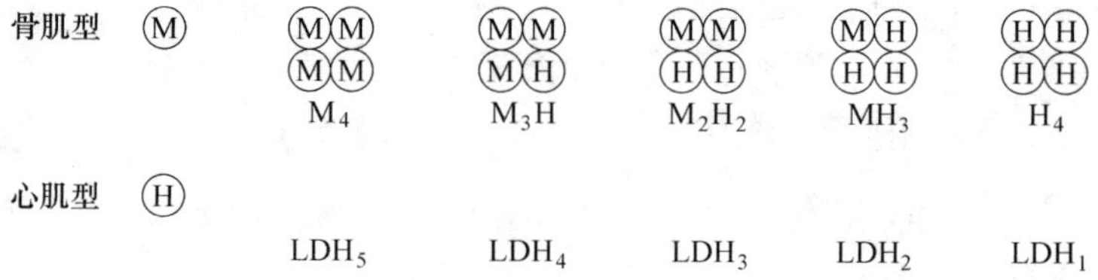


图 6-8　乳酸脱氢酶（LDH）五种同工酶的亚基组成

从乳酸脱氢酶电泳图谱（见图 6-9）分析，LDH 的五种同工酶从阳极到阴极的条带依次称为 $LDH_1$、$LDH_2$、$LDH_3$、$LDH_4$、$LDH_5$。

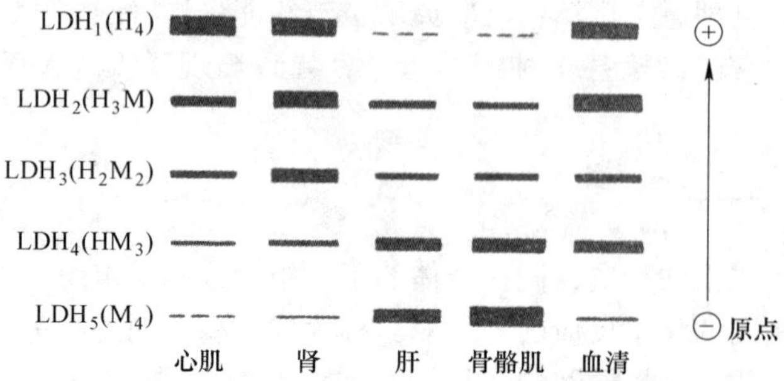


图 6-9　不同组织中 LDH 同工酶的电泳图谱

同工酶具有组织器官特异性和细胞部位特异性，这在生物体内的调节上具有重要的意义；另外，由于同工酶在胚胎发育、细胞分化及生长发育的不同阶段，各同工酶的相对比例会发生改变，因而同工酶的研究为细胞分化、发育、遗传等方面的研究提供了分子基础。

# 6.3　酶作用的机制

## 6.3.1　酶催化作用的本质

催化剂的作用是降低反应活化能 $E_a$，从而起到提高反应速度的作用。由于反应方向主要取决于反应自由能的变化 $\Delta G^{\ominus}$，而反应速度快慢主要取决于反应的活化能 $E_a$。酶催化作用的本质是降低反应活化能。

## 6.3.2　中间产物学说

酶之所以能降低活化能，加速化学反应，可用目前公认的中间产物学说的理论来解释。这个理论认为，在酶催化的反应中，第一步是酶与底物形成酶-底物中间复合物。当底物分子在酶作用下发生化学变化后，中间复合物再分解成产物和酶。反应过程可用下式表示：

$$E + S \rightleftharpoons E - S \longrightarrow P + E$$

许多实验事实证明了 E-S 复合物的存在，E-S 复合物形成的速率与酶和底物的性质有关。酶催化的中间产物理论认为：酶（E）与底物（S）结合生成不稳定的中间物（ES），再分解成产物（P）并释放出酶，使反应沿一个低活化能的途径进行，降低反应所需活化能，所以能加快反应速度（见图 6-10）。

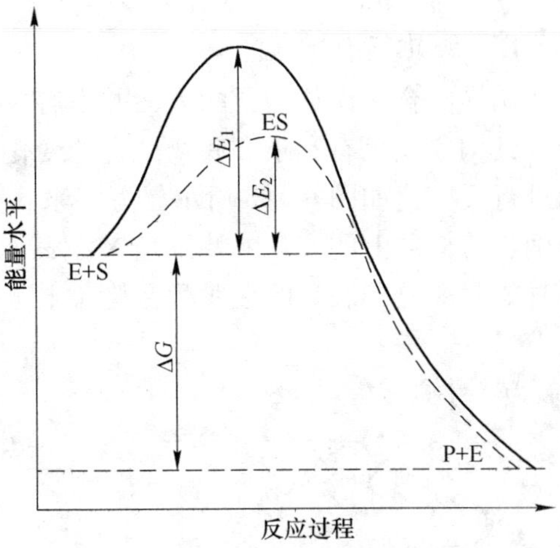


图 6-10　酶催化与无酶催化反应的自由能变化

## 6.3.3　酶促反应的机制

### 6.3.3.1　酶作用专一性机制

酶分子活性中心部位，一般都含有多个具有催化活性的手性中心，这些手性中心对底物分子构型取向起着诱导和定向的作用，使反应可以按单一方向进行。此外，酶还能够区分对称分子中等价的潜手性基团。

一种酶为什么只能催化一定的物质发生反应，即一种酶只能与一定的底物结合，酶对底物的这种选择特异性的机制，有人曾经提出过几种不同的假说，如锁钥学说、诱导契合学说等。

A　锁钥学说

锁钥学说认为，整个酶分子的天然构象是具有刚性结构的，酶表面具有特定的形状。

酶与底物的结合如同一把钥匙对一把锁一样，如图 6-11a 所示。该学说可以很好地解释酶的立体异构专一性，也可解释为什么酶变性后就不再有催化活性，但不能解释酶专一性的所有现象。如，假设酶活性中心是“锁”而底物是“钥匙”，那么，酶活性中心的结构就不可能既适合于可逆反应的底物，又适合于可逆反应的产物。

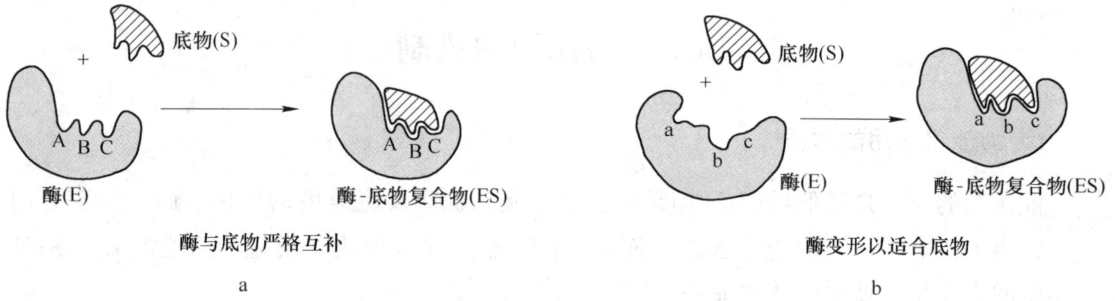


图 6-11 酶与底物结合的两种假说示意图

a—锁钥学说；b—诱导契合学说

B 诱导契合学说

诱导契合学说认为，酶表面并没有一种与底物互补的固定形状，而只是由于底物的诱导，其构象发生有利于和底物结合的变化，才形成了互补形状，从而使酶与底物互相契合而进行反应，如图 6-11b 所示。近年来，大量实验结果都证明，许多酶在它们的催化循环中确实有构象上的变化，特别是 X 射线衍射分析发现，未结合底物的游离羧肽酶与结合了甘氨酰酪氨酸底物的羧肽酶在构象上有很大的区别（见图 6-12）。

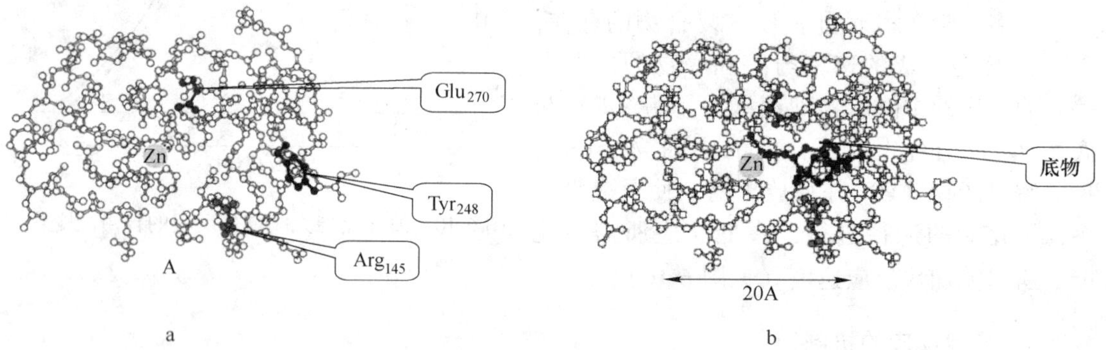


图 6-12 羧肽酶结合底物前后的构象变化

a—结合底物前；b—结合底物后

这两个学说本质的区别在于：“锁钥学说”认为酶活性中心的构象是僵硬不变的，故有人称为刚性模型；而“诱导契合学说”则认为酶活性中心的构象是柔性可变的，酶与底物相互诱导发生构象上的变形与适应，但是这种变化是有限度的，决定了酶对底物不同的专一性要求。

6.3.3.2 酶作用高效性机制

A 邻近定向效应

在酶促反应中，底物分子结合到酶的活性中心，一方面底物在酶活性中心的有效浓度大大增加，有利于提高反应速度；另一方面，由于活性中心的立体结构和相关基团的诱导和定向作用，使底物分子中参与反应的基团相互接近，并被严格定向定位，使酶促反应具有高效性和专一性特点。

B　“张力”和“形变”

底物与酶结合诱导酶的分子构象变化，变化的酶分子又使底物分子的敏感键产生“张力”甚至“形变”，从而促使酶-底物中间产物进入过渡态。

C　酸-碱催化

酸-碱催化可分为狭义的酸-碱催化和广义的酸-碱催化。酶参与的酸-碱催化反应一般都是广义的酸-碱催化方式。广义酸-碱催化是指通过质子酸提供部分质子，或者通过质子碱接受部分质子，达到降低反应活化能的过程。

酶蛋白中含有好几种可以起广义酸碱催化作用的功能基团，如氨基、羧基、巯基、酚羟基及咪唑基等（见图 6-13），其中组氨酸的咪唑基值得注意，因为它既是一个很强的亲核基团，又是一个有效的广义酸碱功能基团。

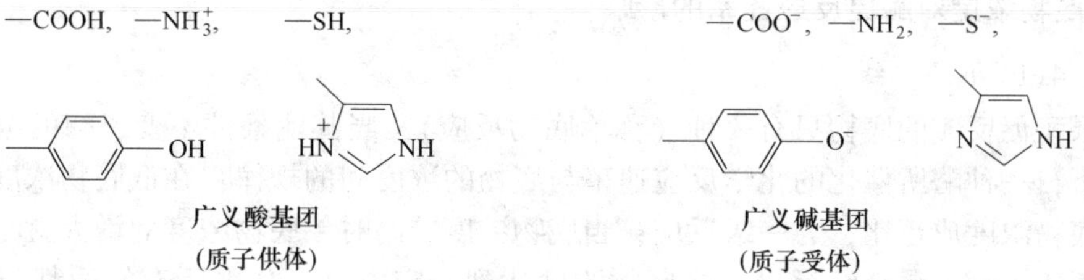


图 6-13　酶分子中可以作为广义酸、碱的基团

D　共价催化

催化剂通过与底物形成反应活性很高的共价过渡产物，使反应活化能降低，从而提高反应速度的过程，称为共价催化。酶中参与共价催化的基团主要包括 Ser 的羟基、Cys 的巯基、His 的咪唑基、Lys 的氨基等（见表 6-1）。某些辅酶，如焦磷酸硫胺素和磷酸吡哆醛等也可以参与共价催化作用。

**表 6-1　可形成共价 ES 复合物的某些酶**

| 酶 | | 共价中间产物的类型 |
|---|---|---|
| 丝氨酸类（羟基结合） | 磷酸葡萄糖变位酶 | 磷酸酶 |
| | 乙酰胆碱酯酶 | 酰基酶 |
| | 胰蛋白酶 | 酰基酶 |
| | 胰凝乳蛋白酶 | 酰基酶 |
| | 弹性蛋白酶 | 酰基酶 |
| 半光氨酸类（巯基结合） | 磷酸甘油醛脱氢酶 | 酰基酶 |
| | 木瓜酶 | 酰基酶 |
| | 乙酰 CoA-转酰基酶 | 酰基酶 |

续表 6-1

| 酶 | 共价中间产物的类型 | |
|---|---|---|
| 组氨酸类（咪唑基结合） | 葡萄糖-6-磷酸酶 | 磷酸酶 |
| | 琥珀酰 CoA 合成酶 | 磷酸酶 |
| 赖氨酸类（氨基结合） | 果糖二磷酸醛缩酶 | Schiff 碱 |
| | 转醛酶 | Schiff 碱 |
| | D-氨基酸氧化酶 | Schiff 碱 |

## 6.4 酶促反应动力学

酶促反应动力学是研究酶促反应速度以及各种条件下对酶促反应速度的影响，主要包括底物浓度、酶浓度、温度、pH 值、激活剂和抑制剂等的影响。

### 6.4.1 底物浓度对酶促反应速率的影响

6.4.4.1 $v$-$S$ 曲线

如果酶促反应的底物只有一种（称单底物反应），当其他条件不变、酶的浓度也固定的情况下，一种酶所催化的化学反应速率与底物的浓度间的规律：在低底物浓度时，反应速度与底物浓度成正比，为一级反应；当底物浓度较高时，底物浓度的增大就与速度的增加不成正比了，为混合级反应；当底物浓度达到一定值时，几乎所有的酶都与底物结合后，反应速度达到最大值（$v_{max}$），此时再增加底物浓度，反应速度不再增加，表现为零级反应。

对于上述变化，如果以酶促反应速率对底物浓度作图，则得到图 6-14。

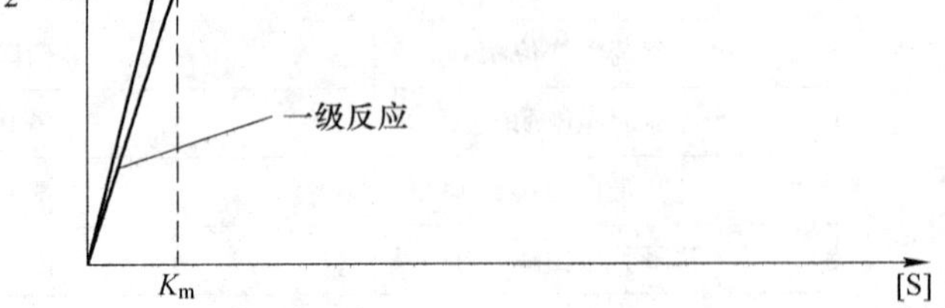


图 6-14 酶促反应速率与底物浓度的关系

6.4.4.2 米氏方程

1913 年，德国化学家 Michaelis 和 Menten 根据中间产物学说对酶促反应的动力学进行研究，推导出了表示整个单分子酶促反应中，底物浓度和反应速度关系的著名公式，称为米氏方程。

米氏方程：
$$v=\frac{v_{max}[S]}{K_m+[S]}$$

式中，$K_m=\dfrac{k_2+k_3}{k_1}$。

上式反映了底物浓度与酶促反应速率间的定量关系，式中 $v_{max}$ 为最大反应速率；[S] 为底物浓度；$K_m$ 为米氏常数；$v$ 为 [S] 不足以产生最大速率 $v_{max}$ 时的反应速率。

米氏方程的推导：

$$S + E \underset{k_2}{\overset{k_1}{\rightleftharpoons}} ES \xrightarrow{k_3} P+E$$
$$[S] \qquad [E_t]-[ES] \qquad [ES]$$

[ES] 生成速率： $v_1=k_1([E_t]-[ES])[S]$

[ES] 分解速率： $v_2=k_2[ES]+k_3[ES]$

当酶反应体系处于恒态时：$v_1=v_2$

即：$k_1([E_t]-[ES])[S]=k_2[ES]+k_3[ES] \longrightarrow \dfrac{[E_t][S]-[ES][S]}{[ES]}=\dfrac{k_2+k_3}{k_1}$

令：$\dfrac{k_2+k_3}{k_1}=K_m$

则：
$$K_m[ES]+[ES][S]=[E_t][S]$$

经整理得：
$$[ES]=\frac{[E_t][S]}{K_m+[S]} \tag{6-1}$$

由于酶促反应速度由 [ES] 决定，即 $v=k_3[ES]$，所以
$$[ES]=\frac{v}{k_3} \tag{6-2}$$

将 (6-2) 代入 (6-1) 得：
$$\frac{v}{k_3}=\frac{[E_t][S]}{K_m+[S]} \longrightarrow v=\frac{k_3[E_t][S]}{K_m+[S]} \tag{6-3}$$

当 $[E_t]=[ES]$ 时，$v=v_{max}$，所以
$$v_{max}=k_3[E_t] \tag{6-4}$$

将 (6-4) 代入 (6-3)，得：
$$v=\frac{v_{max}[S]}{K_m+[S]}$$

#### 6.4.4.3 米氏常数 $K_m$ 的意义与测定

由米氏方程可知，当反应速度等于最大速度一半时，即 $v=1/2\,v_{max}$，$K_m=[S]$。由此可见，米氏常数的含义是反应速度为最大值的一半时的底物浓度，因此米氏常数的单位为 mol/L。

A 米氏常数 $K_m$ 在酶学研究中的意义

(1) 不同的酶具有不同 $K_m$ 值，它是酶的一个重要的特征物理常数。

（2）$K_m$ 值只是在固定的底物、一定的温度和 pH 值条件下，一定的缓冲体系中测定的；不同条件下的底物具有不同的 $K_m$ 值。

（3）$K_m$ 值表示酶与底物之间的亲和程度：$K_m$ 值大表示亲和程度小，酶的催化活性低；$K_m$ 值小表示亲和程度大，酶的催化活性高。

B 米氏常数的测定

测定的基本原则：将米氏方程变化成相当于 $y=ax+b$ 的直线方程，再用作图法求出 $K_m$。下面以 Lineweaver Burk 作图（双倒数作图）为例，说明 $K_m$ 值与 $v_{max}$ 的求取。

将米氏方程化为倒数形式：

$$\frac{1}{v}=\frac{K_m}{v_{max}}\times\frac{1}{[S]}+\frac{1}{v_{max}}$$

以 $\frac{1}{v}$ 对 $\frac{1}{[S]}$ 作图可得一直线（见图 6-15），纵轴截距为 $\frac{1}{v_{max}}$，斜率为 $\frac{K_m}{v_{max}}$，横轴截距为 $-\frac{1}{K_m}$，即可得到 $K_m$ 与 $v_{max}$。如果某一酶双倒数作图有线性偏离，就说明米氏方程的假设对该酶不适用。

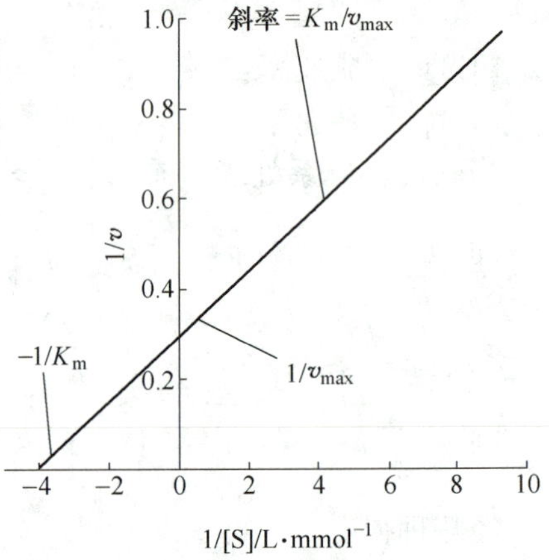

图 6-15 双倒数作图

C 酶的 $K_m$ 在实际应用中的意义

（1）鉴定酶：通过测定 $K_m$，可鉴别不同来源或相同来源但在不同发育阶段、不同生理状态下，催化相同反应的酶是否属于同一种酶。

（2）判断酶的最适底物（天然底物）。$K_m$ 值最小的就是这种酶的最适底物。

（3）计算一定速度下底物浓度。由 $K_m$ 值及米氏方程可决定在所要求的反应速率下应加入的底物浓度，或者已知底物浓度求该条件下的反应速率（估计产物生成量）。

（4）了解酶的底物在生物体内具有的浓度水平：一般说来，作为酶的天然底物，它在体内的浓度水平应接近于它的 $K_m$ 值。

（5）判断反应方向或趋势。催化可逆反应的酶，其正逆两向的 $K_m$ 值常常是不同的。测定这些 $K_m$ 值的大小及细胞内正逆两向的底物浓度，可以大致推测该酶催化正逆两向反应的效率，这对了解酶在细胞内的主要催化方向及生理功能具有重要意义。

（6）判断抑制类型。测定不同抑制剂对某个酶的 $K_m$ 及 $v_{max}$ 的影响，可以判断该抑制剂的抑制作用类型。

（7）推测代谢途径。一种物质在生物体内的代谢途径往往不止一个，在一定条件下该代谢物究竟走什么样的代谢路线，可由 $K_m$ 推测。例如，丙酮酸在某些生物体内可转变成乳酸、乙酰辅酶 A 和乙醛，分别由乳酸脱氢酶、丙酮酸脱氢酶和丙酮酸脱羧酶催化，这三种酶催化丙酮酸转变成上述三种产物时的 $K_m$ 值分别为 $1.7\times10^{-5}$、$1.3\times10^{-3}$ 和 $1.0\times10^{-3}$。所以，当丙酮酸浓度较低时，主要转变成乳酸（$K_m$ 值小的反应占优势）。

### 6.4.2 对酶促反应速率影响的其他因素

6.4.2.1 pH 值的影响

酶分子中的许多极性基团，在不同条件下的解离状态不同，其所带电荷的种类和数量也各不相同，酶活性中心的某些必需基团往往仅在某一解离状态时，才最容易同底物结合或具有最大的催化作用。此外，许多底物与辅酶（如 ATP、$NAD^+$、CoA 等）也具有解离性质，pH 值的改变也可影响它们的解离状态，从而影响它们与酶的亲和力。因此，pH 值的改变对酶的催化作用影响很大。在一定 pH 值下，酶表现最大活力；高于或低于此 pH 值，活力均降低。酶表现最大活力时的 pH 值称为酶的最适 pH 值。典型的酶活力-pH 值曲线有如钟罩形，它和两性电解质在不同 pH 值时的解离曲线很相似（见图 6-16）。

最适 pH 值首先要保证酶的稳定性，因此最适 pH 值要受到下列因素的影响：（1）温度；（2）底物浓度，底物浓度增大可增加酶的稳定性；（3）酶的浓度和纯度，酶浓度越低，酶的纯度越高，其 pH 值稳定性越差；（4）缓冲液的选择；（5）适宜的保护剂可以增强 pH 值对酶的稳定性。

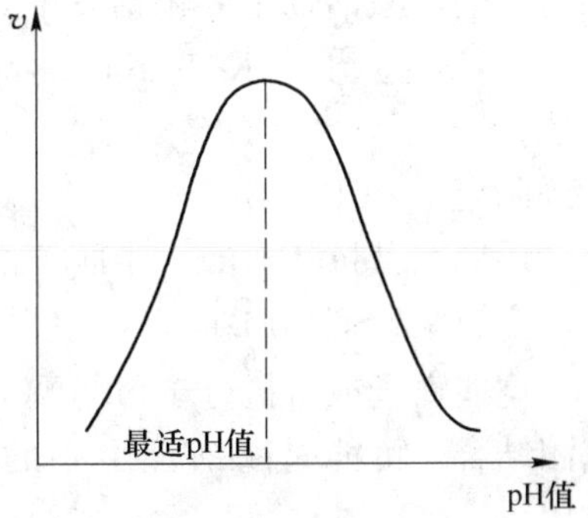

图 6-16 pH 值对酶反应速率的影响

酶促反应的最适 pH 值一般为 4～8。动物酶为 5.5~6.5，植物酶为 6.5~8.0。

6.4.2.2 温度对酶促反应的影响

酶促反应同其他大多数化学反应一样，受温度的影响较大。在较低的温度范围内，酶反应速率随温度升高而增大，但超过一定温度后，反应速率反而下降，这种温度通常就称为酶反应的最适温度（见图 6-17）。这条曲线所表现的酶反应速率的改变，实际上是温度的两种影响的综合结果：一方面当温度升高时，与一般化学反应一样，反应速率加快，其温度系数（$Q10$，即温度提高 10℃，其反应速率与原反应速率之比）为 1～2；另一方面，随着温度的升高而使酶蛋白逐步变性，反应速率随之下降（见图 6-18）。因此，酶反应的最适温度是这两种过程平衡的结果。在低于最适温度时，以前一种影响为主；在高于最适温度时，则以后一种影响为主。

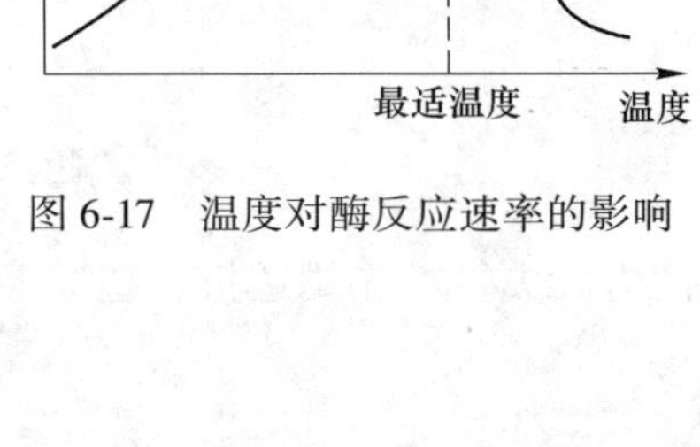

图 6-17 温度对酶反应速率的影响

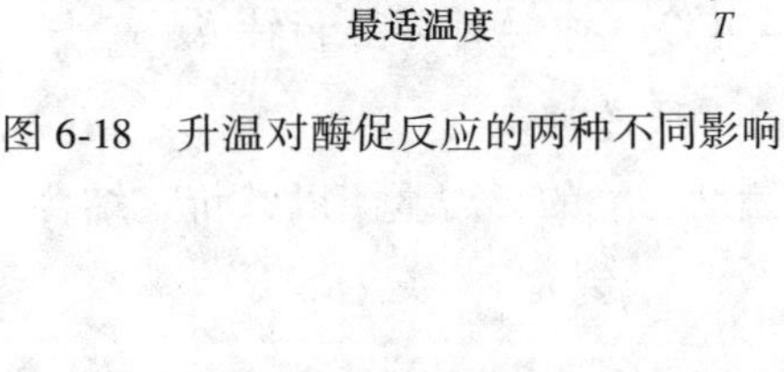

图 6-18 升温对酶促反应的两种不同影响

最适温度不是酶的特征物理常数，因为一种酶的最适宜温度不是一成不变的，它要受到酶的纯度、底物、激活剂、抑制剂以及酶促反应时间等因素的影响。因此，对同一种酶来讲，应说明是在什么条件下的最适温度。

6.4.2.3 酶浓度对酶促反应速率的影响

在酶催化的反应中，酶先要与底物形成中间复合物。当温度与 pH 值不变时，底物浓度大大超过酶浓度时，反应速率随酶浓度的增加而增加，两者成正比关系（见图 6-19）。

### 6.4.3 激活剂对酶促反应速率的影响

凡能提高酶活力的物质都是酶的激活剂。其中大部分是离子或简单有机化合物，如 $Cl^-$ 是唾液淀粉酶的激活剂。激活剂主要包括以下几类。

金属离子：$K^+$、$Na^+$、$Mg^{2+}$、$Cu^{2+}$、$Mn^{2+}$、$Zn^{2+}$、$Se^{3+}$、$Co^{2+}$、$Fe^{2+}$。

阴离子：$Cl^-$、$Br^-$。

还原剂：抗坏血酸、半胱氨酸、谷胱甘肽。

金属螯合剂：EDTA。

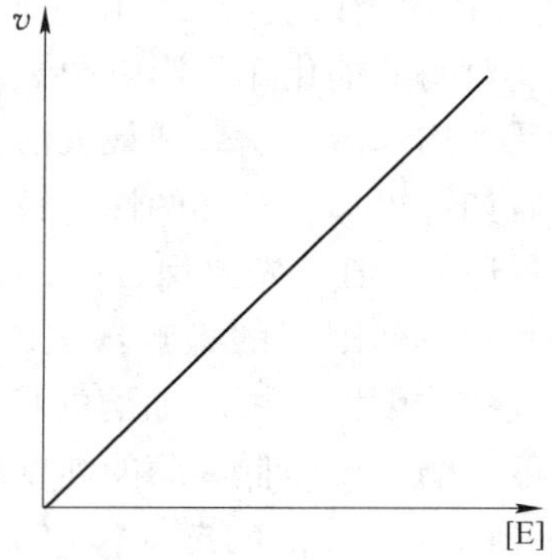

图 6-19 酶浓度对酶反应速率的影响

这些离子或有机分子可与酶分子上的氨基酸侧链基团结合，可能是酶活性中心的组成部分，也可能作为辅酶或辅基的一个组成部分起作用。

应用激活剂时应注意：一般情况下，一种激活剂对某种酶是激活剂，而对另一种酶则起抑制作用；对于同一种酶，不同激活剂浓度会产生不同的作用。

### 6.4.4 抑制剂对酶促反应速率的影响

6.4.4.1 抑制作用的概念

酶的必需基团（包括辅因子）的性质受到某些活性物质的影响，使酶的活性降低或丧失的现象，称为酶的抑制作用。这时酶并未变性，可用物理或化学方法恢复活性。能够引起酶的抑制作用的化合物称为抑制剂。

抑制剂对酶具有选择性。酶的抑制剂一般具备两个特点：在化学结构上与被抑制的底物分子或底物的过渡状态相似；能够与酶以非共价或共价的方式形成比较稳定的复合体或结合物。

此外，还有与抑制作用结果相似的失活作用与去激活作用，但它们作用机制不同。如失活作用是酶蛋白分子受到物化因素的影响，破坏了酶蛋白的次级键，部分或全部改变了酶分子的空间结构，是酶变性的结果。去激活作用是指用金属螯合剂去除金属离子，引起酶活降低或丧失，但这与真正的抑制作用不同，因为抑制作用主要是指化学物质对酶蛋白或其辅基的直接作用。

6.4.4.2 抑制剂类型和特点

A 不可逆抑制

抑制剂与酶的必需基团以共价键结合，引起酶活力丧失，不能用透析、超滤等物理方法除去抑制剂而使酶复活。根据不同抑制剂对酶的选择性不同，这类抑制作用又可分为以下两种。

（1）非专一性不可逆抑制。这类抑制剂作用于酶分子中的一类或几类基团，这些基团中包含了必需基团，因而引起酶失活。

（2）专一性不可逆抑制。这类抑制剂选择性很强，它只能专一性地与酶活性中心的某些基团不可逆结合，引起酶的活性丧失。

B 可逆抑制

抑制剂与酶蛋白以非共价方式结合，引起酶活性暂时性丧失。抑制剂可以通过透析等方法被除去，并且能部分或全部恢复酶的活性。根据抑制剂与酶结合的情况，又可以分为三类。

a 竞争性抑制

某些和底物结构相似的物质，当存在于酶促反应系统中时，能够同底物竞争地与酶的活性中心相结合，妨碍底物与酶形成组合物，从而使酶的活性受到抑制，这种方式称为竞争性抑制作用。竞争性抑制可用下式表示：

$$E + S \rightleftharpoons ES \longrightarrow P + E$$

$$E + I \rightleftharpoons EI$$

按照米氏方程推导的方法，可推出竞争性抑制剂、底物浓度与酶反应的动力学方程：

$$v = \frac{v_{max}[S]}{K_m\left(1 + \frac{[I]}{K_i}\right) + [S]}$$

式中，$K_i$ 为抑制剂与酶形成复合物的解离常数。

依据此方程可作竞争性抑制作用的双倒数方程和米氏方程特征曲线（见图 6-20）。图 6-20a 中，1 为无抑制剂曲线，2、3 为加入竞争性抑制剂的曲线，且抑制剂浓度 3>2。

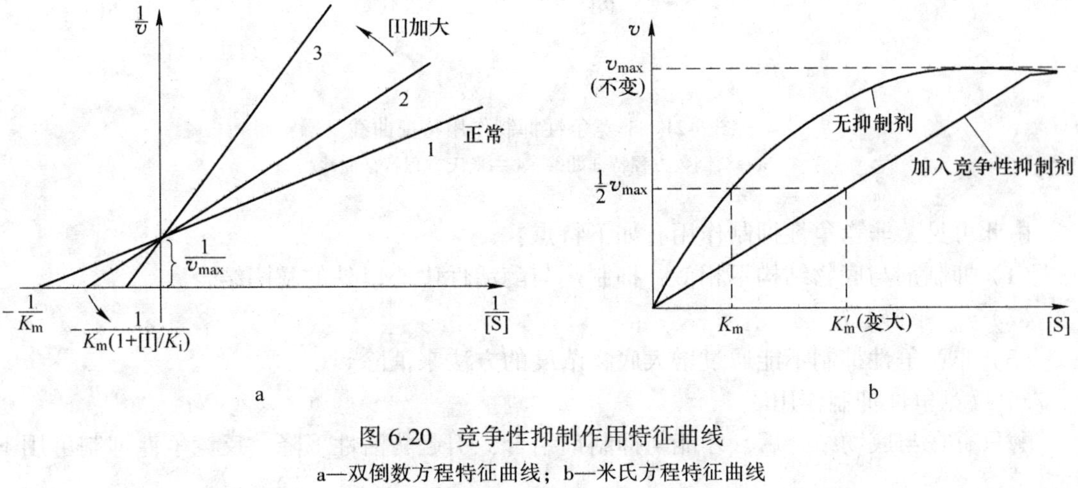


图 6-20 竞争性抑制作用特征曲线

a—双倒数方程特征曲线；b—米氏方程特征曲线

综上所述，竞争性抑制作用有如下特点：

（1）竞争性抑制剂的结构与底物结构十分相似，两者竞争酶的结合部位。

（2）抑制程度取决于抑制剂 I 和底物 S 的浓度以及与酶结合的亲和力大小。

(3) 可以通过增大底物浓度，即提高底物的竞争能力来消除竞争性抑制。

(4) $v_{max}$不变，$K_m$ 增大。

b 非竞争性抑制

酶可同时与底物及抑制剂结合，引起酶分子构象变化，并导致酶活性下降。抑制剂与活性中心以外的基团结合，不与底物竞争酶的活性中心结合，所以称为非竞争性抑制剂。如某些金属离子（$Cu^{2+}$、$Ag^{+}$、$Hg^{2+}$）以及 EDTA 等，通常能与酶分子的调控部位中的—SH基团作用，改变酶的空间构象，引起非竞争性抑制。非竞争性抑制可用下式表示：

$$\begin{array}{ccccc} E+S & \rightleftharpoons & ES & \longrightarrow & P+E \\ + & & + & & \\ I & & I & & \\ \updownarrow & & \updownarrow & & \\ EI+S & \rightleftharpoons & ESI & & \end{array}$$

经过推导，可得出非竞争性抑制作用的动力学方程：

$$v = \frac{v_{max}[S]}{\left(1 + \frac{[I]}{K_i}\right)(K_m + [S])}$$

其双倒数方程和米氏方程特征曲线如图 6-21 所示。

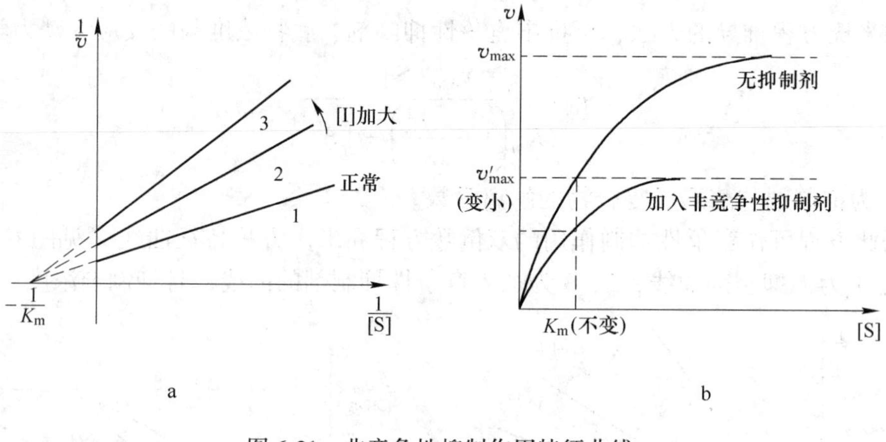


图 6-21 非竞争性抑制作用特征曲线

a—双倒数方程特征曲线；b—米氏方程特征曲线

由此可见，非竞争性抑制作用有如下特点：

(1) 抑制剂与底物结构不相似，抑制剂与酶活性中心以外的基团结合。

(2) $v_{max}$下降，$K_m$ 不变。

(3) 非竞争性抑制不能通过增大底物浓度的方法来消除。

c 反竞争性抑制作用

酶只有在与底物结合后，才能与抑制剂结合，引起酶活性下降。反竞争性抑制可用下式表示：

$$E+S \rightleftharpoons ES \longrightarrow P+E$$
$$ES+I \rightleftharpoons ESI$$

经过推导，可得出反竞争性抑制作用的动力学方程：

$$v = \frac{v_{max}[S]}{K_m + \left(1 + \frac{[I]}{K_i}\right) + [S]}$$

其双倒数方程和米氏方程特征曲线如图 6-22 所示。

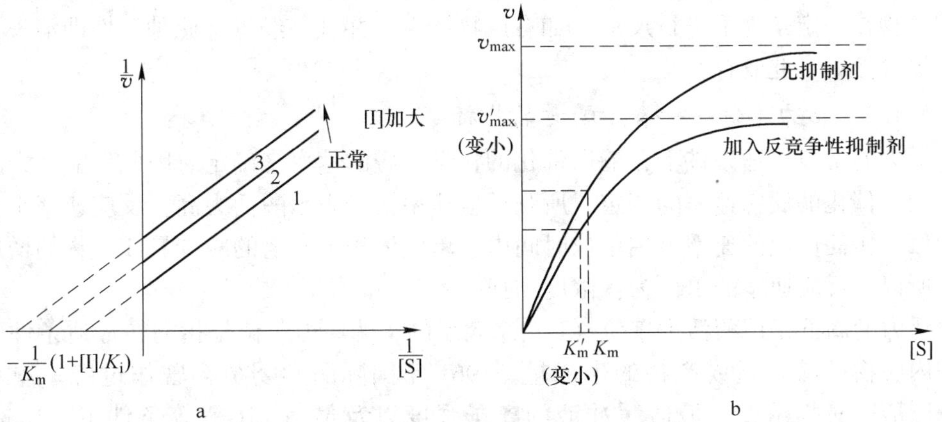


图 6-22 反竞争性抑制作用特征曲线

a—双倒数方程特征曲线；b—米氏方程特征曲线

反竞争性抑制作用的特点主要有：

（1）抑制剂与酶和底物的复合物结合。

（2）$K_m$ 和 $v_{max}$ 都下降。

（3）底物浓度增加，抑制作用加强。

酶促反应与抑制剂的关系总结见表 6-2。

**表 6-2 有无抑制剂存在时酶促反应的动力学方程**

| 类 型 | 反应式 | 速度方程 | $v_{max}$ | $K_m$ |
|---|---|---|---|---|
| 无抑制剂 | $E+S \rightleftharpoons ES \rightarrow E+P$ | $v = \frac{v_{max}[S]}{K_m + [S]}$ | $v_{max}$ | $K_m$ |
| 竞争性抑制 | $E+S \rightleftharpoons ES \rightarrow E+P$<br>$E+I \rightleftharpoons EI$ | $v = \frac{v_{max}[S]}{K_m\left(1 + \frac{[I]}{K_i}\right) + [S]}$ | 不变 | 增大 |
| 非竞争性抑制 | $E+S \rightleftharpoons ES \rightarrow E+P$<br>$E+I \rightleftharpoons EI$<br>$ES+I \rightleftharpoons ESI$ | $v = \frac{v_{max}[S]}{\left(1 + \frac{[I]}{K_i}\right)(K_m + [S])}$ | 减小 | 不变 |
| 反竞争性抑制 | $E+S \rightleftharpoons ES \rightarrow P$<br>$ES+I \rightleftharpoons ESI$ | $v = \frac{v_{max}[S]}{K_m\left(1 + \frac{[I]}{K_i}\right) + [S]}$ | 减小 | 减小 |

# 6.5 酶活力与酶活力的测定

## 6.5.1 酶活力

检测酶含量及存在，很难直接用酶的“量”（质量、体积、浓度）来表示，而常用酶催化某一特定反应的能力来表示酶量，即用酶的活力表示。酶催化一定化学反应的能力称酶活力。

6.5.1.1 定性测定——根据酶催化的反应判断

要检查某一种酶是否存在，利用该酶所催化的化学反应特征，将所提取的酶液与它所催化的底物在一定条件下进行反应，如有产物产生，并且一经煮沸此种活性即消失，就可以证明提取液中有此酶存在。

6.5.1.2 活力单位——表示酶量的指标

酶活力通常以最适条件下，酶所催化的化学反应的速率来确定。因此，酶活力的测定也就是酶所催化的反应速率的测定，所测反应速率大，表示酶活力高；反应速率小，表示酶活力低。酶促反应的速率可用单位时间内，单位体积中底物的减少量或产物的增加量来表示。所以，反应速率的单位为：浓度/时间。

酶活力的高低是用酶活力单位（U）来表示的，酶活力单位是指酶在最适条件下，单位时间内底物的减少量或产物的生成量。1961 年国际酶学委员会曾作过统一规定：在 25℃，以最适底物浓度，最适缓冲液的离子强度以及最适 pH 值等条件下，1min 转化 1μmol 底物的酶量定义为一个酶活力单位，即国际单位（1U）。如果底物有一个以上可被作用的键，则一个活力单位是指 1min 内使 1μmol 有关基团转化的酶量。

1972 年国际酶学委员会又推荐一个新的酶活力国际单位，即 Katal（Kat）单位。1Kat 单位定义为：在最适条件下，1s 可使 1mol 底物转化的酶量；同理，可使 1μmol 底物转化的酶量为 1μKat 单位。

6.5.1.3 比活力——表示酶纯度的指标

比活力是指每毫克酶蛋白（或每毫克蛋白氮）所含的酶活力单位数（有时也用每克酶制剂或每毫升酶制剂含多少活力单位来表示），即：

$$\text{比活力} = \frac{\text{活力单位数}}{\text{毫克酶蛋白}}$$

比活力是表示酶制剂纯度的一个指标，在酶学研究和提纯酶时常用到。酶制剂的纯度一般都用比活力的大小来表示，比活力越高，表明酶越纯。

6.5.1.4 转换数——另一种表示酶催化能力大小的方法

酶的转换数是指每秒内每一催化中心（或活性中心）所能转换的底物分子数，或每微摩尔酶活性中心每秒转换底物的物质的量（μmol）。米氏方程推导中的 $k_3$ 即为转换数。当底物浓度过量时，因为 $v_{max} = k_3[S_0]$，所以转换数可用下式计算：

$$\text{转换数} = k_3 = \frac{v_{max}}{[S_0]}$$

### 6.5.2 酶活力的测定

酶活力的测定方法简单来说主要包括以下两种。

终点法：酶反应进行到一定时间后终止其反应，再用化学或物理方法测定产物或反应物量的变化。

动力学法：连续测定反应过程中产物、底物或辅酶的变化量，直接测定出酶反应的初速率。

此外，根据酶催化反应的不同，酶活力测定方法很多，其原理都是用单位时间内、单位体积中底物的减少量或产物的增加量来表示酶反应速率。酶活性的测定一般包括以下几个步骤。

6.5.2.1 选择合适的化学反应及检测指标

一般来说，任何一种酶促反应，如果底物或产物具有光吸收、旋光、电位差改变或荧光的变化等性质，只要方法足够灵敏，就可以直接检测。

另外，为了便于观察，还可偶联一些能直接或间接产生有色化合物的反应，例如一些氧化酶的反应，可通过过氧化物酶及某一色素反应的偶联，产生在500nm处有最大吸收的红色化合物来测定其酶活力。

6.5.2.2 底物浓度的选择

一般多用高底物浓度测定法（即零级反应近似法），这是一种理论上正确且简便易行的方法。通常采用的底物浓度约相当于10~100倍的$K_m$值。

6.5.2.3 其他反应条件的选择

环境因素对酶活力有很大影响，用国际单位为酶活力单位时，温度选择在25℃，pH值和离子强度均选用最适条件，酶浓度应选择在线性范围内。若反应需要激活剂应取其最适浓度，而且在所测样品中此浓度必须恒定。在酶活力测定体系中，一般不允许存在该酶的抑制剂，并要通过实验以确定初速率的范围。

## 6.6 酶的多样性及酶的模拟

虽然一种酶催化一种反应，不同酶催化不同的反应。但酶的催化活性不是一成不变的，有些酶在不同条件下，其结构发生变化使活性改变；有些酶具有不同结构形式，从而具有不同的催化效率，甚至不同的催化性质；有的酶一种酶分子甚至具有几种不同的功能。所有这些均说明，酶的结构和功能都是多种多样的，是变化的、动态的，也正因为如此，才构成了生物体内物质代谢的复杂性、多样性和统一性以及对于多变环境的适应性。

### 6.6.1 多酶体系和多酶复合体

细胞中的许多酶常常是在一个连续的反应链中起作用，即前一个反应的产物是后一个反应的底物（见图6-23）。在完成细胞内的某一代谢过程中，由几个酶形成的反应体系，称为多酶体系。

如果体系中几种酶彼此有机地组合在一起，精巧地镶嵌成一定的结构，即形成多酶复合体（见图6-24）。这种结构既能提高反应途径的效率，又能增强调控的准确性。

### 6.6.2 酶的别构（变构）效应和别构酶

酶分子的非催化部位与某些化合物可逆地非共价结合后导致酶分子发生构象改变，进而改变酶的活性状态，称为酶的别构调节，具有这种调节作用的酶称别构酶。别构酶促反应底物浓度和反应速率的关系不符合米氏方程，呈S形曲线或扁平曲线（见图6-25）。酶的别构（变构）效应示意图如图6-26所示。

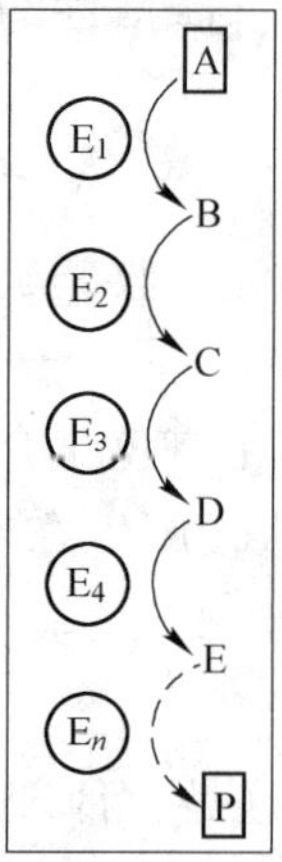


图6-23　分散多酶体系与中间物示意图

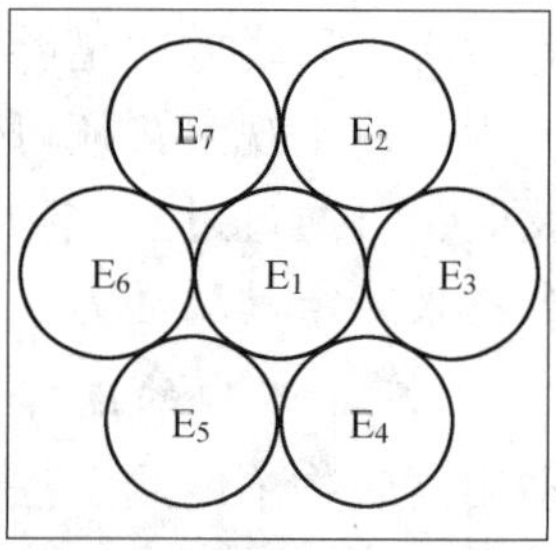


图6-24　多酶复合体示意图

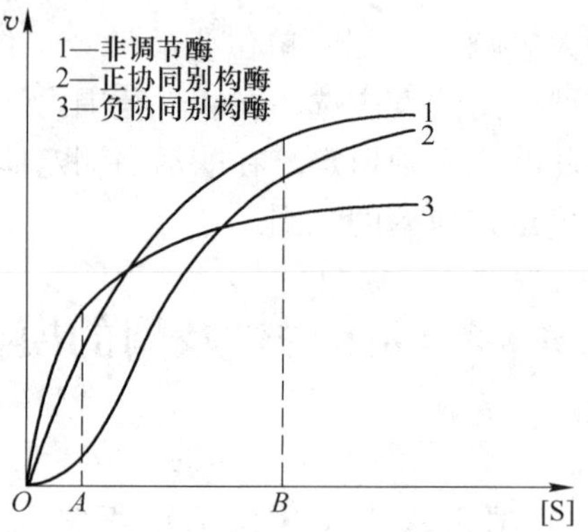


图6-25　正、负协同别构酶与非调节酶的动力学曲线比较

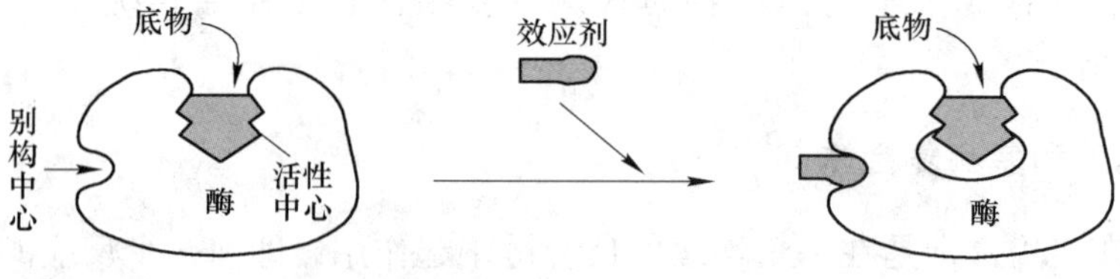


图6-26　酶的别构（变构）效应示意图

凡能使酶分子发生别构作用的物质称为效应物，通常为小分子代谢物或辅因子。如因别构导致酶活性增加的物质称为正效应物或别构激活剂，反之称为负效应物或别构抑制剂。

别构调节普遍存在于生物界，许多代谢途径的关键酶利用别构调节来控制代谢途径之间的平衡，研究别构调控有重要的生物学意义。别构酶的反馈调控机理如图6-27所示。

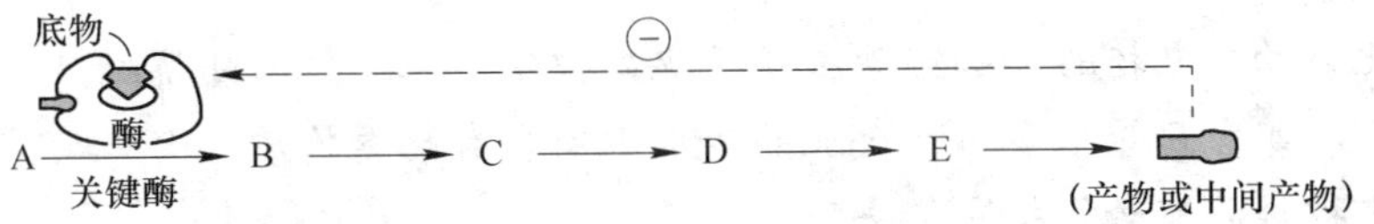


图 6-27　别构酶的反馈调控机理

### 6.6.3　酶的模拟

根据酶作用的原理模拟酶的活性中心和催化机理，用化学方法制备结构较简单、高效、高选择性、稳定性能好的新型催化剂，称为人工模拟酶，简称人工酶或模拟酶。模拟酶可以是无机化合物、有机化合物或小肽。

比较成熟的模拟酶是环糊精，它有几个 D-（+）-吡喃葡萄糖残基通过 α(1→4) 糖苷键连接而成。每个葡萄糖残基呈现椅式构象，整个分子类似环柱形分子，由于环糊精分子空穴边缘有许多羟基，能溶于水，空穴内基本是疏水的（见图 4-19）。环糊精催化的特点是：参与反应的底物分子先被环糊精分子包接，再与其发生反应，与酶促反应十分相似，已模拟了胰凝乳蛋白酶（见图 6-28）、转氨酶、核糖核酸酶、碳酸苷酶等。

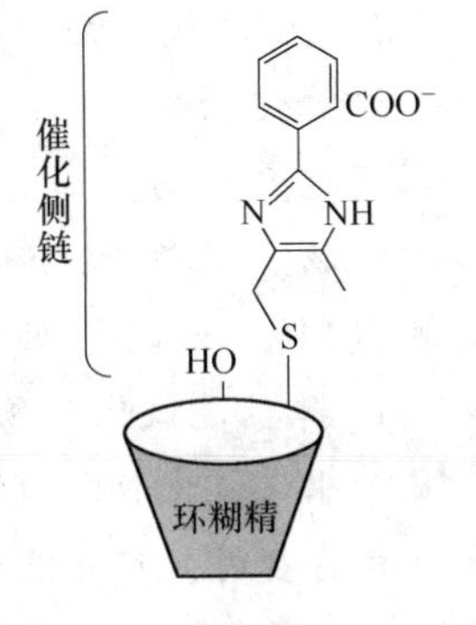


图 6-28　接催化侧链后模拟胰凝乳蛋白酶

## 拓展阅读——废水处理中酶的应用

酶制剂具有酶用量少、催化效率高、专一性强的特点，目前酶制剂应用广泛。根据统计，2008~2016 年全球酶制剂市场规模的年复合增长率为 5.95%；2016 年中国的酶制剂产量已达 128 万标准吨，年复合增长率为 9.60%。

为了强化生物处理过程，将生物酶做成酶促剂在工程中应用，提高反应效率，是现在生化处理常用的手段之一。高效酶促剂是将精制发酵生成的应激蛋白配以食品级表面活性剂复合制取而成的一种环保型生物制剂，本身不含任何活体微生物，应用于实际过程中不会产生二次污染。有研究将酶促剂投加在养殖废水 SBR 处理工艺中，发现相比于未投加酶促剂的处理过程，对曝气量的需求降低了，COD 和 $NH_3$-N 的去除效率提升 25%以上，污泥龄也延长，且污泥的沉降性能更好。

类似地，对于难降解的工业废水，通过投加酶制剂，实现酶催化，提高废水可生化性，加速污染物降解速率，也是具有广泛的应用前景。酶催化技术去除污染物是基于一系列结合酶与菌的技术，首先酶发生反应成为游离基，在此基础上所形成的游离基进行化学聚合，进一步形成高分子化合物沉淀。很多酶已用于废水处理取代传统的处理方法。其原因是：(1) 酶具有高度选择性，能处理低浓度废水；(2) 不易被有生物毒性的物质所抑制；(3) 反应过程更快速、温和，能够适应不同温度与浓度的物质甚至有毒物质；(4) 相对于其他处理方法，酶可在较大污染浓度范围内发挥作用，而且所要求的停留时间也少；(5) 对进水的水质要求也较低，出水水质好，污泥产量少。

一、含酚废水处理

芳香族化合物，包括酚和芳香胺，属于优先控制污染物。石油炼制厂、树脂和塑料生产厂、染料厂、织布厂等很多工业企业的废水中均含有此类物质，大多数芳香族化合物都有毒，在废水被排放前必须把它们去除。

王庆国等对常州市横林镇北污水处理厂的印染废水和混合污水处理时分别添加了酶菌剂，结果表明COD的去除率可以提升10%和30%，投加酶菌剂后污泥的沉降性提高，高压过滤后污泥含水率可降低至60%左右，利于后续处置。

以下介绍几种具体的酶类及其应用。

（一）过氧化物酶

过氧化物酶是由微生物或植物所产生的一类氧化还原酶。它们能催化很多反应，但都要求有过氧化物，如过氧化氢（$H_2O_2$）的存在来激活。过氧化氢首先氧化酶，然后酶才氧化底物。现在研究和应用较多的过氧化物酶有辣根过氧化物酶（HRP）、木质素过氧化物酶（LIP）及其他酶类。

1. 辣根过氧化物酶

辣根过氧化物酶（HRP，EC1. 11. 1. 7）是酶处理废水领域中应用最多的一种酶。有过氧化氢存在时，它能催化氧化很多种有毒的芳香族化合物，其中包括酚、苯胺、联苯胺及其相关的异构体。反应产物是不溶于水的沉淀物，这样就很容易用沉淀或过滤的方法将它们去除。

HRP特别适于废水处理还在于它能在一个较广的pH值和温度范围内保持活性。HRP的很多应用都集中在含酚污染物的处理方面，使用HRP处理的污染物包括苯胺、羟基喹啉、致癌芳香族化合物（如联苯胺、萘胺）等；而且HRP可以与一些难以去除的污染物一起沉淀，去除物形成多聚物而使难处理物质的去除效率增大，这个现象在处理含多种污染物的废水时有着重要的实际应用。例如，多氯联苯可以与酚一起从溶液中沉淀下来。HRP的这个特定的应用还未得到进一步的深入研究。

2. 木质素过氧化物酶

木质素过氧化物酶（LIP），也叫木质素酶，是*Phanerochaete chrysosporium*白腐真菌细胞酶系统的一部分。LIP可以处理很多难降解的芳香族化合物和氧化多种多环芳烃、酚类物质。LIP在木质素解聚中的作用已被证实，它的作用机理与HRP十分相似。LIP的稳定性是它在废水处理应用方面经济和技术可行性的关键因素。LIP在低pH值状态下被抑制，随着pH值的升高和在酒精存在情况下培养酶以提高酶的浓度，LIP的稳定性也提高。去除酚类的优化条件是：酶的浓度高，pH值大于4.0，一定用量的过氧化氢。LIP固定在多孔陶瓷上并不影响它的活性，并表现出降解芳香族物质的良好性能。现在，一种能用于有害废物处理和生产LIP的硅膜反应器已研制出来。

3. 植物来源的酶

从西红柿中提取的过氧化物酶可用于使酚类化合物聚合。一些植物的根也可用于污染物的去除。植物过氧化物酶在处理2，4-二氯酚浓度高达850mol/L的废水时，去除速率与纯的HRP差不多。去除速率与反应混合体系的pH值、植物原料颗粒大小、原料用量、是否有过氧化氢参与等因素有关。

（二）聚酚氧化酶

聚酚氧化酶代表另一类催化酚类物质氧化的氧化还原酶，可分为两类：酪氨酸酶和漆酶。它们都需要氧气分子的参与，但不需要辅酶。

1. 酪氨酸酶

酪氨酸酶（EC1.14.18.1），也叫酚酶或儿茶酚酶，催化两个连续的反应：（1）单分子酚与氧分子通过氧化还原反应形成邻苯二酚。（2）邻苯二酚脱氢形成苯醌，苯醌非常不稳定，通过非酶催化聚合反应形成不溶于水的产物，这样用简单的过滤即可去除。酪氨酸酶已成功地用于从工业废水中沉淀和去除浓度为0.01~1.0g/L的酚类。酪氨酸酶用甲壳素固定化后处理含酚废水，2h内去除率达100%。固定化酪氨酸酶可防止被水流冲走及与苯醌反应而失活。固定化酪氨酸酶使用10次后仍然有效，因此固定酪氨酸酶于甲壳素上可有效去除有毒酚类物质。

2. 漆酶

漆酶由一些真菌产生，通过聚合反应去除有毒酚类。而且，由于它的非选择性，能同时减少多种酚类的含量。事实上，漆酶能氧化酚类形成十分活泼的相应阴离子自由基团。漆酶的去毒功能与被处理的特定物质、酶的来源及一些环境因素有关。

二、造纸废水处理

在我国，造纸废水总排放量约占全国废水总排放量的13%，占全国工业COD总排放量的13.1%，但是造纸废水中难降解物质含量高，尤其是纤维素和木质素。通过常规的一级沉降与二级生化处理后，造纸废水的污染负荷降低，能够满足排放标准，但是出水中COD和色度依然较高，还含有一些毒性物质，对环境还存在极大的风险。因此，需要对其中难降解的有机物进一步处理，这时应用酶促反应具有一定的优势。张安龙等对造纸废水的芬顿处理过程中投加纤维素酶和木聚糖酶后，COD的去除效率有一定程度的提高，最大时可达到68%。赵文娟等对造纸废水深度处理过程中添加裂褶菌漆酶，木素的降解率达到77.5%，色度去除率81.1%，COD降解率61.1%，表现出了较好的工业应用潜力。

造纸废水处理常用的酶主要有以下几种。

（一）过氧化物酶和漆酶

木材造纸工业纸浆中含有5~8g/100mL的木质残余物，使得纸浆呈褐色。现在的漂白剂是用氯气或二氧化氯，但漂白操作过程会产生黑褐色废水，包含对环境有毒有害和致突变的氯化物。经过使用微生物治理漂白废水后，现正积极考虑使用酶进行治理。辣根过氧化物酶和木质素过氧化物酶已应用于造纸废水脱色，它们的固定化形式的处理效果比游离形式好。木质素过氧化物酶作用的机理为：通过将苯环单元催化氧化成能自动降解的阳离子基团而降解木质素。漆酶是一种含铜的多酚氧化酶，参与木素的降解或聚合，具有氧化木素的能力。在有氧条件下，漆酶能使造纸废水的木素衍生物和多酚类化合物发生氧化降解或聚合，然后通过絮凝沉淀或深度氧化去除。

（二）分解纤维素的酶

这类酶主要用于造纸浆和脱墨操作中的污染处理。纸浆和造纸操作中的废水处理产生的污泥纤维素含量高，可用于生产乙醇等能源物质。每生产1t纸大约产生60kg污泥，这样就可得到有经济价值的产品，所使用的酶是由纤维二糖水合酶（EC3.2.1.91）、纤维素酶（EC3.2.1.14）和β-葡萄糖酶（EC3.2.1.21）组成的混合酶系。脱墨操作中产生的低含量纤维质废物可转化为可发酵的糖类，所使用的酶在高浓度墨存在时不被抑制。

三、食品加工废水处理

食品加工业是工业废水的主要来源之一。其他工业废水大多是有毒的，必须转化为无毒物质，而食品加工业废水易于分解或转化为饲料或其他有经济价值产品。酶可应用于食品工业废水处理，以净化废水并获得高附加值产品。

（一）蛋白酶

蛋白酶是一类水解酶，在鱼肉加工废水处理中得到了广泛应用。蛋白酶能使废水中的蛋白质水解，得到可回收的溶液或有营养价值的饲料。蛋白酶水解蛋白质，首先被水中固体蛋白吸收，酶使蛋白质表面的多肽链解开，然后更紧密的内核才逐渐被水溶解。

一种从 *Bacillus subtilis* 中提取的碱性酶可用于家禽屠宰场的羽毛处理。羽毛占家禽总质量的5%，在其外表坚硬的角质素破坏后，是一种高蛋白的来源。通过 NaOH 预处理、机械破碎和酶的水解，羽毛可成为一种高蛋白含量的饲料成分。

（二）淀粉酶

淀粉酶是一种多糖水解酶，多糖转变为单糖和发酵能同时进行，淀粉酶用于含淀粉废水处理，可使大米加工产生的废水中的有机物转化为酒精。淀粉酶还可减少活性污泥法处理废水的时间。

淀粉酶和葡萄糖酶可用于光降解和生物降解塑料的生产。食品加工时产生的奶酪乳浆或土豆废水富含淀粉。首先使用 α-淀粉酶，使淀粉由大分子化合物转变为小分子化合物，再用葡萄糖酶将其变成葡萄糖（多于90%的淀粉可转变为葡萄糖）。葡萄糖经乳酸菌发酵得到乳酸，用于生产可降解塑料。

使用酶处理废水主要是通过沉淀或无害化去除污染物。酶也可用于废水预处理，使其在下一流程更易于去除。但是，在应用酶时，要特别注意处理过程中有无有毒物质的产生。因此，在应用酶进行具体实际操作前，一定要对酶反应是否可能产生有毒物进行充分研究。

来自很多种植物的微生物酶在一系列的废水处理应用中发挥着重要的作用。酶能作用于特定的难降解污染物，通过沉淀或转化为无害物而把它们去除。酶也可改变特定废水的性能，使之更易于后续处理或有利于废物转化为有附加值的产品。

## 习　题

6-1 是非判断，并说明原因。

（1）酶促反应的米氏常数与所用的底物无关。

（2）别构剂与酶的催化部位结合后使酶的构象改变，从而改变酶的活性，称为酶的别构作用。

（3）酶原激活过程实际上就是酶活性中心形成或暴露的过程。

（4）作为辅因子的金属离子，一般并不参与酶活性中心的形成。

（5）酶促反应速率（米氏酶）为最大反应速率 90% 的底物浓度与最大反应速率 50% 的底物浓度之比值总是 9，而与 $v_{max}$ 和 $K_m$ 绝对值无关。

（6）利用 X 射线衍射法，已证明酶与底物结合时，会引起整个酶蛋白分子构象的改变，因此，酶有别构现象。

（7）$K_m$ 值是酶的一种特征常数，有的酶虽可以有几种底物，但其 $K_m$ 值都是固定不变的。

（8）改变酶促反应的 pH 值，往往影响到酶活性部位的解离状态，故对 $v_{max}$ 有影响，但不影响 $K_m$。

（9）同工酶是指催化一类化学反应的一类酶。

（10）某些酶的 $K_m$ 可因某些结构上与底物相似的代谢物的存在而改变。

（11）同工酶的最适 pH 值相同。

6-2 解释酶的活性中心、必需基团及两者之间的关系。

6-3 试述酶催化的作用机理。

6-4 什么是酶活力，简述测定酶活力的方法及原则。

6-5 简述锁钥学说与诱导契合学说的内容，并指出这两种学说的本质区别。

6-6 试述不同物质降低酶活性的机理。

6-7 试述抑制作用的不同类型。

6-8 推导非竞争性抑制与反竞争性抑制的动力学方程。

6-9 简述别构酶的特点。

6-10 为什么说别构酶具有 S 型或平坦型动力学曲线有利于生物体内代谢物质的调节？

6-11 焦磷酸酶可以催化焦磷酸水解成磷酸，它的相对分子质量是 120000，由 6 个相同的亚基组成，纯酶的 $v_{max}$ 为 3600U/mg 酶，它的一个酶活力单位（U）规定为：在标准的测定条件下，37℃，15min 内水解 10μmol 焦磷酸所需的酶量。问：（1）每毫克酶在每秒内水解了多少摩尔底物？（2）每毫克酶中有多少摩尔活性中心（假设每个亚基上有一个活性中心）？（3）酶的转换数是多少？

6-12 计算题。

（1）对于一种遵循米氏动力学的酶而言，当 $[S]=K_m$ 时 $v=35\mu mol/min$，$v_{max}$ 是多少 μmol/min？

（2）当 $[S]=2\times10^{-5}mol/L$，$v=40\mu mol/min$，这个酶的 $K_m$ 是多少？

（3）若 I 表示竞争性抑制剂，$K_I=4\times10^{-5}mol/L$，当 $[S]=9\times10^{-5}mol/L$ 和 $[I]=3\times10^{-5}mol/L$ 时，$v$ 是多少？

（4）若是非竞争性抑制剂，在 $K_I$、[S] 和 [I] 条件与（3）中相同，$v$ 是多少？

（5）大致绘出如下此酶关系曲线图：

1）没有抑制剂存在时；

2）有竞争性抑制剂存在时如（3）；

3）有非竞争性抑制剂存在时如（4）。

# 7 生物能和生物氧化

**本章要点：**

(1) 生物氧化的概念及生物能的存在形式；

(2) 线粒体氧化体系中呼吸链的组成及电子传递过程；

(3) 生物能的产生和利用。

## 7.1 概　　述

生物体的生长、发育、分化、运动等所有的生命活动都需要能量，能量是生命赖以存在的基础。维持生命活动的能量，主要有以下两个来源。

光能（太阳能）：植物和某些藻类，通过光合作用将光能转变成生物能。

化学能：动物和大多数的微生物，通过生物氧化作用将有机物质（主要是各种光合作用产物）存储的化学能释放出来，并转变成生物能。

生物体内一切代谢物的氧化称为生物氧化，主要指糖、脂肪、蛋白质等有机物质在生物体内氧化分解并逐步释放能量，最终生成 $CO_2$ 和 $H_2O$ 并释放能量合成 ATP 的过程。生物氧化通常需要消耗氧，并放出 $CO_2$，所以又称为呼吸作用，也称“组织氧化”“组织呼吸”或“细胞氧化”。生物氧化可分为三个阶段，首先是有机物的氧化脱氢；接着氢以 $H^++e^-$ 形式进入呼吸电子传递链而被传递给氧生成水，同时释放能量；最后 ATP 合成系统利用这些能量催化合成 ATP。

上述内容是生物氧化的广义概念，既包括有机物氧化的各种生物氧化反应，又包括呼吸链电子传递和 ATP 的合成过程。一般意义上的生物氧化是指后两个阶段，即电子传递和 ATP 合成。

### 7.1.1 生物氧化的方式

生物氧化是在一系列氧化-还原酶催化下分步进行的。每一步反应，都由特定的酶催化。在生物氧化过程中，主要包括如下几种氧化方式。

7.1.1.1 脱氢氧化反应

A 直接脱氢

在生物氧化中，脱氢反应占有重要地位。它是许多有机物质生物氧化的重要步骤，催化脱氢反应的是各种类型的脱氢酶。

a 烷基脂肪酸脱氢

如：琥珀酸脱氢酶催化琥珀酸生成延胡索酸，反应式如下：

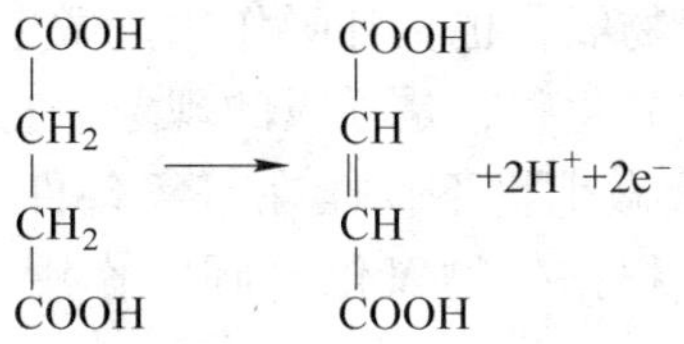

b　醇脱氢

如：乳酸脱氢酶催化乳酸生成丙酮酸，反应式如下：

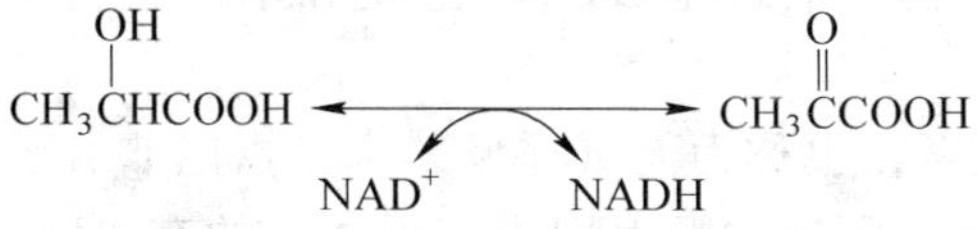

B　加水脱氢

如：酶催化的醛氧化成酸的反应即属于这一类，反应式如下：

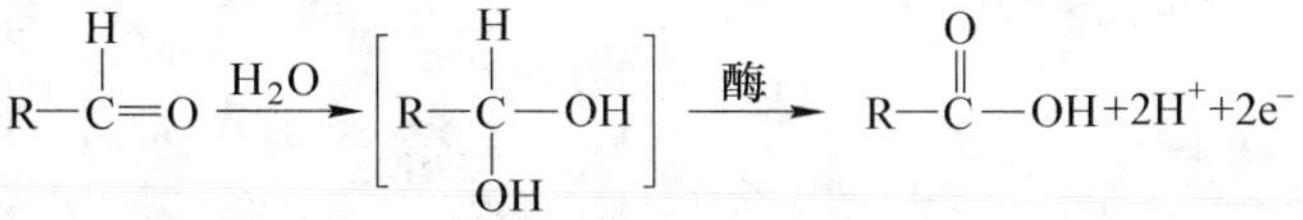

7.1.1.2　氧直接参加的氧化反应

这类反应包括：加氧酶催化的加氧反应和氧化酶催化的生成水的反应。

加氧酶能够催化氧分子直接加入到有机分子中。例如：

$$CH_4 + NADH + O_2 \xrightarrow{\text{甲烷单加氧酶}} CH_3{-}OH + NAD^+ + H_2O$$

氧化酶主要催化以氧分子为电子受体的氧化反应，反应产物为水。在各种脱氢反应中产生的氢质子和电子，最后都是以这种形式进行氧化的。

7.1.1.3　生成二氧化碳的氧化反应

A　直接脱羧作用

氧化代谢的中间产物羧酸在脱羧酶的催化下，直接从分子中脱去羧基，如丙酮酸的脱羧，反应式如下：

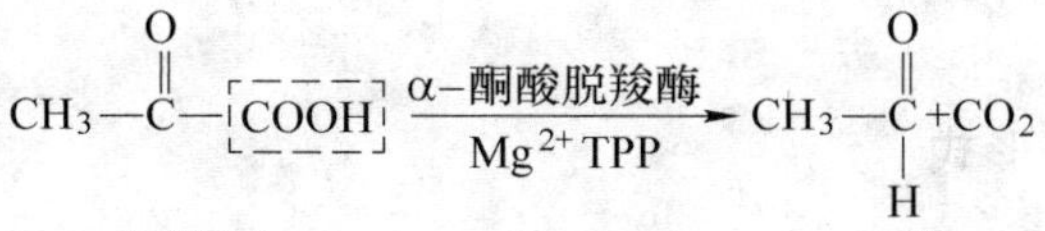

丙酮酸　　　　乙醛

B　氧化脱羧作用

氧化代谢中产生的有机羧酸（主要是酮酸）在氧化脱羧酶系的催化下，在脱羧的同时，也发生氧化（脱氢）作用，例如苹果酸的氧化脱羧生成丙酮酸，反应式如下：

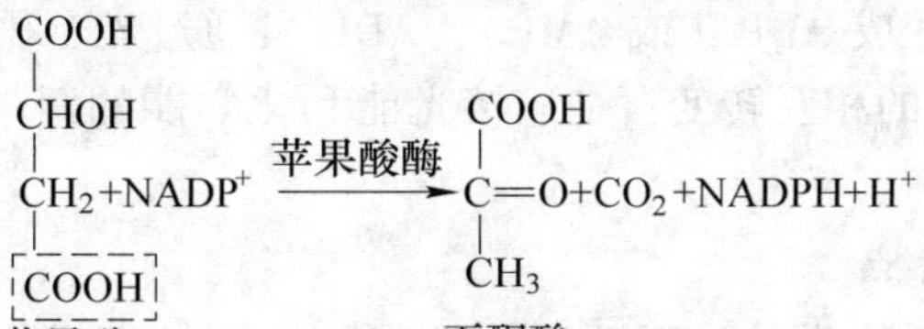

苹果酸　　　　丙酮酸

高等动物通过肺进行呼吸，吸入氧气，排出二氧化碳。吸入的氧气用来氧化摄入体内的营养物质，获得能量，所以生物氧化也称呼吸作用。微生物则以细胞直接进行呼吸，又称细胞呼吸。吸入氧气，排出二氧化碳，是呼吸的现象，它的本质是物质在生物体内的氧化作用。19 世纪，研究人员发现微生物不仅能在有氧条件下生存，许多微生物在无氧条件下也能进行氧化作用。因此，根据生物氧化（呼吸作用）是否有分子氧参加，而将其分为以下两种方式。

（1）有氧氧化。有氧氧化也称为有氧呼吸，许多好氧和兼性厌氧的微生物能利用空气中小的分子氧来氧化底物，最终生成二氧化碳和水，这种方式氧化彻底，释放的能量多。

（2）无氧氧化。无氧氧化也称为无氧呼吸，这是指以非分子氧物质氧化底物的方式，又可分为两种情况：1）兼性厌氧的微生物能利用体内的有机物来氧化底物，最终生成氧化不完全的产物，常称为发酵作用。这种方式氧化不彻底，释放的能量少。2）许多厌氧微生物能以无机物氧化底物，这种情况下的氧化较为彻底，但释放的能量不如有氧氧化方式多。

### 7.1.2 生物氧化的特点

生物氧化有以下特点。

（1）生物氧化是生物细胞内进行的酶促氧化过程，条件温和（水溶液，pH≈7 和常温）。

（2）氧化进行过程中，必然伴随生物还原反应的发生。

（3）水是许多生物氧化反应的氧供体，通过加水脱氢作用直接参与了氧化反应。

（4）在生物氧化中，碳的氧化和氢的氧化是非同步进行的。氧化过程中脱下来的氢质子和电子，通常由各种载体，如 NADH 等传递到氧并生成水。

（5）生物氧化是一个分步进行的过程，每一步都由特殊的酶催化，每一步反应的产物都可以分离出来；这种逐步进行的反应模式有利于在温和的条件下释放能量，提高能量利用率。

（6）生物氧化释放的能量，通过与 ATP 合成相偶联，转换成生物体能够直接利用的生物能 ATP。

### 7.1.3 生物能及其存在形式

#### 7.1.3.1 生物能和 ATP

生物能是一种能够被生物细胞直接利用的特殊能量形式，为细胞的一切活动提供能量。ATP 是生物能存在的主要形式，它能够被生物细胞直接利用。生物能的化学本质是存储于 ATP 分子焦磷酸键中的化学能；ATP 通过水解和去磷酸化反应，为细胞的各种活动提供能量，而本身则变成 ADP（或 AMP）；ADP 可通过光合磷酸化或氧化磷酸化重新生成 ATP。ATP 和 ADP 的相互转变，是连接光能和化学能的纽带，是生物利用光能或化学能的基本分子机制。

#### 7.1.3.2 ATP 的特点

ATP 是一种瞬时自由能供体，因此不能像脂肪或肝糖那样作为生物体长效的能量存储形式。ATP 和 ADP 循环速度非常快，正常人在休息状态下，每天要生成和消耗 40kg 的

ATP；剧烈运动时，每分钟生成和消耗 ATP 高达 0.5kg。

7.1.3.3 高能化合物

磷酸酯类化合物在生物体的能量转换过程中起着重要作用。许多磷酸酯类化合物在水解过程中都能够释放出自由能，一般将水解时能够释放 21kJ/mol（5kcal/mol）以上自由能（$\Delta G^{\ominus\prime} < -21$kJ/mol）的化合物称为高能化合物。ATP 是生物细胞中最重要的高能磷酸酯类化合物。

根据生物体内高能化合物键的特性，可以把它们分成表 7-1 中的几种类型。

**表 7-1 生物体内高能化合物键的类型**

| 键型 | 高能键型 | 高能化合物举例 | 水解时释放的标准自由能 $\Delta G^{\ominus}$ |
|---|---|---|---|
| 磷氧键型 —O~P | 酰基磷酸化合物 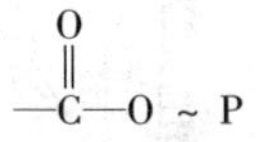 | 乙酰磷酸 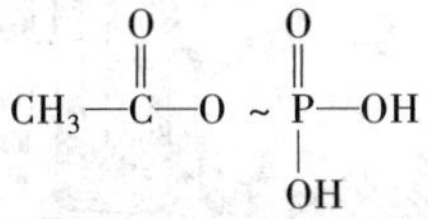 | -42.3kJ/mol (-10.1kcal/mol) |
| | 烯醇式磷酸化合物 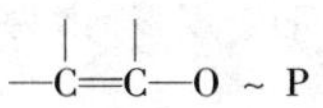 | 磷酸烯醇式丙酮酸 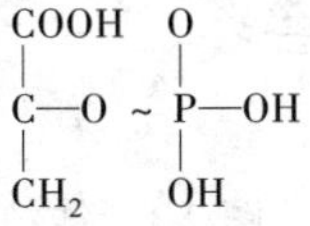 | -61.9kJ/mol (-14.8kcal/mol) |
| | 焦磷酸化合物 —P—O~P | 腺苷三磷酸 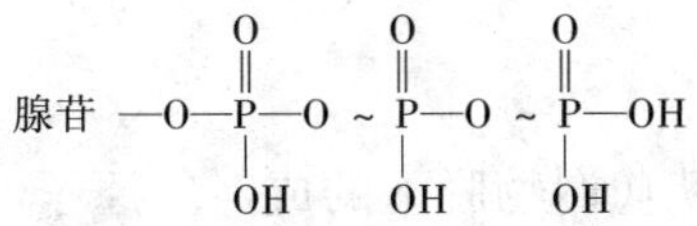 | -30.5kJ/mol (-7.3kcal/mol) |
| 磷氮键型 —N~P | 胍基磷酸化合物 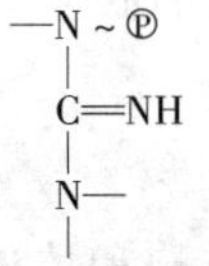 | 磷酸肌酸 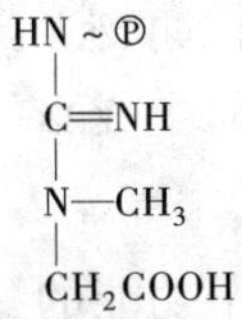 | -43.1kJ/mol (-10.3kcal/mol) |
| 硫碳键型 —C~S | 硫酯键化合物 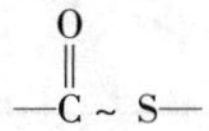 | 乙酰辅酶 A 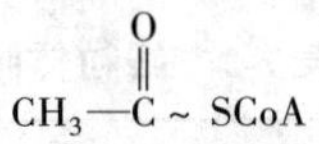 | -31.4kJ/mol (-7.5kcal/mol) |
| | 甲硫键化合物 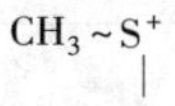 | S—腺苷甲硫氨酸 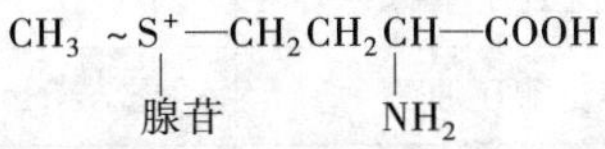 | -41.8kJ/mol (-10.0kcal/mol) |

## 7.2 线粒体氧化体系

生物氧化作用主要是通过脱氢反应来实现的，一般包括脱氢、递氢、受氢三个环节。

这就是说，底物上脱下的氢大多数情况下不是直接交给受氢体，而是经过一些递氢体进行传递，最终交给受氢体。对于不同的微生物来说，所含有的氧化还原酶类不同，因此它们的氧化方式不同，脱氢、递氢、受氢过程也不相同，于是构成各种不同的生物氧化体系。存在于线粒体内的细胞色素氧化酶体系，称为线粒体氧化体系。在生物体中，它是主要的氧化还原体系。

### 7.2.1 线粒体的结构

线粒体不同部分的结构不同（见图7-1)，所含的酶系也有所不同，因而具有不同的功能。催化糖的有氧分解（三羧酸循环)、脂肪酸氧化、氨基酸分解等主要在基质中进行；脱氢酶和氧化还原酶催化的电子传递反应、ATP合成主要在线粒体内膜上进行。

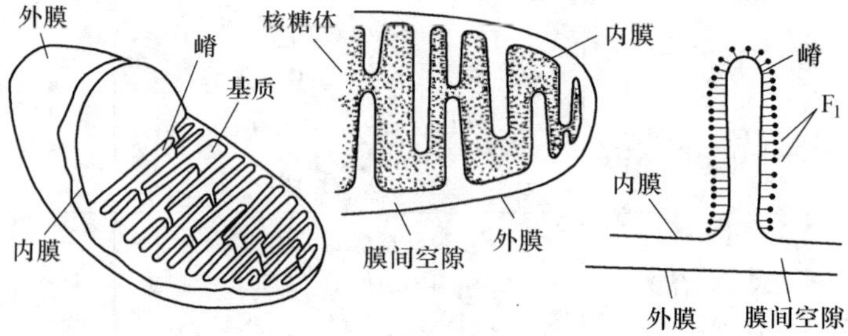


图7-1 线粒体的结构

### 7.2.2 呼吸链

在生物氧化过程中，从代谢物脱下的成对氢原子（2H）通过多种酶和辅酶所催化的连锁反应逐步传递，最终与氧结合生成水，这一系列酶和辅酶组成的连锁传递体系称为呼吸链，又称电子传递链。呼吸链是代谢物上氢原子被脱氢酶激活脱落后，经一系列电子传递体，最后传递给被激活的氧分子而生成水的过程。

7.2.2.1 呼吸链的组成

呼吸链共包括4种具有传递电子功能的酶复合体（由相应酶和传递体共同组成）和2种单独成分（见表7-2)。呼吸链各复合体在线粒体内膜中的位置如图7-2所示。

**表7-2 线粒体呼吸链复合体**

| 复合体 | 酶 名 称 | 多肽链数/个 | 辅 基 |
|---|---|---|---|
| Ⅰ | NADH-泛醌还原酶 | 16 | FMN，Fe-S |
| Ⅱ | 琥珀酸-泛醌还原酶 | 4 | FAD，Fe-S |
| Ⅲ | 泛醌-细胞色素C还原酶 | 9 | 铁卟啉，Fe-S |
| Ⅳ | 细胞色素C氧化酶 | 12 | 铁卟啉，Cu |

注：CoQ（泛醌）和细胞色素C（Cytc）均不包含在上述四种复合体中。

目前已发现，呼吸链中包括5类电子载体。

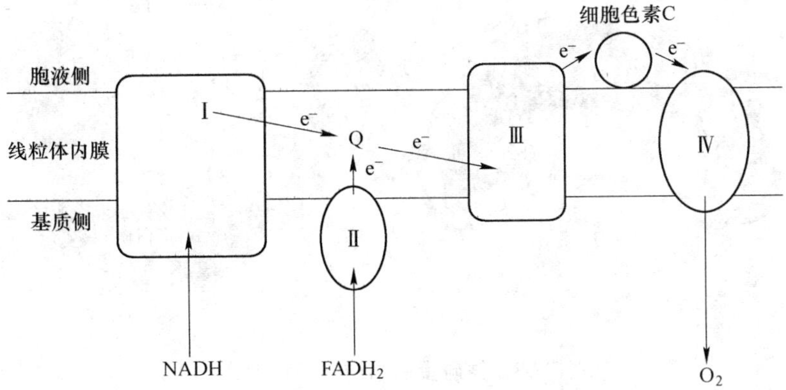


图 7-2 呼吸链各复合体在线粒体内膜中的位置

A 烟酰胺核苷酸类

烟酰胺核苷酸主要作为一类不需氧的脱氢酶的辅酶，有 $NAD^+$（Co Ⅰ）和 $NADP^+$（Co Ⅱ），大多脱氢酶以 $NAD^+$为辅酶。反应式如下：

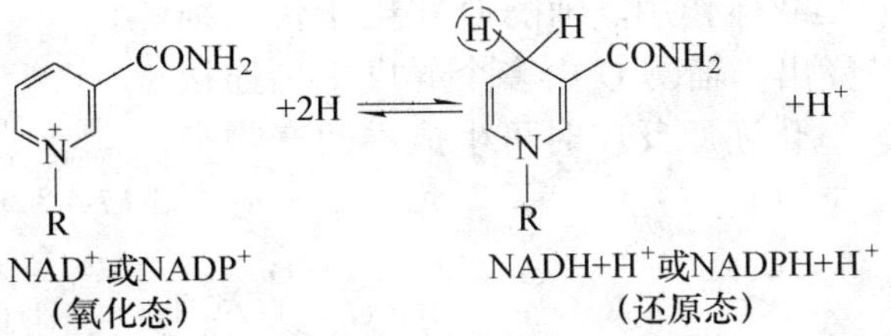


电子和氢离子一起被接受，还原型 Co Ⅰ将氢移到 NADH（黄素）脱氢酶上。

B 黄素脱氢酶类

黄素脱氢酶（NADH 脱氢酶）是黄素蛋白，其辅基 FMN（FAD）接受 2 个氢原子形成还原型的黄素单核苷酸。反应式如下：

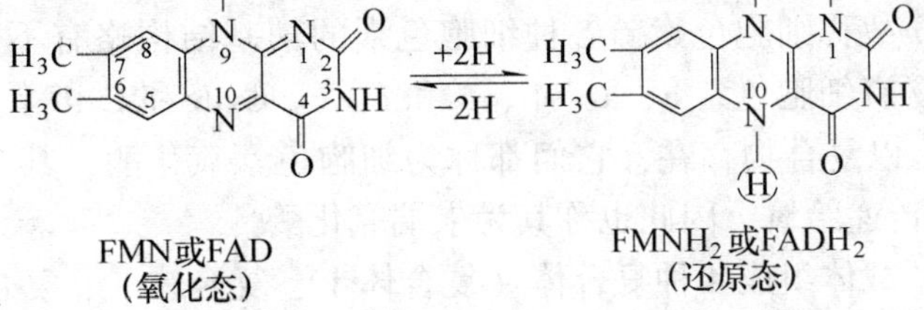


C 铁-硫蛋白类

铁硫蛋白（简写为 Fe-S）是一种与电子传递有关的蛋白质，它与 NADH-Q 还原酶的其他蛋白质组分结合成复合物形式存在。它主要以（2Fe-2S）（见图 7-3a）或（4Fe-4S）（见图 7-3b）形式存在。（2Fe-2S）含有 2 个活泼的无机硫和 2 个铁原子（见图 7-4）。铁硫蛋白通过 $Fe^{3+} \rightleftharpoons Fe^{2+}$ 变化起传递电子的作用。

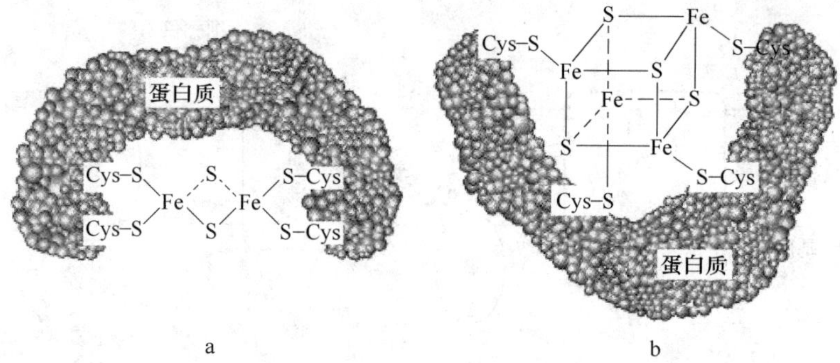


图 7-3 铁硫蛋白结构的两种形式

a—2Fe-2S；b—4Fe-4S

D 辅酶 Q

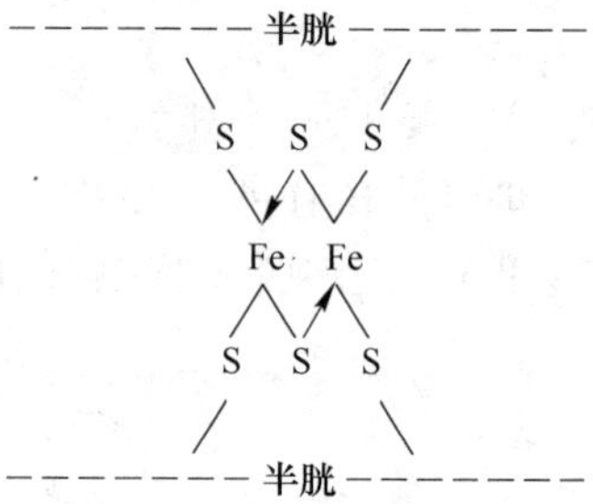


图 7-4 2Fe-2S 活性部分的结构式

辅酶 Q 又称泛醌（CoQ），是脂溶性化合物，可接受多种脱氢酶脱下的氢和电子转变为泛醇（$CoQH_2$），所以处在呼吸链的中心地位。它与蛋白质结合不紧，可在黄素脱氢酶类与细胞色素类之间起载体作用。辅酶 Q 将电子传给细胞色素 $bc_1$ 复合体，$H^+$ 释出。辅酶 Q 由多个异戊二烯连接形成较长的疏水侧链，氧化还原反应时可生成中间产物半醌型泛醌。氧化还原反应如下：

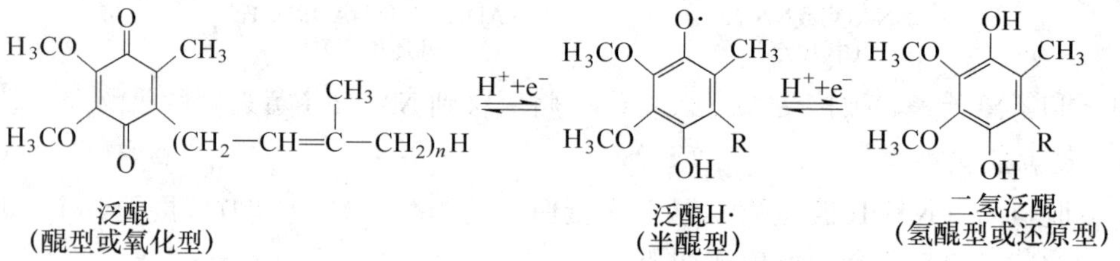


E 细胞色素类

细胞色素（Cyt）是一类以铁卟啉（血红素）为辅基的蛋白质，广泛分布于生物细胞中，由于呈现颜色，故称细胞色素。各种细胞色素的辅基结构略有不同（见图 7-5）。线粒体呼吸链中主要含有细胞色素 a、$a_3$、b、c 和 $c_1$ 等。Cytb 和 $Cytc_1$、Cytc 在呼吸链中为电子传递体，a 和 $a_3$ 以复合物存在，它们都称为细胞色素氧化酶，其分子中除含 Fe 外还含有 Cu，可将电子传递给氧，因此也称其为末端氧化酶。

由以上五种电子载体组成 4 种复合体（复合体Ⅰ、复合体Ⅱ、复合体Ⅲ、复合体Ⅳ）和 2 种单独成分（CoQ 与 Cytc），4 种复合体和 2 种单独成分组成的电子传递链如图 7-6 所示。

### 7.2.2.2 体内两条重要的呼吸链

A NADH 氧化呼吸链

NADH 氧化呼吸链是细胞内最重要的呼吸链。生物氧化中绝大多数都是以 $NAD^+$ 为辅酶的脱氢酶，这些酶催化代谢物脱氢并生成 NADH，NADH 再通过呼吸链将氢传递给氧生

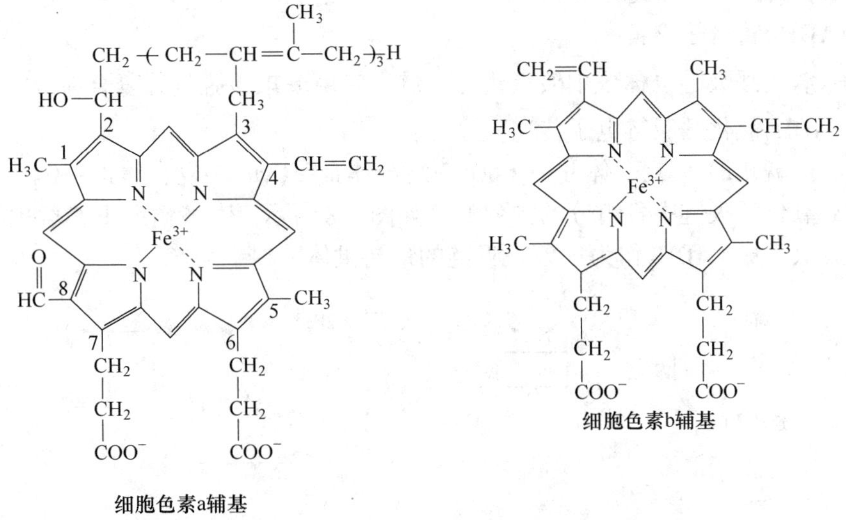


图 7-5 细胞色素 a 和细胞色素 b 的辅基

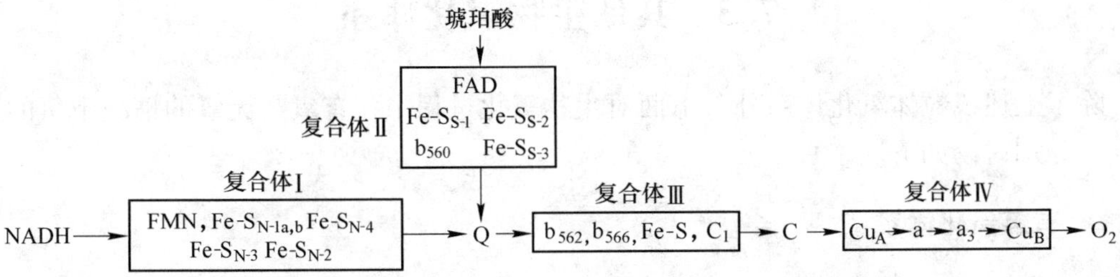


图 7-6 4 种复合体和 2 种单独成分组成的电子传递链

成水。NADH 呼吸链电子传递顺序为：

NADH→复合体Ⅰ→CoQ →复合体Ⅲ→Cytc→复合体Ⅳ→$O_2$

NADH 氧化呼吸链各组分的排列顺序如图 7-7 所示。

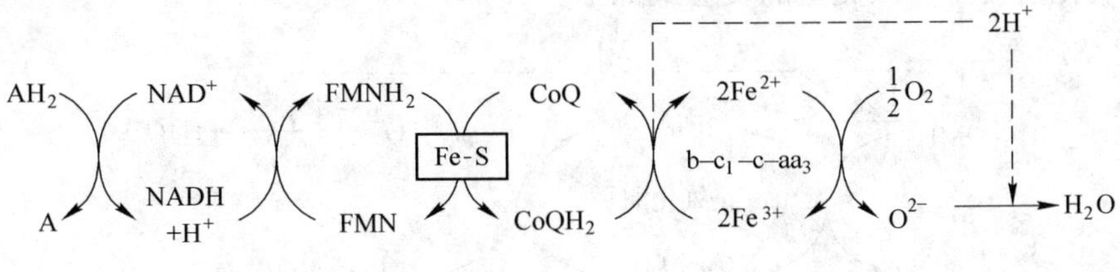


图 7-7 NADH 氧化呼吸链

糖、脂、蛋白质等有机物在氧化分解过程中脱下的氢，大部分经此呼吸链氧化为水，例如丙酮酸、异柠檬酸、乳酸、酮戊二酸、苹果酸、谷氨酸等。

以 $NADP^+$ 为辅酶的脱氢酶催化代谢物脱氢生成的 NADPH，大多数存在于线粒体外，主要作为还原能用于物质的合成代谢。线粒体内生成的少量 NADPH，可在转氢酶催化下生成 NADH，再进入呼吸链被氧化。

B　$FADH_2$氧化呼吸链

$FADH_2$氧化呼吸链也称琥珀酸氧化呼吸链，它由琥珀酸脱氢酶复合体、CoQ 及细胞色素组成。$FADH_2$氧化呼吸链电子传递顺序为：

琥珀酸 →复合体Ⅱ →CoQ →复合体Ⅲ→Cytc →复合体Ⅳ→$O_2$

$FADH_2$氧化呼吸链中各组分的排列顺序如图 7-8 所示。一般情况下，琥珀酸、α-磷酸甘油氧化脱氢生成 $FADH_2$作为这条呼吸链的最初供体。

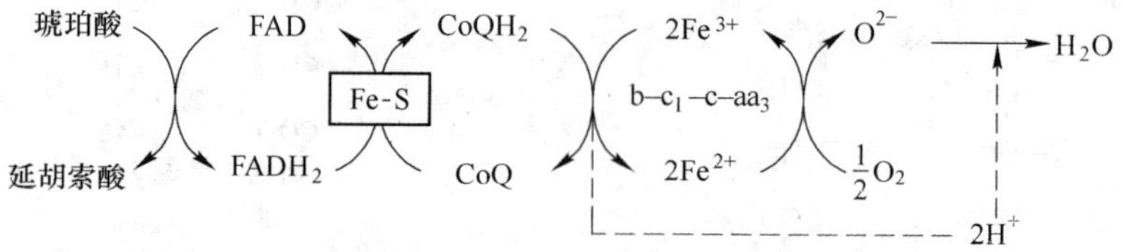


图 7-8　$FADH_2$氧化呼吸链

## 7.3　其他生物氧化体系

除了上述线粒体氧化体系外，下面对生物氧化过程中在有氧与无氧的情况下氢的去路问题，分别讨论如下。

### 7.3.1　有氧氧化体系

以分子氧为最终受氢体的有氧氧化中，根据是否有传递体进行递氢过程，可分为不需传递体体系和电子传递体系。

7.3.1.1　不需传递体体系

这是最简单的一种体系，该体系中没有递氢过程，底物上脱下的氢与分子氧的结合只需一种酶参与催化。根据所催化的酶的不同，又可分为氧化酶类型和需氧脱氢酶类型。

（1）氧化酶类型。该类型的反应式如下：

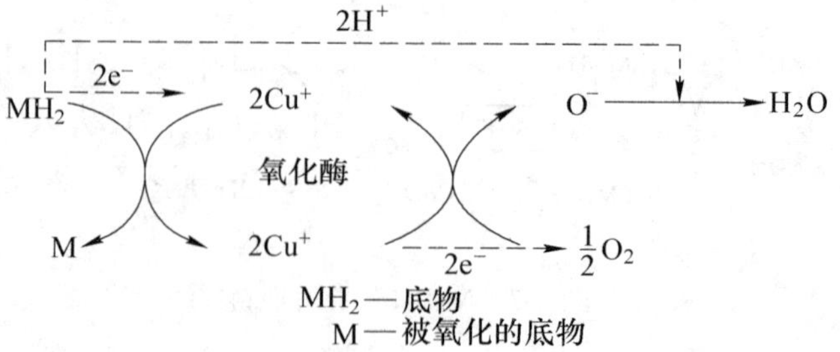


氧化酶不能激活底物上的氢，当底物的氢解离成氢离子（$H^+$）和电子（$e^-$）时，氧化酶分子中的金属离子（例如 $Cu^{2+}$）取得电子，并将电子传给分子氧，使之活化成 $O^{2-}$，$O^{2-}$与氢离子结合成水。由氧化酶催化的反应不能在无氧的情况下进行，没有任何其他的受氢体可以代替氧。

(2) 需氧脱氢酶类型。此类反应的模式为：

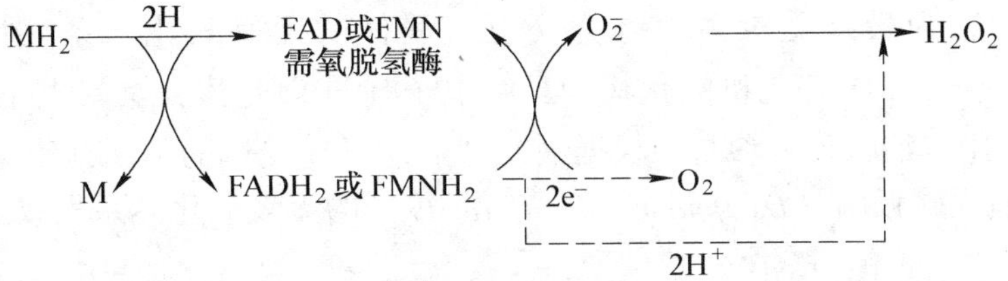


需氧脱氢酶能激活底物上的氢，使之脱下，其辅酶（FAD 或 FMN）能将氢（$H_2$）释放出的两个电子传给分子氧，使之活化成为 $O^{2-}$，$O^{2-}$与氢离子结合生成过氧化氢。以这种类型进行氧化的生物体内往往具有过氧化氢酶，可将 $H_2O_2$分解，以避免它对机体的毒害。在无氧的情况下，甲烯蓝或醌可代替氧作为受氢体，而使反应进行。

(3) 不需传递体体系中两种类型的比较。氧化酶不能从底物上脱氢，而需氧脱氢酶能脱氢；最终电子受体为氧时，氧化酶类型中氧化的最终产物是水，而需氧脱氢酶类型中氧化的终产物是过氧化氢；氧化酶类型只能以氧作为最终电子受体，而需氧脱氢酶类型在无氧的情况下，可以甲烯蓝或醌代替氧作为最终电子受体。

7.3.1.2　*电子传递体系*

电子传递体系包括以下几种。

(1) NAD 传递链和 FAD 传递链（线粒体氧化体系）（见图 7-2）。

(2) 其他传递链。无线粒体的细菌的电子传递链与上述典型的传递链大致相似，不同的菌类中传递链的传递体组成有所不同，如草分枝杆菌中没有泛醌，而以维生素 K 代替泛醌的作用，各种菌含有的细胞色素也有所差异。另外，在一个细菌中常常不仅含有一种细胞色素作为传递链入端的氧化酶。

### 7.3.2　无氧氧化体系

这是指在无氧情况下，以有机物或无机物为最终受氢体的生物氧化体系。

7.3.2.1　*以有机物为最终受氢体*

该体系也称为（氢）受体的氧化体系（即发酵作用的氧化体系）。

在此体系中，作为最终电子（氢）受体的有机物通常是代谢物质中间分解产物。绝大多数情况下，底物上脱下的氢交给了 $NAD(P)^+$，使之还原成为 $NAD(P)H+H^+$，再由 $NAD(P)H+H^+$将氢转交给另一有机物，酵母利用葡萄糖进行酒精发酵过程如下：

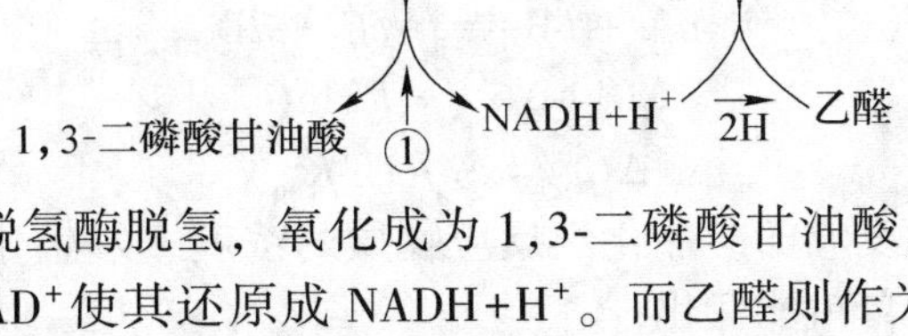


3-磷酸甘油醛被其脱氢酶脱氢，氧化成为 1,3-二磷酸甘油酸，脱下的氢交给 3-磷酸甘油醛脱氢酶的辅酶 $NAD^+$使其还原成 $NADH+H^+$。而乙醛则作为最终氢（电子）受体，在乙醇脱氢酶（辅酶也为 $NAD^+$）的催化下，通过 $NADH+H^+$把 2 个 H 原子转移给乙醛生成乙醇。

7.3.2.2 以无机氧化物为最终受氢体

以无机氧化物为最终受氢体也称为（氢）受体的无氧氧化体系。此体系借 $NO_3^-$、$NO_2^-$、$SO_4^{2-}$、$S_2O_3^{2-}$、$CO_2$等无机氧化物为最终电子（氢）受体，氢（电子）的传递过程不仅有 $NAD^+$，还有细胞色素参与。根据最终电子（氢）受体的不同，传递体的组成也有所不同，如脱磺脱硫弧菌（*Dsulfouibrio desulfuricans*）的无氧氧化体系大致为：

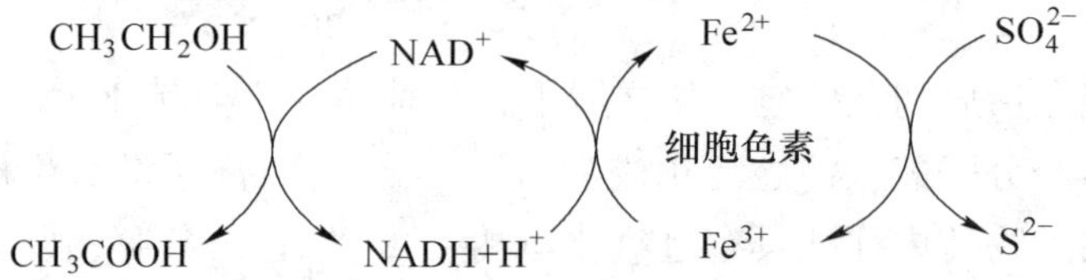


## 7.4 生物能的产生及利用

生物氧化过程中，消耗 $O_2$产生 $CO_2$和水，同时释放大量的能量。生物氧化产生的能量可被转移和储存。

### 7.4.1 自由能的概念

自由能（$G$）是指在一个反应体系的总能量中，在恒温恒压条件下能够用以做功的那一部分能量，即生物体中进行生物氧化所提供的能。恒温恒压条件下自由能变化公式为：

$$\Delta G = \Delta H - T\Delta S$$

### 7.4.2 生物化学反应自由能的变化

在化学反应 A⇌B 的过程中，产物 B 和反应物 A 的自由能之差 $G_B - G_A$ 就是该反应的自由能变化（用 $\Delta G$ 表示）。物理意义为：$-\Delta G = W^*$（体系中能对环境做功的能量）。

自由能的变化能预示某一过程能否自发进行，即：

$\Delta G < 0$，反应能自发进行；

$\Delta G > 0$，反应不能自发进行；

$\Delta G = 0$，反应处于平衡状态。

自由能的概念对于研究生物化学过程的力能学具有很重要的意义，生物体用于做功的能量正是体内化学反应释放的自由能，生物氧化释放的能量也正是为有机体利用的自由能。它不仅可以用来判断机体内某一过程能否自发进行，而且还可以利用自由能这个函数来计算反应的其他有用参数。

7.4.2.1 化学反应自由能的变化和平衡常数的关系

假设有一个化学反应式： $a\mathrm{A} + b\mathrm{B} \rightleftharpoons c\mathrm{C} + d\mathrm{D}$

恒温恒压下： $\Delta G' = \Delta G^{\ominus\prime} + RT\ln Q_c$

$$\Delta G^{\ominus\prime} = -RT\ln K_{eq}$$

式中 $\Delta G'$——某一化学反应随参加化学反应物质的浓度、发生化学反应的 pH 值和温度而改变的自由能变化；

$Q_c$——浓度商，$Q_c = \dfrac{[\mathrm{C}]^c[\mathrm{D}]^d}{[\mathrm{A}]^a[\mathrm{B}]^b}$；

$\Delta G^{\ominus\prime}$——标准条件（$T=298K$，大气压为1atm，反应物和生成物浓度为1mol/L，pH=7.0）下，化学反应自由能的变化；

$K_{eq}$——平衡常数，$K_{eq}=\frac{[C]^c[D]^d}{[A]^a[B]^b}$。

7.4.2.2　化学反应自由能的变化和氧化-还原电势的关系

在生物氧化中，氧化反应与还原反应互相偶联，一种物质失去电子（还原剂），则必然有另一种物质获得电子（氧化剂）。研究各种物质对电子的亲和力，可以判断氧化-还原反应的趋势。各种物质对电子的亲和力大小可通过测定氧化电位或还原电位来衡量。

氧化-还原电位与温度、氧化剂和还原剂浓度可用下式计算：

$$E=E^{\ominus\prime}+(RT/nF)\ln\frac{[\text{氧化剂}]}{[\text{还原剂}]}$$

式中　$E^{\ominus\prime}$——标准电位（在pH=7.0，25~30℃条件下）；

$R$——气体常数；

$T$——绝对温度，K；

$n$——氧化还原反应得失电子数；

$F$——法拉第常数，96487C/mol；

[氧化剂]，[还原剂]——1mol/L时氧化剂或还原剂的电极电位。

氧化-还原反应自由能的变化与标准电势的关系为：

$$\Delta G^{\ominus\prime}=-nF\Delta E^{\ominus\prime}$$

**例**：计算NADH氧化反应的$\Delta G^{\ominus\prime}$

$$NADH+H^{+}+1/2O_2\rightleftharpoons NAD^{+}+H_2O$$

$$\Delta G^{\ominus\prime}=-nF\Delta E^{\ominus\prime}$$
$$=-2\times96.5\times[0.82-(-0.32)]$$
$$=-220(kJ/mol)$$

生物体内一些重要氧化-还原反应体系的标准电位见表7-3。

**表7-3　生物体内一些重要氧化还原反应体系的标准电位**

| 氧化还原体系（半反应） | $E^{\ominus\prime}$/V | 氧化还原体系（半反应） | $E^{\ominus\prime}$/V |
|---|---|---|---|
| $1/2H_2O_2+H^+/H_2O$ | +1.35 | 草酰乙酸/苹果酸 | -0.17 |
| $1/2\ O_2/H_2O$ | +0.82 | 丙酮酸/乳酸 | -0.19 |
| 细胞色素$aa_3$ $Fe^{3+}/Fe^{2+}$；$Cu^{2+}/Cu^{+}$ | +0.29 | 乙醛/乙醇 | -0.20 |
| 细胞色素c　$Fe^{3+}/Fe^{2+}$ | +0.25 | 1,3-二磷酸甘油酸/3-磷酸甘油醛 | -0.29 |
| 高铁血红蛋白/血红蛋白 | +0.17 | $NAD^+/NADH+H^+$ | -0.32 |
| 辅酶Q/还原型辅酶Q | +0.10 | $NADP^+/NADPH+H^+$ | -0.32 |
| 脱氢抗坏血酸/抗坏血酸 | +0.08 | 丙酮酸$+CO_2$/苹果酸 | -0.33 |
| 细胞色素b（$Fe^{3+}/Fe^{2+}$） | +0.07 | 乙酰乙酸/β-羟丁酸 | -0.34 |
| 甲烯蓝 氧化型/还原型 | +0.01 | α-酮戊二酸$+CO_2$/异柠檬酸 | -0.38 |
| 延胡索酸/琥珀酸 | +0.03 | $2H^+/H_2$ | -0.42 |
| 黄素蛋白$FMN/FMNH_2$ | -0.03 | 乙酸/乙醛 | -0.58 |
| 丙酮酸$+NH_3$/丙氨酸 | -0.13 | 琥珀酸/α-酮戊二酸$+CO_2$ | -0.67 |
| α-酮戊二酸$+NH_3$/谷氨酸 | -0.14 | | |

### 7.4.3 生物体系中高能磷酸键的生成

ATP 是生命活动的直接供能物质，体内能量的生成就是 ADP 经磷酸化生成 ATP 的过程。能量储存在 ATP 的高能磷酸键中。体内磷酸化主要有两种方式：氧化磷酸化和非氧化磷酸化；氧化磷酸化又包括呼吸链磷酸化和底物水平磷酸化。

7.4.3.1 氧化磷酸化

氧化磷酸化是指代谢物在脱氢氧化时所释放的能量用于 ATP 的生成。

A 呼吸链磷酸化

在生物氧化过程中，底物脱氢产生 NADH 和 $FADH_2$经呼吸链传递氧化生成水的同时，所释放的自由能用于偶联 ADP 磷酸化生成 ATP，这种氧化与磷酸化相偶联的作用称为呼吸链磷酸化（见图 7-9）。呼吸链磷酸化的场所是线粒体。

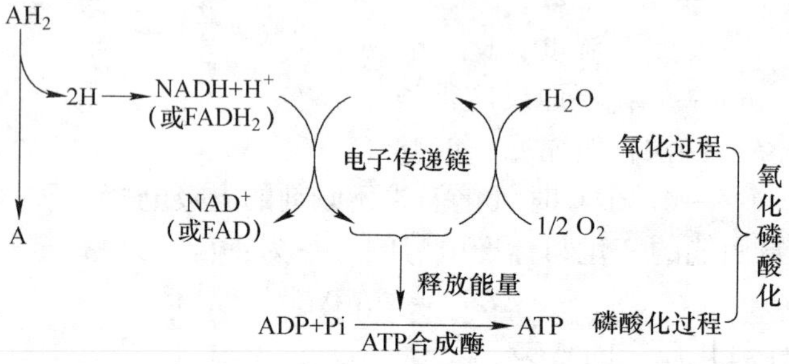


图 7-9 呼吸链磷酸化

B 磷氧比（P/O）

氧化磷酸化的大小用磷氧比（P/O）表示。P/O 是指每消耗 1mol 原子氧时有多少摩尔原子的无机磷被酯化为有机磷，即产生多少摩尔的 ATP。

以 NADH 为例，每 1 分子 NADH 经过呼吸作用，消耗 1 个氧原子、3 分子 ADP 和 3 分子无机磷，产生 3 分子 ATP，P/O 值为 3。同样，$FADH_2$经过呼吸作用的 P/O 值为 2，就产生 2 分子 ATP。

NADH 呼吸链与 $FADH_2$呼吸链中，各物质的标准电位如图 7-10 所示。

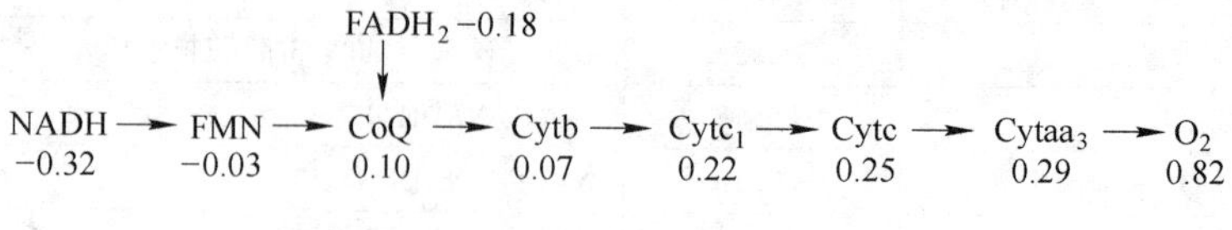


图 7-10 NADH 呼吸链与 $FADH_2$呼吸链中各物质的标准电位

根据电化学的计算结果，NADH 呼吸链中生成 ATP 的部位（即 3 个磷酸化的部位）与 $FADH_2$呼吸链中生成 ATP 的部位如图 7-11 所示。

图 7-11 中 NADH 呼吸链有 3 个磷酸化部位自由能变化 $\Delta G^{\ominus\prime}$都超过 30.5kJ/mol（ATP 水解为 ADP 与 Pi 时释放的能量为 30.5kJ/mol），这三步反应产生的 $\Delta G^{\ominus\prime}$完全足以合成一

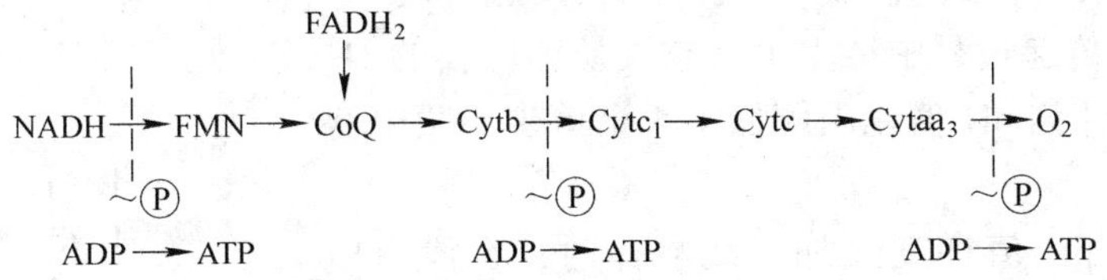


图 7-11 NADH 呼吸链中生成 ATP 的部位

个高能磷酸键。呼吸链中其余部位释放的自由能都小于 30.5kJ/mol，不足以合成 ATP。

C 底物水平磷酸化

这是一种不需氧，也不通过呼吸链的一种氧化磷酸化。它通过脱氢作用使底物分子内部能量重新分配，能量集中产生高能键，然后使 ADP 磷酸化生成 ATP 的过程。

例如，3-磷酸甘油醛转变成 3-磷酸甘油酸时的 ATP 生成即为底物水平磷酸化。反应式为：

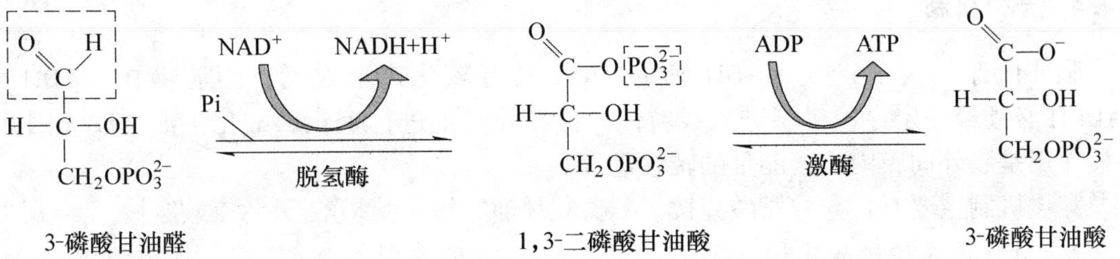


### 7.4.3.2 非氧化磷酸化

这种 ATP 生成方式，既不需氧，也没有代谢物质脱氢，而是代谢物在脱水时，基团转移中分子内部能量的重新分布，合成 ATP。

非氧化性磷酸化是生物体在缺氧条件下，特别是厌氧微生物获取能量的一种方式。例如，2-磷酸甘油酸脱水生成磷酸烯醇式丙酮酸时，分子内部发生能量重新分布，再生成丙酮酸时，发生能量转移。反应式如下：

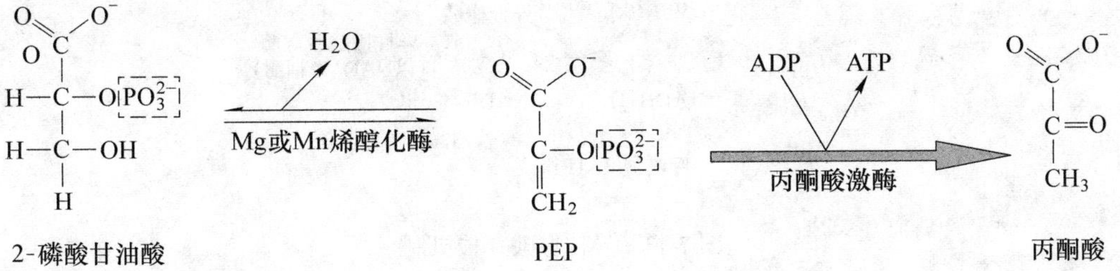


### 7.4.3.3 氧化磷酸化的偶联机理

对氧化磷酸化的机制解释主要有三种假说：化学偶联假说、构象偶联假说与化学渗透假说，其中化学渗透假说得到了较多支持。

化学渗透假说认为：电子传递过程中产生的自由能驱动 $H^+$ 从线粒体基质跨过内膜进入到膜间隙，从而形成 $H^+$ 跨线粒体内膜的电化学梯度，这个梯度的电化学势（$\Delta\mu H^+$）驱动 ATP 的合成（见图 7-12）。

化学渗透假说已得到以下证据支持：

（1）在电子传递过程中产生了跨越线粒体内膜的 $H^+$ 浓度梯度，内膜外侧 pH 值比内侧低 1.4 个单位，膜电势为 0.14V。

（2）当把一 pH 值梯度强加于线粒体时，在没有电子传递的情况下，也有 ATP 合成。

（3）呼吸链和 ATP 酶在生化上是分开的体系，它们可由质子梯度联系起来。

（4）氧化磷酸化需要一密闭的区域，在没有固定的内外区域的膜碎片中，与电子传递偶联的 ATP 合成不能进行。

（5）携带质子穿过线粒体内膜的物质使 $H^+$ 浓度梯度消失，也能使氧化磷酸化作用解偶联。

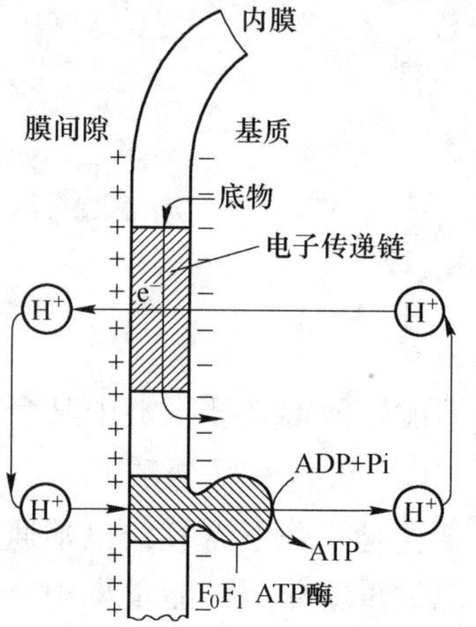


图 7-12 化学渗透假说示意图

### 7.4.4 穿梭机制

胞外代谢物脱氢产生 NADH 和 NADPH 具有氧化产能趋势，但胞液中 NADH 和 NADPH 必须经一定穿梭机制进入线粒体，再经呼吸链进行氧化磷酸化生成 ATP。因此，穿梭作用是膜外向膜内输送能量的转移过程。

穿梭机制主要有：异柠檬酸穿梭、α-磷酸甘油穿梭、苹果酸-天冬氨酸穿梭。

#### 7.4.4.1 异柠檬酸穿梭机制

线粒体外代谢物脱氢产生的 NADPH 多数情况下作为还原力用于物质的合成代谢。但也可通过异柠檬酸穿梭作用进入呼吸链产生 3 分子 ATP（见图 7-13）。

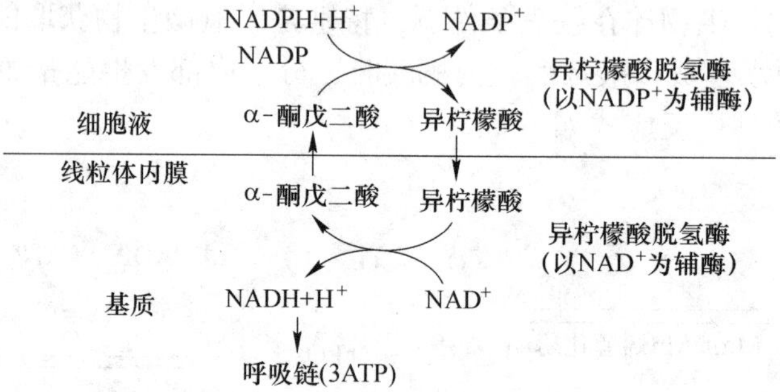


图 7-13 异柠檬酸穿梭机制

#### 7.4.4.2 α-磷酸甘油穿梭机制

参与磷酸甘油穿梭作用的酶是 α-磷酸甘油脱氢酶，此酶有两种：一种存在于线粒体外，以 $NAD^+$ 为辅酶；另一种存在于线粒体内，以 FAD 为辅基。细胞液中代谢物脱氢产生的 NADH 通过磷酸甘油穿梭作用进入线粒体，则转变为 $FADH_2$，$FADH_2$ 进入呼吸链只产生 2 分子 ATP（见图 7-14）。

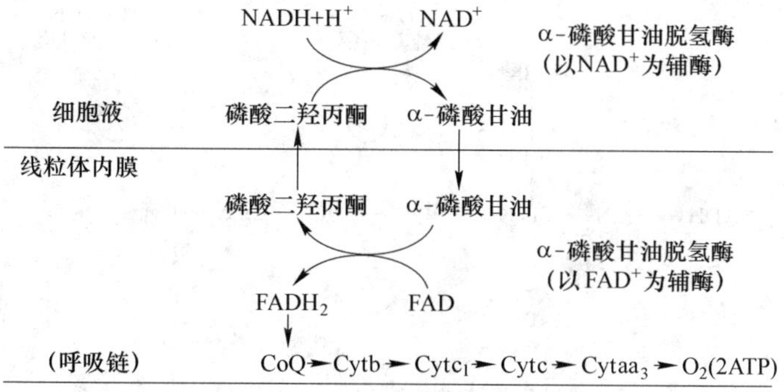


图 7-14 α-磷酸甘油穿梭机制

7.4.4.3 苹果酸-天冬氨酸穿梭机制

细胞液中代谢物脱氢产生的 NADH 还可通过苹果酸穿梭作用进入线粒体和呼吸链，产生 3 分子 ATP（见图 7-15）。

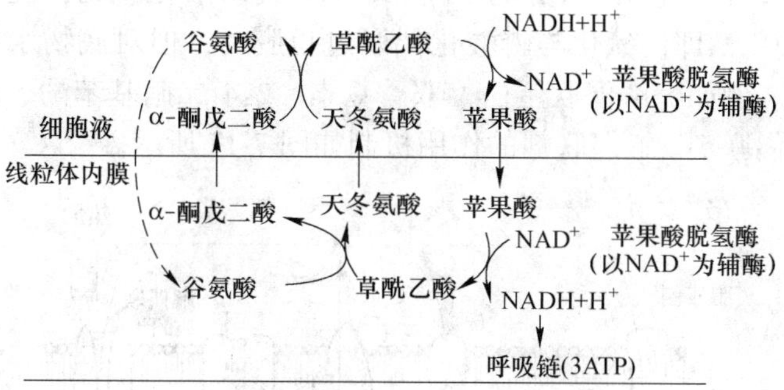


图 7-15 苹果酸-天冬氨酸穿梭机制

### 7.4.5 生物氧化抑制剂

7.4.5.1 呼吸链电子传递抑制剂

呼吸链电子传递抑制剂是能够专一阻断呼吸链中某些部位电子传递的物质和化学药品，它的特点是可抑制呼吸链的某一环节，使呼吸链中断。因底物的氧化作用受阻，偶联的磷酸化作用无法进行，ATP 的生成随之减少。这类物质和化学药品大多对人类或哺乳动物乃至需氧生物具有极强的毒性。

根据在呼吸链上的作用部位，可分为以下三类：

（1）能够抑制第一位点的有阿米妥（异戊巴比妥）、粉蝶霉素 A、鱼藤酮等。

（2）能够抑制第二位点的有抗霉素 A 和二巯基丙醇。

（3）能够抑制第三位点的有 CO、$H_2S$ 和 $CN^-$、$N_3^-$。其中，$CN^-$ 和 $N_3^-$ 主要抑制氧化型 $Cytaa_3-Fe^{3+}$，而 CO 和 $H_2S$ 主要抑制还原型 $Cytaa_3-Fe^{2+}$。

各种呼吸链抑制剂及阻断位点如图 7-16 所示。

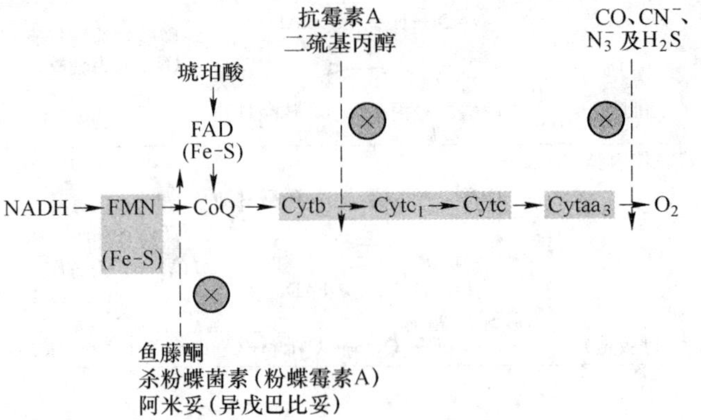


图 7-16 各种呼吸链抑制剂及阻断位点

7.4.5.2 解偶联剂

解偶联剂不抑制呼吸链的递氢或递电子过程，但能携带质子穿过线粒体内膜，破坏内膜两侧的 $H^+$浓度梯度，抑制由 ADP 与 Pi 生成 ATP 的磷酸化作用，使氧化产生的能量不能用于 ADP 的磷酸化，即使氧化与磷酸化偶联过程脱离，但对底物水平磷酸化及非氧化性磷酸化没有影响。例如：解偶联蛋白、双香豆素、2,4-二硝基苯酚、缬氨霉素、短杆菌肽等都是常见的解偶联剂。解偶联剂的作用机制如图 7-17 所示。

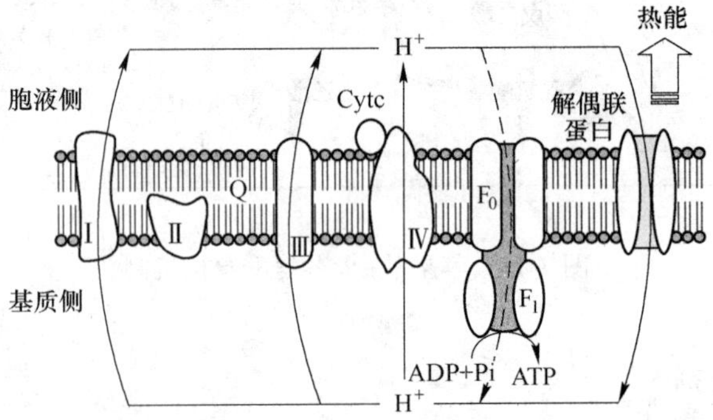


图 7-17 解偶联剂的作用机制

### 7.4.6 生物能在体内的储存与利用

机体内能量的释放、储存和利用都以 ATP 为中心。ATP 是生物界普遍的供能物质，体内能量代谢的重要反应是 ADP/ATP 转换，ADP 磷酸化生成 ATP，ATP 水解生成 ADP，同时释放出生命活动所需的能量（如合成代谢、肌肉收缩、物质的主动运输等）。

体内多数合成反应都以 ATP 为直接能源，但有些合成反应以其他高能化合物为能量的直接来源，如 UTP 用于糖原合成，CTP 用于磷脂合成，GTP 用于蛋白质合成等。然而这些能量通常由 ATP 在核苷二磷酸激酶的作用下，将高能磷酸键转给 UDP、CDP 和 GDP，生成 UTP、CTP、GTP，反应式如下：

$$ATP + UDP \rightleftharpoons ADP + UTP$$

$$ATP + CDP \rightleftharpoons ADP + CTP$$

$$ATP + GDP \rightleftharpoons ADP + GTP$$

ATP 是自由能的载体，但不是能量的储存物质。在脊椎动物肌肉和神经组织中，能量的储存物质是磷酸肌酸。无脊椎动物体内磷酸精氨酸是其能量的储存物质。当机体中 ATP 过剩时，ATP 将磷酸基团转移给肌酸或精氨酸生成磷酸肌酸、磷酸精氨酸将能量储存起来。当机体中 ATP 不足时，磷酸肌酸、磷酸精氨酸又可将能量转移给 ADP 生成 ATP，以供生命活动之需。反应式如下：

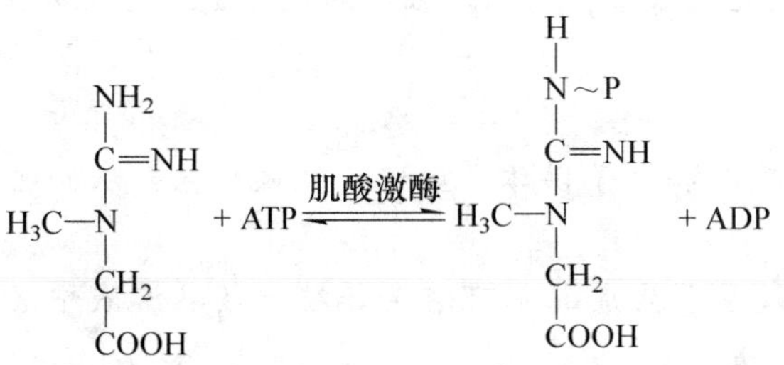


肌酸　　　　磷酸肌酸

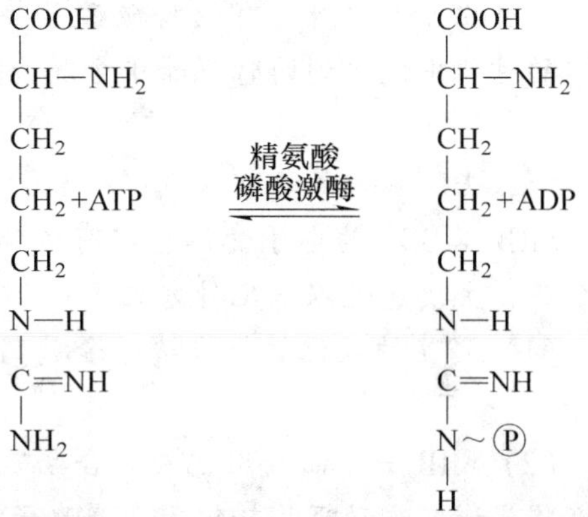


精氨酸　　　　磷酸精氨酸

由此可见，ATP 在生物体系的能量交换中起核心作用。ATP 的生成和利用如图 7-18 所示。

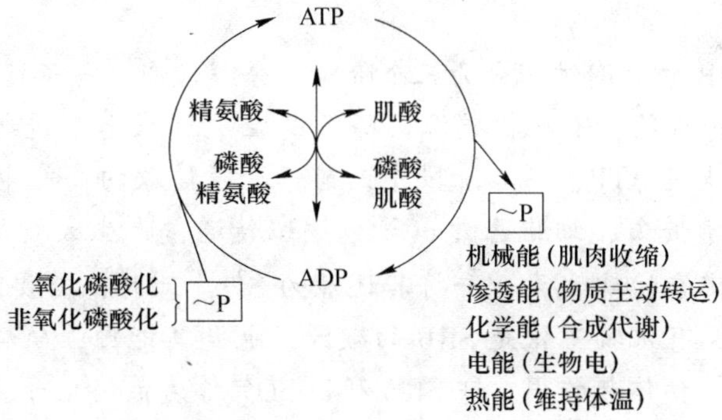


图 7-18　ATP 的生成和利用

# 拓展阅读——硫酸盐还原菌处理含重金属废水中的生物氧化

硫酸盐还原菌（Sulfate-Reducing Bacteria，SRB）是地质微生物和地质化学中十分重要的菌群，是一类独特的原核生物群组，是一类具有各种形态特征，能通过异化作用将硫酸盐作为有机物的电子受体进行硫酸盐还原的严格厌氧菌。SRB 在陆地、海洋等环境下的分布广泛，在厌氧条件下，SRB 能氧化多种有机碳，以硫酸盐、亚硫酸盐为最终电子受体，进行还原硫酸盐代谢过程，在地球的化学硫元素循环中起着重要的作用。

来自矿山（排水）、化工、制酸、冶金及金属表面酸性处理、电镀、染料等行业产生的含重金属离子酸性废水是工业废水中最常见、危害程度最高的一种废水，其特征是含有高浓度硫酸盐和大量可溶性重金属离子，不经处理排入水体，会使受纳水体酸化，产生潜在的腐蚀性，其中的重金属如铅、铜、锌、铊等可通过食物链而积累，导致人体慢性中毒，含重金属的酸性废水对人体和环境构成越来越严重的威胁。

微生物处理是一种新兴的处理含重金属离子酸性废水技术，该方法处理含重金属离子酸性废水具有成本低、适用性强、无二次污染等优点，已受到国内外环境工作者的广泛关注。SRB 由于其自身特有的将硫酸盐异化还原形成硫化氢的特性，在处理含重金属酸性废水的过程中能达到同时脱除重金属和硫酸盐的效果，它以其独特的优势受到越来越多的重视。

一、去除重金属的方式

SRB 以 $SO_4^{2-}$ 为电子受体、以有机物为碳源和电子供体，最终产生硫化氢，从而去除重金属，主要通过以下几种方式。

(1) 产生的硫化氢与溶解的金属离子反应，生成的不可溶金属硫化物从溶液中沉淀去除。

(2) SRB 一方面利用胞外聚合物（EPS）吸附重金属离子，另一方面它能通过自身的新陈代谢，主动吸收转化重金属离子并富集在细胞体内，降低或清除重金属的危害。

(3) 硫酸盐还原的过程会消耗水中的水合氢离子，重金属离子可以以氢氧化物的形式沉淀，同时增加碱度使溶液 pH 值升高。

二、硫酸盐还原菌处理含重金属酸性废水的作用机理

（一）代谢阶段

可以简单地将 SRB 的代谢过程分为三个阶段：分解代谢、电子传递、氧化。

在分解代谢的第一阶段，有机物碳源的降解是在厌氧状态下进行的，同时通过“底物水平磷酸化”产生少量 ATP；第二阶段中，前一阶段释放的高能电子通过 SRB 中特有的电子传递链（如黄素蛋白、细胞色素 $c_3$ 等）逐级传递，产生大量的 ATP；在最后阶段中，电子被传递给氧化态的硫元素，并将其还原为 $S^{2-}$，此时，需要消耗 ATP 提供能量。从这一过程可以看出，有机物不仅是 SRB 的碳源，也是其能源，硫酸盐（或氧化态的硫元素）仅作为最终电子受体起作用。即 SRB 利用 $SO_4^{2-}$ 作为最终电子受体，将有机物作为细胞合成的碳源和电子供体，同时将 $SO_4^{2-}$ 还原为硫化物。

硫酸盐被还原的过程，$SO_4^{2-}$ 先在细胞外积累后进入细胞；进入细胞后，可分为三步反应。第一步，$SO_4^{2-}$ 需要 ATP 硫激酶作用下活化，活化后和 ATP 反应生成焦磷酸（PPi）和腺苷酰胺酸（APS），焦磷酸（PPi）水解生成为磷酸（Pi）；第二步，APS 在 APS 还原酶的作用下生成 $SO_3^{2-}$ 和磷酸腺苷（AMP）；第三步，$SO_3^{2-}$ 经过脱水、分解、氧化生成最终代谢产物 $S^{2-}$，最后排出体外。

（二）SRB 所利用的底物碳源

以往认为 SRB 仅利用有限的底物作为有机碳源和电子供体，如乳酸盐、丙酸盐、反丁烯二酸、苹果酸、乙醇、甘油，个别也利用葡萄糖和柠檬酸盐，最后形成醋酸和 $CO_2$ 作

为终产物。近20年来，由于选用不同碳源的培养基，SRB利用的有机碳源和电子供体的种类不断扩大，发现SRB还能利用乙酸、丙酸、丁酸和长链脂肪酸及苯甲酸等，对其作用的认识也不断深化。SRB在利用多种多样的化合物作为电子供体时表现出了很强的能力和多样性，迄今发现可支持其生长的底物已超过100种。另外，SRB除了能利用单一有机碳化物作为碳源和能源（化能有机生长）外，还可利用不同的物质分别作为碳源和能源。近来许多研究结果表明，在有硫酸盐存在的条件下，SRB能以厌氧消化器中最常见的挥发有机酸（主要是乙酸、丙酸、丁酸等）为电子供体来还原硫酸盐。不同的污泥来源，不同的驯化条件得到的生态系统中利用各种碳基质的SRB的分布必然有较大差别，从而表现为污泥对于各种碳源具有不同的消化能力，进而影响到它们对硫酸盐的还原速率。据研究报道，SRB利用乳酸、丙酸、丁酸的硫酸盐还原速率依次降低。

（三）还原反应

在厌氧条件下，SRB通过异化硫酸盐还原作用将$SO_4^{2-}$还原为$H_2S$。废水中的重金属离子可以和$H_2S$反应生成溶解度很低的金属硫化物沉淀，从而使重金属得以去除。$SO_4^{2-}$的还原反应发生在初级厌氧阶段。只有当电子供体和有机碳源投加到无机废水中时，$SO_4^{2-}$生物还原才可发生。初级厌氧阶段有如下反应。

（1）发酵：有机分子如蔗糖转化为乳酸。

$$C_{12}H_{22}O_{11} + H_2O \longrightarrow 4CH_3CHOHCOOH$$

发酵反应对于随后的$SO_4^{2-}$还原是必不可少的，因为SRB只可利用发酵产物如乳酸和丙酮酸盐等作为碳源。

（2）细菌呼吸：如SRB利用乳酸产生乙酸反应式可表示为：

$$CH_3CHOHCOOH + SO_4^{2-} \longrightarrow CH_3COO^- + HCO_3^- + H_2S$$

上述反应式还可表示为：

$$2C + SO_4^{2-} + 2H_2O \longrightarrow H_2S + 2HCO_3^-$$

综上所述，$SO_4^{2-}$生物还原法处理重金属的能量代谢途径主要体现在三个方面：1）废水中的重金属离子与SRB还原$SO_4^{2-}$生成的$H_2S$反应生成难溶固体硫化物而得以转化去除，这是$SO_4^{2-}$生物还原法处理重金属的主要能量代谢途径；2）SRB对$SO_4^{2-}$还原作用的结果是使$SO_4^{2-}$转化为$S^{2-}$，而使被处理废水的pH值升高。pH值升高有利于重金属离子形成氢氧化物沉淀而去除；3）SRB代谢过程中分解有机物会生成$CO_2$，部分重金属还可以和$CO_3^{2-}$反应转化成不溶性的碳酸盐而去除。

## 习　题

7-1 名词解释：

（1）磷氧比值；（2）氧化磷酸化作用；（3）底物水平磷酸化；（4）非氧化性磷酸化。

7-2 何谓高能化合物？举例说明生物体内有哪些高能化合物。

7-3 何谓呼吸链？其排列顺序是什么？指出NADH呼吸链中氧化磷酸化的偶联部位。

7-4 试述穿梭作用及其类型。

7-5 化学渗透学说的主要内容是什么？

7-6 将乳酸脱氢酶加到含丙酮酸、乳酸、$NAD^+$和NADH溶液中，它们的浓度比如下：

（1）丙酮酸/乳酸=1，$NAD^+/NADH=1$；

（2）丙酮酸/乳酸=1000，$NADH/NAD^+=100$。

写出自发反应式，并计算 $\Delta G$。

7-7 在葡萄糖→2 乳酸的过程中，$\Delta G' = -217.36$kJ/mol，葡萄糖 + $6O_2 \rightarrow 6CO_2 + 6H_2O$，$\Delta G' = -2867.48$kJ/mol：

（1）计算乳酸彻底氧化成 $CO_2$ 和 $H_2O$ 时的 $\Delta G'$。

（2）如果反应效率按 40%计算，能合成多少摩尔的 ATP？

# 8 生物分子的新陈代谢

**本章要点：**

(1) 新陈代谢的概念及其与同化、异化作用的相互关系；

(2) 糖、脂肪、蛋白质、核酸的分解代谢；

(3) 代谢的调节。

## 8.1 概　　述

新陈代谢是生命最基本的特征之一，泛指生物与周围环境进行物质交换、能量交换和信息交换的过程。生物一方面不断地从周围环境中摄取能量和物质，通过一系列生物反应转变成自身组织成分，即所谓同化作用；另一方面，将原有的组成成分经过一系列的生化反应，分解为简单成分重新利用或排出体外，即所谓异化作用（见图 8-1）。可见，通过新陈代谢过程生物体不断地进行自我更新，完成遗传信息的储存、传递和表达过程，使得生物物种世代繁衍、生生不息。在新陈代谢过程中，生物界能量传递及转化总过程如图 8-2 所示。

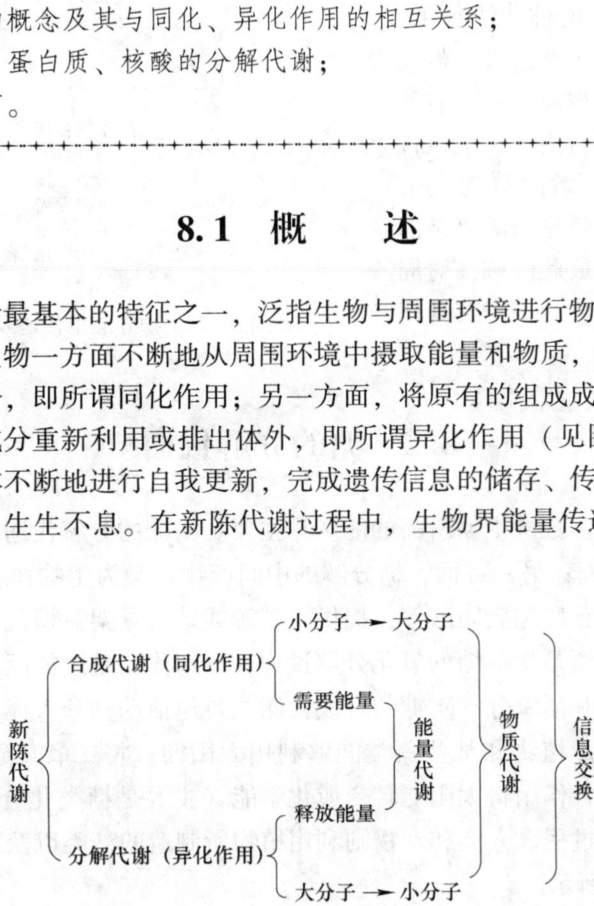


图 8-1　新陈代谢的概念及内涵

生物体通过新陈代谢所产生的生命现象，是建立在合成代谢与分解代谢矛盾对立和统一的基础上的，它们之间是互相联系，互相依存，而且是互相制约的。一个合成代谢过程，常常包括许多分解反应；一个分解过程也常常包括许多合成反应。在能量代谢的放能与吸能两方面上也是相互联系，相互制约的，如三磷酸腺苷（ATP）在反应中既能供应能量，而它本身合成时又需消耗能量，因此它的合成又受能量供应限制。总之，合成为分解准备了物质前提，外部物质变为内部物质；同时，分解为合成提供必需的能量，内部物质又能转变为外部物质。在机体的生命过程中合成代谢（同化作用）与分解代谢（异化作用）的主次关系也是互相转化的，这种转化使生物个体的发展呈现出生长、发育和衰老等不同阶段。

各种生物都具有各自特异的新陈代谢类型，此特异方式决定于遗传，环境条件也有一定影响。各种生物的新陈代谢过程虽然复杂，却有共同的特点，生物体内的绝大多数代谢反应是在温和条件下由酶所催化进行的；生物体内反应与步骤虽然繁多，但相互配合，有条不紊，彼此协调而有严格的顺序性；生物体对内外环境条件有高度的适应性和灵敏的自动调节性，新陈代谢实质上就是错综复杂的化学反应相互配合，彼此协调，对周围环境高度适应而形成的一个有规律的总过程。

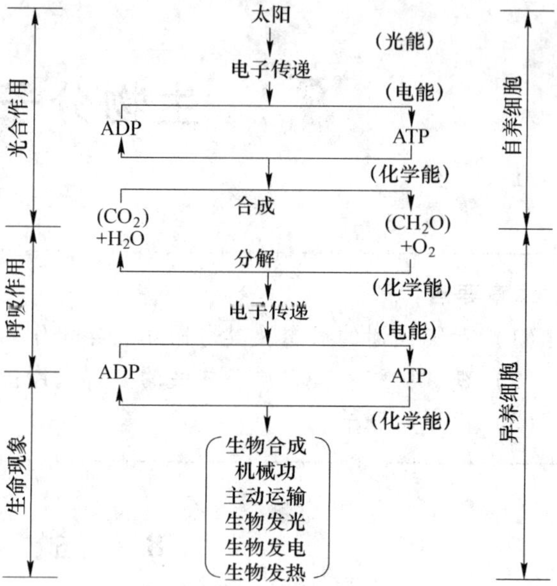


图 8-2 生物界能量传递及转化总过程

## 8.2 糖的分解代谢

一方面动物和大多数微生物所需的能量，主要是由糖的分解代谢提供的，如人类所需能量60%~70%来自糖；另一方面，糖分解的中间产物，又为生物体合成其他类型的生物分子，如氨基酸、核苷酸和脂肪酸等，提供了碳源或碳链骨架。糖代谢包括分解代谢和合成代谢，糖的分解代谢是指单糖的氧化分解过程。分解代谢是放能反应，主要有两种不同的类型：不需氧分解和需氧分解。糖的合成代谢主要包括动物和人体内糖原的合成，以及植物体内淀粉的合成。植物和某些藻类能够利用太阳能，将二氧化碳和水合成糖类化合物，即光合作用。光合作用将太阳能转变成化学能（主要是糖类化合物），是自然界规模最大的一种能量转换过程。人类和动物则利用植物所制造的糖类以获取能量。动物体内糖的代谢概况如图 8-3 所示。

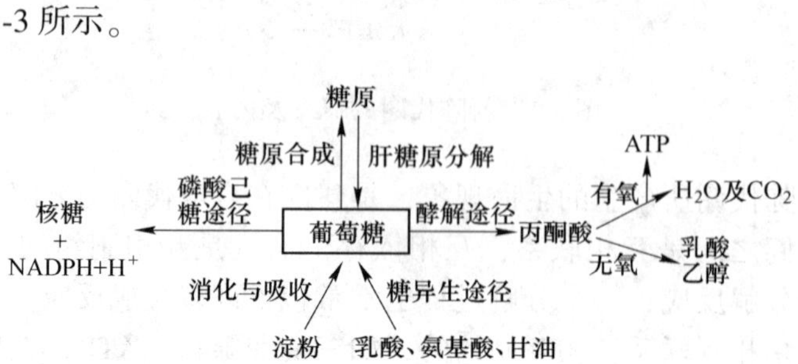


图 8-3 动物体内糖的代谢概况

### 8.2.1 多糖和寡聚糖的酶促降解

生物利用糖类之前，首先将比较复杂的糖类水解成单糖，然后才能利用。多糖在细胞内和细胞外的降解方式不同，细胞外的降解（如动物消化道的消化，微生物胞外酶作用）是一种水解作用；细胞内的降解则是磷酸解（如糖原加磷酸分解）。

8.2.1.1 胞外降解

多糖在细胞外的降解是一种加水分解的过程，催化多糖胞外水解的酶称为糖苷酶，包括α、β、γ淀粉酶及脱支酶、纤维素酶等。

α-淀粉酶：它是内切酶，从淀粉（或糖原）分子内部随机切断α(1→4）糖苷键，不能水解淀粉中的α(1→6）糖苷键及其非还原端相邻的α(1→4）糖苷键。

β-淀粉酶：它是外切酶，从淀粉分子的非还原末端依次切割α(1→4）麦芽糖苷键（即两个葡萄糖单位)，生成麦芽糖。

γ-淀粉酶：它是外切酶，从淀粉分子非还原端依次切割α(1→4）糖苷键和α(1→6）糖苷键，与β-淀粉酶类似，水解产生的游离半缩醛羟基发生转位作用，释放β-葡萄糖。

脱支酶：也称为R酶或异淀粉酶，水解支链淀粉或糖原的α(1→6）糖苷键，生成长短不一的直链淀粉（糊精)。

纤维素酶：水解纤维素β（1→4）糖苷键，产物为纤维二糖和葡萄糖。

8.2.1.2 胞内降解

糖原在细胞内的降解称为磷酸解。胞内糖原的降解需要脱支酶和糖原磷酸化酶的催化。脱支酶水解糖原的α(1→6）糖苷键，切下糖原分支；糖原磷酸化酶在磷酸的参与下，从糖链的非还原端依次切下葡萄糖残基，产物为1-磷酸葡萄糖（G-1-P）和少一个葡萄糖残基的糖原。

糖原的酶促磷酸解需要以下三种酶协同作用。

（1）磷酸化酶：催化α(1→4）糖苷键磷酸解断裂。

（2）转移酶：催化寡聚葡萄糖片段转移。

（3）脱支酶：催化α(1→6）糖苷键水解断裂。

糖原磷酸化酶的作用位点及产物的反应式为：

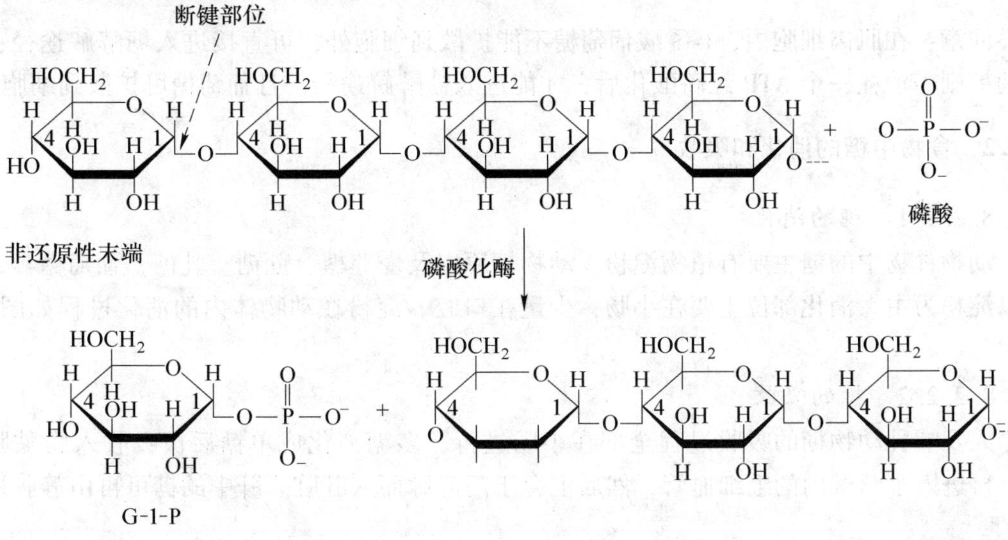

上述反应由糖原磷酸化酶催化的，该酶作用于糖原非还原末端的葡萄糖之间的α(1→4)糖苷键，依次磷酸解去葡萄糖，生成G-1-P。但磷酸化酶降解糖原是有限度的，糖原中的α(1→6) 糖苷键不能被该酶分解，实际上在离开分支点有4个葡萄糖单位时磷酸化酶的作用即停止；需要另一种转移酶的协同作用，此酶的作用是转移分支点外侧的葡萄糖基到糖原分子的另一个支链上去，即图8-4中的3与13之间的α(1→4) 糖苷键断裂而转到4上，在3与4之间形成一个新α(1→4) 糖苷键。然后再由α(1→6) 葡萄糖苷酶（也称脱支酶）水解分支点处的α(1→6) 糖苷键（即图8-4中的13、8之间的糖苷键)。这样，经过转移酶和α(1→6) 葡萄糖苷酶的作用，使一个支链结构成为直链，从1~12都可被磷酸化酶所分解，产物主要是1-磷酸葡萄糖及少量葡萄糖（大约占5%)。

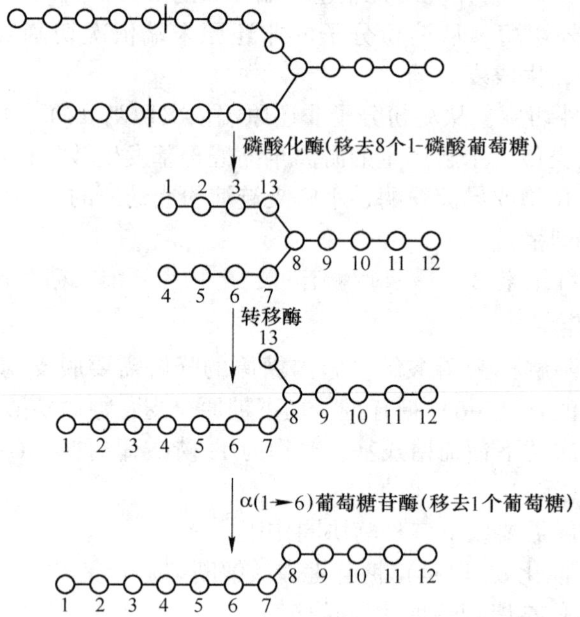


图8-4 糖原磷酸解的步骤

注意：在肌肉细胞内，1-磷酸葡萄糖不能扩散到细胞外，可直接进入糖酵解途径；而葡萄糖则需消耗一个ATP经磷酸化后，才能进入糖酵解途径，且葡萄糖可扩散到细胞外。

### 8.2.2 食物中糖的消化和吸收

#### 8.2.2.1 糖的消化

动物食物中的糖主要有植物淀粉、动物糖原以及麦芽糖、蔗糖、乳糖、葡萄糖等，其中以淀粉为主。消化部位主要在小肠，少量在口腔。淀粉在动物体内的消化过程如图8-5所示。

#### 8.2.2.2 糖的吸收

人及哺乳动物糖的吸收过程全部在小肠进行。多糖消化成单糖后被吸收入肠黏膜细胞，再进入小肠壁内的毛细血管，然后汇合于门静脉而入肝脏。肝中的糖可再由静脉进入

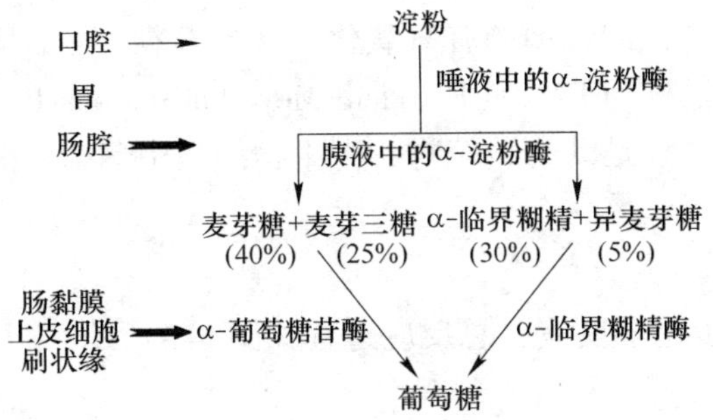


图 8-5 淀粉在动物体内的消化

血液循环，输送至全身各个组织。

葡萄糖等单糖被小肠黏膜细胞吸收是单糖与 $Na^+$ 的同向协同运输过程。即葡萄糖和 $Na^+$ 都是由细胞外向细胞内转运，葡萄糖跨膜运输所需要的能量来自细胞膜两侧 $Na^+$ 浓度梯度，小肠上皮细胞能吸收葡萄糖等单糖。此同向协同运输过程可用图 8-6 表示。

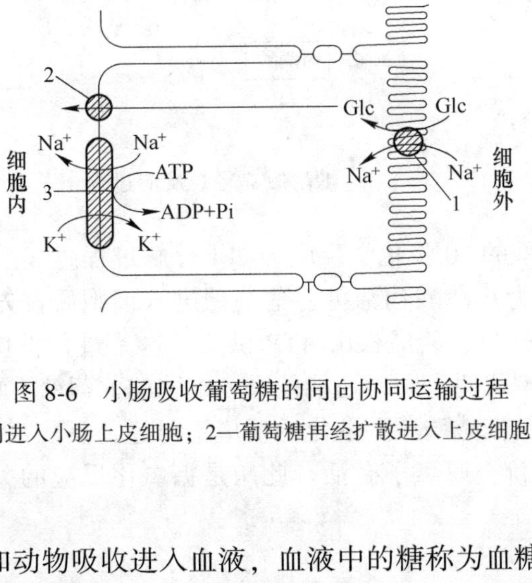


图 8-6 小肠吸收葡萄糖的同向协同运输过程

1—葡萄糖同向协同进入小肠上皮细胞；2—葡萄糖再经扩散进入上皮细胞内；3—$K^+$-$Na^+$泵

8.2.2.3 血糖

葡萄糖等单糖被人和动物吸收进入血液，血液中的糖称为血糖，血糖含量的高低是表示体内糖代谢的一项重要指标。正常人血糖浓度为 4.4～6.7mmol/L，高于 8.8mmol/L 为高血糖；低于 3.8mmol/L 为低血糖，正常机体可通过肝糖原或肌糖原的合成或分解来维持血糖恒定。

### 8.2.3 单糖在细胞内的分解

单糖中葡萄糖最重要。细胞内葡萄糖分解代谢的主要途径包括：糖酵解途径（EMP）、三羧酸循环（TCA）、乙醛酸循环、磷酸己糖途径（HMS）等。

8.2.3.1 糖酵解途径（EMP）——糖的无氧分解

发酵和酵解是糖的无氧分解的两种主要形式。发酵的起始物质是葡萄糖，酵解的起始物质是葡萄糖或糖原；从葡萄糖到生成丙酮酸的过程，两者都是相同的。其后，由丙酮酸转变为乙醇称为发酵，由丙酮酸还原为乳酸，则称为酵解。

无论是糖的无氧分解，或者糖的有氧氧化，从葡萄糖到丙酮酸经历的10步反应都是相同的。通常将这个阶段称为EMP（Embden-Meyerhof-parnas Pathway，简称EMP）途径或称为糖酵解途径。此过程是动物、植物、微生物细胞中葡萄糖分解的共同代谢途径。发酵和酵解在细胞质中进行。

A　反应过程

EMP途径包括10步化学反应，总反应过程如图8-7所示。

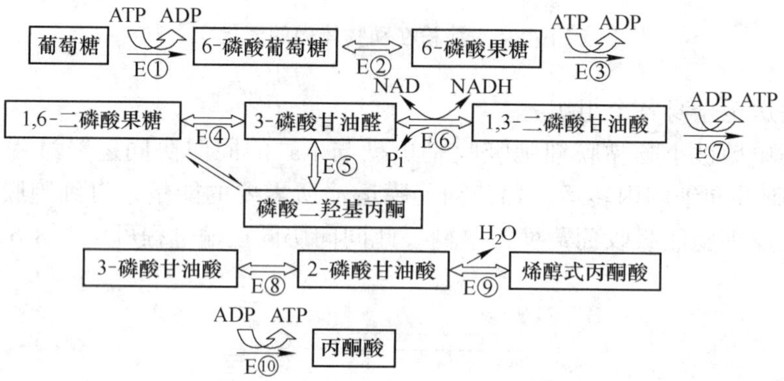


图8-7　糖酵解途径总反应过程

葡萄糖分解成丙酮酸的10步化学反应为如下分解过程。

（1）葡萄糖磷酸化为6-磷酸葡萄糖。葡萄糖进入细胞后首先在6位碳上被磷酸酸化生成6-磷酸葡萄糖（G-6-P），磷酸根由ATP供给。这一过程不仅活化了葡萄糖，有利于它进一步参与合成与分解代谢，同时还能使进入细胞的葡萄糖不再逸出细胞。催化此反应的酶是己糖磷酸激酶。己糖磷酸激酶催化的反应不可逆，反应需要消耗的能量来自ATP，一般需要$Mg^{2+}$或其他二价金属离子激活。此酶是糖氧化反应的关键酶。这是糖酵解过程中的第一个限速反应。

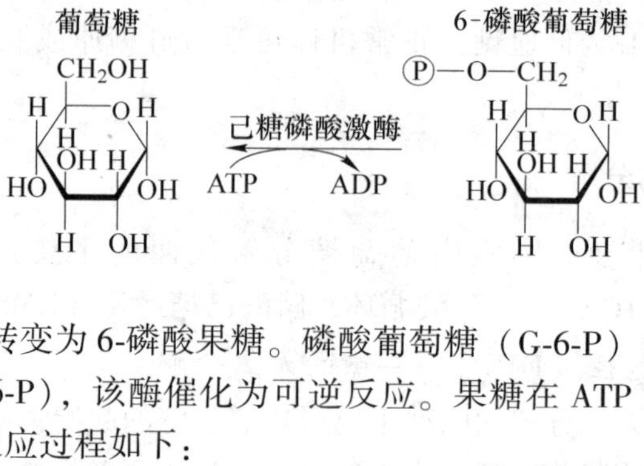


（2）6-磷酸葡萄糖转变为6-磷酸果糖。磷酸葡萄糖（G-6-P）经磷酸己糖异构酶催化转变为6-磷酸果糖（F-6-P），该酶催化为可逆反应。果糖在ATP的参与下，由己糖激酶催化也能生成F-6-P，反应过程如下：

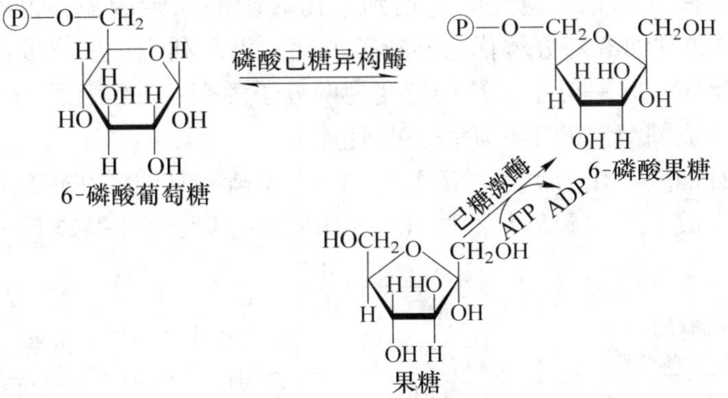


（3）6-磷酸果糖转变为1,6-二磷酸果糖。6-磷酸果糖在ATP参与下，经磷酸果糖激酶催化，进一步磷酸化生成1,6-二磷酸果糖（F-1,6-$P_2$）。磷酸果糖激酶催化的反应不可逆，是糖酵解过程中的第二个限速反应。

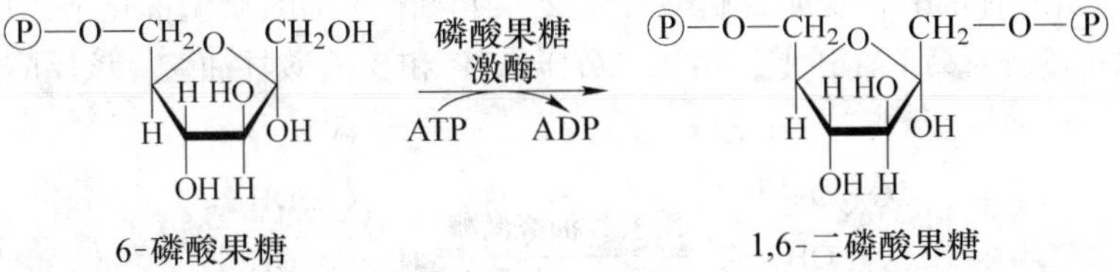


（4）磷酸己糖裂解成两分子磷酸丙糖。1,6-二磷酸果糖在醛缩酶催化下，从$C_3$和$C_4$之间裂解，生成一分子磷酸二羟丙酮和一分子3-磷酸甘油醛。其反应过程如下：

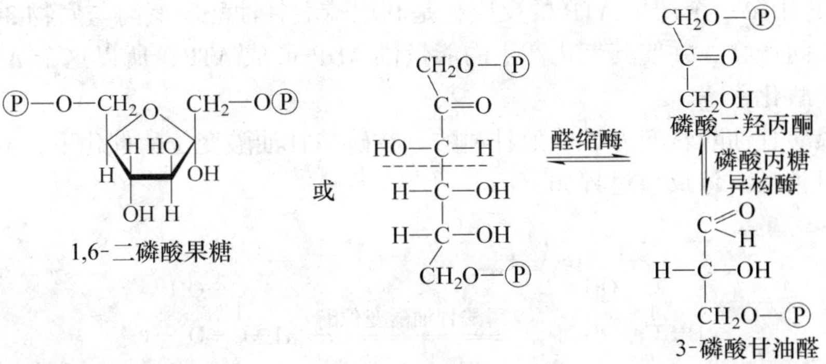


醛缩酶也可催化一分子磷酸二羟丙酮和一分子3-磷酸甘油醛经醛醇缩合反应生成一分子1,6-二磷酸果糖。

（5）磷酸丙糖的同分异构化。磷酸二羟丙酮和3-磷酸甘油醛在异构酶催化下可以互变。

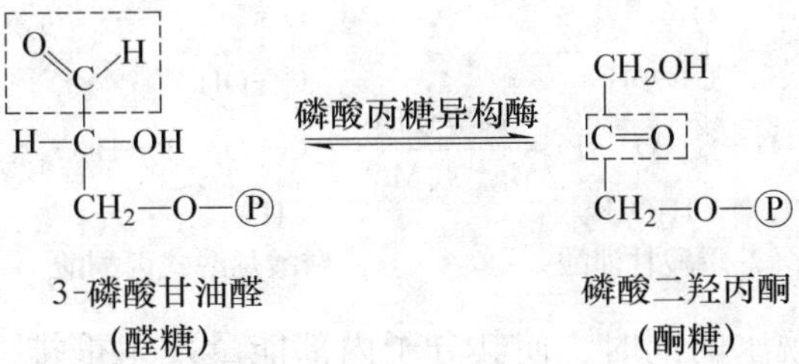

磷酸丙糖异构酶（催化可逆反应）达到平衡时磷酸二羟丙酮占96%，3-磷酸甘油醛仅占4%。但3-磷酸甘油醛随分解代谢不断被消耗，仍有利于正反应进行。

经以上5步反应，将一分子葡萄糖转变为两分子丙糖，并消耗两分子ATP。所以，上述5步反应可以看成糖酵解的第一阶段，是耗能的。

（6）3-磷酸甘油醛氧化为1,3-二磷酸甘油酸。3-磷酸甘油醛在磷酸甘油醛脱氢酶催化下脱氢并磷酸化生成1,3-二磷酸甘油酸（1,3-DPG）。其反应过程如下：

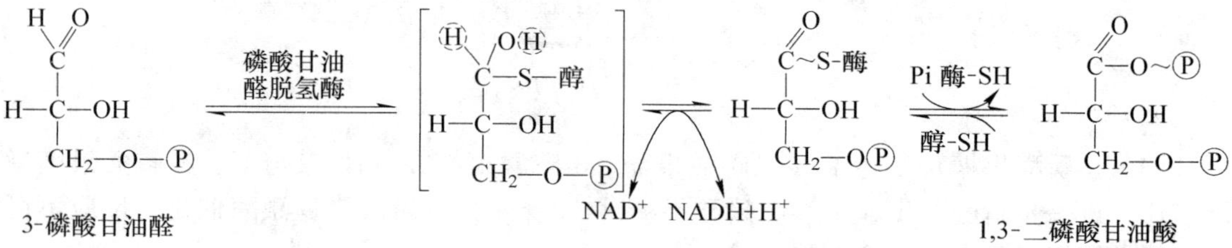

3-磷酸甘油醛　　1,3-二磷酸甘油酸

（7）1,3-二磷酸甘油酸转变成3-磷酸甘油酸。在磷酸甘油酸激酶催化下，1,3-二磷酸甘油酸分子中的酰基磷酸转移到ADP上，生成一分子ATP和3-磷酸甘油酸。该反应过程如下：

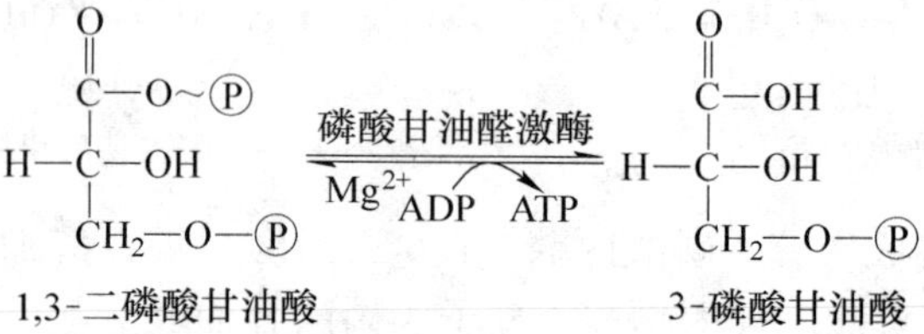

1,3-二磷酸甘油酸　　3-磷酸甘油酸

这是EMP中第一个产生ATP的反应，是利用磷酸甘油醛脱氢酶与底物3-磷酸甘油醛形成的共价中间产物，并使其氧化产生的能量供ADP形成ATP，所以这个ATP的生成属于底物水平磷酸化。

（8）3-磷酸甘油酸转变为2-磷酸甘油酸。在磷酸甘油酸变位酶催化下，3-磷酸甘油酸生成2-磷酸甘油酸。该反应过程如下：

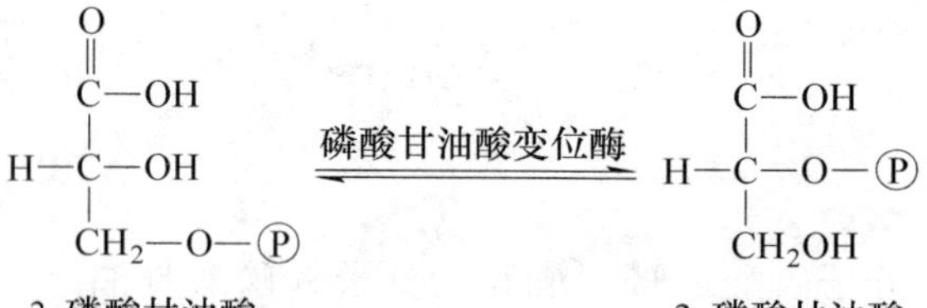

3-磷酸甘油酸　　2-磷酸甘油酸

（9）2-磷酸甘油酸转变为磷酸烯醇式丙酮酸。在烯醇化酶催化下，使2-磷酸甘油酸脱水生成磷酸烯醇式丙酮酸。该反应过程如下：

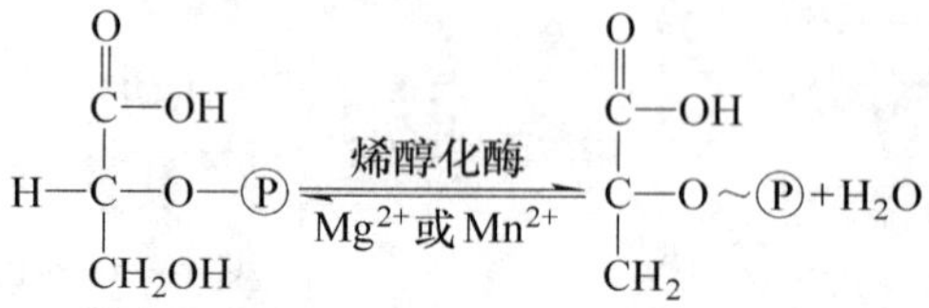

2-磷酸甘油酸　　磷酸烯醇式丙酮酸

催化2-磷酸甘油酸脱水的同时，使其分子内部能量发生重排，由2-磷酸甘油酸分子中的普通磷酯键转变为磷酸烯醇式丙酮酸分子中的高能磷酸酯键。

(10) 磷酸烯醇式丙酮酸转变成丙酮酸，并通过非氧化磷酸化生成 ATP。在丙酮酸激酶催化下，磷酸烯醇式丙酮酸分子中的磷酸基转移至 ADP 上，产生一分子 ATP，这一磷酸化作用是非氧化性磷酸化。这是 EMP 途径的第三个限速反应。生成的烯醇式丙酮酸无须酶催化即转变为丙酮酸。

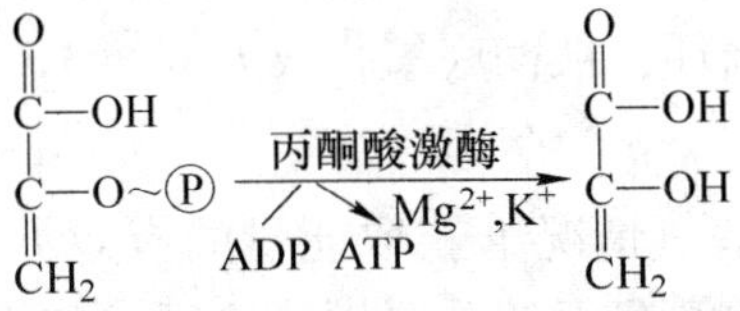

2-磷酸烯醇式丙酮酸　　烯醇式丙酮酸

B 丙酮酸的去向

从葡萄糖到丙酮酸的生成，在所有生物体内和细胞中都是非常相似的。但在无氧和有氧条件下，丙酮酸的去向或代谢途径是各式各样的（见图 8-8）。

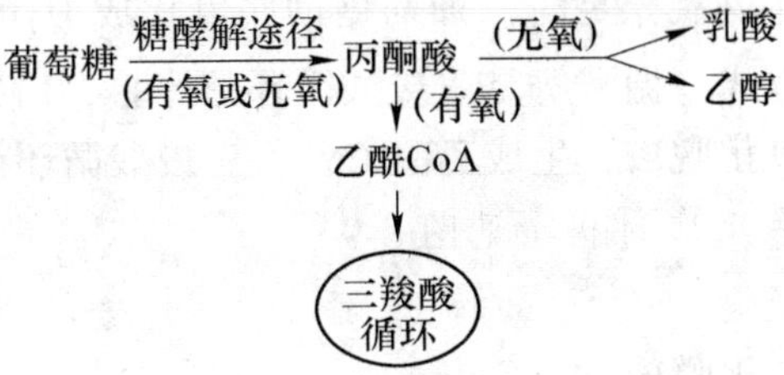

图 8-8 丙酮酸的去向

(1) 丙酮酸转变成乙醇，反应式为：

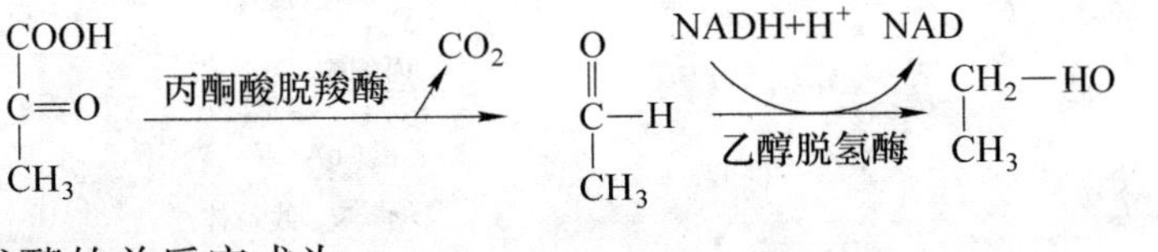


葡萄糖乙醇发酵的总反应式为：

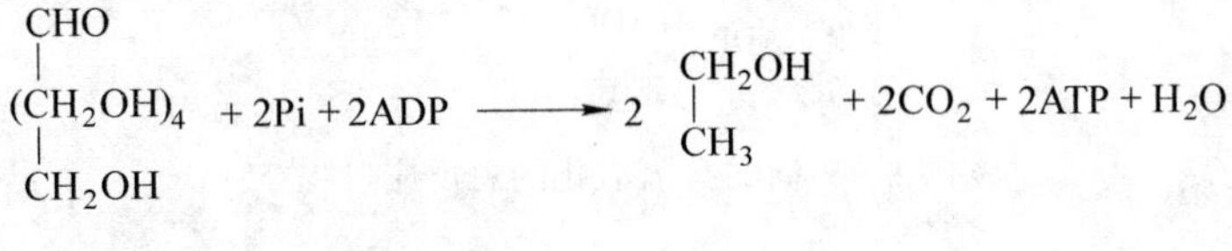

(2) 丙酮酸转变成乳酸，反应式为：

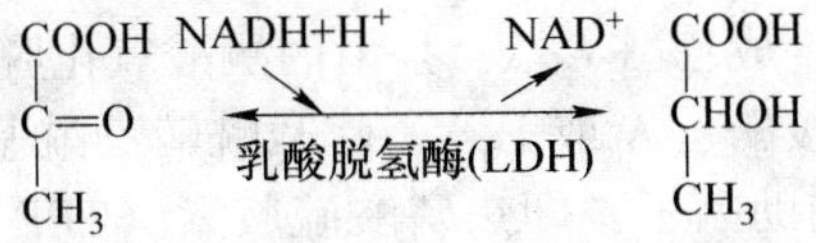

丙酮酸　　乳酸

上述生成乙醇和乳酸的反应中的 NADH+H$^+$来自上述第（6）步反应中的 3-磷酸甘油醛脱氢反应。

葡萄糖转变为乳酸的总反应式为：

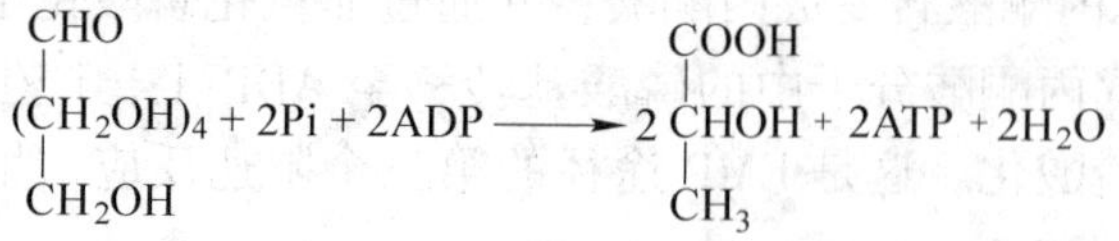

（3）丙酮酸的有氧氧化。丙酮酸的有氧氧化是指在有氧存在的条件下，丙酮酸转变为乙酰 CoA，再进入三羧酸循环，被彻底氧化成 $CO_2$、$H_2O$。

C 糖酵解的生理意义

（1）产生能量是机体在缺氧情况下获取能量的有效方式，但能量的利用率较低；同时也是某些细胞在氧供应正常情况下的重要供能途径，如无线粒体的细胞（红细胞）、代谢活跃的细胞（白细胞、骨髓细胞）。

（2）凡是可转变为酵解中间产物的物质，均可沿酵解途径逆转合成葡萄糖。

（3）糖酵解反映了生物获取能量方式的演变过程。

8.2.3.2 三羧酸循环（TCA）——糖的需氧分解

糖的有氧氧化指在机体供氧充足时，葡萄糖彻底氧化成 $H_2O$ 和 $CO_2$，并释放出能量的过程，是机体主要供能方式。糖酵解是三羧酸循环的序幕，EMP 使葡萄糖变成丙酮酸。在有氧条件下，丙酮酸被氧化脱羧，生成乙酰 CoA。三羧酸循环在线粒体中进行。

A 糖的有氧氧化的总反应过程（见图 8-9）

第一阶段：糖酵解途径。

第二阶段：丙酮酸的氧化脱羧。

第三阶段：三羧酸（柠檬酸）循环。

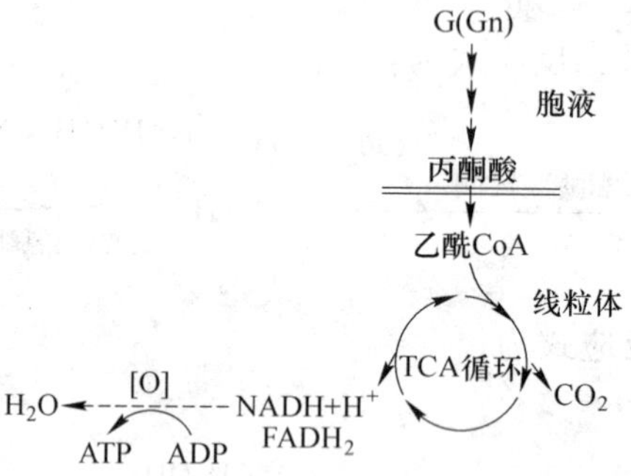


图 8-9 糖的有氧氧化的总反应过程

B 丙酮酸的氧化脱羧——需要 3 种酶和 6 种辅因子

丙酮酸经氧化脱羧作用生成乙酰 CoA，是由丙酮酸氧化脱羧酶系催化的，这个多酶系统包括 3 种酶，即丙酮酸脱羧酶（A 或 $E_1$）、硫辛酰转乙酰基酶（B 或 $E_2$）和二氢硫辛酸脱氢酶（C 或 $E_3$）；6 种辅助因子，即焦磷酸硫胺素（TPP）、辅酶 A（CoAsh）、FAD、$NAD^+$、硫辛酸和 $Mg^{2+}$。

氧化脱羧过程包括 5 步化学反应（见图 8-10），整个过程是在细胞内线粒体的基质中进行的。

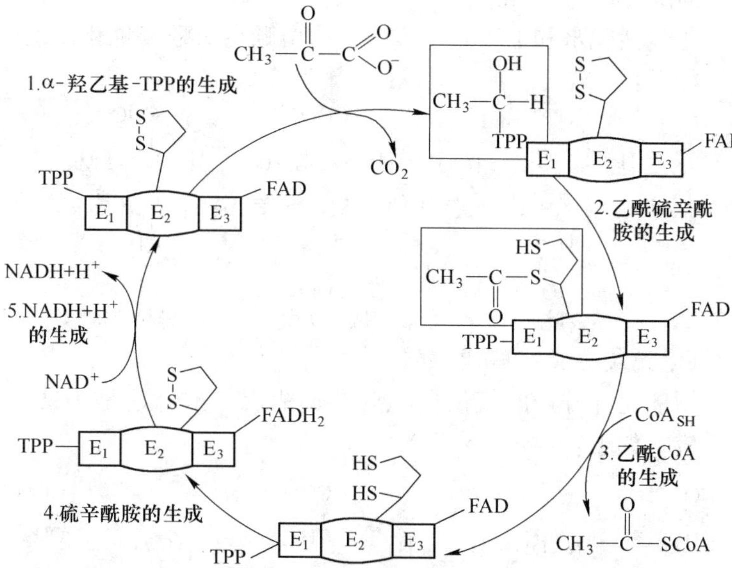


图 8-10 丙酮酸氧化脱羧过程

丙酮酸氧化脱羧总反应可用下式表示：

$$\text{丙酮酸} \xrightarrow[\text{丙酮酸脱氢酶复合体}]{NAD^+, CoA_{SH} \quad CO_2, NADH+H^+} \text{乙酰CoA}$$

注意：在糖代谢中，从丙酮酸氧化脱羧生成乙酰 CoA 是一个关键性不可逆步骤，因此动物不能把乙酰 CoA 转变为葡萄糖。

C 乙酰 CoA 的氧化——三羧酸循环途径

在有氧条件下，丙酮酸氧化脱羧产生的乙酰辅酶 A 被彻底氧化成 $CO_2$ 和 $H_2O$，还需经历一个环式代谢途径。这一环式途径的中间产物中有 4 个三羧酸，故称为三羧酸循环（tricarboxylic acid cycle，TCA）。三羧酸循环也称为柠檬酸循环，这是因为循环反应中的第一个中间产物是一个含三个羧基的柠檬酸。由于 Krebs（ATP 循环之父）正式提出了三羧酸循环的学说，故此循环又称为 Krebs 循环，它由一连串反应组成。TCA 循环在细胞的线粒体基质中进行，包括以下 8 步反应。

a 乙酰 CoA 与草酰乙酸结合生成柠檬酸

在柠檬酸合成酶催化下，乙酰 CoA 与草酰乙酸结合生成柠檬酸。反应式如下：

$$\underset{\text{乙酰CoA}}{CH_2CO \sim SCoA} + \underset{\text{草酰乙酸}}{HO-\overset{\overset{\displaystyle CH-COOH}{\|}}{C}-COOH} + H_2O \xrightarrow{\text{柠檬酸合成酶}} \underset{\text{柠檬酸}}{HO-\underset{\underset{\displaystyle CH_2-COOH}{|}}{\overset{\overset{\displaystyle CH_2-COOH}{|}}{C}}-COOH} + CoA_{SH}$$

这是 TCA 循环中第一个限速调节步骤，一般为不可逆反应。逆反应由另一种酶——柠檬酸裂解酶催化。

b 柠檬酸异构化生成异柠檬酸

柠檬酸的异构化包括脱水和加水两个步骤，均由顺乌头酸酶催化，反应的中间产物是顺乌头酸。反应式如下：

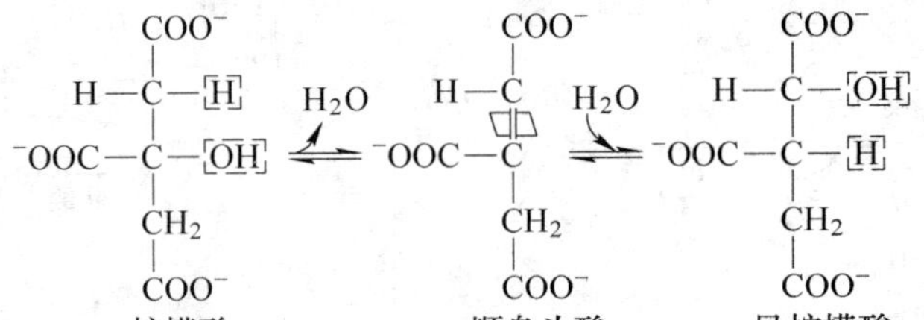


柠檬酸 顺乌头酸 异柠檬酸

c 异柠檬酸氧化脱羧生成 α-酮戊二酸

异柠檬酸脱氢酶催化异柠檬酸氧化脱羧生成 α-酮戊二酸，这是 TCA 循环中的第一个氧化还原反应。反应式如下：

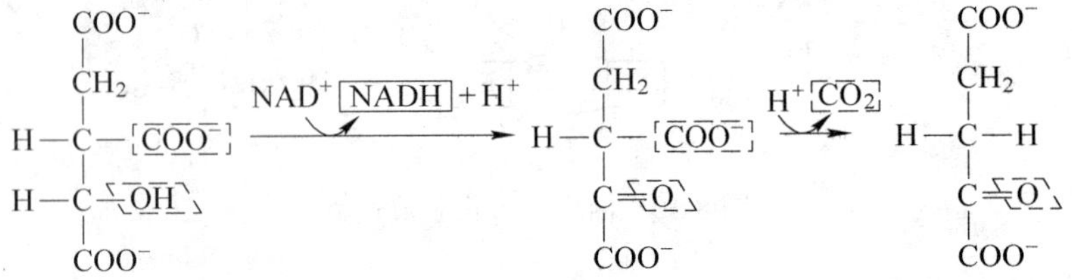


异柠檬酸 草酰琥珀酸 α-酮戊二酸

在生物细胞内，存在两种异柠檬酸脱氢酶，一种以 $NAD^+$ 为辅酶，存在于线粒体基质中，是 TCA 循环中第二个重要的调节酶；另一种是以 $NADP^+$ 为辅酶，既存在于线粒体中，又存在于细胞浆中，这两种酶具有不同的代谢功能。

d α-酮戊二酸氧化脱羧形成琥珀酰 CoA

α-酮戊二酸转变为琥珀酰 CoA，由 α-酮戊二酸脱羧酶系催化，这是与丙酮酸氧化脱羧酶系相类似的一个多酶体系，含有 3 种酶和 6 种辅因子。反应式如下：

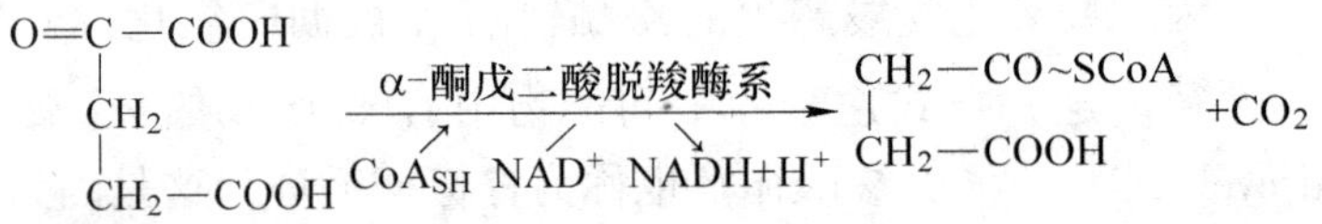


α-酮戊二酸 琥珀酰CoA

这是 TCA 循环的第三个限速步骤，同时也是 TCA 的第二个氧化还原反应。

e 琥珀酰 CoA 转变为琥珀酸

在琥珀酰 CoA 硫激酶催化下，琥珀酰 CoA 转变为琥珀酸。

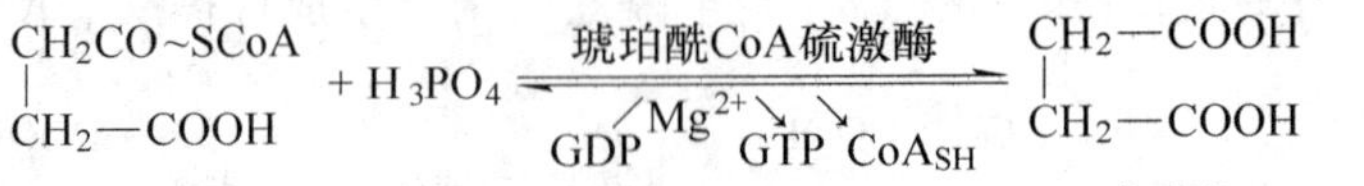


琥珀酰CoA 琥珀酸

这是 TCA 循环中唯一的底物水平磷酸化反应，生成的 GTP 在二磷酸核苷激酶催化下可形成 ATP。

f 琥珀酸氧化生成延胡索酸

琥珀酸被琥珀酸脱氢酶催化生成延胡索酸，反应式如下：

这是TCA循环中第三个氧化还原反应，受氢体是FAD而不是$NAD^+$。

g　延胡索酸经水化作用生成苹果酸

延胡索酸在延胡索酸酶催化下，加水生成苹果酸。反应式如下：

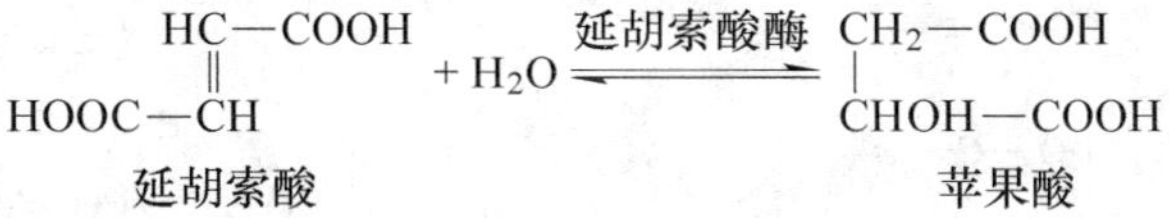


h　苹果酸氧化生成草酰乙酸

苹果酸在苹果酸脱氢酶催化下，氧化脱氢生成草酰乙酸。反应式如下：

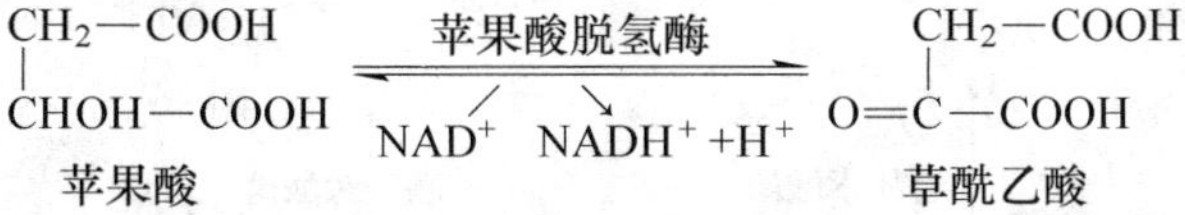


这是TCA循环的第四个氧化还原反应。产物草酰乙酸又可与另一分子乙酰CoA缩合生成柠檬酸，开始新一轮的TCA循环。每循环一次，经历两次脱羧反应，使一分子乙酰CoA氧化成$CO_2$和$H_2O$。图8-11为三羧酸循环的示意图。

三羧酸循环的总反应式如下：

$$CH_3COSCoA+3NAD^++FAD+GDP+Pi+2H_2O \longrightarrow 2CO_2+CoA_{SH}+3NADH+3H^++FADH_2+GTP$$

D　小结

(1) 三羧酸循环的概念。三羧酸循环指乙酰CoA和草酰乙酸缩合生成含三个羧基的柠檬酸，反复地进行脱氢脱羧，生成草酰乙酸，再重复循环反应的过程。

(2) TCA过程的反应部位是在线粒体中。

(3) 三羧酸循环的要点。经过一次三羧酸循环：消耗一分子乙酰CoA；经四次脱氢，二次脱羧，一次底物水平磷酸化；生成一分子$FADH_2$，三分子$NADH+H^+$，二分子$CO_2$，一分子GTP。

三羧酸循环的关键酶有：柠檬酸合成酶、异柠檬酸脱氢酶、α-酮戊二酸脱氢酶复合体。

(4) 三羧酸循环的整个循环反应为不可逆反应。

E　三羧酸（柠檬酸）循环的生理意义

以下是三羧酸（柠檬酸）循环的生理意义。

(1) 柠檬酸循环不仅是糖生成ATP的主要途径，也是脂肪、蛋白质、核酸等最终氧化分解产生能量的共同途径。

(2) 三羧酸循环是糖、脂、蛋白质及其他有机物质相互转变、相互联系的枢纽。

(3) 三羧酸循环为其他物质代谢提供小分子前体。

(4) 三羧酸循环为呼吸链提供$H^++e^-$。

F　三羧酸循环生成的ATP计算

$H^++e^-$进入呼吸链彻底氧化生成$H_2O$的同时，ADP偶联磷酸化生成ATP。

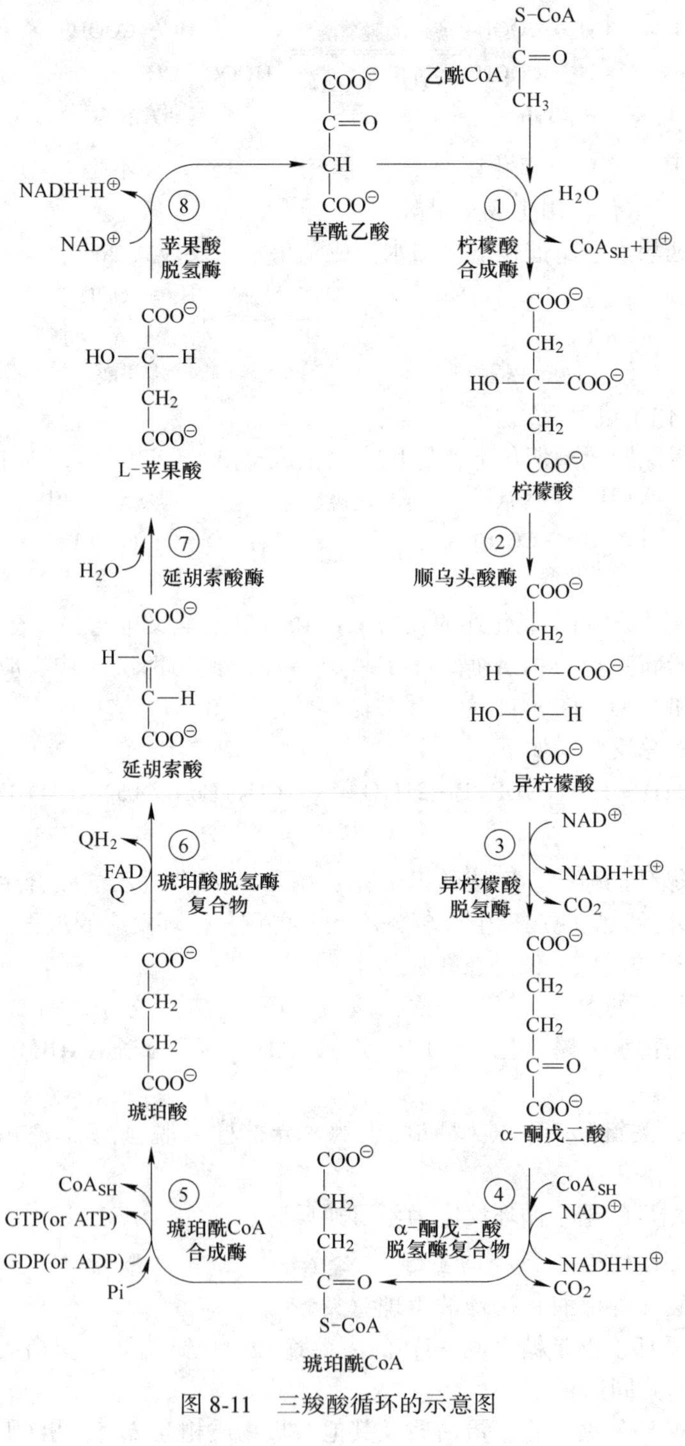

图 8-11　三羧酸循环的示意图

$$\mathrm{NADH} + \mathrm{H}^+ \xrightarrow{[\mathrm{O}]} \mathrm{H_2O}、3\mathrm{ATP}$$

$$\mathrm{FADH_2} \xrightarrow{[\mathrm{O}]} \mathrm{H_2O}、2\mathrm{ATP}$$

葡萄糖有氧氧化生成的 ATP 见表 8-1（表 8-1 按传统方式计算 ATP。目前有新的理论，在此不作详述）。

**表 8-1　每摩尔葡萄糖在有氧代谢中产生 ATP 的物质的量**

| 反　　应 | | 辅酶 | ATP/mol |
|---|---|---|---|
| 第一阶段 | 葡萄糖→6-磷酸葡萄糖 | | −1 |
| | 6-磷酸果糖→1,6-双磷酸果糖 | | −1 |
| | 2mol 3-磷酸甘油醛→2mol 1,3-二磷酸甘油酸 | $NAD^+$ | 2×3 或 2×2 |
| | 2mol 1,3-二磷酸甘油酸→2mol 3-磷酸甘油酸 | | 2×1 |
| | 2mol 磷酸烯醇式丙酮酸→2mol 丙酮酸 | | 2×1 |
| 第二阶段 | 2mol 丙酮酸→2mol 乙酰 CoA | $NAD^+$ | 2×3 |
| 第三阶段 | 2mol 异柠檬酸→2mol α-酮戊二酸 | $NAD^+$ | 2×3 |
| | 2mol α-酮戊二酸→2mol 琥珀酰 CoA | $NAD^+$ | 2×3 |
| | 2mol 琥珀酰 CoA→2mol 琥珀酸 | | 2×1 |
| | 2mol 琥珀酸→2mol 延胡索酸 | FAD | 2×2 |
| | 2mol 苹果酸→2mol 草酰乙酸 | $NAD^+$ | 2×3 |
| 净生成 | | | 38（或 36）ATP |

糖的有氧氧化是机体产能最主要的途径。它不仅产能效率高，而且由于产生的能量逐步分次释放，相当一部分形成 ATP，所以能量的利用率也高。

8.2.3.3　乙醛酸循环——三羧酸循环支路

在许多微生物和植物中，除具有三羧酸循环的氧化途径外，还存在另一条称为乙醛酸循环途径。这些微生物如乙酸杆菌、大肠杆菌、固氮菌等能够利用乙酸作为碳源，它们细胞内除了有三羧酸循环的各种酶以外，还有另外两种特异的酶，即苹果酸合成酶与异柠檬酸裂解酶，异柠檬酸可以通过异柠檬酸裂解酶的催化作用分解为琥珀酸与乙醛酸。乙醛酸可以通过苹果酸合成酶的催化作用与乙酰 CoA 结合生成苹果酸。在这里异柠檬酸走了一个捷径，跳过三羧酸循环中的草酰琥珀酸、α-酮戊二酸、琥珀酰 CoA，形成一个与三羧酸循环相联系的小循环。由于以乙醛酸为中间代谢物，故称乙醛酸循环（见图 8-12）。

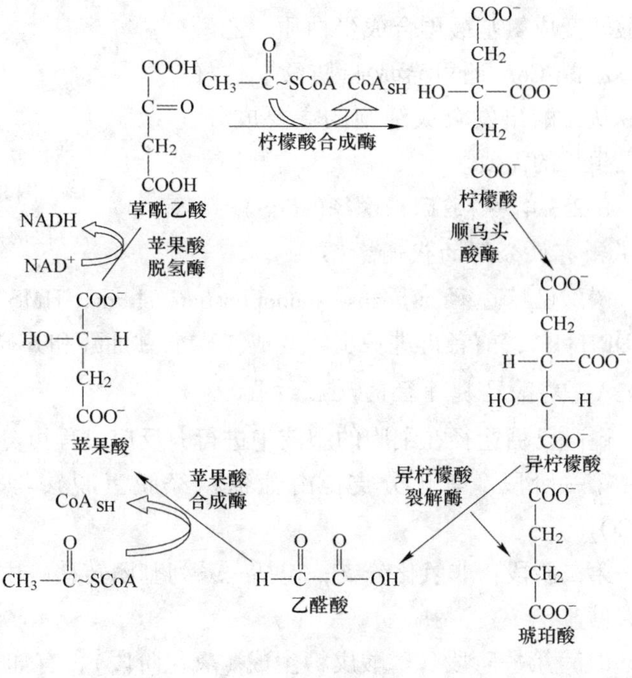


图 8-12　乙醛酸循环

比较乙醛酸循环与三羧酸循环可知，三羧酸循环的综合效果是乙酸（或乙酰 CoA）彻底氧化生成水和二氧化碳，而乙醛酸循环的综合效果是乙酸（或乙酰 CoA）转变成四碳二羧酸（琥珀酸、苹果酸等）。乙醛酸循环中生成的四碳二羧酸、琥珀酸、苹果酸仍可返回三羧酸循环，所以乙醛酸循环可以看作是三羧酸循环的支路。两个循环的关系如图 8-13 所示。

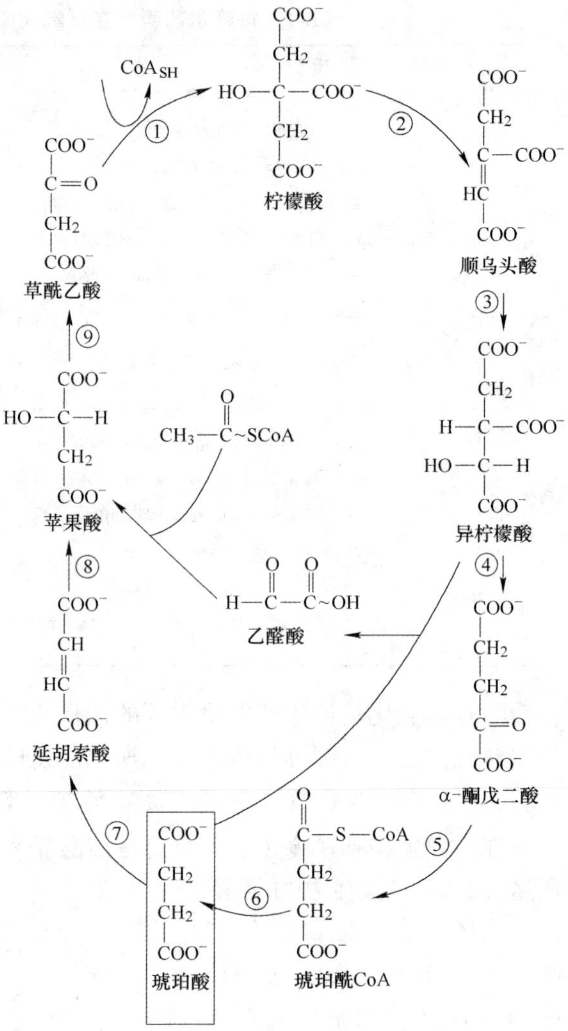


图 8-13　乙醛酸循环和三羧酸循环反应历程的关系

乙醛酸循环的生物学意义：（1）乙醛酸循环在微生物代谢中占有重要地位，对三羧酸循环起着协助的作用，它对某些利用乙酸作为唯一碳源和能源的微生物的生长十分重要。只要有微量的四碳二羧酸作为起始物，乙酸就可以不断地转变为四碳二羧酸和六碳三羧酸，作为三羧酸循环上化合物的补充。（2）可以沿 EMP 逆行生成葡萄糖，继而合成多糖，也可以利用外加的氮源从有关酮酸转变成氨基酸再合成蛋白质。乙酸通过乙酰 CoA 还可合成脂肪酸，这样可以从乙酸出发合成细胞的主要成分，满足生长的需要。

#### 8.2.3.4　磷酸己糖途径(HMS)——糖有氧分解的代谢旁路

磷酸己糖途径（hexose monophoshate shunt，HMS）是指由葡萄糖生成磷酸戊糖及 NADPH+H⁺，前者再进一步转变成 3-磷酸甘油醛和 6-磷酸果糖的反应过程。

A　磷酸己糖途径的反应过程

磷酸己糖途径在细胞的胞液中进行，反应过程可分为两个阶段（两个分支）。

第一阶段：氧化分支，由葡萄糖经脱氢脱羧等作用生成磷酸戊糖，NADPH＋H⁺ 及 $CO_2$。

第二阶段：非氧化分支，包括一系列基团转移，由五碳糖经转酮和转醛作用重新合成六碳糖。

（1）第一阶段：磷酸戊糖生成（氧化阶段），有如下化学反应过程。

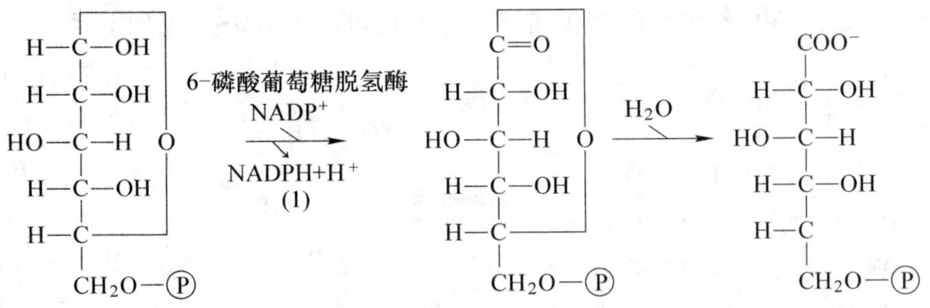


6-磷酸葡萄糖　　6-磷酸葡萄糖酸内酯　　6-磷酸葡萄糖酸

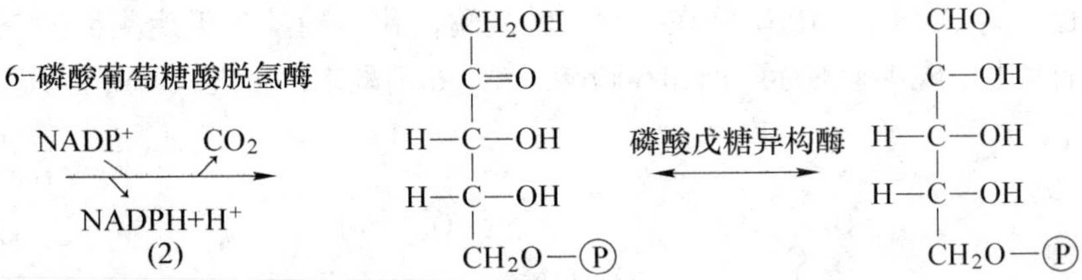


5-磷酸核酮糖　　5-磷酸核糖

（2）第二阶段：基团转移反应（非氧化分子重排阶段）。每三分子6-磷酸葡萄糖同时参与反应，在一系列反应中，通过3C、4C、6C、7C等演变阶段，最终生成3-磷酸甘油醛和6-磷酸果糖。3-磷酸甘油醛和6-磷酸果糖，可进入酵解途径。因此，磷酸己糖途径也称磷酸戊糖旁路（pentose phosphate shunt）。

1）磷酸己糖途径的非氧化阶段之一（5-磷酸核酮糖异构化）。磷酸核酮糖异构化生成5-磷酸核糖，醛糖与酮糖互变，烯二醇是中间产物，反应式如下：

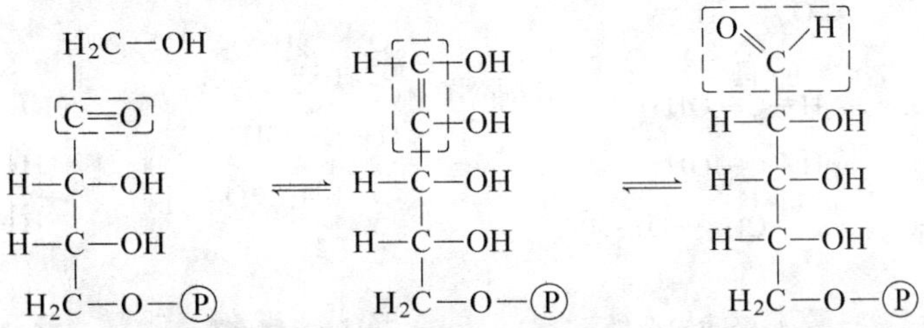

5-磷酸核酮糖　　烯二醇（中间产物）　　5-磷酸核糖

磷酸核酮糖经差向异构生成5-磷酸木酮糖，反应式如下：

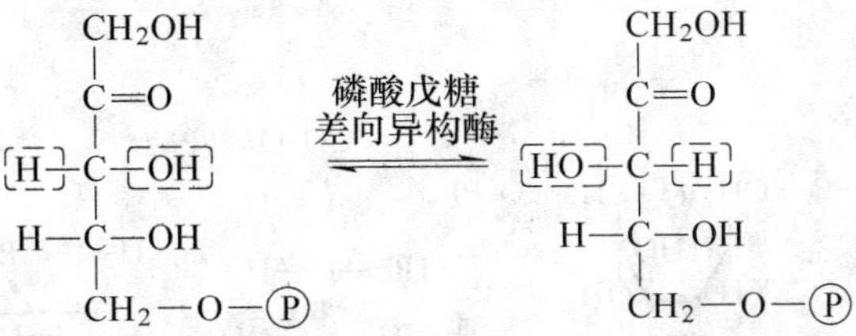


5-磷酸核酮糖　　5-磷酸木酮糖

2）磷酸己糖途径的非氧化阶段之二（基团转移）。转酮醇酶的催化作用是联系HMS和EMP的纽带，此酶催化HMS的中间产物5-磷酸木酮糖的两碳单位转移到5-磷酸核糖$C_1$上，生成7-磷酸景天庚酮糖，5-磷酸木酮糖剩余部分为3-磷酸甘油醛，3-磷酸甘油醛可进入 EMP；反之，EMP 的中间产物 3-磷酸甘油醛也可进入 HMS。见如下反应过程：

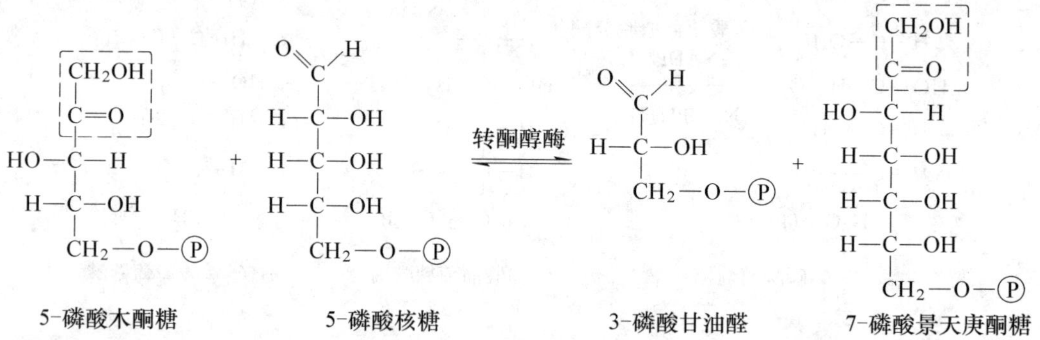


转醛酶也能将 HMS、EMP 串联在一起，转醛酶催化 7-磷酸景天庚酮糖的三碳单位转移到 3-磷酸甘油醛上生成 4-磷酸赤藓糖和 6-磷酸果糖，6-磷酸果糖可进入 EMP。其反应式如下：

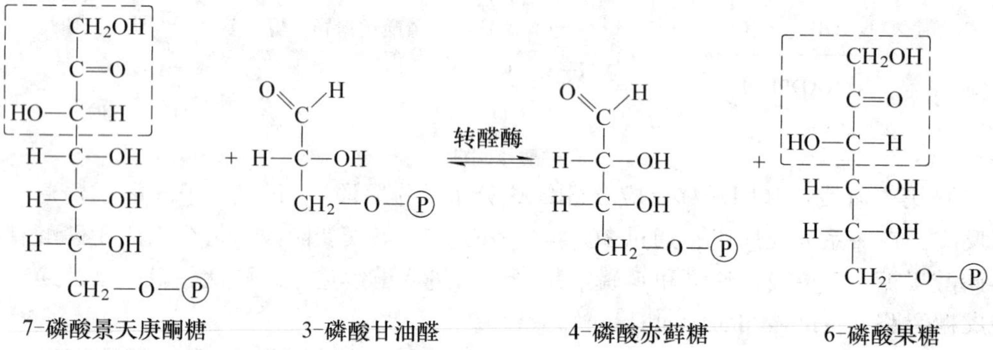


转酮醇酶也能转移二碳单位给 4-磷酸赤藓糖，反应式如下：

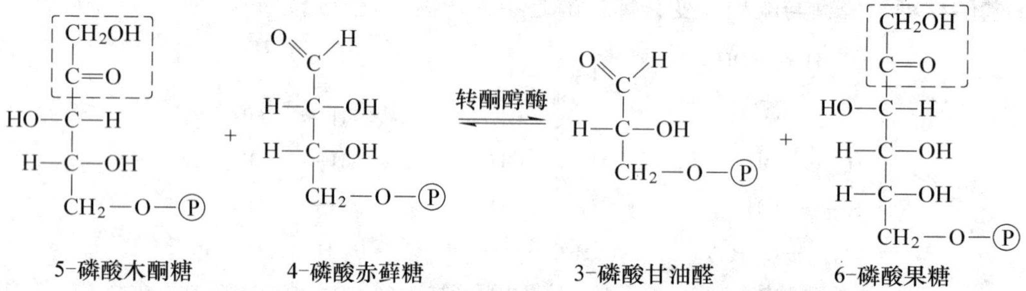


3）磷酸己糖途径的非氧化阶段之三（3-磷酸甘油醛异构、缩合与水解）。二分子 3-磷酸甘油醛经过 EMP 逆行，又可合成一分子 6-磷酸葡萄糖。其反应式如下：

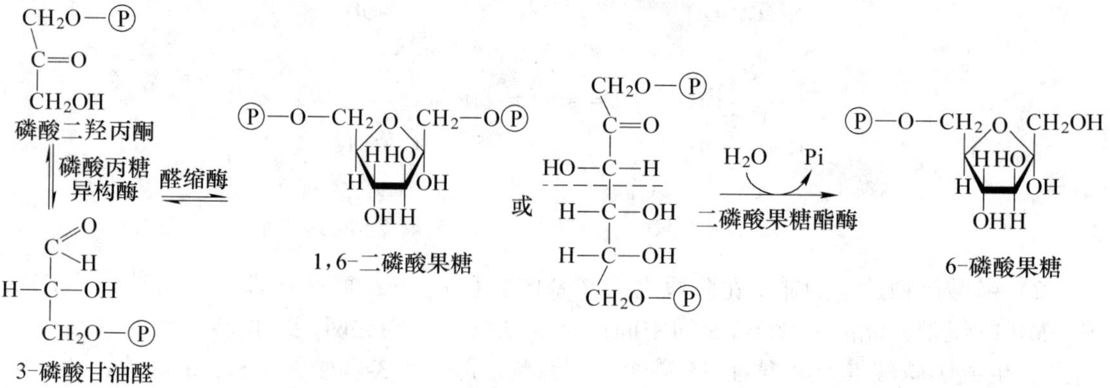

磷酸己糖途径的非氧化分子重排阶段可用图 8-14 表示。

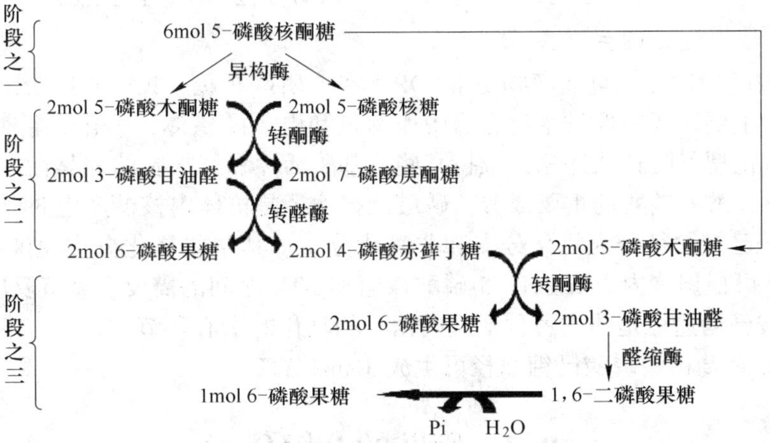


图 8-14 磷酸己糖途径的非氧化分子重排阶段

6-磷酸果糖异构化再作为 HMS 的原料，反应式如下：

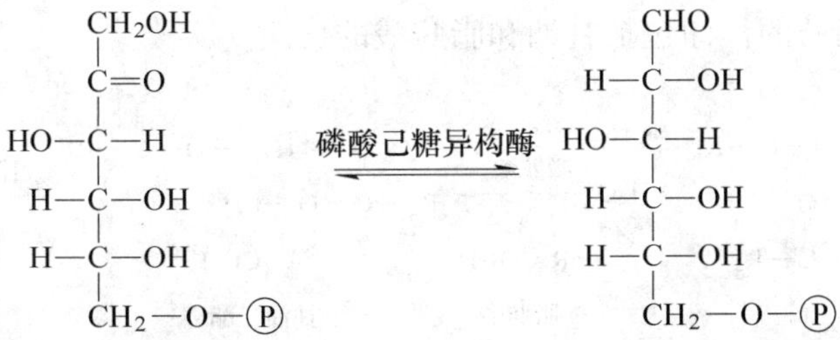


6-磷酸果糖　　　　6-磷酸葡萄糖

磷酸己糖途径总反应过程如图 8-15 所示。

由图 8-15 可见，每摩尔 6-磷酸葡萄糖进入 HMS 循环一次，可产生 3mol $CO_2$、6mol NADPH 和 1mol 3-磷酸甘油醛。2mol 3-磷酸甘油醛经过 EMP 逆行，又可合成 1mol 6-磷酸葡萄糖。因此，1mol 6-磷酸葡萄糖经 HSM 完全氧化，需循环 2 次，可产生 12mol NADPH，这是细胞内还原力的主要来源。此外，NADPH 也可通过穿梭作用进入呼吸链进行氧化磷酸化产生 ATP，若以每分子 NADPH 产生 3mol ATP 计算，每摩尔 6-磷酸葡萄糖经 HSM 可产生 36mol ATP。

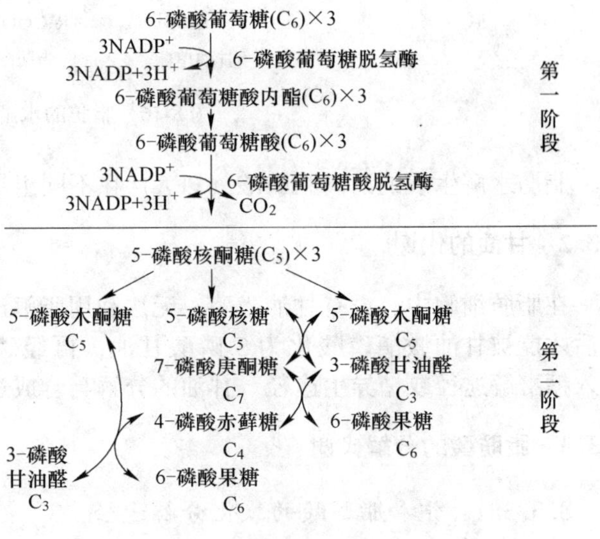


图 8-15 磷酸己糖途径示意图

磷酸己糖途径的总反应式为：

$$G\text{-}6\text{-}P+12NADP^{+}+6H_2O \longrightarrow 6CO_2+12NADPH+12H^{+}$$

B 磷酸己糖途径的生理意义

（1）磷酸己糖途径的重要产物是 NADPH 和 5-磷酸核糖。NADPH 是细胞中易于利用的还原能力，主要在还原性的生物合成中作为氢和电子的供体，可作为脂类合成的原料。同时可以使氧化型谷胱甘肽还原，维持某些巯基酶活性和红细胞的完整性。5-磷酸核糖是生物体合成核苷酸和核酸的重要成分，磷酸己糖途径是机体内核糖产生的唯一场所。

（2）磷酸己糖途径分为氧化分支和非氧化分支。其中非氧化分支使磷酸己糖途径相互连接，机体可根据体内 NADPH、5-磷酸核糖和 ATP 之间的需要，调节反应的进行。

（3）磷酸己糖途径是体内各种形式的糖互相转化的中心环节。

（4）1mol 葡萄糖经磷酸己糖途径可生成 36mol ATP。

# 8.3 脂肪的分解代谢

## 8.3.1 脂肪的分解

脂肪的分解是脂肪经脂肪酶分解为甘油和游离脂肪酸（见图 8-16），最后彻底氧化成 $CO_2$和水的过程。脂肪的代谢包括甘油和脂肪酸的代谢。

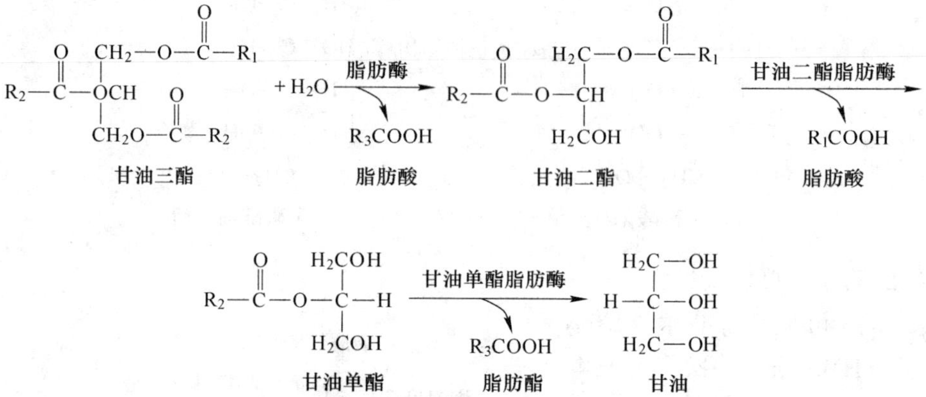


图 8-16 脂肪的水解过程

脂肪水解生成的游离脂肪酸（FFA）在不同组织中的分解及利用如图 8-17 所示。

## 8.3.2 甘油的代谢

在脂肪细胞中，没有甘油激酶，无法利用脂解产生的甘油。甘油进入血液，转运至肝脏后才能被甘油激酶磷酸化为 3-磷酸甘油，再经磷酸甘油脱氢酶氧化成磷酸二羟丙酮，进入糖酵解途径或糖异生途径。甘油的分解与合成途径如图 8-18 所示。

## 8.3.3 脂肪酸的分解代谢

8.3.3.1 饱和脂肪酸的氧化分解途径

脂肪酸的分解有 β-氧化、α-氧化、ω-氧化等不同作用方式，其分别在脂肪酸的 β、

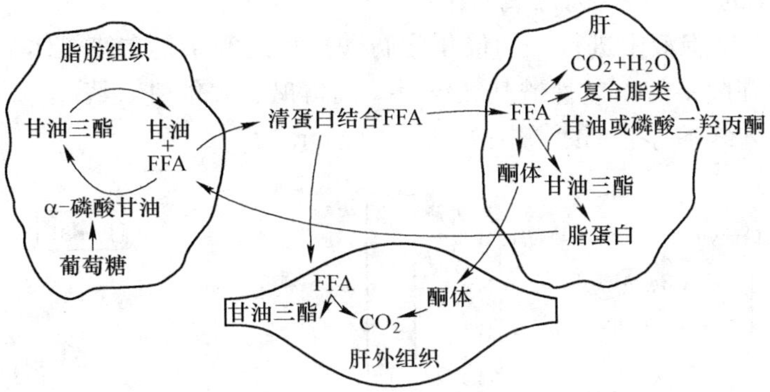


图 8-17 不同组织中脂肪酸的分解及利用

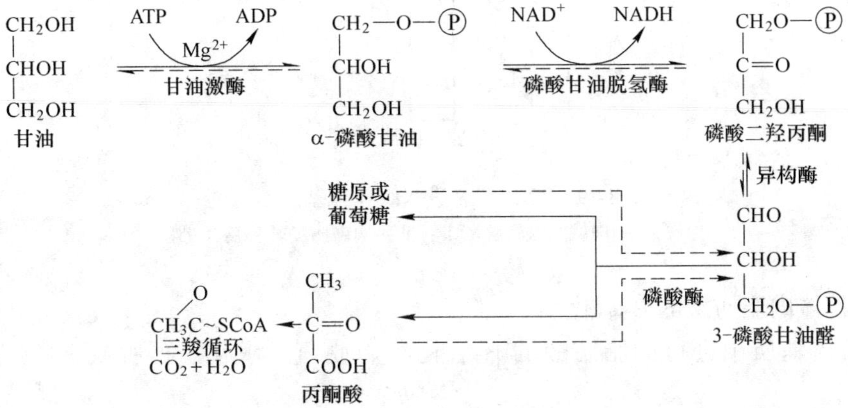


图 8-18 甘油的分解与合成途径

实线—甘油的分解；虚线—甘油的合成

α、ω 碳上进行氧化。脂肪酸的分子式为：

$$\underset{\omega}{CH_3}—(CH_2)_n—\underset{\beta}{CH_2}—\underset{\alpha}{CH_2}—COOH$$

A 脂肪酸的β-氧化——脂肪酸分解代谢的主要途径

脂肪酸在体内氧化时，在羧基端的β-碳原子上进行氧化，碳链逐次断裂，每次断下一个二碳单位，即乙酰 CoA，该过程称作β-氧化。脂肪酸的β-氧化除脑组织外，大多数组织均可进行，其中肝、肌肉最活跃。脂肪酸在β-氧化前必须活化，即生成脂酰 CoA，然后才能进一步分解。脂肪酸的活化在胞液中进行，脂肪酸的β-氧化在细胞线粒体基质中进行。

a 脂肪酸的活化——脂酰 CoA 的生成（胞液）

在 CoA 和 ATP 的参与下，脂肪酸由脂酰辅酶 A 合成酶催化，生成脂酰 CoA。反应式如下：

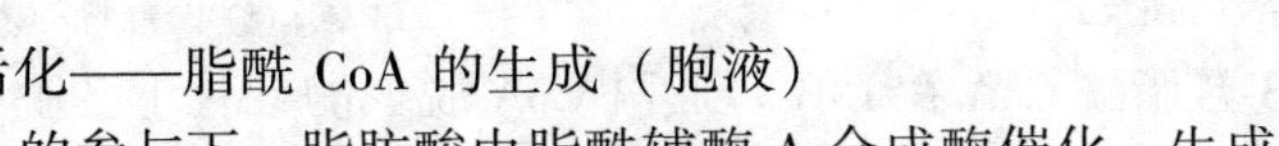

b 脂酰 CoA 的运转——肉毒碱的作用

脂肪酸活化在细胞液中进行，而催化脂肪酸氧化的酶系是在线粒体基质内，因此活化的脂酰 CoA 必须穿膜，需由一种酰基载体——肉毒碱，才能进入线粒体内代谢。

脂酰 CoA 进入线粒体基质示意图如图 8-19 所示。

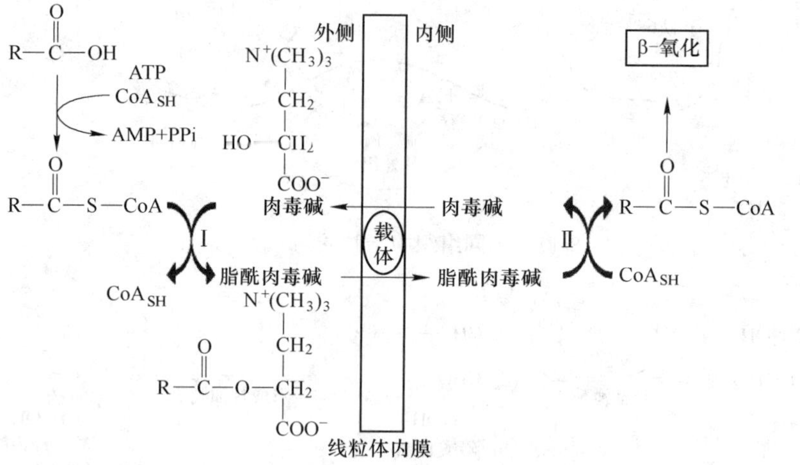


图 8-19 脂酰 CoA 进入线粒体基质示意图

Ⅰ—肉碱脂酰转移酶Ⅰ；Ⅱ—肉碱脂酰转移酶Ⅱ

c 线粒体内脂肪酸的 β-氧化

在线粒体基质中进行的脂肪酸的 β-氧化经历脱氢、水化、再脱氢、硫解 4 步重复反应。

（1）脱氢。脂酰 CoA 经脂酰 CoA 脱氢酶催化，在其 α 和 β 碳原子上脱氢，生成 $\Delta^2$反烯脂酰 CoA，该脱氢反应的辅基为 FAD。反应式如下：

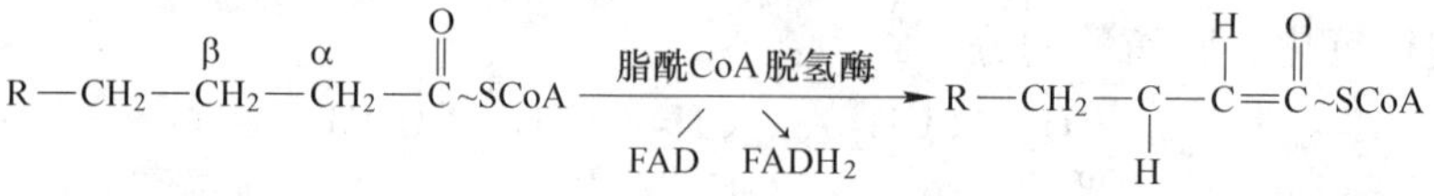


脂酰CoA 烯脂酰CoA(反式)

（2）水化（水合反应）。$\Delta^2$反烯脂酰 CoA 在 $\Delta^2$反烯脂酰 CoA 水合酶催化下，在双键上加水生成 L-β-羟脂酰 CoA。反应式如下：

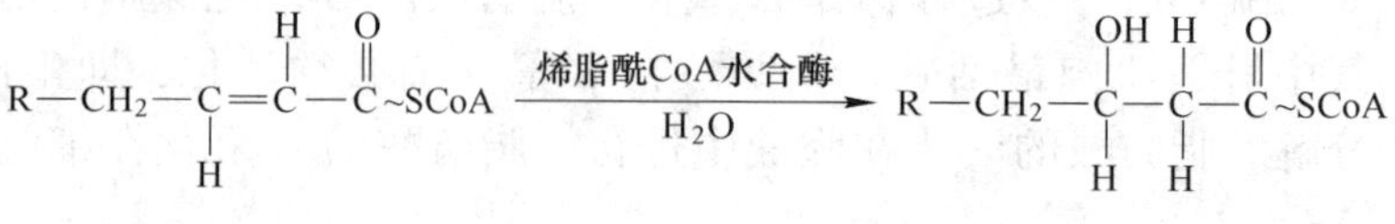


烯脂酰CoA(反式) L(+)-β-羟脂酰CoA

（3）脱氢。L-β-羟脂酰 CoA 在 L-β-羟脂酰 CoA 脱氢酶催化下，脱去 β 碳原子与羟基上的氢原子生成 β-酮脂酰 CoA，该反应的辅酶为 $NAD^+$。反应式如下：

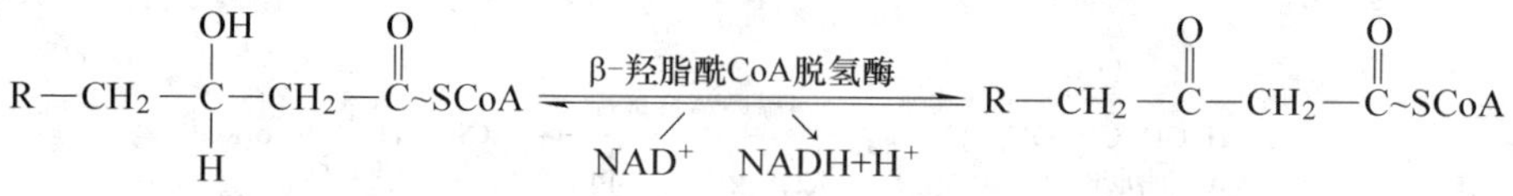


L-β-羟脂酰CoA β-酮脂酰CoA

(4) 硫解。在 β-酮脂酰 CoA 硫解酶催化下，β-酮脂酰 CoA 与 CoA 作用，硫解产生 1 分子乙酰 CoA 和比原来少两个碳原子的脂酰 CoA。反应式如下：

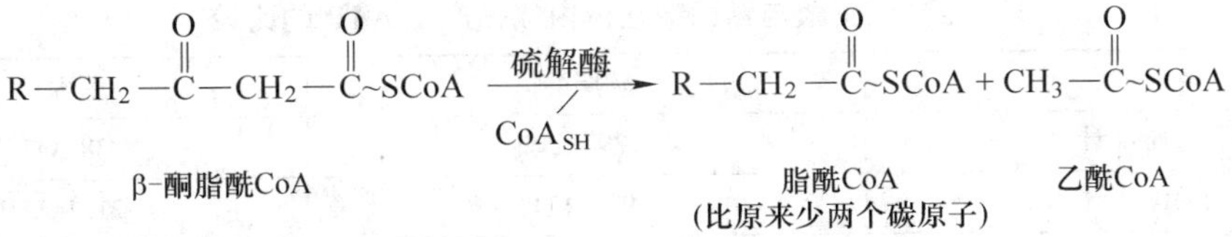


β-氧化的生化历程可用图 8-20 表示。

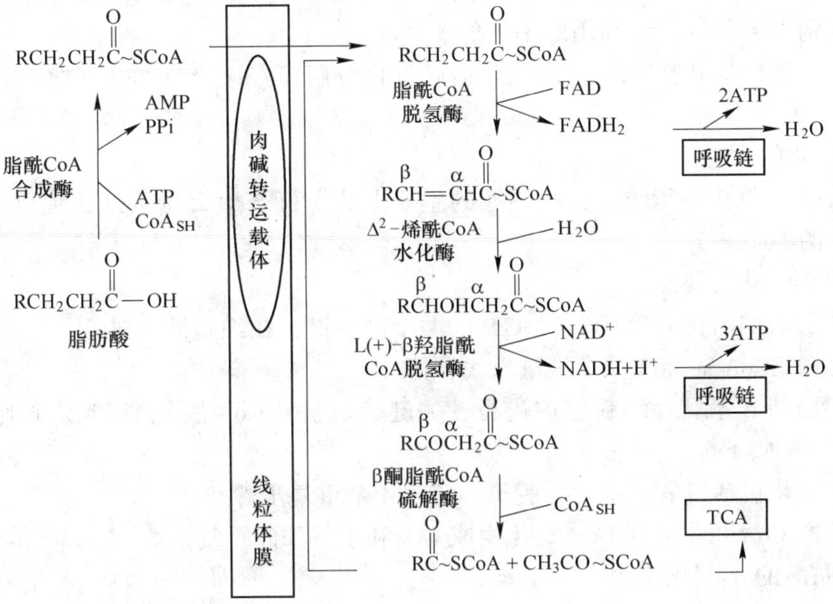


图 8-20 脂肪酸 β-氧化的生化历程

由图 8-20 可知，脂肪酸每进行一轮 β-氧化，都产生 $FADH_2$、$NADH+H^+$ 和一分子乙酰 CoA。

d 脂肪酸 β-氧化过程中能量的释放

以软脂酸 $CH_3(CH_2)_{14}COOH$ 为例，活化后生成软脂酰辅酶 A。软脂酰 CoA 是 $C_{16}$ 酸，需经 7 轮 β-氧化才能完全硫解为乙酰 CoA。因此，软脂酰 CoA 的 β-氧化可用以下反应式表示：

软脂酰 CoA+7FAD+$7NAD^+$+$7CoA_{SH}$+$7H_2O$ ⟶ 8 乙酰 CoA+$7FADH_2$+7NADH+$7H^+$

因此，软脂酸完全氧化的净产能量为：

$$\left.\begin{array}{r}12ATP\times 8\ \text{乙酰 CoA}\longrightarrow 96ATP\\ 3ATP\times 7NADH\longrightarrow 21ATP\\ 2ATP\times 7FADH_2\longrightarrow 14ATP\end{array}\right\}131ATP$$

活化：消耗 2 个高能磷酸键；

净生成：131-2 = 129 ATP。

软脂酸与葡萄糖在体内氧化产生 ATP 的比较见表 8-2。

**表 8-2 软脂酸与葡萄糖在体内氧化产生 ATP 的比较**

| 项　　目 | 软脂酸 | 葡萄糖 |
|---|---|---|
| 以 1mol 计 | 129 ATP | 38 ATP |
| 以 100g 计 | 50.4 ATP | 21.1 ATP |
| 能量利用效率/% | 68 | 68 |

由表 8-2 可知，1 分子软脂酸氧化比 1 分子葡萄糖氧化所产能量高得多，但软脂酸完全氧化与葡萄糖氧化的能量利用效率相似。

1mol $n$ 个碳的饱和脂肪酸经 β-氧化彻底氧化分解可产生 ATP 的摩尔数为：$n/2\times12+(n/2-1)\times5-2$。

e β-氧化的生理意义及要点

脂肪酸的 β-氧化是脂肪酸分解供能的主要形式，可产生大量 ATP，提供空腹时机体所需总能量的 50%。

脂肪酸 β-氧化的要点：

（1）脂肪酸的活化需消耗 1 个 ATP 的两个高能键，在细胞液中进行。

（2）脂酰-SCoA 需经肉碱携带进入线粒体。

（3）脂肪酸 β-氧化在线粒体内进行，关键酶是脂酰 CoA 脱氢酶和 β- 羟脂酰 CoA 脱氢酶。β-氧化反应不可逆。

（4）β-氧化包括脱氢、水化、脱氢、硫解 4 个重复步骤。

（5）乙酰 CoA 可进入 TCA，氧化生成 $CO_2$ 和水，如此重复。

B 脂肪酸的 α-氧化作用

脂肪酸氧化作用发生在 α-碳原子上，分解出 $CO_2$，生成比原来少一个碳原子的脂肪酸，这种氧化作用称为 α-氧化作用。脂肪酸 α-氧化的反应过程如图 8-21 所示。

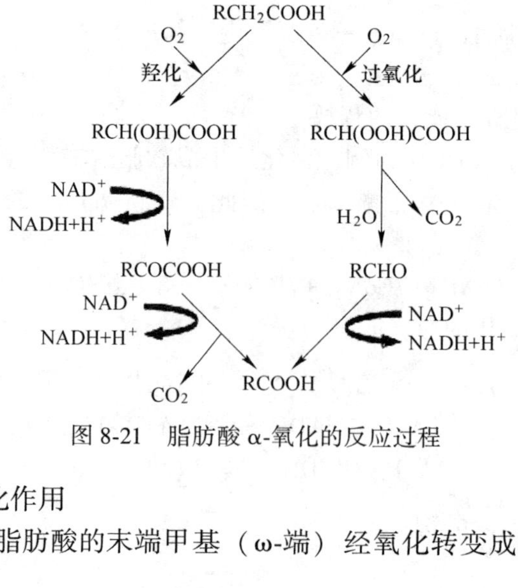


图 8-21 脂肪酸 α-氧化的反应过程

C 脂肪酸的 ω 氧化作用

脂肪酸的 ω-氧化指脂肪酸的末端甲基（ω-端）经氧化转变成羟基，继而再氧化成羧基，从而形成α,ω-二羧酸的过程（见图 8-22）。α,ω-二羧酸活化后进行β-氧化，最后余下的琥珀酰 CoA 可直接进入 TCA 循环。

8.3.3.2 不饱和脂肪酸的氧化

不饱和脂肪酸的氧化需要异构酶和差向异构酶参与。异构酶可改变双键的位置和构型，如油酸（$C_{18}$）的氧化，该脂肪酸在 $C_9$ 和 $C_{10}$ 之间有一个双键，经 3 轮β-氧化后剩下顺 $\Delta^3$ 烯脂酰 CoA，此物不是酰基 CoA 脱氢酶的底物。$C_3$ 位和 $C_4$ 位双键的存在妨碍 $C_2$ 和 $C_3$ 间双键的形成。异构酶的催化解决了这一难题（见图 8-23）。

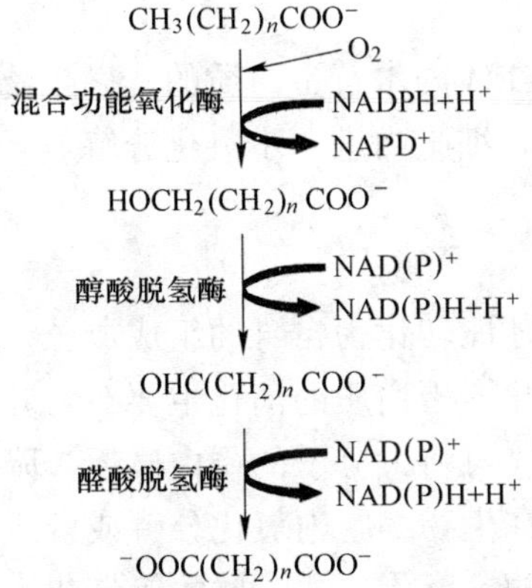


图 8-22 脂肪酸ω-氧化中α，ω-二羧酸的形成

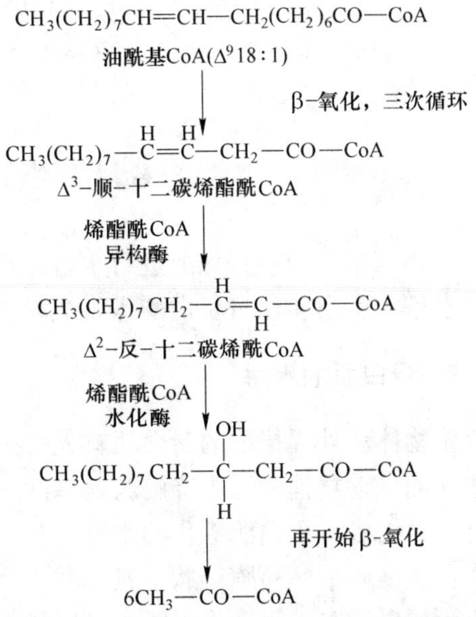


图 8-23 油酰基的β-氧化

差向异构酶可使 $C_3$ 上羟基的构型发生改变，如具有顺 $\Delta^6$ 和顺 $\Delta^9$ 两个双键的 $C_{18}$ 不饱和脂肪酸，经 2 轮β-氧化后产生顺-$\Delta^2$，$\Delta^5$-烯脂酰 CoA，再水化后产生 3 羟基 CoA 的 D 型异构体，它不是 L-3 羟酰基 CoA 脱氢酶的底物，这一障碍由差向异构酶克服。反应式如下：

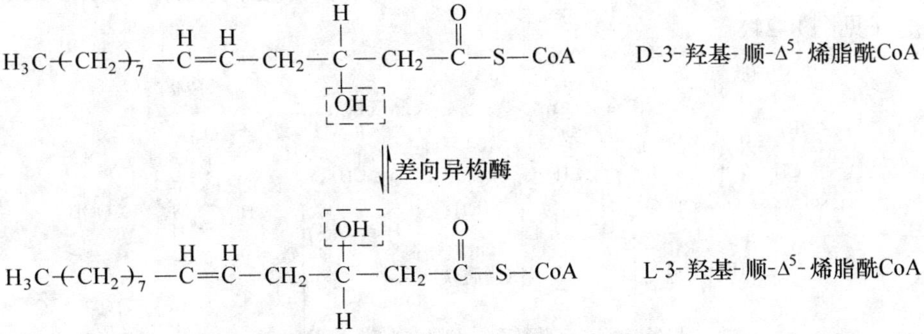


8.3.3.3 奇数碳链脂肪酸的氧化

具有奇数碳原子的脂肪酸，先按β-氧化降解，最后剩下丙酰 CoA；丙酰 CoA 羧化生

成琥珀酰 CoA，进入 TCA 循环。反应过程如下：

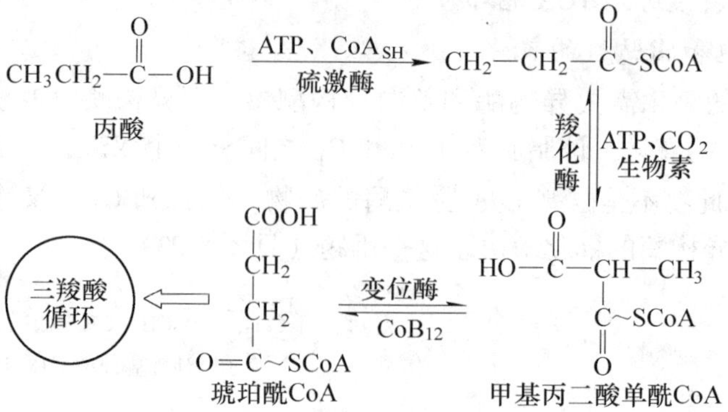


# 8.4 蛋白质的分解代谢

生物利用蛋白质首先要进行水解，动物和植物是在体内水解蛋白质的；微生物则在细胞外水解。蛋白质经过蛋白酶水解成氨基酸，然后进入细胞内进一步氧化分解或转化。

## 8.4.1 蛋白质的水解

生物体从外界摄取的蛋白质首先必须降解，然后才能转化为自身的组成成分。其中蛋白质在哺乳动物消化道中降解为氨基酸的过程称为消化。蛋白质的消化主要在胃和小肠中进行，是由各种蛋白酶催化的水解过程。水解过程中，可将大分子的蛋白质逐步降解，依次为：蛋白质→脲→胨→肽→氨基酸。氨基酸进一步在生物细胞内氧化分解或合成新的蛋白质。蛋白质在人和动物胃肠中经胃蛋白酶、胰蛋白酶、糜蛋白酶、肽酶等催化水解成氨基酸而进入血液，也有少部分二肽可直接吸收进入血液。因此，蛋白质的分解代谢，实际上是以氨基酸的分解代谢为中心的。

在各种蛋白酶中，能催化断裂肽链内部肽键的酶称为内肽酶，包括胃蛋白酶、胰凝乳蛋白酶、弹性蛋白酶、胰蛋白酶等；而羧肽酶、氨肽酶分别催化断裂羧基末端和氨基末端，称为外肽酶。

动物和人体内水解蛋白质的各种酶具有不同的专一性，它们分别作用于多肽链不同部位的肽键（见图 8-24）。

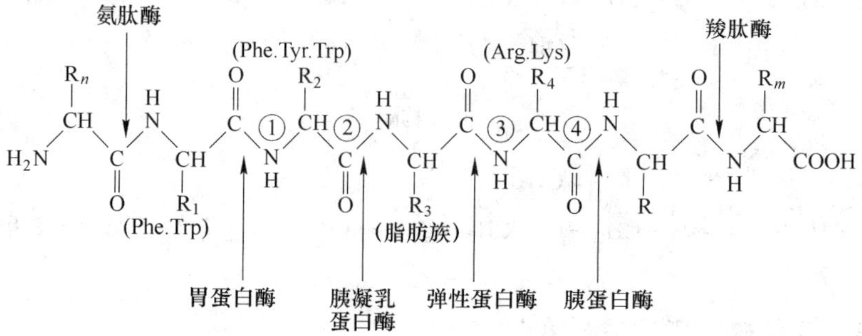


图 8-24 消化道内蛋白酶的专一性

### 8.4.2 氨基酸分解代谢概述

氨基酸的分解代谢包括个别分解代谢与一般分解代谢，其作用方式为：

- 氨基酸的分解代谢
  - 个别分解代谢 → 特殊侧链的分解代谢
  - 一般分解代谢 →
    - 脱羧基作用 → $CO_2$+胺
    - 脱氨基作用 → $NH_3$+α-酮酸

### 8.4.3 氨基酸的脱氨基作用

氨基酸的脱氨基作用指氨基酸在酶的作用下脱去氨基生成相应α-酮酸的过程，主要在肝、肾中进行。体内氨基酸脱氨基方式主要有氧化脱氨基、转氨基作用和联合脱氨基等。

8.4.3.1 氧化脱氨基作用

α-氨基酸在酶的催化下氧化生成α-酮酸并产生氨的过程，称为氧化脱氨基作用。

氨基酸的氧化脱氨基反应主要由L-氨基酸氧化酶和L-谷氨酸脱氢酶所催化。

L-氨基酸氧化酶是一种需氧脱氢酶，以FAD或FMN为辅基，脱下的氢原子交给$O_2$，生成$H_2O_2$。该酶活性不高，在各组织器官中分布有局限性，因此作用不大。该酶催化的反应式如下：

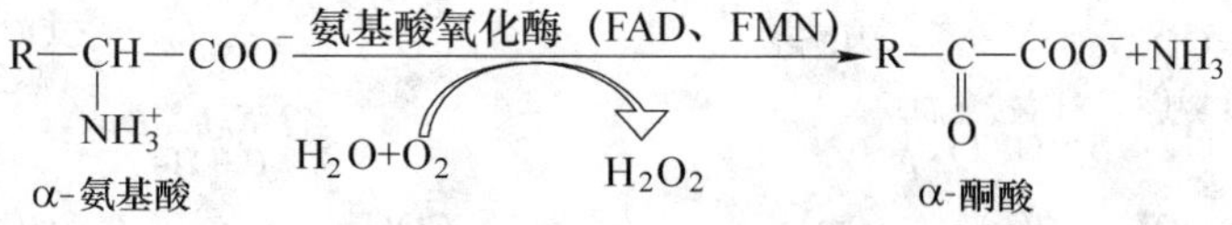


L-谷氨酸脱氢酶是一种不需氧的脱氢酶，该酶活性高，分布广泛，由于谷氨酸与α-酮戊二酸可相互转化，因而L-谷氨酸脱氢酶在糖代谢和氨基酸代谢中具有重要作用。该酶催化的反应式如下：

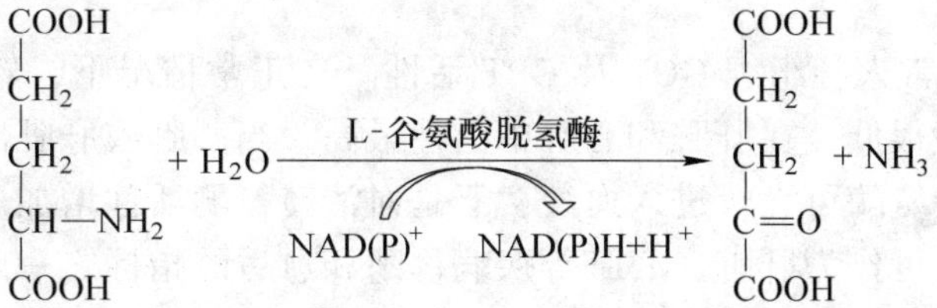


8.4.3.2 转氨基作用

在转氨酶的催化下，α-氨基酸的氨基转移到α-酮酸的羰基碳原子上，结果原来的α-氨基酸生成相应的α-酮酸，而原来的α-酮酸则形成了相应的α-氨基酸，这种作用称为转氨基作用或氨基移换作用。反应过程如下：

大多数氨基酸可参与转氨基作用，但赖氨酸、脯氨酸、羟脯氨酸除外。

体内较为重要的转氨酶有以下几种。

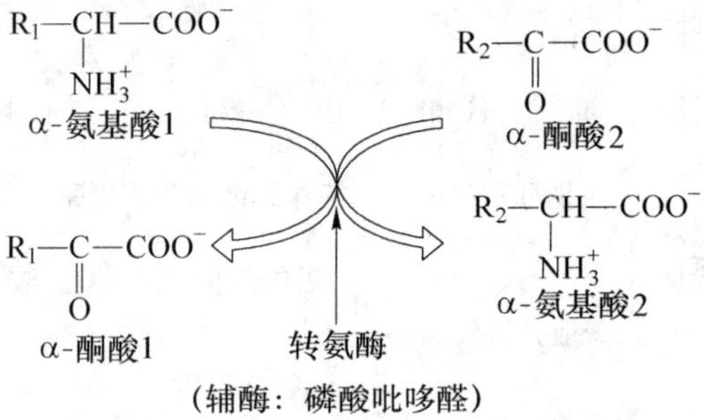


（1）丙氨酸氨基转移酶（ALT），又称为谷丙转氨酶（GPT）。催化丙氨酸与α-酮戊二酸之间的氨基移换反应，为可逆反应。该酶在肝脏中活性较高，在肝脏疾病时，可引起血清中ALT活性明显升高。

（2）天冬氨酸氨基转移酶（AST），又称为谷草转氨酶（GOT）。催化天冬氨酸与α-酮戊二酸之间的氨基移换反应，为可逆反应。该酶在心肌中活性较高，故在心肌疾患时，血清中AST活性明显升高。

谷丙转氨酶和谷草转氨酶催化的转氨反应式如下：

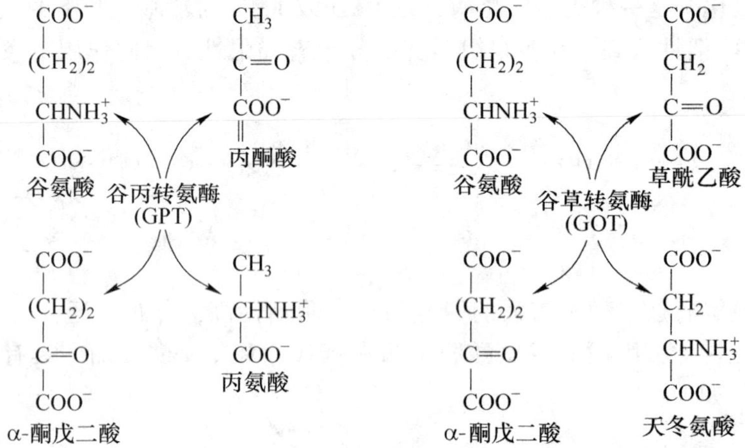


表8-3给出了正常人各组织GOT及GPT活性。在正常情况下，转氨酶主要分布在细胞内，血清中的活性很低，在肝脏和心脏中活性最高。当心脏或肝脏出现炎症时，由于细胞膜通透性增加，转氨酶可大量进入血液，于是血清转氨酶活性增加。由此可见，血清转氨酶活性，在临床上可作为肝脏、心脏等疾病诊断和愈后的指标之一。

**表8-3 正常人各组织GOT及GPT活性** （U/g湿组织）

| 组织 | GOT | GPT | 组织 | GOT | GPT |
|---|---|---|---|---|---|
| 心 | 156000 | 7100 | 胰腺 | 28000 | 2000 |
| 肝 | 142000 | 44000 | 脾 | 14000 | 1200 |
| 骨骼肌 | 99000 | 4800 | 肺 | 10000 | 400 |
| 肾 | 91000 | 19000 | 血清 | 20 | 16 |

转氨酶的辅酶是磷酸吡哆醛，转氨基作用的机制如下：

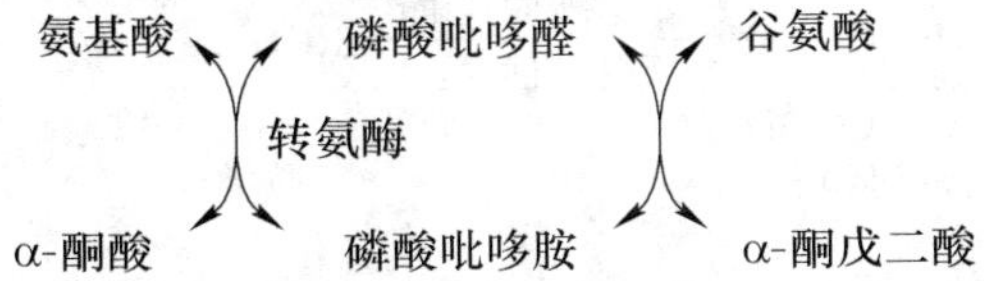


转氨基作用不仅是体内多数氨基酸脱氨基的重要方式，也是机体合成非必需氨基酸的重要途径。通过此种方式并未产生游离的氨。

8.4.3.3 联合脱氨基作用

两种脱氨基方式的联合作用，使氨基酸脱下 α-氨基生成 α-酮酸的过程称为联合脱氨基作用。联合脱氨基作用可在大多数组织细胞中进行，是体内主要的脱氨基的方式。

联合脱氨基作用包括以下两种类型。

(1) 转氨基偶联氧化脱氨基作用。此种方式既是氨基酸脱氨基的主要方式，也是体内合成非必需氨基酸的主要方式（见图 8-25），主要在肝、肾组织进行。

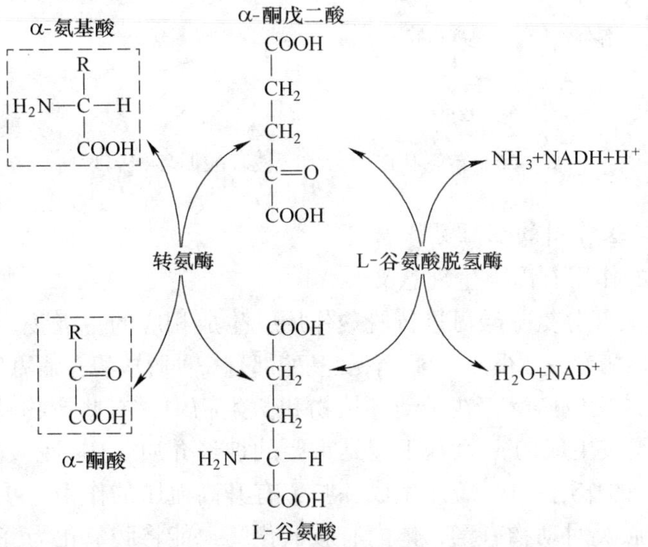


图 8-25 转氨基偶联氧化脱氨基作用

(2) 转氨基偶联嘌呤核苷酸循环。由于肌肉组织中的谷氨酸脱氢酶含量较少、活性低，因此这些组织中是以另一种联合脱氨作用进行脱氨，即转氨基偶联腺嘌呤核苷酸循环（见图 8-26）。

## 8.4.4 氨基酸脱羧基作用

8.4.4.1 脱羧方式

脱羧基作用是由氨基酸脱羧酶催化，辅酶为磷酸吡哆醛，产生 $CO_2$ 和胺的过程。所产生的胺可由胺氧化酶氧化为醛、氨，醛进一步被氧化为酸，酸可由尿液排出，也可再氧化为 $CO_2$ 和水。反应式如下：

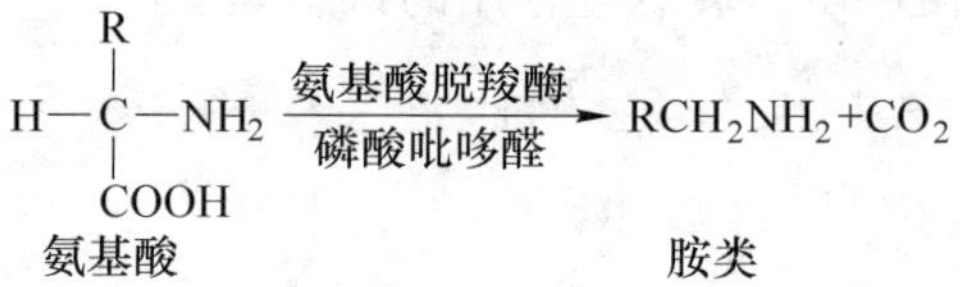


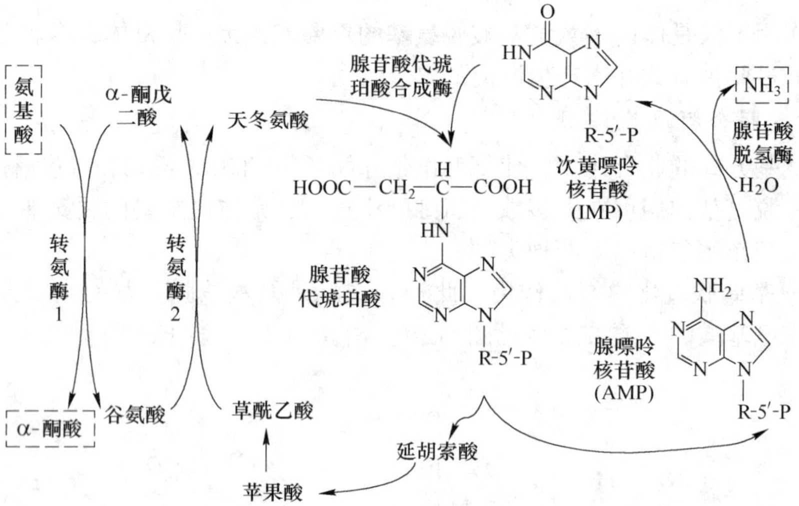


图 8-26 转氨基作用与嘌呤核苷酸循环相偶联

8.4.4.2 脱羧基作用的生理意义

氨基酸脱羧基的作用有以下生理意义。

(1) 生物体内大部分氨基酸可进行脱羧作用，生成相应的一级胺。

(2) 氨基酸脱羧酶专一性很强，每一种氨基酸都有一种脱羧酶，辅酶都是磷酸吡哆醛。

(3) 氨基酸脱羧反应广泛存在于动、植物和微生物中，有些产物具有重要生理功能，如脑组织中 L-Glu 脱羧生成的 γ-氨基丁酸是重要的神经介质。His 脱羧生成组胺（又称组织胺），有降低血压的作用。Tyr 脱羧生成酪胺，有升高血压的作用。

(4) 但大多数胺类对动物有毒，体内有胺氧化酶，能将胺氧化为醛和氨。

### 8.4.5 α-酮酸的代谢

氨基酸脱去氨基后生成的 α-酮酸在体内的代谢途径以下有 3 种。

8.4.5.1 经氨基化生成非必需氨基酸

沿着脱氨基作用的逆反应进行，主要发生转氨作用和还原氨基化。反应式如下：

α-酮酸+谷氨酸→氨基酸+α-酮戊二酸

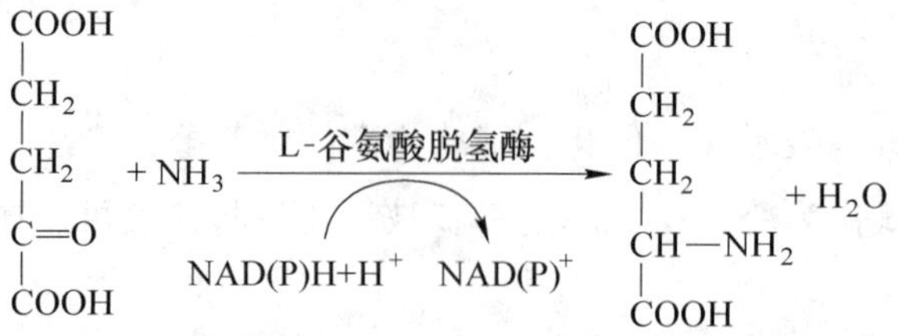

8.4.5.2 转变成糖及脂类

转变成糖与脂类的氨基酸有以下几种。

(1) α-酮酸基本上都能转变为糖代谢的中间产物，继而异生成糖，这类氨基酸称为生糖氨基酸。

(2) α-酮酸可转变成酮体，能使动物尿中酮体增加，这类氨基酸称为生酮氨基酸。

(3) 有些氨基酸产生的α-酮酸既能转变成糖又能转变成酮体，这类氨基酸称为生糖兼生酮氨基酸。

20种基本氨基酸生糖及生酮性质的分类见表8-4。

**表 8-4　氨基酸生糖及生酮性质的分类**

| 类　别 | 氨　基　酸 |
|---|---|
| 生糖氨基酸 | 甘氨酸、丝氨酸、缬氨酸、组氨酸、精氨酸、丙氨酸、谷氨酸、谷氨酰胺、甲硫氨酸、苏氨酸、天冬氨酸、天冬酰胺、脯氨酸、半胱氨酸 |
| 生酮氨基酸 | 亮氨酸、赖氨酸 |
| 生糖兼生酮氨基酸 | 异亮氨酸、苯丙氨酸、酪氨酸、色氨酸 |

8.4.5.3 氧化供能

α-酮酸经过三羧酸循环途径和氧化磷酸化被彻底氧化成$CO_2$和$H_2O$，同时生成ATP，满足机体能量需要。

由此可见，糖、脂肪和氨基酸（蛋白质）三大物质代谢是紧密相关的，通过一定中间物可将它们互相联系起来（见图8-27）。

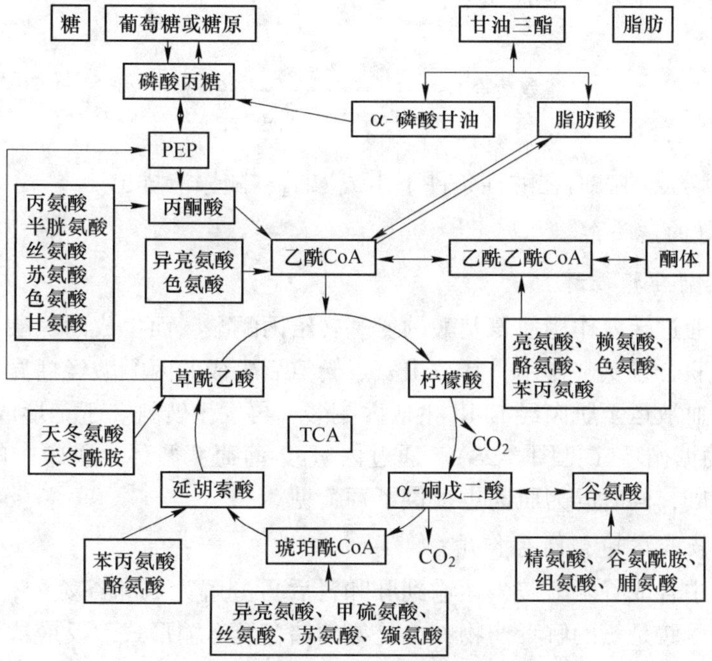


图8-27　氨基酸、糖及脂肪代谢的联系

### 8.4.6 氨的代谢去路

氨是机体正常代谢产物，具有毒性。但正常人血氨浓度一般不超过 0.6μmol/L，人体内的氨主要是在肝合成尿素而解毒的。

8.4.6.1 血氨的来源与去路

A 氨的来源

氨在人体内有以下几种来源。

（1）氨基酸脱氨基作用产生的氨是血氨主要来源；胺类的分解也可以产生氨，反应式如下：

$$RCH_2NH_2 \xrightarrow{\text{胺氧化酶}} RCHO+NH_3$$

（2）肠道吸收的氨主要来源于氨基酸在肠道细菌作用下，产生的氨和尿素经肠道细菌尿素酶水解产生的氨。

（3）肾小管上皮细胞分泌的氨主要来自谷氨酰胺，反应式如下：

$$\text{谷氨酰胺} \xrightarrow{\text{谷氨酰胺酶}} \text{谷氨酸}+NH_3$$

B 氨的去路

人体内产生的氨有以下三种去路。

（1）在肝内合成尿素（酸），这是最主要的去路。

（2）合成非必需氨基酸及其他含氮化合物。

（3）合成谷氨酰胺，反应式如下：

$$\text{谷氨酸}+NH_3 \xrightarrow[\text{ATP} \quad \text{ADP+Pi}]{\text{谷氨酰胺合成酶}} \text{谷氨酰胺}$$

（4）肾小管分泌的 $NH_3$ 在酸性条件下生成 $NH_4^+$，随尿液排出。

8.4.6.2 氨的转运

A 丙氨酸-葡萄糖循环

在肌肉中，通过转氨作用使氨基酸的氨基转给丙酮酸，而生成丙氨酸；丙氨酸经血液运至肝中，通过联合脱氨基作用，释放出氨。转氨后生成的丙酮酸经糖异生途径生成葡萄糖；葡萄糖再经血液运至肌肉经 EMP 生成丙酮酸，再发生转氨。于是形成一个环式途径，称为丙氨酸-葡萄糖循环（见图 8-28）。通过丙氨酸-葡萄糖循环，肌肉中的氨以无毒的丙氨酸形式运输到肝，同时肝为肌肉也提供了葡萄糖。

B 谷氨酰胺的运输和储存作用

在脑、肌肉中合成谷氨酰胺，运输到肝和肾后再分解为氨和谷氨酸，从而进行解毒。由此可见，谷氨酰胺是氨的解毒产物，也是氨的储存及运输形式。反应式如下：

$$\text{谷氨酸}+NH_3 \underset{\text{谷氨酰胺酶}}{\overset{\text{ATP}\ \ \text{谷氨酰胺合成酶}\ \ \text{ADP+Pi}}{\rightleftharpoons}} \text{谷氨酰胺}$$

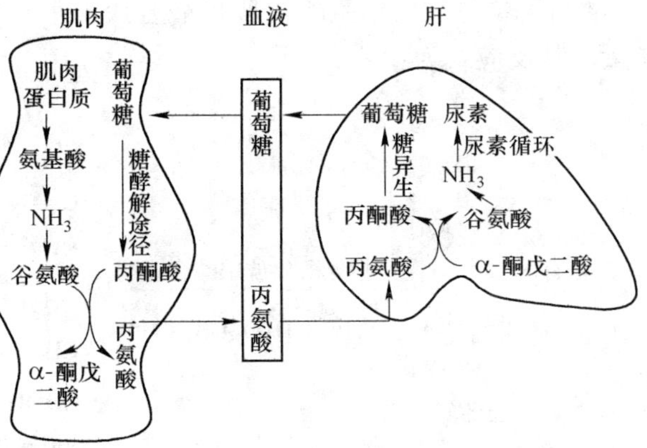


图 8-28 丙氨酸-葡萄糖循环

#### 8.4.6.3 尿素的生成

尿素生成的过程由 Hans Krebs 和 Kurt Henseleit 1932 年提出，称为鸟氨酸循环，又称为尿素循环或 Krebs- Henseleit 循环。鸟氨酸循环主要在肝细胞的线粒体及胞液中进行。

A 氨基甲酰磷酸的合成

在线粒体基质中，氨基甲酰磷酸合成酶 I 催化联合脱氨基作用产生的 $NH_3$ 与 $CO_2$、ATP 生成氨基甲酰磷酸。生成的氨基甲酰磷酸是氨的活化形式，类似高能化合物。反应式如下：

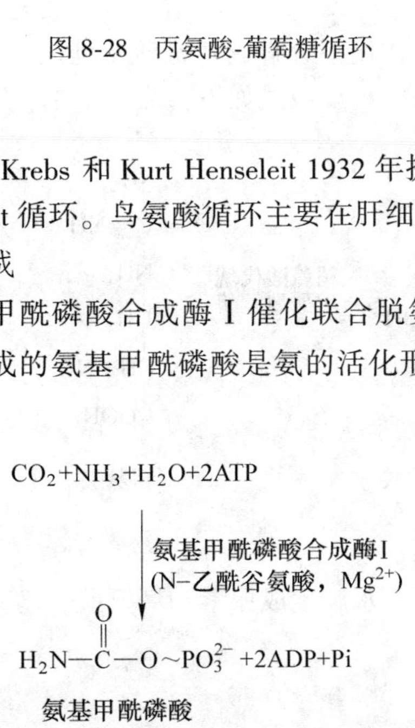


B 瓜氨酸的合成

氨基甲酰磷酸在鸟氨酸氨甲酰基转移酶催化下与来自细胞液的鸟氨酸在线粒体内发生反应，生成瓜氨酸，瓜氨酸离开线粒体进入细胞液。反应式如下：

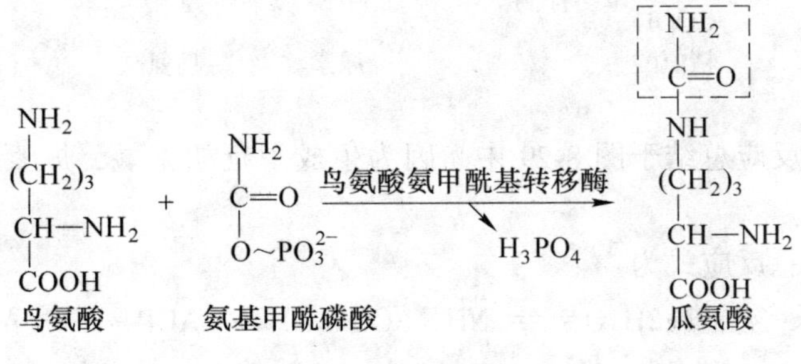

C　精氨酸的合成

在细胞液中，瓜氨酸与天冬氨酸由精氨酸代琥珀酸合成酶催化合成精氨酸代琥珀酸，反应需要 ATP 提供能量。其反应式为：

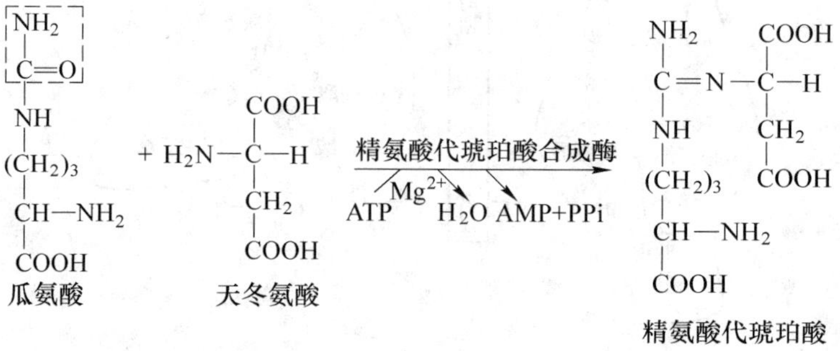


精氨酸代琥珀酸在裂解酶作用下分解成精氨酸及延胡索酸。延胡索酸转变成苹果酸、草酰乙酸后又可转变成天冬氨酸。反应式如下：

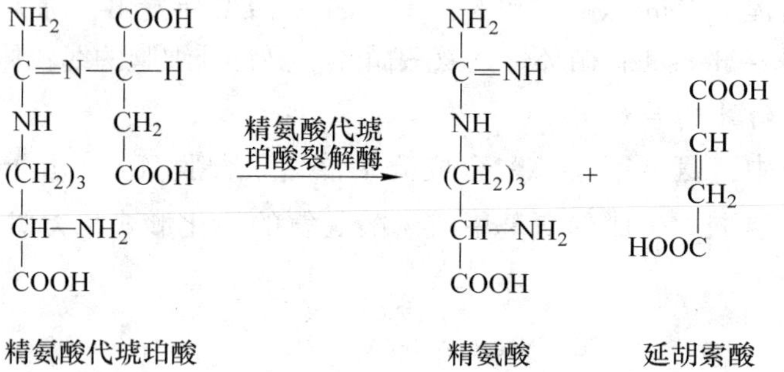


D　精氨酸水解生成尿素

精氨酸在精氨酸酶催化下，水解生成尿素和鸟氨酸；鸟氨酸可通过线粒体膜进入线粒体，再参与循环。反应式如下：

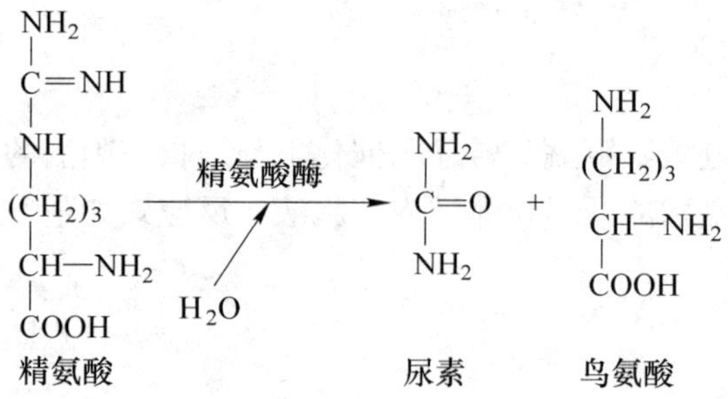


鸟氨酸循环各反应总结于图 8-29 中。因为生成了延胡索酸，尿素生成的循环就与其他代谢联系起来了。

鸟氨酸循环的总反应式为：

$NH_3+CO_2+3ATP+$天冬氨酸$+2H_2O$ ══ $NH_2—CO—NH_2+2ADP+2Pi+AMP+PPi+$延胡索酸

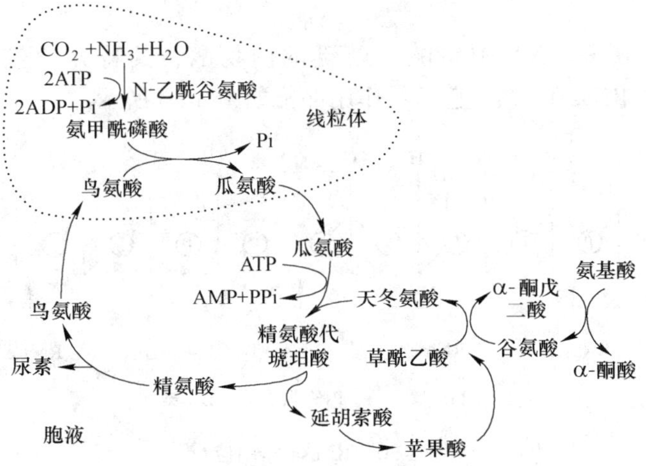


图 8-29 鸟氨酸循环

# 8.5 核酸的分解代谢

## 8.5.1 核酸的降解

核酸的基本结构单位是核苷酸。核酸降解产生核苷酸，在生物体内，核苷酸可由其他化合物合成，某些辅酶的合成与核苷酸代谢也有关。体内的核苷酸可来自食物中核酸或体外核酸类物质的分解吸收，但主要是由机体细胞自身合成。

核酸经过核酸酶、核苷酸酶和核苷磷酸化酶等的水解产生戊糖、磷酸和碱基。戊糖可以参加磷酸戊糖旁路进行代谢。磷酸除继续用于重要的磷酸化过程外，还可以随无机盐代谢规律进行代谢。只有碱基是核酸分解代谢的特有物质。因此可以认为，核酸分解代谢的中心是碱基（包括嘌呤和嘧啶）的分解代谢。核酸在生物体内水解的一般过程如下：

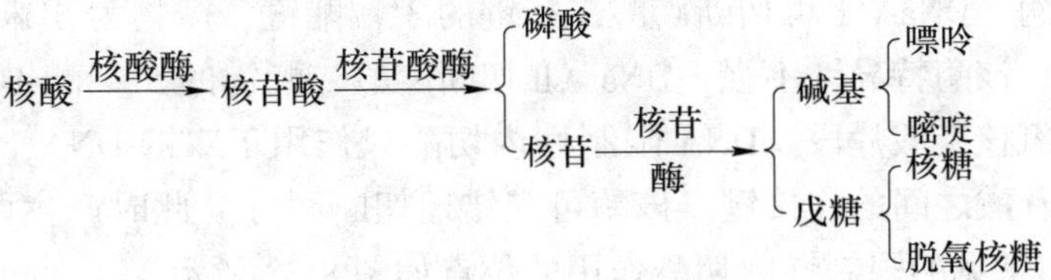


## 8.5.2 核酸酶

### 8.5.2.1 核酸酶的定义及分类

核酸酶是指所有可以水解核酸的酶。依据底物不同分为 RNA 酶（专一降解 RNA，RNase）和 DNA 酶（专一降解 DNA，DNase）。依据作用部位不同可分为核酸外切酶与核酸内切酶。核酸外切酶是指从 5′→3′或 3′→5′依次切开磷酸二酯键的核酸酶。核酸内切酶是作用于核酸内部的磷酸二酯键，又分为限制性核酸内切酶和非特异性限制性核酸内切酶。

A　RNase

RNase 是一类切断 RNA 中磷酸二酯键的内切酶，其特异性较强。RNase 主要有 RNaseI、RNaseT$_1$、RNaseU$_2$等，它们的作用部位如图 8-30 所示。

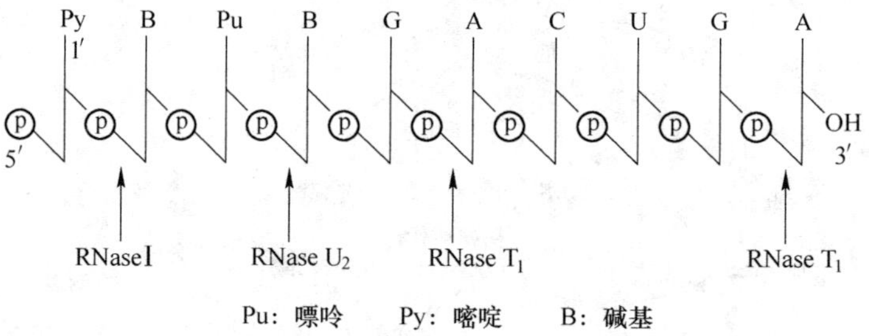


图 8-30　RNase 作用位点

在核酸外切酶中，比较常见的如牛脾磷酸二酯酶（SPDase）和蛇毒磷酸二酯酶（VPDase）。SPDase 从 RNA 的 5′端逐个切下核苷酸，产物为 3′-单核苷酸；VPDase 与它相反，从 3′端逐个切下核苷酸，产物为 5′-单核苷酸（见图 8-31）。

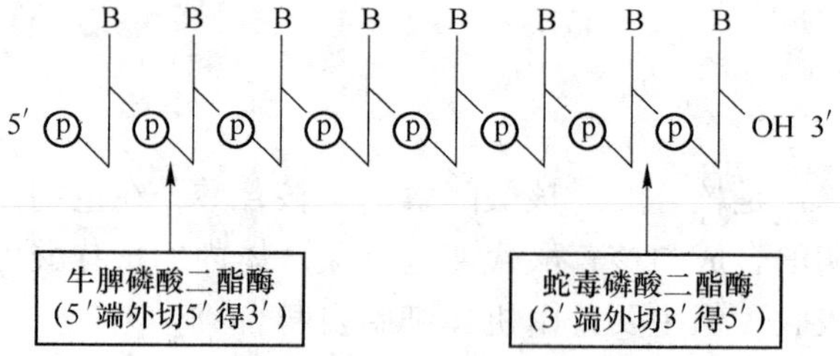


图 8-31　核酸外切酶对核酸的水解位点

B　DNase

DNase 是一类特异性水解 DNA 和切断磷酸二酯键的酶类，主要有 DNaseⅠ、DNaseⅡ、限制性内切酶。DNaseⅠ可切断磷酸二酯键的 3′端酯键，产物为 5′末端带磷酸的寡聚脱氧核苷酸片段，该酶特异性不强；DNaseⅡ切断磷酸二酯键的 5′端酯键，产物为 3′末端带磷酸的寡聚脱氧核苷酸片段。DNA 限制性内切酶只作用于双链 DNA，且只在特定核苷酸序列处切开核苷酸之间的连接键。该酶可交错地切断两链（此时产生两条互补的单链，称为黏性末端）。常见的限制性内切酶作用的位点如图 8-32 所示。

8.5.2.2　核酸酶的功能

生物体内的核酸酶负责细胞内外催化核酸的降解，主要有以下功能。

（1）参与 DNA 的合成与修复以及 RNA 合成后的剪接等重要基因复制和基因表达过程。

（2）负责清除多余的、结构和功能异常的核酸，同时也可清除侵入细胞的外源性核酸。

（3）在消化液中降解食物中的核酸以利于吸收。

（4）体外重组 DNA 技术中的重要工具酶。

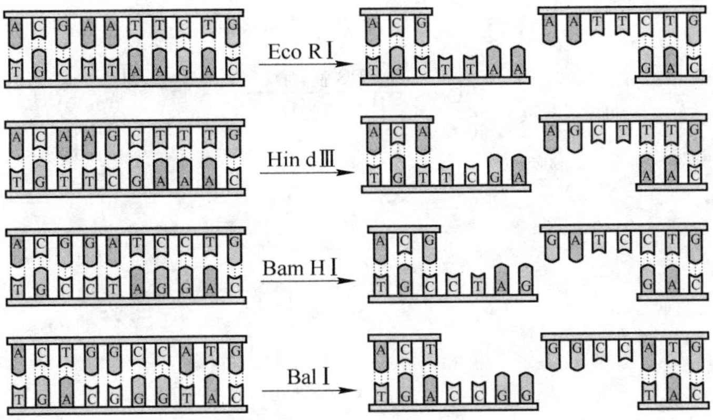


图 8-32 常见的限制性内切酶作用的位点

### 8.5.3 嘌呤核苷酸的分解代谢

#### 8.5.3.1 嘌呤核苷酸的分解

嘌呤核苷酸经核苷酸酶作用分解为嘌呤核苷，嘌呤核苷进一步降解的酶有两类：一是核苷磷酸化酶，广泛存在于生物机体中，能催化可逆反应；二是核苷水解酶，主要存在于植物、微生物体内，只作用于核糖核苷，催化反应不可逆（见图 8-33）。

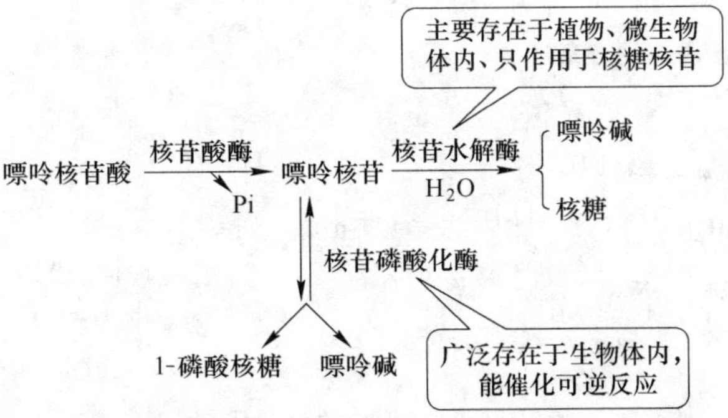


图 8-33 嘌呤核苷酸的分解

以上各分解产物都可进一步氧化分解，其中核糖的氧化分解可参见糖代谢相关部分。

#### 8.5.3.2 嘌呤的分解代谢

各嘌呤的分解代谢如图 8-34 所示。

不同种类的生物分解嘌呤碱的能力不同，因此嘌呤降解的终产物也不同。

(1) 排尿酸动物：灵长类、鸟类、昆虫、排尿酸爬虫类。

(2) 排尿囊素动物：哺乳动物（灵长类除外）、腹足类。

(3) 排尿囊酸动物：硬骨鱼类。

(4) 排尿素动物：大多数鱼类、两栖类。

(5) 某些低等动物能将尿素进一步分解成 $NH_3$ 和 $CO_2$ 排出体外。

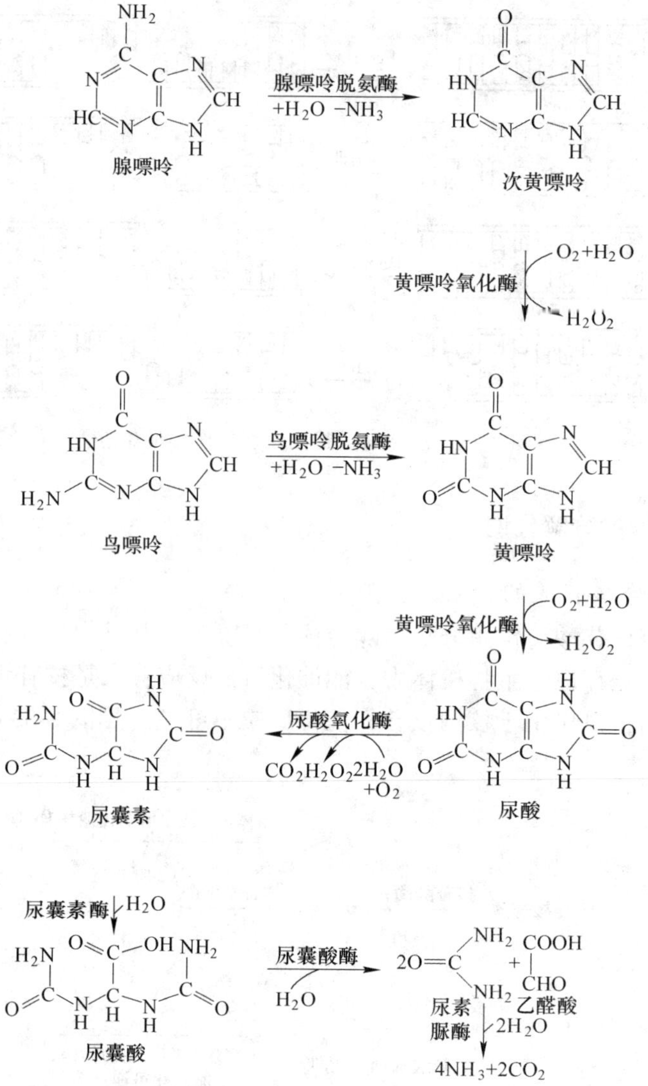


图 8-34　嘌呤的分解代谢

（6）植物分解嘌呤的途径与动物相似，产生各种中间产物（尿囊素、尿囊酸、尿素、$NH_3$）。

（7）微生物分解嘌呤类物质，生成 $NH_3$、$CO_2$及有机酸（甲酸、乙酸、乳酸等）。

8.5.3.3　痛风症的产生机制

痛风症患者由于体内嘌呤核苷酸分解代谢异常，可致血中尿酸水平升高，以尿酸钠晶体沉积于软骨、关节、软组织及肾脏，临床上表现为皮下结节、关节疼痛等。

### 8.5.4　嘧啶核苷酸的分解代谢

嘧啶核苷酸分解过程与嘌呤核苷酸的分解类似，分解产物为嘧啶与核糖或 1-磷酸核糖。胞嘧啶、尿嘧啶的主要分解产物为 β-丙氨酸，胸腺嘧啶的主要分解产物为 β-氨基异丁酸。在人体内，β-丙氨酸、β-氨基异丁酸可继续进行分解，但部分 β-氨基异丁酸也可随尿排出体外。嘧啶的分解代谢如图 8-35 所示。

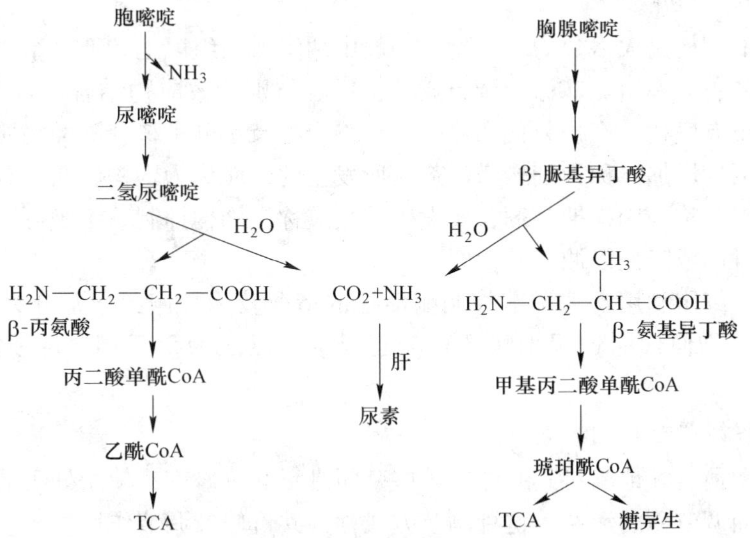


图 8-35 嘧啶的分解代谢

# 8.6 代谢的调节作用

生命是靠代谢的正常运作维持的。生物体有限的空间内同时有那么多复杂的代谢反应在运转，必须有灵巧而严密的调节机制，才能使代谢适应外界环境的变化与生物自身生长发育的需要。调节失灵便会导致代谢障碍，出现病态甚至危及生命。同时，某些生物的代谢障碍可能累积对人类有用的中间代谢产物。因此，研究代谢调节有着十分重要的理论意义和实用价值。

就整个生命界来说，代谢的调节是在 4 个不同水平上进行的。这 4 个水平是酶水平的调节、细胞水平的调节、激素水平的调节和神经水平的调节。酶和细胞水平的调节是最基本的调节方式，为动、植物和单细胞生物所共有。激素和神经的调节，是随着生物发展而完善起来的调节机制，但高级水平的神经和激素的调节仍然以酶水平和细胞水平的原始调节为基础。

## 8.6.1 酶水平的调节

生物体内的代谢过程绝大多数是由酶催化的化学反应组成的，所以酶水平的调节是生物体内最基本最普通的调节方式。根据作用的性质和时间的快慢，酶水平的调节可以分成两大类，即酶活性的调节和酶合成的调节。酶活性的调节包括酶的别构效应和共价修饰两种方式。酶的合成则属于基因表达调节。

### 8.6.1.1 酶活性的调节

酶活性的调节是以酶分子的结构为基础的，凡是导致酶结构改变的因素都可能影响酶的活性。酶的催化活性由一些因素（如底物浓度、辅助因子、温度、pH 值、离子强度等）直接调节，或某些其他因素（代谢产物或小分子核苷酸类物质）间接调节。

A 别构调节作用

调节代谢的别构酶大多数为寡聚酶，一般由两组或两组以上的亚基组成。其中一组亚基称为催化亚基，另一组亚基称为调节亚基，后者与别构效应物结合后可改变酶的活性。别构效应物主要有底物、产物或代谢途径的最终产物及小分子核苷酸类物质等。有的别构效应物可使酶活性增加，称为别构激活剂，所发生的效应称为别构激活；有的别构效应物可使酶活性下降，称为别构抑制剂，所发生的效应称为别构抑制。细胞可以通过酶的别构效应使酶活性升高或降低以调节其代谢。

研究表明，细胞利用反馈调节控制酶活性的情况较为普遍，通常分为正反馈和负反馈，代谢反应产物使代谢过程加快的称为正反馈；反之为负反馈。反馈调节属于别构调节。

B 共价修饰调节作用

共价调节酶通过其他酶对其肽链上某些基团进行共价修饰，使酶处于活性与无活性的互变状态，从而调节酶的活性，这种调节方式称为共价修饰调节作用。

目前已知至少有 7 种类型的可逆共价修饰作用：磷酸化/脱磷酸化，乙酰化/脱乙酰化，腺苷酰化/脱腺苷酰化，尿苷酰化/脱尿苷酰化，ADP-核糖基化，甲基化/脱甲基化，S-S/SH 相互转变。

共价修饰调节和别构调节不同，能引起酶分子共价键的变化，且因其是酶促反应，故对调节信号有放大效应。只要少量的调节因素存在就可加速这种酶促反应，使大量的另一种酶发生共价修饰，因此其调节效率比别构调节高。

8.6.1.2 基因表达的调节

蛋白质（酶）生物合成至少在两个水平上进行调节，一是转录的调节，即调节 DNA 的转录，来产生编码某一种蛋白质（酶）的 mRNA；另一水平是翻译的调节，即调节多肽链合成速率。

原核生物的基因组和染色体结构都比真核生物简单，转录和翻译可在同一时间和空间上进行。真核生物由于存在细胞核结构的分化，转录和翻译在空间和时间上都被分隔开，基因表达受多种因子协同调节控制，是一种高级调节方式。

### 8.6.2 细胞水平的调节

细胞有精细的结构。真核细胞还形成了很多结构复杂的内膜系统和细胞器。各类代谢反应的酶定位于不同的细胞区域中，使各代谢在空间上彼此隔开，互不干扰，按一定方式进行。

细胞内不同区域各代谢物浓度并非均匀一致。绝大多数代谢物不能自由通过细胞膜，必须由膜上专门的运输系统才能从膜一侧转移到另一侧。膜运输系统的活性也是可调节的，是代谢调节中一个重要环节。

### 8.6.3 激素水平的调节

激素是由动、植物的特殊细胞结构合成的，并经体液输送到作用部位，调节控制各种物质代谢和显示特殊生理活动的多种微量化学物质。激素对代谢起着强大的调节作用，体内的一种代谢过程常可受多种激素影响，一种激素也常可影响多种代谢过程。哺乳动物的激素依其化学本质不同大致分为四类：氨基酸及其衍生物、肽及蛋白质、类固醇、脂肪酸衍生物等。

从现有实验证据看来，蛋白质和肽类激素与类固醇激素的作用机制不同。

8.6.3.1　蛋白质和肽类激素

一般作用时，此类激素从内分泌腺分泌后，经体液循环运送到靶细胞，首先与细胞膜上某种受体结合，然后激活细胞膜上的腺苷酸环化酶，促使细胞内的 ATP 转化为 3′，5′-环腺苷酸（cAMP），cAMP 继而激活一种能催化蛋白质磷酸化反应的蛋白激酶，使其催化细胞内蛋白质和酶的磷酸化，再通过共价修饰及级联放大在代谢调节中起作用。

8.6.3.2　类固醇激素

一般作用时，此类激素从内分泌腺分泌后，经血液循环运送到靶细胞，与靶细胞内一种被称为“受体蛋白”的特殊蛋白质结合，形成激素-受体蛋白复合物。这种复合物在一定条件下进入细胞核，通过影响 RNA 和蛋白质的合成过程而影响某种酶蛋白的合成及其活性，来对代谢进行调节。

### 8.6.4　神经系统对代谢的调节

高等动物有完善的神经系统，神经系统不仅控制各种生理活动，也控制物质代谢。很多内分泌腺的活动受中枢神经系统的控制，也即神经系统对代谢的控制在很大程度上是通过激素而发挥其作用的。此外，神经对其所支配的器官组织的代谢也有直接影响，其机制可能是直接或间接影响分子和细胞水平的调节机制。例如刺激兔延脑的第四脑室底部的神经核，使冲动经由交感神经而作用于肝细胞，促进肝糖原转化为葡萄糖，使血糖含量升高出现糖尿；用电刺激兔下丘脑交感中枢可引起磷酸化酶活力上升，肝糖原含量下降，血糖含量上升；刺激副交感中枢可引起糖原合成酶活力上升，血糖含量降低。和糖代谢一样，脂肪代谢也处于神经系统的影响下。例如，切除大脑半球的小狗的肌肉中的脂肪含量较少，肝胆固醇含量增加；损伤动物下丘脑可以引起动物肥胖。在内分泌腺中，垂体、性腺、甲状腺、胰腺和肾上腺均参与脂肪代谢的调节，而它们的活动又受中枢神经系统的调节。

## 拓展阅读——废水处理中厌氧微生物的代谢活动

厌氧生物处理是在无氧条件下，利用多种厌氧微生物的代谢活动，将有机物转化为无机物和少量细胞物质的过程。这些无机物主要是大量生物气即沼气和水。在厌氧生物处理的过程中，复杂的有机化合物被分解，转化为简单、稳定的化合物，同时释放能量。

一、厌氧生物分解有机物的过程

复杂有机物的厌氧生物处理过程可以分为 4 个阶段，如图 8-36 所示。

（1）水解阶段。复杂有机物首先在发酵性细菌产生的胞外酶的作用下分解为溶解性的小分子有机物。高分子有机物因相对分子质量巨大，不能透过细胞膜，因此不可能被细菌直接利用。例如，纤维素被纤维素酶水解为纤维二糖与葡萄糖，淀粉被淀粉酶分解为麦

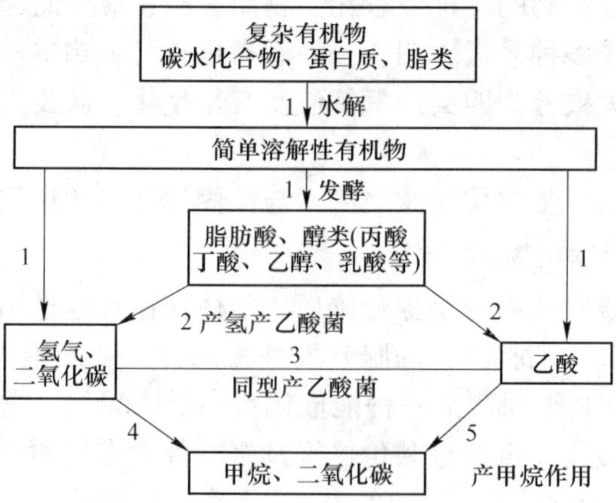


图 8-36　有机物厌氧分解过程

1—发酵细菌；2—产氢气乙酸菌；3—同型乙酸菌；4—利用 $H_2$ 和 $CO_2$ 的产甲烷菌；5—分解乙酸的产甲烷菌

芽糖和葡萄糖，蛋白质被蛋白质酶水解为短肽与氨基酸等。这些小分子的水解产物能够溶解于水并透过细胞膜被细菌所利用。水解过程通常比较缓慢，是复杂有机物厌氧降解的限速阶段。

（2）发酵（酸化）阶段。溶解性小分子有机物进入发酵菌（酸化菌）细胞内，在胞内酶作用下分解为挥发性脂肪酸（VFA），如乙酸、丙酸、丁酸以及乳酸、醇类、二氧化碳、氨、硫化氢等，同时合成细胞物质。发酵可以定义为：有机化合物既作为电子受体也作为电子供体的生物降解过程。在此过程中，溶解性有机物被转化为以挥发性脂肪酸为主的末端产物，因此这一过程也称为酸化。酸化过程是由许多种类的发酵细菌完成的，其中重要的类群有梭状芽孢杆菌（*Clostridium*）和拟杆菌（*Bacteriodes*）。这些菌绝大多数是严格厌氧菌，但通常有约 1%的兼性厌氧菌生存于厌氧环境中，这些兼性厌氧菌能够起到保护严格厌氧菌作用，如产甲烷菌免受氧的损害与抑制的作用。

（3）产乙酸阶段。发酵酸化阶段的产物丙酸、丁酸、乙醇等，在此阶段经产氢产乙酸菌作用转化为乙酸、氢气和二氧化碳以及新的细胞物质。

（4）产甲烷阶段。在此阶段，产甲烷菌通过以下两个途径之一，将乙酸、氢气和二氧化碳等转化为甲烷。其一是在二氧化碳存在时，利用氢气生成甲烷；其二是利用乙酸生成甲烷；利用乙酸的产甲烷菌有索氏甲烷丝菌和巴氏甲烷八叠球菌，两者生长速率有较大差别。在一般的厌氧生物反应器中，约 70%的甲烷由乙酸分解而来，30%由氢气还原二氧化碳而来。反应式如下：

利用乙酸：　$CH_3COOH \longrightarrow CH_4+CO_2$

利用氢气和二氧化碳：　$4H_2+CO_2 \longrightarrow 2CH_4+2H_2O$

例如：甲醇废水经厌氧生物降解转化为 $CH_4$ 有三种代谢途径：1）甲醇被产甲烷菌直接转化成 $CH_4$，这是最主要的转化途径。2）甲醇在水解酸化菌和产氢产乙酸菌的作用下产生乙酸，随后产甲烷菌将乙酸转化为 $CO_2$、$CH_4$。3）产甲烷菌将水解酸化阶段和产氢酸化阶段中的 $H_2$ 和 $CO_2$ 转化为 $CH_4$。

二、厌氧消化微生物

（一）发酵细菌（产酸细菌）

发酵细菌主要包括梭菌属（*Clostridium*）、拟杆菌属（*Bacteriodes*）、丁酸弧菌属（*Butyrivibrio*）、真细菌属（*Eubacterium*）和双歧杆菌属（*Bifidobacterium*）等。

这类细菌的主要功能是先通过胞外酶的作用将不溶性有机物水解成可溶性有机物，再将可溶性的大分子有机物转化成脂肪酸、醇类等。研究表明，这类细菌对有机物的水解过程相当缓慢，pH 值和细胞平均停留时间等因素对水解速率的影响很大。不同有机物的水解速率也不同，如类脂的水解就很困难。因此，当处理的废水中含有大量类脂时，水解就成为厌氧消化过程的限速步骤。但产酸的反应速率较快，并远高于产甲烷反应。

发酵细菌大多数为专性厌氧菌，但也有大量兼性厌氧菌。按照其代谢功能，发酵细菌可分为纤维素分解菌、半纤维素分解菌、淀粉分解菌、蛋白质分解菌和脂肪分解菌等。除发酵细菌外，在厌氧消化的发酵阶段，也可发现真菌和为数不多的原生动物。

（二）产氢产乙酸菌

近 10 年来的研究所发现的产氢产乙酸菌包括互营单孢菌属（*Syntrophomonas*）、互营杆菌属（*Syntrophobacter*）、梭菌属（*Clostridium*）、暗杆菌属（*Pelobacter*）等。

产氢产乙酸细菌可能是绝对厌氧菌或者兼性厌氧菌。

（三）产甲烷细菌

对绝对厌氧的产甲烷菌的分离和研究，是在 20 世纪 60 年代末 Hungate 开创了绝对厌氧微生物培养技术而得到迅速发展的。产甲烷菌大致可分为两类：一类主要利用乙酸产生甲烷；另一类数量较少，利用氢和 $CO_2$ 的合成生成甲烷。也有极少量细菌，既能利用乙酸，也能利用氢。

产甲烷菌都是绝对厌氧细菌，要求生活环境的氧化还原电位在 $-150 \sim -400$mV 范围内。氧和氧化剂对产甲烷菌有很强的毒害作用。产甲烷菌的增殖速率慢，繁殖世代期长，甚至达 4~6d，因此在一般情况下产甲烷反应是厌氧消化的控制阶段。

（四）厌氧微生物群体间的关系

在厌氧生物处理反应器中，不产甲烷菌和产甲烷菌相互依赖，互为对方创造维持生命活动所需要的良好环境和条件，但又相互制约。厌氧微生物群体间的相互关系表现在以下几个方面。

(1) 不产甲烷细菌为产甲烷细菌提供生长和产甲烷所需要的基质。不产甲烷细菌把各种复杂的有机物质，如碳水化合物、脂肪、蛋白质等进行厌氧降解，生成游离氢、二氧化碳、氨、乙酸、甲酸、丙酸、丁酸、甲醇、乙醇等产物，其中丙酸、丁酸、乙醇等又可被产氢产乙酸细菌转化为氨、二氧化碳、乙酸等。这样，不产甲烷细菌通过其生命活动为产甲烷细菌提供了合成细胞物质和产甲烷所需的碳前体和电子供体、氢供体和氮源。产甲烷细菌充当厌氧环境有机物分解中微生物食物链的最后一个生物体。

(2) 不产甲烷细菌为产甲烷细菌创造适宜的氧化还原条件。厌氧发酵初期，由于加料使空气进入发酵池，原料、水本身也携带有空气，这显然对于产甲烷细菌是有害的。它的去除需要依赖不产甲烷细菌类群中那些需氧和兼性厌氧微生物的活动。各种厌氧微生物对氧化还原电位的适应也不相同，通过它们有顺序地交替生长和代谢活动，使发酵液氧化还原电位不断下降，逐步为产甲烷细菌生长和产甲烷创造适宜的氧化还原条件。

(3) 不产甲烷细菌为产甲烷细菌清除有毒物质。在以工业废水或废弃物为发酵原料时，其中可能含有酚类、苯甲酸、氰化物、长链脂肪酸、重金属等对产甲烷细菌有毒害作用的物质。不产甲烷细菌中有许多种类能裂解苯环、降解氰化物等从中获得能源和碳源。这些作用不仅解除了对产甲烷细菌的毒害，而且给产甲烷细菌提供了养分。此外，不产甲烷细菌的产物硫化氢，可以与重金属离子作用生成不溶性的金属硫化物沉淀，从而解除一些重金属的毒害作用。

(4) 产甲烷细菌为不产甲烷细菌的生化反应解除反馈抑制。不产甲烷细菌的发酵产物可以抑制其本身的不断形成。氢的积累可以抑制产氢细菌的继续产氢，酸的积累可以抑制产酸细菌继续产酸。在正常的厌氧发酵中，产甲烷细菌连续利用由不产甲烷细菌产生的氢、乙酸、二氧化碳等，使厌氧系统中不致有氢和酸的积累，就不会产生反馈抑制，不产甲烷细菌也就得以继续正常的生长和代谢。

(5) 不产甲烷细菌和产甲烷细菌共同维持环境中适宜的pH值。在厌氧发酵初期，不产甲烷细菌首先降解原料中的糖类、淀粉等物质，产生大量的有机酸，产生的二氧化碳也部分溶于水，使发酵液的pH值明显下降。而此时，一方面不产甲烷细菌类群中的氨化细菌迅速进行氨化作用，产生的氨中和部分酸；另一方面，产甲烷细菌利用乙酸、甲酸、氢和二氧化碳形成甲烷，消耗酸和二氧化碳。这两个类群的共同作用使pH值稳定在一个适宜范围内。

(五) 缺氧 (anoxic) 处理

在没有氧分子存在的条件下，一些特殊的微生物类群可以利用含有化合态氧的物质如硫酸盐、亚硝酸盐和硝酸盐等作为电子受体，进行代谢活动。

(1) 硫酸盐还原。在处理含硫酸盐或亚硫酸盐废水的厌氧反应器中，硫酸盐或亚硫酸盐会被硫酸盐还原菌（SRB）在其氧化有机污染物的过程中作为电子受体而加以利用，并将它们还原为硫化氢。SRB的生长需要与产酸菌和产甲烷菌同样的底物，因此硫酸盐还原过程的出现会使甲烷的产量减少。

根据利用底物的不同，SRB分为三类，即氧化氢的硫酸盐还原菌（HSRB）、氧化乙酸的硫酸盐还原菌（ASRB）、氧化较高级脂肪酸的硫酸盐还原菌（FASRB）。在FASRB中，一些细菌能够将高级脂肪酸完全氧化为二氧化碳、水和硫化氢；另一些细菌则不完全氧化高级脂肪酸，其主要产物为乙酸。

在有机物的降解中，少量硫酸盐的存在影响不大。但与甲烷相比，硫化氢的溶解度要高很多，每克以硫化氢形式存在的硫相当于2g COD。因此，处理含硫酸盐废水时，有时尽管有机物的氧化已完成得比较彻底，COD的去除率却不一定令人满意。硫酸盐还原需要有足够的COD含量，其质量比应超过1.67。

(2) 反硝化。反硝化脱氮反应由脱氮微生物进行，通常脱氮微生物优先选择氧而不是亚硝酸作为电子受体。如果氧分子被耗尽，则脱氮微生物开始利用硝酸盐，即脱氮作用在缺氧条件下进行。

在实际生物处理过程中，好氧、兼性、厌氧分解分别担任着各自的角色。在人工处理构筑物中，由于具备良好的工程措施，可以选择微生物的种类并控制相应的分解过程。例如，在活性污泥曝气池中具有选择优势的是好氧及兼性细菌，发生的主要分解反应是好氧分解。但在天然或半天然处理设施中，各种分解过程可能顺序发生或同时发生。例如，在固体废弃物的填埋处理过程中，有机物的分解往往最初以好氧分解为主，但在一些氧扩散条件差的位点会发生厌氧分解。因此实际处理过程中发生的生物降解过程原理往往是十分复杂的，远不如理想状态下那么简单。

# 习　题

8-1 什么叫新陈代谢？试述微生物新陈代谢的特点。

8-2 试述葡萄糖的酵解过程。

8-3 葡萄糖有氧分解需经过哪些步骤，并指出相应反应所需的酶。

8-4 指出葡萄糖有氧分解过程中生成 ATP、NADH 和 $FADH_2$的反应。

8-5 试述磷酸己糖途径的生理意义。

8-6 虽然氧分子并不直接参与 TCA 循环，但该循环的运行必须在有氧条件下才能发生，为什么？

8-7 说明三羧酸循环的生理意义。

8-8 简述脂肪酸的 β-氧化过程，并指出在脂肪酸 β-氧化循环和糖的三羧酸循环中有哪些类似的反应顺序。

8-9 奇数碳原子的饱和脂肪酸与不饱和脂肪酸在体内如何进行 β-氧化的？

8-10 氨基酸脱氨基作用有几种方式？各种方式的反应机理是什么？

8-11 简述尿素的合成过程。

8-12 试述核酸酶的定义、分类及其功能。

8-13 嘌呤、嘧啶分解代谢的主要产物有哪些？

8-14 代谢调节有哪些水平？不同水平调节的特点是什么？

# 9 现代生物技术原理

**本章要点：**

(1) 基因工程、酶工程、细胞工程和发酵工程的相互关系；

(2) 基因工程、酶工程、细胞工程和发酵工程的基本原理；

(3) 现代生物技术在环境保护中的应用。

## 9.1 概　　述

生物技术被世界各国视为一项高新技术，它广泛应用于医药卫生、农、林、牧、渔、轻工、食品、化工和能源等领域，促进传统产业的技术改造和新兴产业的形成，对人类和社会生活将产生深远的革命性的影响。生物技术对提高国力，迎接人类所面临的诸如食品短缺、健康问题、环境问题及经济问题的挑战是至关重要的。生物技术是现实生产力，也是具有巨大经济效益的潜在生产力，它将是21世纪高新技术革命的核心内容。生物技术产业将是21世纪的支柱产业，许多国家都将生物技术确定为增长国力和经济实力的关键性技术之一。我国政府同样把生物技术列为高新技术之一，并组织力量进行追踪和攻关。

现代生物技术是20世纪70年代末80年代初发展起来的，以现代生物学研究为基础、以基因工程为核心的新兴学科。1986年国家科委制定《中国生物技术政策纲要》时，将生物技术定义为：以现代生命科学为基础，结合先进的工程技术手段和其他基础学科的科学原理，按照预先的设计改造生物体或加工生物体原料，为人类生产出所需产品或达到某种目的。

先进的生物技术手段是指基因工程、酶工程、细胞工程和发酵工程等新技术；改造生物体是指获得优良品种的动物、植物或微生物品系；生物体原料是指生物体的某一部分或生物生长过程中所能利用的物质，如淀粉、糖蜜、纤维素等有机物，也包括一些无机化合物，甚至有些矿石；为人类生产出所需的产品包括粮食、医药、食品、化工原料、能源、金属等各种产品；达到某种目的包括疾病与预防，诊断和治疗，环境污染的检测和治理等。

### 9.1.1 现代生物技术的内容

现代生物技术主要包括基因工程、酶工程、细胞工程和发酵工程，这些技术并不是各自独立的，而是相互联系、相互渗透的（见图9-1）。其中基因工程是核心技术，它能够带动其他技术的发展，如通过基因工程对细菌或细胞改造后获得的工程菌或细胞，必须通过发酵工程或细胞工程来生产有用物质。

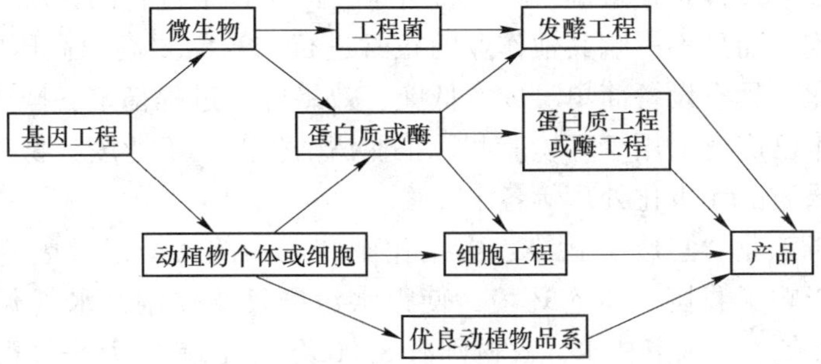


图 9-1 基因工程、酶工程、细胞工程和发酵工程之间的关系

### 9.1.2 现代生物技术的发展

现代生物技术是以 20 世纪 70 年代 DNA 重组技术的建立为标志的。1944 年 Avery 等阐明了 DNA 是遗传信息的携带者。1953 年 Watson 和 Crick 提出了 DNA 的双螺旋结构模型，阐明了 DNA 的半保留复制模式，从而开辟了分子生物学研究的新纪元。由于一切生命物质都是包括酶和非酶蛋白质行使其功能的结果，所以遗传信息和蛋白质的关系就成了研究生命活动的关键问题。1961 年 Khorana 和 Nirenberg 破译了遗传密码，揭开了 DNA 编码的遗传信息是如何传递给蛋白质这一秘密。基于上述理论的发展，1972 年 Bery 首先实现了 DNA 体外重组技术，标志着生物技术的核心技术——基因工程技术的开始。它给研究人员提供了一种全新的技术手段，使研究人员可以按照意愿在试管内切割 DNA、分离基因并经重组后导入其他生物或细胞借以改造农作物或畜牧品种；也可以导入细菌这种简单的生物体，由细菌生产大量有用的蛋白质，或作为药物，或作为疫苗；也可以直接导入人体内进行基因治疗。显然，这是一项技术上的革命。以基因工程为核心，带动了现代发酵工程、现代酶工程、现代细胞工程以及蛋白质工程的发展，形成了具有划时代意义和战略价值的现代生物技术。

### 9.1.3 现代生物技术在环境保护中的应用

#### 9.1.3.1 现代生物技术与环境保护

现代生物技术不仅在农作物改良、医药研究、食品工程方面发挥着重要作用，而且也随着日益突出的环境问题在治理污染、环境生物监测等方面发挥着重要的作用。自 20 世纪 80 年代以来生物技术作为一种高新技术，已普遍受到世界各国和民间研究机构的高度重视，发展十分迅猛。与传统方法比较，生物治理环境污染方法具有许多优点。

（1）生物技术处理垃圾废弃物是降解破坏污染物的分子结构，降解的产物以及副产物，大都是可以被生物重新利用的，有助于把人类活动产生的环境污染减轻到最小程度，这样既做到一劳永逸，不留下长期污染问题，同时也对垃圾废弃物进行了资源化利用。

（2）利用发酵工程技术处理污染物质，最终转化产物大都是无毒无害的稳定物质，如二氧化碳、水、氮气和甲烷气体等，生化反应常常是一步到位，避免污染物的多次转移而造成重复污染，因此生物技术是一种既安全又彻底消除污染物的手段。

（3）生物技术是以酶促反应为基础的生物化学过程，而作为生物催化剂的酶是一种活性蛋白质，其反应过程是在常温常压和接近中性的条件下进行的，所以大多数生物治理技术可以就地实施，而且不影响其他作业的正常进行。与需要高温高压的化工过程比较，反应条件大大简化，具有设备简单、成本低廉、效果好、过程稳定、操作简便等优点。所以，当今生物技术已广泛应用于环境监测、工业清洁生产、工业废弃物和城市生活垃圾的处理，有毒有害物质的无害化处理等各个方面。

目前我国由于工业“三废”污染、农用化肥和农药的污染以及废弃塑料和农用地膜的污染，严重地影响了我国的生态环境，使得水污染日益加剧，水资源严重短缺，全国600多个城市中已有一半城市缺水，农村则有8000万人和6000万头牲畜饮水困难；土壤污染严重，耕地面积锐减，近10年来每年流失的土壤总量达50亿吨，土地荒漠化日益加剧；森林覆盖面积下降，草场退化；人们的身体健康受到严重威胁，疾病发病率急剧上升。因此，加大环境保护和环境治理力度，加快应用高新技术，如现代生物技术来控制环境污染和保持生态平衡，提高环境质量已成为环保工作者的工作重点。

#### 9.1.3.2 现代生物技术在环境保护中的应用

##### A 污水的生物净化

污水中的有毒物质的成分十分复杂，包括各种酚类、氰化物、重金属、有机磷、有机汞、有机酸、醛、醇及蛋白质等。微生物通过自身的生命活动可以解除污水的毒害作用，从而使污水中的有毒物质转化为有益的无毒物质，使污水得到净化。当今固定化酶和固定化细胞技术处理污水就是生物净化污水的方法之一。运用固定化酶和固定化细胞可以高效处理废水中的有机污染物、无机金属毒物等，这方面国内外成功的例子很多，如德国将能降解对硫磷等9种农药的酶，以共价结合法固定于多孔玻璃及硅珠上，制成酶柱，用于处理对硫磷废水，去除率达95%以上；近几年我国在应用固定化细胞技术降解合成洗涤剂中的表面活性剂直链烷基苯磺酸钠（LAS）方面取得较大进展，对于含100mg/L废水，降解率和酶活性保存率均在90%以上；利用固定化酵母细胞降解含酚废水也已实际应用于废水处理。

##### B 污染土壤的生物修复

重金属污染的生物修复是利用生物（主要是微生物、植物）作用，削减、净化土壤中重金属或降低重金属的毒性。其原理是：通过生物作用（如酶促反应）改变重金属在土壤中的化学形态，使重金属固定或解毒，降低其在土壤环境中的移动性和生物可利用性，通过生物吸收、代谢达到对重金属的削减、净化与固定作用。污染土壤的生物修复过程可以增加土壤有机质的含量，激发微生物的活性，由此可以改善土壤的生态结构，这将有助于土壤的固定，遏制风蚀、水蚀等作用，防止水土流失。

##### C 白色污染的消除

废弃塑料和农用地膜经久不化解，是形成环境污染的重要成分。据估计我国土壤、沟河中塑料垃圾约有一百万吨。塑料在土壤中残存会引起农作物减产，若再连续使用而不采取措施，十几年后不少耕地将颗粒无收，可见数量巨大的塑料垃圾严重影响着生态和环境，研究和开发生物可降解塑料已迫在眉睫。利用生物工程技术一方面可以广泛地分离筛选能够降解塑料和农膜的优势微生物、构建高效降解菌；另一方面可以分离克隆降解基因并将该基因导入某一土壤微生物（如根瘤菌）中，使两者同时发挥各自的作用，将塑料和农膜迅速降解。同时，还需大力推行可降解塑料和地膜的研发、生产和应用。

有些微生物能产生与塑料类似的高分子化合物——聚酯，这些聚酯是微生物内源性储藏物质，可以用发酵方法进行生产，由此形成的塑料和地膜具有可被生物降解、高熔点、高弹性、不含有毒物质等优点，在医学等许多领域有极好的应用前景。为了降低成本、提高产量，研究人员正在用重组 DNA 技术对相关的微生物进行改造，这方面目前的一个研究热点是采用微生物发酵法生产聚-β 羟基烷酸（PHAs）。研究人员正设法构建出自溶性 PHAs 生产菌种，即将 PHAs 重组菌进行发酵，在积累大量的 PHAs 后，加入信号物质，使裂解蛋白产生，细胞壁破坏，PHAs 析出，以简化胞内产物 PHAs 的提取过程，降低提取成本。

D 化学农药污染的消除

一般情况下，使用的化学杀虫剂约 80%会残留在土壤中，特别是氯代烃类农药是最难分解的，给生态系统造成滞留毒害作用。因此，多年来研究人员一直在寻找更为安全有效的办法，利用微生物降解农药已成为消除农药对环境污染的一个重要方面。能降解农药的微生物，有的是通过矿化作用将农药逐渐分解成终产物 $CO_2$ 和 $H_2O$，这种降解途径彻底，一般不会带来副作用；有的是通过共代谢作用，将农药转化为可代谢的中间产物，从而从环境中消除残留农药，这种途径的降解结果比较复杂，有正面效应也有负面效应。为了避免负面效应，就需要用基因工程的方法对已知有降解农药作用的微生物进行改造，改变其生化反应途径，获得希望最佳的降解、除毒效果。

要想彻底消除化学农药的污染，最好全面推广生物农药。所谓生物农药是指由生物体产生的具有防治病虫害和除杂草等功能的一大类物质总称，它们多是生物体的代谢产物，主要包括微生物杀虫剂、农用抗生素制剂和微生物除草剂等。其中微生物杀虫剂得到了最广泛的研究，它主要包括病毒杀虫剂、细菌杀虫剂、真菌杀虫剂、放线菌杀虫剂等；长期以来并没有得到广泛的使用，现在研究人员正在利用重组 DNA 技术克服其缺点来提高杀虫效果。例如目前病毒杀虫剂的一个研究热点是杆状病毒基因工程的改造，正在研究将外源毒蛋白基因如编码神经毒素的基因克隆到杆状病毒中以增强杆状病毒的毒性；将能干扰害虫正常生活周期的基因如编码保幼激素酯酶的基因插入到杆状病毒基因组中，形成重组杆状病毒并使其表达出相关激素，以破坏害虫的激素平衡，干扰其正常的代谢和发育，从而达到杀死害虫的目的。

现代生物技术应用将会越来越多的服务于环境保护，目前面临的任务有以下几项：

（1）解决基因工程菌从实验室进入模拟系统和现代应用过程中的遗传稳定性、功能高效性和生态安全性等方面的问题。

（2）开发废物资源化和能源化技术，利用废物生产单细胞蛋白、生物塑料、生物肥料以及利用废物生产生物能源，如甲烷、氢气、乙醚等。

（3）研究无害化生物技术清洁生产工艺，如生物制浆、生物絮凝剂、酶的生物脱硫、生物冶金等。

（4）发展对环境污染物的生理毒性及其对生态影响的检测技术。

现代生物技术的发展，给环境保护增添了强大的动力，生物技术无论在生态环境保护方面，还是在污染预防和治理以及环境监测方面，都显示出独特的功能和优越性。

生物技术在应用于环境保护方面也面临许多问题，而这些难题的解决，依赖于现代生物技术的发展去开辟道路。人们有理由、有信心相信，最终环境问题解决的希望寄托于现代生物技术的进展和突破上。

## 9.2 酶工程基本原理

酶工程是现代生物技术的主要内容之一，是随着酶学研究的迅速发展，特别是酶的应用推广，使酶学与工程学相互渗透结合，发展而成的一门新的技术学科。它是从应用的角度出发研究酶，是在一定的生物反应装置中利用酶的催化性质进行生物转化的技术，是生物技术的重要组成部分。

酶工程是利用酶的催化作用进行物质转化（合成有用物、分解有害物）的技术，是将酶学理论与化工技术结合而形成的新技术。

酶工程的主要任务是：通过预先设计，经过人工操作控制而获得大量所需的酶，并通过各种方法使酶发挥其最大的催化功能，即利用酶的特定功能，借助工程学手段为人们提供产品或分解有害物质。

酶工程的目的是：为人们提供产品或以特定的功能为人类服务。

1971 年在美国召开的第一届国际酶工程会议上提出的酶工程的内容主要是：酶的生产、分离纯化，酶的固定化，酶及固定化酶反应器，酶与固定化的应用。

随着科学发展，酶工程所涉及的面越来越广。酶工程的发展经历了如下过程：自然酶的开发与应用，固定化酶，多酶反应器，仿生技术。

目前酶工程的研究内容主要包括以下几方面：

（1）酶制剂的分离、纯化、大批量生产及新酶的开发。

（2）酶生产中基因工程的应用。

（3）酶的固定化技术。

（4）酶分子改造与共价修饰以及酶结构与功能的研究。

（5）多酶反应器的研究与应用。

（6）酶抑制剂、激活剂的开发与应用研究。

（7）酶的应用性开发。

（8）模拟酶、合成酶及酶分子的人工设计、合成的研究。

（9）与其他生物技术领域的交叉和渗透。

### 9.2.1 酶的生产

酶的生产是酶工程研究的重要内容，酶作为生物催化剂普遍存在于动物、植物和微生物中。广义上讲，一切生物体都可以作为酶的来源。在实际中，对酶源的要求一是酶含量丰富；二是提取、纯化方便。

商业用酶大多来源于动植物组织或某些微生物。但是，从动物组织或植物组织大量提取的酶，经常要涉及技术上、经济上以及伦理上的问题，使得许多传统的酶源已经远远不能适应当今世界对酶的需求。为了扩大酶源，研究人员正越来越多地求助于微生物。发展微生物作为酶生产的来源的原因主要有以下几点：

（1）微生物生长繁殖快，生长周期短，产量高，单位干重产物的酶比活性高。

（2）微生物培养方法简单，所用的原料大部分为农副产品，来源丰富，价格低廉，机械化程度高，经济效益好。

(3) 微生物菌种种类繁多，酶的品种齐全。

(4) 微生物有较强的适应性和应变能力，可以通过适应、诱导、诱变等方法培育出新的产酶量高的菌种。

基于以上优点，目前工业上应用的酶，绝大多数来自微生物（见表9-1），且这种趋势有增无减。

**表9-1 工业上应用的主要酶类及其来源**

| 分类 | 酶名 | 来源 |
| --- | --- | --- |
| 氧化还原酶类 | 葡萄糖氧化酶 | 霉菌 |
| | 过氧化氢酶 | 萝卜 |
| | 过氧化物酶 | 微生物 |
| | 类固醇（甾类化合物）水解酶 | 微生物 |
| | 尿酸酶 | 酵母 |
| | 细胞色素C | 心肌、酵母 |
| 转移酶类 | 环糊精葡萄糖基转移酶 | 细菌 |
| | 转氨酶 | 细菌 |
| 水解酶类 | α-淀粉酶 | 微生物、麦芽、胰脏 |
| | β-淀粉酶 | 细菌、大豆、大麦 |
| | 纤维素酶 | 霉菌 |
| | 葡萄糖淀粉酶 | 霉菌 |
| | 转化酶（β-D-果糖呋喃糖苷酶） | 酵母 |
| | 果胶酶（多聚半乳糖醛酸酶） | 霉菌、细菌 |
| | 乳糖酶（β-D-半乳糖苷酶） | 微生物 |
| | 半纤维素酶 | 霉菌 |
| | 酸性蛋白酶 | 霉菌 |
| | 中性蛋白酶 | 微生物 |
| | 碱性蛋白酶 | 细菌 |
| | 粗制凝乳酶 | 霉菌、胃 |
| | 胃蛋白酶 | 胃 |
| | 胰蛋白酶 | 胰腺 |
| | 胰凝乳蛋白酶 | 胰腺 |
| | 木瓜蛋白酶 | 木瓜 |
| | 菠萝蛋白酶 | 菠萝 |
| | 溶菌酶 | 蛋清 |
| | 脲酶 | 豆类 |
| | 蜜二糖酶 | 霉菌 |
| | 肽酶 | 微生物 |
| | 核糖核酸酶 | 霉菌 |
| | 脂肪酶 | 微生物 |
| | 氨基酰化酶 | 霉菌 |
| | 青霉素酶 | 霉菌 |

续表 9-1

| 分　类 | 酶　名 | 来　源 |
|---|---|---|
| 裂解酶类 | 天冬酸酶 | 细菌 |
| | 柚苷酶 | 霉菌 |
| | 橙皮苷酶 | 霉菌 |
| | 花色素酶 | 霉菌 |
| | 果胶去除酶 | 细菌 |
| 连接酶类（合成酶） | $T_4$-连接酶 | 微生物 |
| 异构酶 | 木糖（葡萄糖）异构酶 | 细菌 |

以微生物作为酶源，虽然具有上述优点，但同时必须注意，微生物生产酶的同时，也会产生毒素、抗生素等生理活性物质。因此，使用之前必须进行纯化；否则，如应用于食品或医药工业，则会带来危害。我国目前对此还未制定出严格规定。美国 FDA（Food and Drug Administrator）对食品和药物都有严格的检查制度。一般公认，黑曲霉、酵母、枯草杆菌等生产的酶是安全的，若用其他微生物作为酶生产菌，则要进行毒性检查。

对酶生产菌的要求有以下几点：

（1）不是致病菌，也不产生毒素，这对食品用酶和医药工业用酶尤其重要。

（2）不易变异退化，不易感染噬菌体。

（3）产酶量高，酶的性质符合应用的要求，而且最好是产生胞外酶。

（4）能利用廉价的原料，发酵周期短，易培养。

另外，基因克隆是酶基因工程的关键。要构建一个具有良好产酶性能的菌株，还必须具备良好的宿主——载体系统，一个良好的宿主应具备以下几个特性：所希望的酶占细胞总蛋白质的比例要高，能以活性形式分泌；菌体容易大规模培养生长，无特殊要求，且能利用廉价的原料；载体与宿主相容，克隆酶基因的载体能在宿主中稳定维持；宿主的蛋白酶尽可能少，产生的外源酶不会被迅速降解；宿主菌种对人体安全，不分泌毒素。

### 9.2.2 酶分子的改造

改变酶特性有两种主要方法：一是通过生物工程的方法改造编码酶分子的基因从而达到改造酶的目的，即所谓的酶的蛋白质工程；二是通过分子修饰的方法来改变已分离出来的天然酶的结构。

酶的蛋白质工程是在基因工程的基础上发展起来的，而且仍需要应用基因工程的全套技术。两者不同的是，酶的基因工程的目的在于高效率表达某些目的酶（蛋白质），主要解决的是酶大量生产的问题；而蛋白质工程是通过结构基因的改造达到修饰蛋白质分子结构，从而改变该蛋白质的性能甚至创造出自然界中尚未发现的新蛋白质的目的。酶蛋白质工程的工作流程如图 9-2 所示。

基因工程和蛋白质工程将对酶工业产生重大影响。基因工程主要解决的是酶大量生产的问题，它可以降低酶产品的成本，同时也使稀有酶的生产变得更加容易，而蛋白质工程则可生产出符合人们要求的酶。

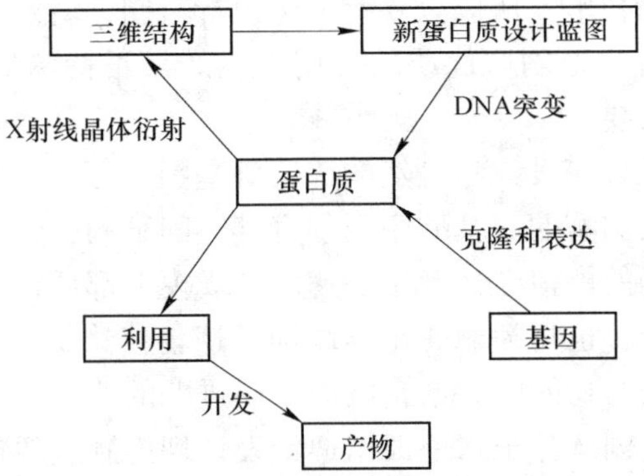


图 9-2 酶蛋白质工程的工作流程

酶分子修饰是指通过对酶蛋白主链的剪接切割和侧链的化学修饰对酶分子进行改造，改造的目的在于改变酶的一些性质，创造出天然酶不具备的某些优良性状，扩大酶的应用，以达到较高的经济效益。

制备修饰酶的目的有以下几种：

(1) 提高酶的活性。

(2) 改进酶的稳定性。

(3) 允许酶在一个变化的环境中起作用。

(4) 改变酶的最适 pH 值或最适温度。

(5) 改变酶的特异性，使它能催化不同的底物。

(6) 改变催化反应类型。

(7) 提高催化过程的反应速率。

大多数酶经过修饰后，其性质会发生一些变化，如酶的热稳定性、抗各类失活因子能力、半衰期、最适 pH 值等酶学性质。一些酶经过化学修饰后其催化活力的变化见表 9-2。

**表 9-2 酶的化学修饰对其对催化活性的影响**

| 酶 | 化学修饰 | 影 响 |
|---|---|---|
| α-修饰酶（枯草杆菌） | 修饰活性部位的色氨酸 | 产物中葡萄糖和麦芽糖的百分比加大 |
| α-胰凝乳蛋白酶 | 向反应混合物中加吡哆醛 | 可使带有自由氨基的 D-芳香族氨基酸酯水解，减少对正常底物的活力 |
| 木瓜蛋白酶 | 用 7-α-溴乙酰-10-甲基异噁烷将活性部位的半胱氨酸烷基化 | 起始二氢尼古丁酰胺的氧化作用 |
| 凝乳酶 | 用各种酐进行酰化 | 使牛奶凝结力增加 100%以上 |

酶基因的克隆和表达技术的应用使研究者有可能克隆各种天然的蛋白基因或酶基因。近几年兴起了另一个新研究领域：酶的选择性遗传修饰，即酶基因的定点突变。研究者在分析氨基酸序列、弄清酶的一级结构及 X 射线衍射分析弄清酶的空间结构的基础上，再由功能推知结构或由结构推知功能的反复推敲下，设计酶基因的改造方案、指出选择性遗传修饰的修饰位点。

现在研究人员已掌握技术，所以只要有遗传设计蓝图，就能人工合成出所设计的酶基因。酶遗传设计的主要目的是创造优质酶，用于生产昂贵特殊的药品和超自然的生物制品，以满足人类的特殊需要。

目前的关键问题在于如何设计超自然的优质酶基因，即如何做出优质酶基因的遗传设计蓝图。现在还不可能根据酶的氨基酸序列预言其空间结构，随着计算机技术和化学理论的进步，酶或其他大分子的模拟在精确度、速度及规模上都会得到改善，这将会产生有关酶行为的新观点或新理论，也将为酶的化学修饰及遗传修饰提供更多的实验依据及数据，有助于解决关于酶的结构与功能的关系，因而将促进酶的遗传设计的发展。设计酶或蛋白质分子能力的发展，将开创从分子水平根据遗传设计理论制造超自然生物机器的新时代。

### 9.2.3 酶的固定化

酶的固定化技术就是通过物理或化学的方法将酶束缚在一定区间内制成的仍具有催化活性的酶的衍生物即固定化酶（immobilized enzyme）。

固定化酶及固定化技术研究的发展可分为两个阶段，第一阶段主要是载体的开发、固定化方法的研究及其应用技术的发展。目前已进入第二阶段，主要包括含辅酶系统或ATP，ADP，AMP系统的多酶反应系统的建立；疏水系统或含水分很低的体系里固定化酶催化反应的研究；为防止固定化过程中酶活力的下降，添加辅助物的研究；固定化活细胞的研究。

大多数情况下，酶固定化后活性会下降，甚至全部消失。一般认为，酶活性的下降是由于酶蛋白通过几种氨基酸残基在固定化载体上的附着造成的，这些氨基酸残基主要有赖氨酸的ε-氨基和N-末端氨基、半胱氨酸的巯基、天冬氨酸和谷氨酸的羧羟基和C-末端羧基、酪氨酸的酚羟基及组氨酸的咪唑基。由于酶蛋白多点附着在载体上，引起了固定化酶蛋白无序的定向和结构变形的增加。近年来，国内外研究学者在探索酶蛋白的固定化技术方面，已经寻找到几条不同途径，使酶蛋白能够以有序方式附着在载体的表面，实现酶的定向固定化，而使酶活性的损失降低到最小程度。

#### 9.2.3.1 固定化方法

目前，还没有一种固定化方法可以普遍的适用于每一种酶，特定的酶要根据具体的应用目的选择特定的固定化方法。已建立的固定化方法，大致可分为四类：包括吸附法、包埋法、载体偶联法及交联法（见图9-3）。

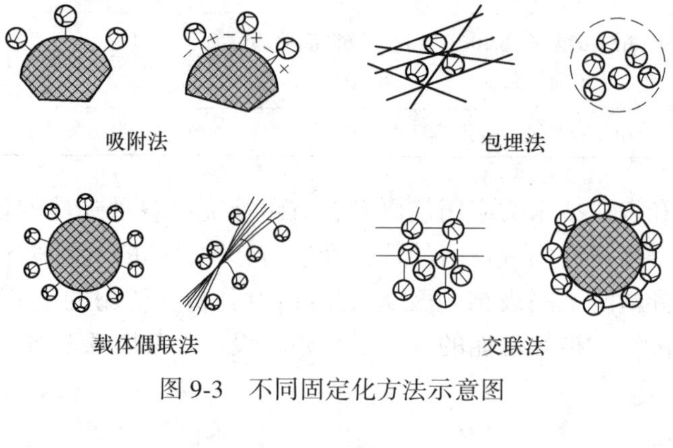


图9-3 不同固定化方法示意图

A 吸附法

吸附法分为物理吸附法和离子吸附法，是利用物理吸附、离子键等方法，把酶固定在纤维素、琼脂糖等多糖类或多孔玻璃、离子交换树脂等载体上的固定方式。工艺简便及条件温和是其显著特点，其载体选择范围大，涉及天然或合成的无机、有机高分子材料，载体廉价易得且可以重复使用。用物理吸附法制成的固定化酶，酶活损失少，但酶附着在载体上，易于脱落，缺乏使用价值。离子吸附法是将酶与含有离子交换基的水不溶性载体相结合，酶吸附于载体上较为牢固，在工业上用途较广泛。吸附法也有许多不足，如酶量的选择全凭经验，pH 值、离子强度、温度、时间的选择对每一种酶和载体都不同，酶和载体之间结合力不强易导致催化活力的丧失和玷污反应产物等，因此其应用受到限制。为提高其适用性能，此法常常与其他方法联用。

B 包埋法

将酶、细胞或原生质体包埋在各种多孔载体中，使其固定化的方法称为包埋法。其基本原理是将单体和酶溶液混合，再借助引发剂进行聚合反应，将酶固定于载体材料的网格中，该法酶活回收率较高。包埋法制备固定化酶或固定化菌体时，根据载体材料和方法的不同，可分为凝胶包埋法和半透膜包埋法两大类。其中凝胶包埋法是指将酶或菌体包埋在各种凝胶内部的微孔中，制成一定形状的固定化酶或固定化菌体，大多数为球状或片状，也可按需要制成其他形状；半透膜包埋法制成的固定化酶小球，直径一般只有几微米或几百微米，称为微胶囊。制备时，一般将酶液分散到与水互不相溶的有机溶剂中，再在酶液滴表面形成半透膜，将酶包埋于微胶囊中。

C 载体偶联法

载体偶联法是将酶与聚合物载体共价结合的固定化方法，此法的研究较为深入。与载体共价结合的酶的功能基团有氨基、羧基、酚基、巯基、羟基、咪唑基等，其中以氨基和羧基结合法为最常用。此法的优点是，酶与载体的结合较为牢固，酶不易脱落，但因反应条件较为剧烈，酶活易损失，且制备手续繁杂。

D 交联法

交联法是借助多功能试剂使酶分子之间发生交联作用，制成网状结构的固定化酶的方法。酶分子和多功能试剂之间形成共价键，除了酶分子之间发生交联外，还存在着一定的分子内交联。常用交联试剂有戊二醛、已二酰亚胺酸二甲酯等。交联法制备的固定化酶结合牢固，可长时间使用。由于交联反应条件较激烈，酶分子的多个基团被交联，致使酶活损失较大，而且制备的固定化酶的颗粒较小，给使用带来不便。

表 9-3 比较了各种类型固定化方法的特点。

**表 9-3 各类固定化方法的比较**

| 比较项目 | 吸附法 | | 包埋法 | 载体偶联法 | 交联法 |
|---|---|---|---|---|---|
| | 物理吸附法 | 离子交换吸附法 | | | |
| 制备难易 | 易 | 易 | 较难 | 难 | 较难 |
| 固定化程度 | 弱 | 中等 | 强 | 强 | 强 |
| 活力回收率 | 易流失 | 高 | 高 | 低 | 中等 |

续表 9-3

| 比较项目 | 吸附法 | | 包埋法 | 载体偶联法 | 交联法 |
|---|---|---|---|---|---|
| | 物理吸附法 | 离子交换吸附法 | | | |
| 再生 | 可能 | 可能 | 不可能 | 不可能 | 不可能 |
| 费用 | 低 | 低 | 低 | 高 | 中等 |
| 底物专一性 | 不变 | 不变 | 不变 | 可变 | 可变 |
| 适用性 | 酶源多 | 广泛 | 小分子底物、医用酶 | 较广 | 较广 |

在实际工作中若要进行某种酶的固定化研究，首先必须对酶的性质有所了解，然后根据实际条件和要求，选择适当的固定化方法，这样才能得到顶期的效果。如果是制备生产上应用的固定化酶，显然必须优先考虑使用试剂和原材料易得、便宜、制备简便易行的固定化方法。

#### 9.2.3.2 固定化酶的性质

游离酶在水溶液中，酶分子与底物分子同处于液相，几乎是十分邻近的。酶固定化后酶分子牢固地结合于载体，处于与游离酶不同的微环境中，因此固定化的结果往往引起酶性质的改变。其原因主要来自两方面：一方面是酶本身的变化，主要是活性中心的氨基酸残基、空间结构和电荷状态发生了变化；另一方面是载体的物理和化学性质的影响，主要是在固定化酶的周围，形成了能对底物产生立体障碍的扩散层以及静电的相互作用等。

固定化酶性质的变化主要表现在以下几方面。

##### A 底物特异性的改变

固定化酶的活力一般比天然酶低，其底物特异性也可能发生变化。例如，用羧甲基纤维素作载体固定化的胰蛋白酶，对高分子底物酪蛋白只显示原酶活力的 3%，而对低分子底物苯酰精氨酸-对硝基酰基苯胺的活力保持 100%。所以，一般认为酶被固定到载体后可引起立体障碍，使高分子底物与酶分子表面的邻近效应受到干扰，从而显著降低了酶的活性；而低分子底物则受到立体障碍的影响较小，底物分子容易接近酶分子，因而与原酶活力无显著差别。对以低分子物质为底物的酶，经固定化后，多数情况下底物特异性不发生变化，例如真菌的氨基酰化酶固定到 DEAE-纤维素上，经和原酶比较表明，它对各种酰化-DL-氨基酸都不产生底物特异性的差异。

##### B 最适 pH 值的改变

经固定化后，最适 pH 值有时会发生变化。由带负电载体制备的固定化酶的最适 pH 值比游离酶的最适 pH 值高，而用带正电载体制备的则情况相反，而用不带电的载体，最适 pH 值不变（但也有最适 pH 值改变的例子）。这可能的解释为：当酶分子被结合到带负电（或带正电）载体上时，酶蛋白的阳离子（或阴离子）数增多，从而造成固定化酶反应区域的 pH 值比外部溶液的 pH 值偏小（或偏大），这样造成酶的反应是在比反应液的 pH 值偏小（或偏大）一侧进行的，从而使最适 pH 值转移到碱性（或酸性）一侧。这种最适 pH 值改变而 pH 值活性曲线的形状不变的现象，称为最适 pH 值的平行移动。但有时也存在 pH 值活性曲线改变的情况。

##### C 最适温度的变化

酶固定化后，最适温度有时会发生变化。例如，以共价结合法固定化色氨酸酶的最适温度比固定化前高5~15℃，而以烷化法固定化氨基酰化酶的最适温度则比固定化前有所降低。多数情况下，最适温度并不发生变化。

D 动力学常数的变化

酶固定化于电中性载体后，固定化酶的表观米氏常数往往比游离酶的米氏常数高，而最大反应速率变小。具有与载体电荷相反的底物由于静电相吸，固定化酶与游离酶相比，其表观米氏常数往往减小。若载体与底物有一方不带电，则往往其表观米氏常数不变或稍有增加。表观米氏常数的减少，对固定化酶的实际应用是有利的，可使反应进行得更为完全。

E 稳定性变化

酶固定化后，其稳定性普遍增加，主要表现在对热的稳定性及储藏的稳定性增加，且在蛋白质变性剂，如尿素、盐酸胍及有机溶剂中仍保持相当活性，对蛋白水解酶的抵抗性也增加等，这些特性都有利于酶的应用。

9.2.3.3 固定化对酶反应系统的影响

通常，大多数酶在固定化后，反应速率有所下降（个别除外）。其原因有如下几点：

(1) 酶构象改变。由于酶分子在固定化过程中发生了某种扭曲，影响了酶分子的三维结构，导致酶与底物结合能力或酶催化底物转化能力的改变。

(2) 立体障碍。酶经固定化后，由于载体的存在，给酶的活性部位或调节部位造成了某种空间障碍，干扰与影响了酶与底物或其他效应物的接触。特别是当底物相对分子质量较大时，影响就更大。

(3) 微扰效应。由于载体的疏水、亲水及荷电性质，使得紧邻固定化酶的环境区域（称微环境）发生变化。与宏观反应体系不同，对酶产生微扰效应，改变了酶的催化能力及酶对效应物做出调节反应的能力。

(4) 分配效应。由于底物与其他各种效应物（包括 $H^+$ 与 $OH^-$）和载体间产生了静电、亲水或疏水之类的相互作用，造成了它们在载体内外侧浓度的不等分布，从而影响酶反应速率。

(5) 扩散限制。酶固定化后，底物、产物和其他效应物在载体内外之间的迁移扩散速率受到了某种限制，造成了其浓度的不等分布。扩散限制与这些物质的相对分子质量大小、载体的结构及酶反应性质有关。

扩散限制分为外扩散限制和内扩散限制。外扩散限制是指底物、产物和其他效应物在宏观体系与酶颗粒表面间的扩散受到了限制，此限制主要存在于酶颗粒周围的处于层流状态的液膜层。内扩散限制是指在多孔性固定化载体内，底物、产物和其他效应物在载体颗粒表面与载体内的酶活性部位间的扩散受到的限制。对外扩散限制来说，由于催化反应是在底物到酶活性部位以后才进行的，因此底物浓度在液膜层中的不等分布是线性梯度（产物浓度的不等分布也如此，但方向相反）。而对内扩散限制来说，由于催化反应与扩散过程几乎是同时进行的，所以底物浓度在多孔载体内形成一种非线性梯度分布。

以上各种原因是相互交叉、相互关联地存在着的，它们综合在一起决定着固定化酶的动力学性态。其中构象改变、立体障碍及微扰效应是直接影响酶的因素，这些因素对动力学的影响很难进行定量分析和概括，只能通过实验测定。它们的消除或改善只有依赖于选择合适的固定化条件、方法和载体。分配效应和扩散限制是通过底物、产物和效应物浓度在载体内外的不等分布来影响固定化酶的催化反应速率。

### 9.2.4 酶工程在环境污染治理中的应用

在废物处理方面，酶的应用很广，包括用多种酶（如淀粉酶、蛋白酶、脂肪酶等）去除各种有机物（如碳水化合物、蛋白质、脂肪和油等）。近年来研究较多的是利用辣根过氧化物酶去除酚类和苯胺类物质、纤维素（可再生资源）的资源化利用等。

#### 9.2.4.1 酶工程在废水处理中的应用

酶工程在废水处理中的应用越来越受到重视，主要表现在以下几个方面：

（1）难降解有机污染物的排放日益增多，使用传统的化学和物理处理方法已很难达到令人满意的去除效果，这就需要找到一个比现行方法更快捷、经济、可靠、简便的方法。

（2）研究人员已逐渐认识到酶能用来专门处理某些特定的污染物。

（3）生物工程技术的发展使酶的生产成本降低。

大多数废水处理过程可分为物理化学过程和生物处理过程。酶的处理介于二者之间，因为它所参与的化学反应是建立在生物催化剂作用的基础上的。与传统过程相比，酶处理有以下几个优点：

（1）能处理很难用生物降解的化合物。

（2）高浓度废水和低浓度废水都适用。

（3）操作时的 pH 值、温度和盐度的范围均很广。

（4）不会因生物物质的聚集而减慢处理速率，处理过程的控制简便易行。

使用酶处理废水主要是通过沉淀或无害化去除污染物。酶也可用于废水预处理，使其在下一流程更易于去除。但是，在应用酶时，要特别注意处理过程中有无有毒物质的产生。因此，在应用酶进行具体实际操作前，一定要对酶反应是否可能产生有毒物进行充分研究。

在酶处理过程中产生的固相沉淀物如酚类沉淀物要妥善处置。若用燃烧处理，则必须控制燃烧过程有害气体的产生，同时最好考虑沉淀物的综合利用。

为了成功地应用酶处理工艺，必须考虑酶的费用。现在由于其分离、纯化和生产的费用较高，使酶的价格仍然较高。

高浓度污染物不利于使用酶处理，因为此时酶的用量多，处理费用太高。酶适用于低浓度、高毒性污染物质的处理。

来自很多种植物的微生物酶在一系列的废水处理应用中发挥着重要的作用。酶能作用于特定的难降解污染物，通过沉淀和转化为无害物而把它们去除。它们也可改变特定废水的性能使之更易于后续处理或有利于废物转化为有附加值的产品。

酶处理有着广泛的应用前景。酶反应副产物的特性和稳定化、反应残余物的处理、处理费用问题必须进行深入的研究。

#### 9.2.4.2 酶工程在其他污染治理中的应用

A 在废气治理中的应用

生物技术处理废气是空气污染控制的一项新技术，常用的方法有生物过滤、生物洗涤和生物吸附法等，具有成本低、效率高、安全性好和无二次污染等优点。中国工程物理研究院采用好氧细菌、亚硝化细菌和硫化细菌等微生物，与环境工程技术相结合处理城市固体废弃物堆放处置过程中产生的恶臭气体，对其中的硫化氢、甲硫醇、甲胺等恶臭物质的清除效果显著。

近年来，逐渐发展的废气生物处理技术作为一种新型的空气污染控制技术，得到日益广泛的应用。该技术与传统的燃烧法、催化燃烧法、吸收法、吸附法相比，它对低含量污染物废气的处理有明显的优势。其中，高效复合生物酶催化技术用于污染废气处理具有工艺先进、处理效率高、运行费用低等特点，处理净化后的气体完全达到国家排放要求，对废气的降解效果显著。

相对来说，目前酶技术处理废气研究较少，但是随着微生物处理废气的研究进展和酶工程技术的进步，我们很容易从工程菌中获得相应的酶用于废气污染控制，而且废气组分没有废水复杂，从理论上说酶催化处理废气应该比处理废水更容易实现。因此，酶技术有望在废气治理中发挥重要的作用。

B 在环境监测中的应用

随着酶工程的发展，固定化酶技术的进步使生物传感器应运而生，其核心就是酶作为识别元件，用来识别被测目标，通过信号系统将信号转换为电信号并放大输出，从而得到检测结果。目前已经成功开发出葡萄糖传感器、脱氧核糖酶生物传感器等。利用酶传感器进行环境污染监测，其特点是所需样品量少，指示灵敏，分析快速。酶的强专一性和高效性及其活性影响因素可以应用在分析工作上，测定酶催化底物、产品、抑制剂、辅助因素及激活剂等物质的含量。

酶传感器研究发展迅速，目前已成功开发出了许多在线监测设备，这些产品携带方便、操作简单、反应灵敏、检测限低、结果准确可靠。利用抑制作用进行环境监测主要集中在测定环境中的农药和重金属含量。上海交通大学和上海昆虫研究所联合研制出了快速检测有机磷农药的酶片，灵敏度为0.1~10mg/kg。利用重金属与EDTA或DTPA配合后对荧光酶的抑制作用，通过荧光菌放射荧光强度的大小检测土壤中的重金属含量的方法已经有了应用。

国内外将酶联免疫分析方法应用在杀虫剂、杀菌剂、除草剂等农药和多氯联苯、抗菌素等的检测上，已经开发了许多试纸和设备。如用于现场快速分析的酶联免疫试剂盒和光纤传感器，其中该光纤传感器的检测限可达μg/kg级。Hammock等报道了以竞争性免疫技术和非竞争性免疫技术，通过酶的级联放大检测环境中重金属汞、铅、镉，生物污染物和其他有害分子，检测限达μg/kg级或ng/kg级。由于农药的面源污染、未经处理的污水直接灌溉等问题，食品中的有毒有害物质成为环境监测对象。固定化酶技术可以实现对食品中有害物质的有效检测，如用固定化草酸氧化酶完成了对河豚鱼中河豚毒素的快速检测。南开大学用聚乙烯醇苯乙烯吡啶固定乙酰胆碱酯酶，与捣碎提取设备、酶标仪组合了一套检测设备，对200多种蔬菜样品的农药残留进行了成功的检测。

C 在白色污染治理中的应用

昆虫或微生物对塑料的利用均是通过酶对塑料的催化降解实现的。由昆虫或微生物产生的天然酶具有活性低、产量少、稳定性差等缺点，可以通过酶工程的技术，对酶基因进行定点突变，并重组至质粒。然后转入宿主菌进行过量表达、分离纯化。

中国科学院天津工业生物技术研究所利用X射线衍射技术，成功解析了聚对苯二甲酸乙二醇酯（PET）的水解酶PETase的高分辨率结构。科研人员通过整体的蛋白质结构比对发现，PETase是属于α/β-水解酶家族的蛋白，具有α/β-水解酶家族蛋白的典型结构特点。此外，对PETase特定位点的氨基酸进行突变，得到了W159H/S238F双突变的酶；相较于野生型的PETase，其对底物的水解能力明显增加，稳定性也有所提高，还可有效降解PET的替代品聚乙烯（PEF）。今后通过酶的改造，可加快改善PETase的进化，促进PET水解酶的开发与利用，最终实现对PET或其他塑料的快速降解。这些研究成果从分子层面上阐明了PETase的降解机理，为降解以PET为原料的塑料打下了坚实的基础。

D 在其他方面

$CO_2$是一种重要的温室气体。目前全球每年排放的数十亿吨$CO_2$需要得到妥善的处置，固定化酶技术在固定$CO_2$方面也取得了成果。据报道，以工业固体废弃物为原料，利用固定化碳酸酐酶和超重力强化反应可得到$CO_2$的有效固定。

固定化酶技术在清洁生产领域具有潜在的应用价值，如将固定化的木聚糖酶和漆酶用于纸浆漂白，可以避免产生传统造纸工艺过程中用氯漂白产生的难以生物降解的各类氯代有机物。在处理固废方面，用脱水污泥、高岭土和土壤固化酶制备垃圾填埋场的防渗材料，研究表明添加土壤固化酶能显著改善防渗材料的抗渗透性能。固定化酶技术在处理淤泥、污泥及有毒有害固体废弃物方面也有应用。

酶工程在农业上的应用主要集中在促进农产品的深加工以及对加工后的废弃物进行转化利用。据报道，目前已经能够用纤维素酶将纤维素糖化再经过连续发酵，生产燃料酒精，如果这项技术进一步成熟，那么农业废弃物——秸秆将会有新的利用价值。采用脂肪酶和蛋白酶混合发酵法由废弃的豆腐渣生产粉末蛋白食品的技术，变废为宝提高了豆渣的利用价值。果蔬保鲜时，用葡萄糖氧化酶代替化学保鲜剂，可以减少化学药品对食品的污染。生产单细胞蛋白是公认的废弃物资源化的最有效途径，利用酶催化发酵转化农业和林业废弃物生产单细胞蛋白已经用于动物饲料的生产中。酶工程技术在养殖业的应用也会产生良好的环境效益，在动物的饲料中加入一定量的消化酶不仅能够促进养分的消化和吸收，提高家畜的生长速度，而且还能够减少养殖业氮、磷的排放。例如，饲料中添加植酸酶，能将植物磷降解为肌醇和无机磷酸，可使饲料中磷的利用率提高60%，粪便中磷的排出量减少40%。

## 9.3 基因工程基本原理

### 9.3.1 概述

按照研究人员的意愿，进行严密的设计，通过体外DNA重组和转基因等技术，有目的地改造生物特性，使现有的物种在较短时间内趋于完善，创造出更符合人们需求的新的生物类型，这就是基因工程（genetic engineering）。基因工程最突出的优点是打破了常规育种技术难以突破的物种之间的界限，可以使原核生物与真核生物之间，甚至人与其他生物之间的遗传信息进行相互重组和转移。

基因工程研究的理论依据是：（1）不同基因具有相同的物质基础；（2）基因是可切

割的；（3）基因是可以转移的；（4）多肽和基因之间存在着对应关系；（5）遗传密码是通用的；（6）基因可以通过复制把遗传信息传递给下一代。

基因工程包括基因的分离、重组、转移以及基因在受体细胞内的保持、转录、翻译表达等全过程。

目前，基因工程的发展极为迅速，为生物学、医学、农学和环境科学等学科的理论研究及工业、农业和人类日常生活都带来了革命性的变化，其意义不亚于有史以来的任何一次技术革命。概括起来体现在以下三个方面：

（1）用于大规模生产生物分子。

（2）改造现有物种及设计构建新物种。

（3）寻找、分离和鉴定生物体的遗传信息资源。

## 9.3.2 DNA 重组

体外 DNA 重组是基因工程的基本内容和关键技术，因此基因工程技术也称为 DNA 重组技术。DNA 重组技术是在分子水平上对基因进行操作的复杂技术，DNA 是基因操作的主要对象。

DNA 重组实际上是两种 DNA 片段的连接，若待连接的两种 DNA 片段各含有一个以上的基因，这样的 DNA 重组也称为基因重组。DNA 重组有插入重组和置换重组两种。

一个完整的 DNA 重组克隆过程应包括（见图9-4）：（1）带有目的基因的 DNA 片段的获取；（2）在体外，将带有目的基因的 DNA 片段连接到载体上，形成重组 DNA 分子；（3）重组 DNA 分子导入受体细胞（也称宿主细胞或寄主细胞）；（4）带有重组体的细胞扩增，获得大量的细胞繁殖群体；（5）重组体的筛选。

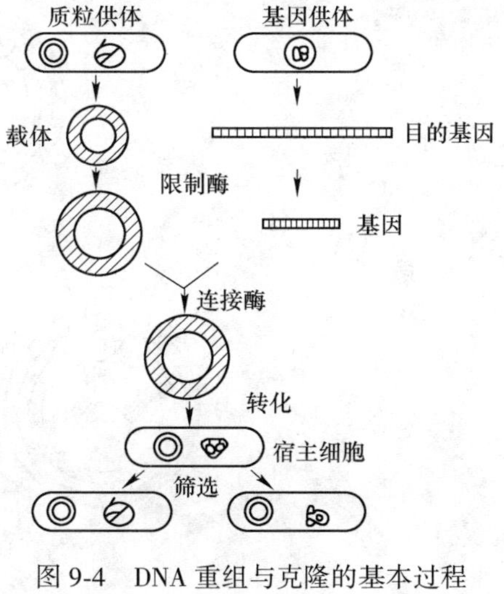

图 9-4　DNA 重组与克隆的基本过程

获得含有重组载体的细胞后，通过大量培养重组细胞，可以获得目的基因的大量拷贝或目的基因的表达产物。通常将来自于同一始祖的一群相同分子、细菌、细胞或动物称为克隆；获取大量单一克隆的过程称为克隆化，也称无性繁殖。

广义的重组 DNA 技术不仅包括 DNA 体外重组技术及操作过程，还包括表达产物的后续处理过程和技术，如蛋白质的分离纯化。

## 9.3.3 基因定点突变技术

基因定点突变技术是应用人工的方法，合成在某一点或某几点上碱基序列改变的突变 DNA，然后再通过突变 DNA 的转录、翻译和表达，获得突变蛋白质（氨基酸序列在某一点或某几点发生改变）的技术。

设计定点改变某一蛋白质氨基酸序列中的一个或几个氨基酸，首先需要知道这个蛋白质的氨基酸序列、相应基因（DNA）的碱基序列以及分离纯化含有表达基因的质粒。

基因定点突变技术的关键是合成一种特殊的引物 DNA 的碱基序列，除了在设计的突变位点处的碱基与模板 DNA 不互补外，其余部分都与模板 DNA 链（质粒中所含的能够表达成蛋白质的 DNA 片段）互补。

先将分离纯化的质粒通过加热解链、降温复性后，引物 DNA 与其中的一条单链（模板）互补结合。由于引物和模板之间只有一个碱基不互补，在适当的条件下（温度、离子强度等）不会影响它们之间的互补结合；然后在 DNA 聚合酶和 DNA 连接酶作用下进行引物延伸，得到一个双链新质粒分子；再在此基础上进行复制，即可以得到两种子代质粒：一种为原有的质粒，另一种为含有突变基因的质粒（见图 9-5），这种突变基因最终可以表达并产生一种突变蛋白质。

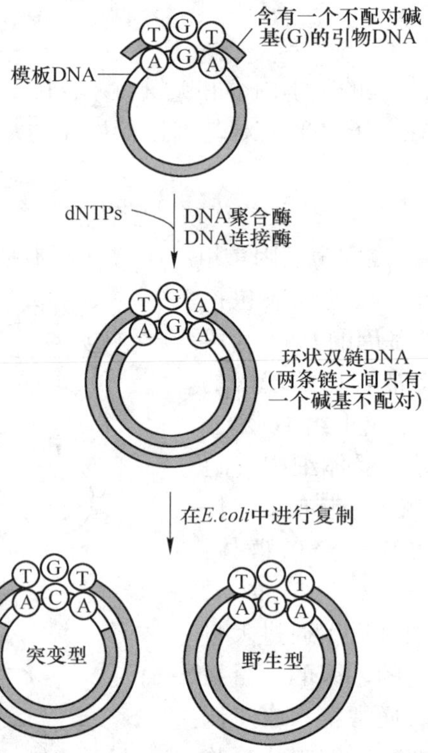


图 9-5　基因定点突变示意图

基因定点突变还可以通过删除某些碱基或将基因进行剪接以及应用 DNA 固相合成法等实现，这一技术对研究蛋白质的结构与功能、酶的活性中心的组成和结构关系等特别重要。

### 9.3.4　定向进化

定向进化是利用 Taq DNA 聚合酶不具有 3′→5′校对功能的性质，并结合基因工程现有技术手段，在待进化酶基因的 PCR 扩增反应中，配合适当条件，以很低的比率向目的基因中随机引入突变，并构建突变库。凭借定向的选择方法，选出所需性质优化的酶。

定向进化的基本规则是：获取所需性质的突变体。简言之，定向进化就是随机突变同筛选或选择相结合。与自然进化不同，定向进化是人为引发的，制造某一方向的进化而排除其他方向突变的作用，整个进化过程完全是在人的控制下，所以定向进化又被称为“试管内进化”。所谓“试管内进化”是指在试管中模拟达尔文的进化理论，其中涉及构建一个大的突变基因文库和高通量的筛选。突变文库由各种随机突变和体外基因重组方法构建。突变文库一经构建，就要进行筛选。首先筛选出有活性的突变体；然后进行下一轮的条件筛选，也就是某些抗性筛选；如此循环，最终筛选出具有新功能的突变体。在整个定向进化过程中，突变文库的构建和有意义突变的筛选是整个实验的核心。

一般而言，定向进化过程中所有突变都是人为的、随机的，主要的突变库的构建方法：DNA 改组、易错 PCR、交错延伸、随机引发重组等。突变文库筛选一般分为体内筛选和体外筛选，体内筛选是在生物体内进行突变基因的活性筛选，往往找不到合适的宿主；相对于体内筛选，体外筛选克服了常规体内表达在突变文库容量及筛选上的限制，大大提高了筛选效率。

### 9.3.5　同源重组

现代生命科学的研究由分子水平向整体水平回归的趋势越来越明显，尤其是基因组计划完成之后，生命科学研究呈现出系统化、整体化和综合化的趋势。同源重组技术的发展也反映了这些特点。同源重组是指两条具有同源序列的 DNA 靠近时所发生的 DNA 交换，同源重组技术主要是利用 DNA 序列的同源性识别重组对象，提供特异性识别的是碱基序列，蛋白质（如大肠杆菌 RecA 蛋白）可以促进识别。目前利用同源重组技术可以实现对染色体的精确改造，如缺失、插入、突变、修复以及克隆等。

同源重组涉及参与重组的双方 DNA 分子的断裂与重接，进行同源性重组必须具备下列基本条件。

#### 9.3.5.1　在交换区具有相同或相似的序列

同源性重组的显著特征是在发生交换的 DNA 的两个区域的核苷酸序列必须是相同或非常相似，如同一物种的不同个体中，两个同源染色体的 DNA 分子同样区域中序列一般是相同的。同源性重组常常仅发生在两个 DNA 分子中的相同部位，但有时两个 DNA 分子中不同部位间也会发生重组，称为异位重组。因为在 DNA 分子的许多地方存在同样或类似的序列，异位重组可引起 DNA 序列的缺失、重复、倒位和其他 DNA 的重排等，但细胞中通常存在可以防止异位重组发生的特殊机制。

#### 9.3.5.2　双链 DNA 分子之间互补碱基进行配对

只有通过 DNA 单链之间的互补才可以使核酸序列相互识别。两个 DNA 分子的链之间互补的碱基配对确保重组只发生在同样的基因座，即 DNA 分子的相同部位。在该部位两个双链 DNA 分子通过链之间互补的碱基配对被维系在一起称为联会，所有的同源性重组必须涉及联会的形成。

#### 9.3.5.3　重组酶

两条 DNA 双螺旋分子间断裂、修复、连接和重组体的释放是重组的中心环节，这些过程均是在酶的催化下进行的。

#### 9.3.5.4　异源双链区的形成

重组过程的关键是单链间的相互交换。在两个配对的 DNA 双螺旋同源链的相互位点产生单链断裂，切口产生的游离末端可以移动，每条链都脱离其配对的链并交叉与另一双股螺旋中的互补链配对，这种被连接在一起的双链称为接合分子，由一个双链跨到另一双链的位点称为重组接点。同源重组时，在两个 DNA 分子之间互补碱基配对的区域称为异源双链区。一个亲代 DNA 双螺旋分子与另一个亲代 DNA 双螺旋分子通过一段异源 DNA 双螺旋共价相互连接，即异源双链 DNA 是由两个亲代 DNA 分子链所形成的。

### 9.3.6 基因工程载体

把能够承载外源基因（DNA 片段），并将其带入受体细胞得以稳定维持的 DNA 分子称为基因工程载体（vector）。基因工程载体决定了外源基因的复制、扩增、传代乃至表达。

目前，已构建应用的基因工程载体有质粒载体、噬菌体载体、病毒载体以及由它们互相组合或与其他基因组 DNA 组合成的载体，这些载体可分为克隆载体和表达载体。表达载体又分为胞内表达和分泌表达两种；从表达所用的受体细胞分，又可分为原核细胞表达载体和真核细胞表达载体；按功能又可分为测序载体、克隆转录载体、基因调控报告载体等。

通过对现有各种 DNA 重组技术中采用的载体的了解可以发现，作为 DNA 重组的载体，一般应该具备以下条件：

（1）在克隆载体合适的位置必须含有允许外源 DNA 片段组入的克隆位点，并且这种克隆位点应尽可能多。

（2）克隆载体能携带外源 DNA 片段（基因）进入受体细胞，或能停留在细胞质中进行自我复制，或能整合到染色体 DNA、线粒体 DNA 和叶绿体 DNA 中，随这些 DNA 同步复制。

（3）克隆载体必须含有供选择转化子的标志基因。

（4）克隆载体必须是安全的，不应含有对受体细胞有害的基因，并且不会任意转入除受体细胞以外的其他生物的细胞，尤其是人的细胞。

（5）克隆载体在基因工程中占有十分重要的地位，目的基因能否有效转入受体细胞，并在其中维持和高效表达，在很大程度上取决于克隆载体。

### 9.3.7 目的基因的获得

在基因工程设计和操作中，被用于基因重组、改变受体细胞性状和获得预期表达产物的基因称为目的基因。目的基因一般是结构基因，也就是能转录和翻译出多肽（蛋白质）的基因。

目前，目的基因主要来源于各种生物。真核生物染色体基因组，特别是人和动物染色体基因组中蕴含着大量的基因，是获得目的基因的主要来源。因为不同基因的大小和组成各不相同，因此获得目的基因有多种方法，主要有酶切直接分离法、构建基因组文库或 cDNA 文库分离法、PCR 扩增法、化学合成法和通过 mRNA 合成 cDNA 等。

#### 9.3.7.1 酶切直接分离法

此法适用于结构简单的原核生物中的多拷贝基因，可直接从组织中或供体中用理化方法或合适的限制性内切酶将 DNA 消化后分离获得。

9.3.7.2　构建基因组文库或 cDNA 文库分离法

大部分未知基因的获得，要先构建文库，再经筛选才能获得目的基因。文库分为基因文库和 cDNA 文库两种。

基因文库（genomic library）是指含有某种生物体全部基因片段的重组 DNA 克隆群体。构建基因组文库时，先将细胞染色体 DNA 提纯，用限制性内切酶将染色体 DNA 切割成大小不等的许多片段，与同一类载体拼接，继而转入受菌体扩增，这样就构建了含有多个克隆的基因组 DNA 文库。基因组 DNA 文库理论上可以涵盖基因组的全部基因信息。

如果以细胞总 mRNA 为模板，经反转录生成互补 DNA（cDNA），酶切后的 DNA 片段与合适的载体连接，转入受体菌，这样建立的就是 cDNA 文库（cDNA library）。cDNA 文库理论上包含了细胞全部 mRNA 信息，可以利用适当方法从 cDNA 文库中筛选出目的 cDNA，这是获取结构基因的主要方法。

9.3.7.3　PCR 扩增法

聚合酶链式反应（ploymerase chain reaction，PCR）是由 Kerry Mullis 于 1985 年发明的，这是一种体外扩增 DNA 酶促反应技术，因此又称为 PCR 扩增法。

A　PCR 的原理

DNA 聚合酶在催化聚合作用时其环境中必须具备三个基本条件：待扩增的 DNA 模板、与模板互补的引物以及 dNTP。利用这一特点，在体外进行 DNA 扩增时首先要合成两个特异引物（5′-端引物和 3′-端引物，一般引物多于 15 个核苷酸，引物的合成现已商业化）。将 DNA 聚合酶、dNTP、引物和模板 DNA 放在一起，反复进行高温变性、低温退火、中温 DNA 合成这一循环（见图 9-6）。PCR 产物是一段双链 DNA，它的长度则取决于两个引物间距离，早期的 PCR 方法是采用大肠杆菌 DNA 聚合酶 I 的 Klenow 片段催化退火的寡核苷酸引物进行延伸反应。由于该酶在 DNA 变性时失活，所以在每一轮合成反应中都需重新加一份新酶。后来人们从一种嗜热细菌——栖热水生菌中提纯出一种 DNA 聚合酶称为 Taq DNA 聚合酶。这种酶经 95℃持续温育仍有活性，不会在加热变性的步骤中失活，在整个 PCR 反应过程中无须重新加酶，这便大大地简化了 PCR 的操作，并从而进入实用阶段。目前 PCR 仪使升温、降温、保温程序化，使得 PCR 变得极其方便，快捷。多种耐热 DNA 聚合酶的发现使得 PCR 产物更准确，效率更高。

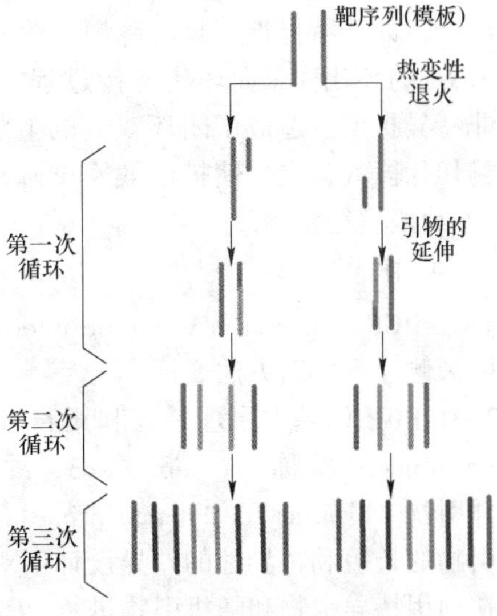


图 9-6　PCR 反应过程

PCR 反应分为以下 3 步。

（1）变性（denaturation）：通过加热使 DNA 双螺旋的氢键断裂，双链解离形成单链 DNA。

（2）退火（annealing）：随之将反应混合液冷却至某一温度，这一温度可使反应体系中引物与单链模板DNA相对应的位点配对，在局部形成杂交链。

（3）延伸（extension）：在DNA聚合酶、4种dNTP底物及$Mg^{2+}$存在下，催化以引物为起始点的5′-3′DNA链延伸反应。如此反复进行变性、退火和DNA合成的循环，新合成的DNA链又成为下一轮循环的模板；这一周而复始的过程每完成一个循环，基本上目的DNA就增加1倍，使介于两个引物间的特异性DNA片段得到大量复制，多轮扩增结果使目的DNA片段以指数方式迅速积累，数量可达$2\times10^6\sim2\times10^7$拷贝。

B 反向PCR法

该法的基本原理是：将含已知序列（称为核心区）的DNA用合适的限制性内切酶进行酶切，产生大小适于PCR扩增的片段，将该片段的两端连接成环状分子，用一对与核心区两侧互补的引物进行PCR扩增。对核心区而言，引物复性后两引物3′端相背，引物的延伸是沿环状分子的未知序列区进行的。这与传统的PCR扩增过程相反，故称为反向PCR（I-PCR）法。

I-PCR法操作简单，克服了文库筛选、克隆、亚克隆的繁琐步骤，对实验条件要求不高，花费少。在PCR法的基础上，增加了DNA的环化过程，从而可以扩增只有一端序列已知的DNA，由于不需要设计和合成大量昂贵的核苷酸接头，因此避免了引物设计和有接头而产生的非特异性产物的麻烦。然而，由于直接克隆已知序列外的未知DNA区域依赖于DNA的环化性，而环化连接过程中常常产生多联体，成为副产物甚至是主要产物，导致非特异扩增，造成了闭环双链的DNA的PCR扩增效率差，经常得不到满意的结果，同时酶切片段太长也会使扩增效率下降。其适用于寻找只有一端序列已知的DNA，对未知DNA片段进行扩增。

C TAIL-PCR

TAIL-PCR（thermal asymmetric interlaced PCR）又叫热不对称交错PCR，是有效地扩增基因旁侧序列的新方法。

TAIL-PCR的基本原理是：利用目标序列旁的已知序列设计三个嵌套的特异性引物（special primer，简称sp1，sp2，sp3，约20bp），用它们分别和一个具有低$T_m$值的短的随机简并引物（arbitrary degenerate prime，AD，约14bp）相组合，以基因组DNA为模板，根据引物的长短和特异性的差异设计不对称的温度循环，通过分级反应来扩增特异引物。

在利用特异引物和随机引物进行PCR中一般有三种产物生成：（1）由特异性引物和简并引物扩增出的产物；（2）由同一特异性引物扩增出的产物；（3）由同一简并引物扩增出的产物。在TAIL-PCR反应中，其中后两种目标产物可以通过以嵌套的特异性引物进行的后续反应来消除。

利用TAIL-PCR分离出的DNA序列可以用于图位克隆、遗传图谱绘制的探针，也可以直接测序。TAIL-PCR技术适合于分离获得克隆载体上的DNA序列，达到克隆相关基因的启动子的目的，可用于基因组小的物种，如拟南芥、水稻；也可用于基因组大的物种，如小麦的已知序列两侧翼的DNA序列的分离，因此这是一种简单高效的基因克隆方法。

由于PCR可以在简便的条件下使目的DNA片段在很短时间内迅速达到数量级的扩增，因此PCR技术越来越广泛地被运用到生物学、医学、环境监测等研究领域，已成为用途极为广泛的一项生物技术。利用PCR技术可以直接从染色体DNA或cDNA快速简便地获得待克隆的目的基因片段，快速地进行外源基因的克隆操作。PCR技术扩增目的基因的前提是必须知道目的基因片段两侧或附近的 DNA 序列，并据此合成扩增引物。由 PCR 体外扩增的片段可经克隆作进一步分析用，也可直接纯化作各种探针用，该法也解决了微量基因片段的来源问题。

9.3.7.4 化学合成法

化学合成法是利用自动 DNA 合成仪直接合成基因序列的方法，适合于长度较短的基因，其前提条件是该基因的核苷酸序列已知。对于较大的基因，可以分段合成 DNA 短片段，再经过 DNA 连接酶作用依次连接成一个完整的基因链。目前核酸的合成方法中，固相合成法是最为常用的。其原理是：首先将寡核苷酸链 3′末端的第一个核苷酸先固定在一个不溶性的高分子（例如硅胶微粒）上；然后，从此末端开始逐一加上脱氧核苷酸以延长 DNA 链，每延长一个核苷酸经历一个循环，合成的核苷酸被固定在固相载体上，而过量的未接上的反应物或分解物则经过过滤或洗涤除去；达到合成所需的长度后，再将寡核苷酸链从固相载体上洗脱，经分离纯化后得到所需的最后产物。DNA 的化学人工合成已经自动化，使得合成为多肽编码的基因成为可能，迄今为止，已合成了一系列的目的基因。

9.3.7.5 通过 mRNA 合成 cDNA

以从细胞中提取的 mRNA 为模板，借逆转录酶反转录生成 cDNA，然后进行基因克隆，从而获得某种特定基因。合成 cDNA 技术的应用不仅依赖于分离得到相当纯的 mRNA，而且还取决于 mRNA 的含量。如果一种 mRNA 在总 mRNA 中的含量高，就比较容易提取；反之，如果一种 mRNA 在总 mRNA 中的含量低，直接获得就相当困难。近年来，采用与聚合酶链式反应（PCR）联合应用的方法，大大提高了 cDNA 克隆的成功率，这已经成为目前获得已知基因的主要方法。

### 9.3.8 重组 DNA 导入受体细胞

按 DNA 片段连接重组的方法，目的基因与载体连接后成为重组 DNA 分子，而重组 DNA 分子只有进入适宜的受体细胞后，才能进行大量的扩增和有效的表达。目的基因能否有效地进入受体细胞，除了选用合适的克隆载体外，还取决于选用的受体细胞和转移方法。选择受体细胞时应重点考虑几点：（1）安全性高，不会对外界环境造成生物污染；（2）便于重组 DNA 分子的导入，便于筛选克隆子；（3）重组 DNA 分子在受体细胞内能稳定维持；（4）适于外源基因的高效表达、表达产物的分泌和积累；（5）具有较好的翻译后加工机制，便于真核目的基因的高效表达；（6）对遗传密码的应用上无明显偏倚性；（7）遗传性稳定，易于扩大培养或发酵；（8）在理论研究或生产实践上有较高的应用价值。

重组 DNA 转入宿主细胞，包括质粒 DNA 的转化、重组噬菌体的感染和重组 DNA 引入哺乳动物细胞转染几种类型。

9.3.8.1 重组质粒的转化

转化作用（transformation）广义上是指微生物通过摄取 DNA 而实现的基因转移。通过转化进入细胞的 DNA 可以同宿主菌发生重组，或者进行独立的复制。狭义的转化概念是指细菌细胞的感受态捕获 DNA 和复制质粒载体 DNA 的过程，即感受态细胞（competent cell）的转化。

细菌处于容易接受外源 DNA 的状态叫做感受态，大肠杆菌经过特殊的处理可以形成感受态细胞。在分子克隆中，感受态细胞转化效率的高低是限制性克隆成功率的一个重要原因。目前，制备各种细菌感受态的最常用方法是低温 $CaCl_2$法，转化效率一般为 $10^6$ ~ $10^7$个转化子/（μgDNA），该方法操作简便，且重复性好。

电穿孔法是另一种常用的细菌转化方法，该法的转化效率可达 $10^9$ ~ $10^{10}$个转化子/（μgDNA），明显高于低温 $CaCl_2$法，但需要专用的电穿孔仪。酵母细胞的转化多采用电穿孔法。

目前，已有商品化的感受态细胞出售，但价格较为昂贵。

9.3.8.2 重组噬菌体的感染

噬菌体或病毒进入宿主细胞并进行繁殖的过程称为感染（infection）。当以重组噬菌体作为载体进行基因导入时，通过在体外将噬菌体外壳蛋白与重组体包装成有活力的噬菌体，重组载体即可依靠噬菌体或病毒自身的高效感染方式进入宿主细菌，使目的基因得以扩增。

9.3.8.3 真核细胞的基因转染

外源 DNA 导入动物细胞的过程称为转染（transfection）。依据 DNA 导入的受体细胞的不同，转染可分为生殖细胞转染和体细胞转染；按转染方式的不同，还可以分为多种不同的转染方法。

### 9.3.9 重组体的筛选

在将重组 DNA 转入宿主细胞后，宿主都不可能百分之百地被转化、感染或转染，必须从大量的菌落和细胞中，筛选出含重组 DNA 的重组菌落或细胞克隆。到目前为止，已建立起许多的根据重组体的各种不同特征的筛选方法，总的来说可以把它们分为两大类，即根据重组子遗传重组表型改变的筛选法或分析重组子的结构特征的筛选法。

9.3.9.1 根据重组体的遗传表型筛选

重组体导入宿主细胞后，载体上的一些筛选标志基因的表达会导致细菌的某些表型改变，从而筛选出阳性重组体。

A 抗生素筛选

大多数克隆载体带有抗生素抗性基因，如抗四环素基因（Tetr）、抗氨苄青霉素基因（Am-Pr）等。理论上，只有含有这些重组体的转化细胞才能够在含有相应抗生素的琼脂平皿上生长菌落。但是实际上，自身环化的载体、未酶切完全的载体或非目的基因插入载体形成的重组体也能转化细胞，形成假阳性菌落。

B 互补筛选法

营养缺陷型的互补筛选法包括插入互补和插入失活两种。

a 插入互补

插入互补是指由于外源基因的插入弥补了宿主菌原来的基因缺陷性状，如将亮氨酸自养型的重组质粒转入亮氨酸异养型的大肠杆菌，则转入成功的转化菌可以在缺乏亮氨酸的培养基中生长，而未转入重组质粒的大肠杆菌则不能在这种培养基中生长。

b 插入失活

插入失活是指由于外源基因的插入，使重组体丧失了原来具有的某些特征，如不能合成某种产物。当这种改变有明显的表型变化时，就可以用于鉴别重组体。

9.3.9.2 根据重组体结构特征的筛选法

由于各种假阳性的存在，往往需要对重组体的分子结构作进一步的筛选和鉴定，常用的方法有快速裂解菌落比较重组DNA法、限制性内切酶酶切鉴定法、杂交分析法和PCR筛选法等。

A 快速裂解菌落比较重组DNA法

对于插入片段比较大的重组DNA，如在pBR322中插入大于0.5kb的片段，可以直接裂解菌落获得质粒DNA。与原载体的电泳比较大小，根据其电泳迁移率的差别进行鉴定。

B 限制性内切酶酶切鉴定法

提取转化子的DNA，用限制性内切酶酶切，根据片段的大小和酶谱特征与预计的重组DNA的酶谱特征进行比较，即可作出鉴定。

C 杂交分析法

含有外源DNA的重组DNA在一定条件下能和外源DNA互补的DNA探针进行互补结合，探针通常带有标记如同位素标记，这样重组子的DNA就表现出所带的标记信号的特性如放射性，据此可与非重组子DNA进行区别。

杂交分析是在菌落或噬菌斑筛选中应用广泛的一种筛选技术。筛选时，将生长在琼脂平板上的菌落或噬菌斑保持原位转移到硝酸纤维素薄膜上，经裂解菌落、DNA的碱变性及中和，然后用同位素标记的探针进行杂交。放射性探针使胶片曝光，指示出阳性克隆菌落的所在位置。本方法能进行大规模的筛选，一次可筛选上万个菌落或噬菌斑，对从基因文库中挑选目的重组体是一项首选的方法。

D PCR筛选法

外源DNA插入位点的两侧，存在已知的恒定序列，则可以以两侧的已知序列的DNA片段作为引物进行扩增，根据是否能扩增出相应的片段进行筛选鉴定。PCR筛选法还可以对重组序列直接进行测序鉴定。

### 9.3.10 外源基因在宿主中的表达

将克隆的外源基因转入宿主细胞，最终是为了让外源基因获得表达，产生出相应的编码蛋白。要实现此目的，外源基因必须在调节元件控制下进行转录和表达。基因表达涉及转录和翻译两个方面。外源DNA首先要转录出mRNA，然后在核糖体上进行蛋白质的合成，以获得酶、结构蛋白、激素、抗体等各种各样的功能蛋白。在许多条件下，新生的多肽需要经过翻译后的加工和修饰，才能成为有功能的活性蛋白。真核和原核细胞在转录的起始和终止、翻译前及翻译后的加工过程中有很大区别。

9.3.10.1 外源基因在原核细胞中的表达

大肠杆菌是最早采用的原核表达体系，其优点是：宿主遗传背景清楚，培养简单，迅速适应大规模生产；主要缺点是：缺乏适当的翻译后加工机制，真核细胞来源的蛋白质不能进行糖基化修饰，产物常形成不溶性的包涵体。包涵体是外源蛋白与周围杂蛋白或核酸等形成的不溶性聚合体，后续纯化很困难。

影响外源基因表达的因素很多，包括载体中启动子的强弱、RNA 的翻译效率、密码子的选择、表达产物的大小、表达方式以及表达产物的稳定性等。

蛋白质的表达方式有多种，有分泌表达、非分泌表达、融和表达和非融合表达等。在实际工作中，要针对相应的外源基因设计相应的表达策略，这里仅介绍一种目前常用的融合蛋白的表达。

融合表达是将外源目的基因与另一基因构建成融合基因进行表达。融合蛋白由氨基端的原核蛋白、能被蛋白酶等裂解的肽序列以及目的蛋白组成。该表达方式较易获得高效表达，而且融合表达通常较天然的外源蛋白稳定，后续纯化也较为方便。融合表达也有一些缺点，有时会在目的蛋白中引入其他氨基酸。近年来，发展出了多种新的融合蛋白表达系统，这些系统常利用一些特殊的短肽（如 6 个组氨酸的短肽）或者一些特殊的多肽（如谷胱甘肽巯基转移酶，GST）作为融合蛋白的一部分。因为 6 个组氨酸短肽可以和带有镍离子的琼脂糖珠结合，GST 可以与偶联有谷胱甘肽的琼脂糖珠结合，所以它是可以通过亲和层析技术纯化表达的融合蛋白。

9.3.10.2　外源基因在真核细胞中的表达

与原核表达体系相比，真核表达体系具有更多的优越性。依据宿主细胞的不同，真核表达系统可分为酵母、昆虫以及哺乳类动物细胞表达系统等。这些表达系统在重组 DNA 药物、疫苗生产及其他生物制剂的生产上都获得了一些成功。另外，在研究各种蛋白质分子在细胞中的功能方面也得到了非常广泛的应用。

利用真核细胞表达外源基因主要有两个目的：（1）研究该基因在细胞中的作用和机制；（2）获得足够的纯化目的蛋白，用于治疗、诊断及结构研究。前者对表达系统的要求较低，只要宿主细胞合适、表达载体相配及载体对细胞功能无影响即可；如果外源蛋白对细胞有毒性，还可以选用诱导性表达载体。后者对表达系统要求较高，要获得足够量的、纯化的目的蛋白，则需要仔细选择表达系统。

哺乳动物细胞无疑是最理想的表达人类基因的系统，应为首选。人源性蛋白在哺乳动物细胞中可以获得与人类最接近的转录和翻译后修饰，因而可以较为精确地折叠成天然构象，具有最理想的活性。中国仓鼠卵巢（CHO）细胞就是在生物技术中应用最广泛的细胞之一。用哺乳动物细胞进行蛋白表达的主要缺点是表达水平不尽理想，且生产成本高。

酵母是单细胞真菌，也是比较成熟的工业用微生物，由于其易培养、无毒害且生物学特性研究比较清楚，因此很适合作为基因工程菌。酵母表达系统同时兼有大肠杆菌的表达水平高、易培养、成本低和真核细胞的可以很好折叠及修饰的优点。*Pichia Pastoris* 是目前较常用的一种酵母菌，用该系统表达外源基因，其最高表达水平可以达到 12g/L。到目前为止，许多蛋白酶、蛋白酶抑制剂、受体、单链抗体及调节蛋白都在该系统中进行了成功的表达。

利用昆虫病毒表达载体与培养的昆虫细胞形成的表达系统是另一种具有较高表达能力的表达系统，也是一种较有发展前景的真核表达系统。

### 9.3.11　基因工程在环境污染治理中的应用

自 1973 年，Jackson 等首次提出可以人工重组并能在细菌中复制以来，基因工程作为一个新兴的研究领域涉及基因工程克隆载体、受体系统、基因组的研究及基因工程新技术的研究。

基因工程技术已广泛应用于医、农、林、牧、渔等产业，甚至和环境保护也有密切关系。随着科技的发展，人类在为自己生产出越来越多的生活资料的同时，也向大自然排放了越来越多的有害和难降解物质。如农药、塑料和各种芳香烃类化合物，这些物质正严重破坏环境和危害着人类的身体健康。因此，有意识地利用生物界中存在的净化能力进行生物治理，已逐渐成为环境治理的主要手段。

基因工程技术作为生物降解处理有机污染物研究的前沿领域，能够提高微生物的降解速率；拓宽底物的专一性范围；维持低浓度下的代谢活性；改善有机污染物降解过程中的生物催化稳定性等。下面就基因工程在环保中的应用加以阐述。

#### 9.3.11.1 提高微生物净化环境的能力

日本将嗜油酸单孢杆菌的耐汞基因转入腐臭单孢杆菌，该菌株能把汞化物吸收到细胞内，用它处理污水就能解决被汞污染的环境问题，又使汞得以回收。有研究者构建了能降解樟辛烷、甲苯、萘等物质的“超级菌”，可以从环境中多功效地消除有毒物质。也有学者把 Bt 毒蛋白基因、球形芽孢杆菌的毒蛋白基因转入大肠杆菌，且表达成功；实验结果表明，该基因工程菌能杀死蚊虫与害虫，而对人畜无害，不污染环境。

通过基因工程技术可将降解某一污染物的基因通过 PCR 技术全部克隆出来，再利用基因重组技术在体外加工重组，最后导入合适的载体，就有可能产生具有非凡降解能力的超级菌株，从而大大地提高降解效率。据报道，根据假蜜环菌黄曲霉毒素降解酶质谱分析，得到了 N-末端氨基酸序列设计引物，以假蜜环菌总 RNA 为模板进行 RT-PCR 和 Smart RACE，获得黄曲霉毒素降解酶基因的序列，将包含上述基因的表达载体转化到宿主细胞得到新的黄曲霉毒素降解酶的重组酶。在原核表达系统中，酶比活可达到 136U/mg。

#### 9.3.11.2 基因工程技术应用于降解农药

农田长期过量施用农药，严重破坏了生态平衡，造成土壤水质及食品中残留毒性增加，给人畜带来潜在危害。构建高效的基因工程菌可以显著提高农药降解效率，环境微生物尤其是细菌中的农药降解基因、降解途径等许多农药降解机制的阐明为构建具有高效降解性能的工程菌提供了可能。

研究者将从农杆菌得到的 OPdA（编码有机磷降解基因）和黄杆菌（*Flavobacterium sp.*）中得到的 OPd（有机磷降解酶基因）分别构建了原核表达质粒，并分别转到大肠杆菌 *E. coli* DH 10B 中表达，对其表达产物进行了考察。通过其表达产物对几种农药的酶解动力学比较，发现 OpdA 能作用于更多底物的类似物，降解范围更广。

#### 9.3.11.3 治理重金属污染

目前植物修复去除 Hg 的方式是从能够脱汞的细菌中得到基因，编码到植物中，从而不仅能够增加 Hg 的抗性，而且还可以增加其挥发能力。有研究者将细菌有机汞裂解酶（mer B）和汞还原酶（mer A）基因修饰到 *Arabidopsis* 和烟草植物中，从土壤中吸收 Hg（Ⅱ）和甲基汞（Me Hg），最终以气态 Hg(0) 形式从叶表进入到大气中。转基因植物拟南芥，表达 mer B 基因，能够显著增加甲基汞的耐受性，并且将甲基汞转化为离子汞，后者的毒性是前者的1/100。另外，当 mer A 和 mer B 转基因植物生长在浓度为 25μmol/L 的甲基汞溶液中时，每 1μg 新鲜生物量每天挥发 14.4~85.0μg 的 Hg(0)。

酿酒酵母液泡转运蛋白 YCF1 催化 $Cd^{2+}$（Cd- $GS^2$）转运到液泡中，过量表达 YCF1 能增强酵母对 $Cd^{2+}$和 $Pd^{2+}$的抗性。YCF1 可以将 $Cd^{2+}$转运并隔离到液泡中，对 $Pd^{2+}$的抗性有相似的机制。最近的研究在拟南芥中成功地表达有功能活性的 YCF1，在拟南芥中 YCF1 的过量表达明显提高了植物对高浓度铅、镉的耐受性，液泡中铅和镉的含量增加。

9.3.11.4 治理持久性有机污染

三硝基甲苯（TNT）是一种高毒性污染物，研究表明通过导入季戊四醇四硝酸酯还原酶，可成功培育能够降解硝酸酯和硝基苯环类化合物的转基因植物，其可在含有 0.05mmol/L 的 TNT 环境中正常生长，而 0.025mmol/L 的 TNT 可使野生的烟草致死。基因改良的烟草能够对 TNT 除氮，生成二硝基和一硝基芳香化合物。目前，英国的一些生物学家已经培养出一种转基因烟草，它们可以吸收土壤中的 TNT，然后把 TNT 转化成对其他植物无害的物质，从而除去土壤中的污染。这些转基因烟草植物的储物基因来源于土壤中的一种细菌，这种细菌可以产生一种转化 TNT 的酶。

多氯联苯（PCBs）是一类由氯置换了联苯中的氢原子的人工合成有机氯化合物，对人的皮肤、肝脏、神经、骨骼等都有不良影响，且是一种致癌因子。PCBs 生物降解是由双加氧酶攻击 2，3 位（或 5，6 位）碳所引起的，但是不同的微生物对 PCBs 同系物的降解能力有很大差别。有学者认为这是由于微生物具有单一的非特异性双加氧酶所致，并提出 Pseu-domonad 的两种底物专一性的不同是由于联苯双加氧酶（BphA）上至少有两种不同氨基酸。进一步研究证实了这一观点并表明，联苯双加氧酶的 BphA1 亚基可用来识别 PCBs 分子和可被特定微生物降解的同系物范围。这一发现使我们可采用定位诱变的方式来对 BphA1 基因进行修饰以达到拓宽 PCB 降解微生物的底物范围。例如：对联苯双加氧酶进行修饰，使 Thr- 376 变为 Asn- 376 可拓宽 *Pseudoalcaligenens* KF707 的底物专一性。

9.3.11.5 用于含油土壤及废水的治理

落地油和含油污水对土壤造成了严重污染，大量的油泥不仅造成严重的环境问题，同时也给石油行业造成重大的经济损失。美国利用 DNA 重组技术把降解芳烃、萜烃、多环芳烃、脂肪烃的 4 种菌体基因链接，转移到某一菌体中构建出可同时降解 4 种有机物的“超级细菌”，用它清除石油污染，在数小时内可将水上浮油中的 2/3 烃类降解。

在石油开采过程中，采出的原油含有大量的水分，原油脱下的废水中含有大量的石油污染物。为了有效降解这些污染物，科学家对其降解代谢途径、降解酶系组成及其遗传的控制机制进行了深入研究，在此基础上，实现定向育种，定向构建了具有高效生物降解能力的基因工程菌。基因工程菌降解效率高、底物范围广、表达稳定，比自然环境中的降解性微生物更具竞争力，例如 PCP103 菌株的构建。

此外，有研究者从被石油污染的土壤中分离出菲降解菌株 *Pseudomonas aeruginosa* PH1，并以其为研究对象构建得到强化环裂解双加氧酶的铜绿假单胞工程菌 *P. aeruginosa* PH2；同时将包含编码羟基化双加氧酶的四个基因中的两个重组载体共转化至大肠杆菌 *E. coli* BL21（DE3）中，构建得到强化羟基化双加氧酶的大肠杆菌工程菌 *E. coli* HY1。结果表明由工程 *E. coli* HY1 和 *P. aeruginosa* PH2 组成的人工混菌体系构建成功，且具有较高的菲降解能力。

为了构建能够稳定遗传且高效降解多环芳烃的工程菌，利用PCR技术对*Pseudomonas songnenensis* wp3-1的邻苯二酚-2，3-双加氧酶（C23O）基因进行克隆，并将其与自杀性载体p UTmini-Tn5连接，得到重组载体p UTmini-Tn5-C23O。在三亲接合作用下，经mini-Tn5转座子将重组载体p UTmini-Tn5-C23O中的C23O基因整合到菌株*Pseudomonas sp.* wp4的染色体DNA中，最终得到基因工程菌wp4-C23O。在不同pH值、温度下，菌株wp4和工程菌wp4-C23O对浓度为50mg/L的芘进行降解7天。2株菌降解最适温度为37℃、最适pH值为7.5。在此条件下，工程菌wp4-C23O对芘降解率显著高于wp4菌株（$P<0.05$），降解率提高11.45%。

# 9.4 细胞工程

## 9.4.1 细胞工程概述

细胞工程就是在细胞水平上研究、开发、利用各类细胞的工程。

细胞工程是建立在细胞融合的基础上，可以根据需要，经过科学设计，在细胞水平上改造生物的遗传物质。它所要求的技术条件、实验设备及试剂、经费等均比基因工程要求的要低一些。利用细胞工程技术，可以大量培养细胞组织乃至完整个体。

由此可以看出，除在被转移遗传物质的水平及遗传物质的转移方法方面，细胞工程与基因工程有着明显差异外，在选择、纯化、鉴定等方面，两者的步骤与方法基本类似，仅仅是针对不同的实验对象采用不同的方法而已。

现在，两大技术之间出现了相互渗透的趋势，如细胞工程中利用细胞杂交方法来制备单克隆抗体；基因工程中利用单克隆抗体来选择转移基因表达的阳性物质，极大地提高了选择的速率和效率；细胞工程也采用提取DNA和RNA直接转入细胞的方法等。

在生物技术中，细胞工程占据了非常重要的地位，其应用价值越来越受到人们的重视。

目前，细胞工程所涉及的主要技术有动植物组织和细胞的培养技术、细胞融合技术、细胞器移植和细胞重组技术、体外受精技术、染色体工程技术、DNA重组技术和基因转移技术等。这些技术有些是在细胞水平上，有些是在基因水平上，它们之间是相互联系的，基因工程技术不断渗透到现代细胞工程之中，在细胞工程的研究开发中发挥着重要作用。

## 9.4.2 微生物细胞工程

微生物细胞工程应用微生物进行细胞水平的研究和生产，具体内容包括各种微生物细胞的培养、遗传性状的改造、微生物细胞的直接利用或获得细胞代谢产物等。

### 9.4.2.1 微生物细胞的培养

微生物细胞的培养包括不同微生物的营养要求以及各种微生物的培养方法。

### 9.4.2.2 遗传性状的改造

改变微生物的遗传性状，主要是为了进行基础性遗传学研究或选育高产菌株。前者属“遗传学”内容；进行微生物育种的途径很多，主要有物理或化学诱变、DNA重组等。

DNA 重组技术已在“基因工程”中有所论述。

近年来遗传性状的改造应用很广，而且操作技术与条件要求都比较简单的微生物原生质体融合技术日益受到人们的重视。

这里重点讨论微生物细胞原生质体融合技术，主要考虑以下两个方面的内容。

（1）原生质体融合是进行细胞遗传重组的最简便方法，其优点很多。特别是在不具有结合作用的菌株之间，或对感受态还不了解的菌株，除去细胞壁之后，原生质体之间可以比较容易地进行细胞质融合，从而进行核融合。

（2）通过 DNA 重组技术，携带外源 DNA 的载体，在适当的条件下可以进入受体细胞，如 pBR322 可以很容易地进入大肠杆菌细胞中，但对链霉菌、酵母菌、丝状真菌，这种转化是十分困难的。因此，消除细胞壁的原生质体是目前将重组 DNA 技术用于上述微生物的关键环节。为使重组 DNA 技术成功，受体菌原生质体的形成与再生都是十分重要的。

在原生质体融合的基本过程中，经培养获得的大量菌体细胞，用脱壁酶处理脱壁，制成原生质体。将两种不同菌株的原生质体混合在一起，使原生质体彼此接触、融合，使融合的原生质体在合适的培养基平板上再生出细胞壁，并生长繁殖，形成菌落，最后测定参与融合的性状重组或产量变化情况，以筛选出重组子，如图 9-7 所示。

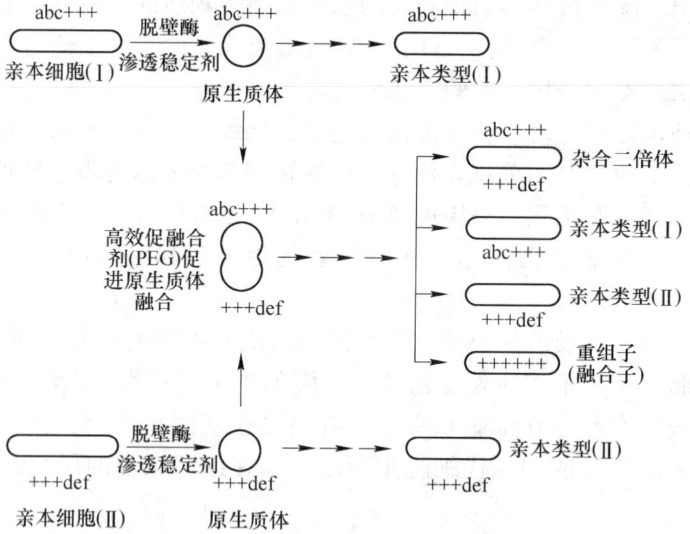


图 9-7 微生物原生质体融合过程的示意图

a~f—亲本细胞遗传标记（营养缺陷型）

9.4.2.3 微生物细胞的应用

微生物细胞的应用包括利用微生物细胞本身，如生产单细胞蛋白（single cell protein），或利用微生物细胞进行有用产物的生产。

### 9.4.3 植物细胞工程

对于植物细胞工程的定义与范围，目前没有统一的看法。一般认为，以植物细胞为基本单位，通过在离体条件下进行培养、繁殖或人为地精细操作，使细胞的某些生物学特性按预定设计发生改变，从而改良品种或制造新种，或加速繁殖植物个体，或获得有用物质的过程统称为植物细胞工程。

9.4.3.1 植物组织培养

植物组织培养技术是一种将植物的组织、器官或细胞在适当的培养基础上，进行无菌培养并重新再生细胞或植株的技术。

由于植物组织培养是对离体部分进行培养，因此可以用于研究被培养部分在不受植物体其他部分影响的情况下表现出的生长、分化、器官形成及代谢规律，并且可以研究培养条件对其生长和分化的影响，在理论研究及生产应用上均有重要意义。

由培养的细胞或组织发育成一棵植物，一般要经历预备阶段、诱导去分化阶段、继代繁殖阶段、生根成芽阶段、移栽成活阶段。

9.4.3.2 植物原生质体的制备

植物细胞壁的主要成分是纤维素、半纤维素、果胶质和少量的蛋白质等，在细胞生长和分化过程中细胞壁组分的比例会发生变化。不同植物和同一植物不同组织的细胞，其细胞壁的结构和组分不同。为了获得原生质体，就必须设法去除细胞壁，但同时不能影响原生质体的活力。

9.4.3.3 植物原生质体的培养

植物原生质体的培养过程，一般要经历几个阶段：脱去细胞壁的原生质体→细胞壁再生→细胞分裂形成细胞团→愈伤组织（或胚状体）→分化形成芽和根→完整植株。

9.4.3.4 植物原生质体融合

植物原生质体融合也称为体细胞杂交。原生质体融合的结果是细胞内遗传物质重新组合，获得新的杂合细胞。诱导两个不同植物原生质体融合的技术是开展细胞杂交的关键技术。原生质体也能发生自发融合，但在细胞工程研究中采用各种方法，大量地、有目的地促使原生质体融合。

### 9.4.4 动物细胞工程

动物细胞工程涉及的主要技术有细胞培养、组织培养、细胞融合、细胞拆合、染色体或染色体组转移、基因转移等，其中最成熟、影响最大的是细胞融合。

9.4.4.1 动物细胞培养

动物细胞的培养既有别于植物细胞培养，又有别于微生物的培养。

动物细胞培养是将取自动物体的某些器官或组织的细胞，在模拟体内的生理条件下进行离体培养，使之存活和生长。

细胞培养是指离体细胞在无菌培养条件下的分裂、生长。在整个培养过程中细胞不出现分化，不再形成组织。

组织培养是指将取自动物体的某类组织，在体外培养并一直保持原本已分化的特性，该组织的结构与功能持续不发生明显变化。

根据细胞能否贴附于支持物上生长的特性，培养的动物细胞可分为两大类：悬浮型和贴附型。

（1）悬浮型细胞：是指生长时呈悬浮状态的细胞。

（2）贴附型细胞：是指附在支持物上生长的细胞，营养、pH 值及温度是细胞生长最重要的影响因素。

### 9.4.4.2　动物细胞融合

细胞融合是指用自然或人工的方法，使两个或多个不同的细胞融合成一个细胞的过程。

细胞融合是研究细胞间遗传信息转移、基因在染色体上的定位以及创造新细胞株的有效途径。

细胞在体外培养条件下会自发融合，但频率极低，故必须人为地采用一些手段，促进细胞融合。

动物细胞融合一般有以下 3 条途径。

#### A　病毒诱导融合

用作促细胞融合的病毒有十多种（见表 9-4），但最有效的是副黏病毒，其中副流感病毒如仙台病毒具有良好的诱导细胞融合的效果。

**表 9-4　诱导细胞融合的病毒**

<table>
<tr><th colspan="2">DNA 病毒</th><th colspan="2">RNA 病毒</th></tr>
<tr><td rowspan="4">疱疹病毒</td><td rowspan="2">单纯疱疹病毒</td><td rowspan="4">副黏病毒</td><td>副流感病毒（如仙台病毒）</td></tr>
<tr><td>流行性腮腺炎病毒</td></tr>
<tr><td rowspan="2">水痘病毒</td><td>麻疹病毒</td></tr>
<tr><td>呼吸道合胞病毒</td></tr>
<tr><td colspan="2">痘病病毒</td><td colspan="2">新城病毒</td></tr>
<tr><td colspan="2" rowspan="3">兔痘病毒</td><td rowspan="2">致肿瘤病毒</td><td>劳氏肉瘤病毒</td></tr>
<tr><td>绵羊脱髓鞘病毒</td></tr>
<tr><td>日冕病毒</td><td>鸡支气管炎病毒</td></tr>
</table>

#### B　化学诱导融合

进入 20 世纪 70 年代后，由于病毒融合剂制备困难，不易重复和融合率较低等缺点，即转向化学融合剂的研究。

目前使用的化学融合剂包括聚乙二醇（PEG）、聚乙烯吡咯烷酮、聚乙烯醇、聚甘油、磷脂酰胆碱、油酸、油胺和二价阳离子载体等，其中以 PEG 使用最广泛。

PEG 诱导细胞融合的原理还不很清楚。可能如同 $Ca^{2+}$ 那样，PEG 可使细胞聚集在一起，当 PEG 浓度达 50%时，PEG 可能与邻近膜的水分结合，使细胞之间只有几十纳米的空间的水分被取代，由此降低细胞表面的极性，导致脂双层不稳定，引起细胞膜的融合（见图 9-8）。

#### C　电激诱导融合

1987 年，Zimmermam 首先报道了细胞电融合现象。当细胞位于电融合室电介质溶液

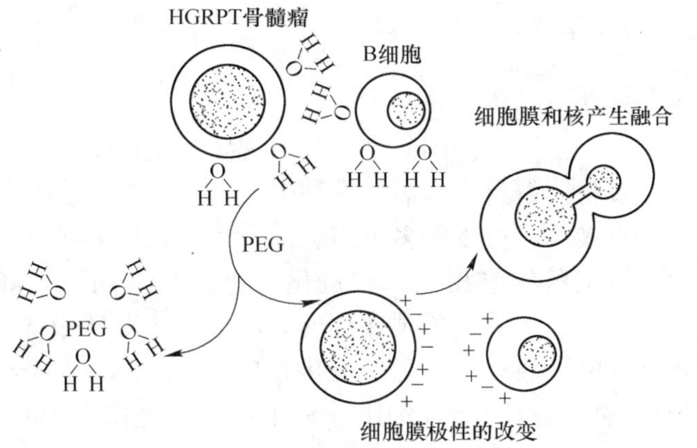


图 9-8 PEG 诱导融合的可能机制

中，并对融合室施加交流电场时，电介质溶液中的细胞在电场中沿电场线方向排列成串。紧密排列的细胞在高幅脉冲电场的瞬时作用下，当细胞膜局部区域的双脂分子层受到的外电场作用超过它们作为有序排列的弹性作用时，导致该区域膜结构紊乱，出现许多穿膜微孔，细胞膜的通透性增加，而相邻细胞的紧密接触部位的微孔就有物质的交流，形成膜桥，继而产生细胞融合。在外电场撤销后，这些孔道可由细胞自行修复，细胞膜恢复正常的通透性和功能，即细胞膜在电场作用下发生可逆电穿孔。

如果外加电场增强至一定程度，穿孔细胞膜区域过大，细胞膜可能完全丧失对内外物质的选择性、通透性，大分子外泄，膜功能又不能恢复，即使撤销外电场，细胞也会趋于死亡。

电融合技术在制备杂交瘤细胞方面展示了良好的应用前景，它克服了病毒或化学介导细胞融合的一些缺点，融合所需的细胞量可以相对减少，而融合率可提高到 $10^{-3}$，较 PEG 介导法高 10～$10^3$倍，不存在残留毒性，且操作简便，重复性好，过程可以控制，并避免了 PEG 融合中批号之间的差异现象。

以往建立的各种病毒及化学诱导融合法，无法使选定的细胞之间进行特异的融合。这种无选择性的接触，可先在交变电场中使细胞聚集接触和膜结构振动，然后再施以高压电脉冲使其融合；在一些特定条件下，可以使细胞之间发生选择性的结合，从而有可能实现特异性融合。由于高压脉冲造成的细胞可逆性击穿不具有选择性和特异性，特异性电融合技术仍受到一定限制。

#### 9.4.4.3 细胞拆合

从不同的细胞中分离出细胞器及其组分，在体外将它们重新组装成具有生物活性的细胞或细胞器的过程称为细胞拆合。

细胞拆合的研究大多以动物细胞为材料，其中尤以核移植和染色体移植的工作令人瞩目。

1997 年 2 月，英国科学家 Wilmut 在《Nature》上发表了他利用乳腺细胞的细胞核克隆出一只绵羊“多莉”（Dolly）的成果。“多莉”的诞生，既说明了体细胞核的遗传全能性，也为细胞拆合的进一步研究奠定了坚实的基础。

### 9.4.5 利用细胞融合技术构建环境工程菌

9.4.5.1 纤维素降解菌原生质体融合

在生物降解反应中，微生物之间的共生或互生现象普遍存在，可能是由于微生物之间相互提供了彼此生长或发生降解反应所需的某种生长因子。对于这种有共生或互生作用的细胞，通过原生质体融合技术，可以将多个细胞的优良性状集中到一个细胞内。

两株脱氢双香草醛（与纤维素相关的有机化合物，简称 DDV）降解菌 *Fusobacterium varium* 和 *Enterococus faecium*，当它们单独作用时，在 8 天内可降解 3%~10%的 DDV，混合培养时，降解率可达 30%，说明有明显的互生作用。

将两株菌进行原生质体融合，融合细胞（FET 菌株）的降解率最高可达 80%。利用 Southern DNA 印迹杂交技术检验，发现融合细胞中带有双亲细胞的 DNA 序列。

将融合细胞 FET 和具有纤维素分解能力的革兰氏阳性菌白色瘤胃球菌（*Ruminococcus albus*）进行融合，将纤维素分解基因引入 FET 菌株中，获得一株革兰氏阳性重组子，它具有 *Ruminococcus albus* 亲株 45%左右的 β-葡萄糖苷酶和纤维二糖酶活性，同时还具有 87% FET 降解 DDV 酶的活性。利用基因探针技术证实它是一个完全的融合子。

9.4.5.2 芳香族降解菌的构建

*Pseudomonas alcaligens* CO 可以降解苯甲酸酯和 3-氯苯甲酸酯，但不能利用甲苯；*Pseudomonas putida* R5-3 可以降解苯甲酸酯和甲苯，但不能利用 3-氯苯甲酸酯。上述两种菌株均不能利用 1，4-二氯苯甲酸酯。但通过细胞融合，得到的融合细胞可以同时降解上述 4 种化合物。这一结果说明，原生质体融合可以集中双亲的优良性状，并可产生新的性能。

将乙二醇降解菌 *Pseudomonas mendocina* 3RE-15 和甲醇降解菌 *Bacillus lentus* 3RM-2 中的 DNA 转化至苯甲酸和苯的降解菌 *Acinetobacter calcoacetucus* T3 的原生质体中，获得的重组子 TEM-1 可同时降解苯甲酸、苯、甲醇和乙二醇，降解率分别为 100%、100%、84.2% 和 63.5%。此菌株用于化纤废水处理，对 COD 去除率可达 67%，高于三株菌混合培养时的降解能力。

## 9.5 发酵工程

### 9.5.1 发酵工程概述

发酵工程是生物技术的重要组成部分，是生物技术产业化的重要环节。它是将微生物学、生物化学和化学工程学的基本原理结合起来，利用微生物的生长和代谢活动来生产各种有用物质的工程技术。它以培养微生物为主，所以又可称为微生物工程。

发酵（fermentation）最初来自拉丁语“发泡”（fervere），是指酵母作用于果汁或发芽谷物产生 $CO_2$ 的现象。巴斯德研究了酒精发酵的生理意义，认为发酵是酵母在无氧状态下的呼吸过程，是“生物获得能量的一种形式”。生物化学认为，发酵是在厌氧条件下，糖在酵母等生物细胞作用下进行分解代谢，向菌体提供能量，从而得到产物酒精和 $CO_2$ 的过程。

目前，人们把利用微生物在有氧或无氧条件下的生命活动来制备微生物菌体或其代谢产物的过程统称为发酵。认为发酵是微生物分解有机物、产生乳酸或乙醇和二氧化碳的无氧作用过程，也泛指在无氧或有氧条件下，利用微生物制造原料或产品的过程。前者如乙醇发酵、乳酸发酵、丙酮发酵和丁醇发酵，后者如抗生素发酵、醋酸发酵、氨基酸发酵和维生素发酵等。发酵依靠微生物体内或体外的酶，将基质包括有机污染物在内的大分子分解成微生物细胞能吸收的小分子螯合物，并参与细胞的合成代谢。发酵提供细胞生命活动所需的能量和各种细胞结构物质，建造新的细胞。因此，利用发酵工程的原理与技术，净化处理环境污染物，同时产生有用的产品，可以达到减轻环境污染的目的，同时实现废物资源化，提高整体工艺的效益，降低运行成本。生物发酵技术已应用在环境污染处理的多方面，如有机废物在堆肥过程中的发酵、废纤维素的糖化、蛋白化和乙醇化等。

发酵的微生物类型主要有酵母、霉菌和细菌。

### 9.5.2 发酵工程的基本原理

发酵的基本原理是单一的菌种在培养基中的纯培养，因此所采用的菌种极为重要，培养与保存优良的生产菌种是发酵工艺的首要任务。天然的微生物一般不能满足发酵工业生产的要求，需要从土壤菌中进行筛选，或按照人类的意志对其遗传特性进行改造，使它们生产出更多更好的产品。

由于微生物的繁殖迅速，能在短期内获得大量个体，处理比较简单，因此容易进行形态学、生物化学与分子遗传学的分析。通过微生物的诱变育种、基因重组与遗传工程等方法，可以培育人们所需的各种微生物良种。

发酵过程一般可以分成四个阶段，即发酵原料的预处理、发酵过程的准备、发酵过程、产品的分离与纯化。

#### 9.5.2.1 发酵原料的预处理

发酵原料很丰富，可以是薯类、谷类，也可以是有机废弃物，如废纤维等。但微生物都不能直接利用这些发酵原料，通常需要将其粉碎、蒸煮并水解成葡萄糖，以供给微生物利用。

#### 9.5.2.2 发酵过程的准备

发酵前必须进行微生物菌种种子的制备与发酵原料的无菌消毒。无菌消毒是种子制备与发酵的必要条件，一般在发酵前将发酵原料装入发酵罐中，通过蒸汽进行高温灭菌；冷却后在无菌条件下接入菌种，在发酵过程中要绝对保证无杂菌，即没有目标微生物以外的微生物存在，这是发酵成功与否的关键，对于好氧发酵，还需要通入无菌空气。由于微生物生长对环境有一定的要求，因此还要调节 pH 值和添加必要的营养物。

在实际生产过程中，为提高种子罐的利用率，通常先在种子罐中发酵，制备大量的微生物菌种，再将其投入到大罐中。

#### 9.5.2.3 发酵过程

由于使用的微生物种类不同，代谢规律不一样，因而有厌氧发酵与好氧发酵两种方法。

厌氧发酵是静置发酵，其发酵设备不需供氧，所以设备和工艺都比好氧发酵简单。如乙醇、啤酒、丙酮、丁醇及乳酸发酵等均为厌氧发酵产品。

好氧发酵过程中需要消耗大量的氧气，以供代谢的需要，如氨基酸发酵、抗生素发酵等。在生物反应器中，微生物将有机物转化为本身的细胞结构物质，同时生产目标产品。

9.5.2.4　产品的分离与纯化

分离与纯化是从发酵液中制取符合质量指标的制品。首先将发酵液进行过滤，离心以除去固体杂质；然后采用吸附法、溶媒萃取法、离子交换法、沉淀法或蒸馏法等，对发酵液中的产品进行进一步的提炼，以得到符合要求的目标产品。

### 9.5.3　发酵工程在环境污染治理中的应用

随着社会发展的加快，发酵工程在环境保护中应用得越来越广泛，全球范围内也对环境保护给予了足够的重视，同时，给发酵工程在环保中的应用带来了更为广阔的发展前景。下面就发酵工程在环保中的应用加以阐述。

9.5.3.1　污水处理厂剩余污泥堆肥

在当前污水处理厂剩余污泥的资源化利用中，用于土壤改良修复是最有效和最具有生态意义的。不同种类的城市污泥含有20%~30%的碳和2%~5%腐殖质，可以提高土壤中碳和腐殖质的积累，使用污泥可以改善土壤的物理性状，降低土壤侵蚀的危害，减小营养元素随地表径流的损失，改良土壤团聚体结构。因此污泥通过无害化、稳定化处理后制成的营养土，用于废弃地修复及土壤改良，近来倍受关注并成为污泥处置的首选方法之一。该方法可充分实现污泥的使用价值，且避免产生二次污染，同时可以解决当前农业急需的有机肥料的来源问题。

污泥堆肥是实现污泥土地利用的途径之一。污泥好氧堆肥过程实际上是污泥的微生物发酵过程，是通过好氧微生物的生物代谢作用，使污泥中有机物转化成富含植物营养物的腐殖质，反应的最终代谢物是$CO_2$、$H_2O$和热量，大量的热量使物料维持持续高温，降低物料的含水率，有效地去除病原体、寄生虫卵和杂草种子，使污泥达到减量化、稳定化、无害化、资源化目的。好氧堆肥具有发酵周期短、无害化程度高、卫生条件好、易于机械化操作等特点。

目前，对污泥堆肥的研究主要是针对堆肥过程中氮损失控制、肥分提升；根据污水处理区域特点不同，考察不同环境下原料的堆肥效能。如向污泥中添加秸秆、稻壳、锯末等有机辅料，也有不添加辅料，利用堆肥产品返混。在寒冷区域，如华北、东北地区，必要情况下需要采用特殊设计的堆肥槽，或添加菌剂，保障堆肥的效果。

9.5.3.2　纤维素初级污泥发酵生产挥发性脂肪酸

当前，活性污泥法一直被认为是一种有效地从污水中去除化学需氧量（COD）和营养元素（N、P）的技术，也是现代污水处理中占主导的技术。现在，污水处理已经从耗能向回收能源转变，尤其是废水中含有的纤维素、甲烷或生物聚合物等，可以通过回收进而产酸发酵生产挥发性脂肪酸（VFAs）。挥发性脂肪酸是一种具有较高附加值的产品，应用范围广，可以作为强化生物除磷（EBPR）工艺的碳源，也可作为多种化学前体。研究表明，以纤维素原污泥生产的VFAs作为碳源生产可降解塑料——聚-β羟基烷酸（PHAs）的化学前体比生产沼气具有更高的经济效益。因此，意大利维罗纳大学 Nicola Frison 团队利用旋转带式过滤机从城市污水的筛分及回收纤维素初级污泥，然后通过产酸发酵生产挥发性脂肪酸；在他们的研究中，通过旋转带式过滤机筛分回收的固体中含有约40%的纤维素。

9.5.3.3 餐厨垃圾发酵产生乙醇

随着能源需求增加及石油资源的日益枯竭，寻求替代能源成为必然选择，生物质能源的研究越来越受到人们的重视。在众多的生物质能源中，燃料乙醇由于其生产工艺简单，可生产乙醇汽油，向环境净排放的温室气体为零等优点，利用餐厨垃圾进行乙醇的生产具有资源利用和降低成本的双重优势。将餐厨垃圾水解成单糖后通过发酵作用生产燃料乙醇是发展生物能源的一个重要方向。利用餐饮废物制取燃料乙醇不仅可以将其作为资源加以利用，而且还可以增加能源供应及消除其对环境的危害，这也为难以处理的餐厨垃圾寻找出一条新的资源化利用途径。

在将餐厨垃圾转化为乙醇的处理过程中，如何将餐饮废物转化为单糖是关键步骤，只有将其水解成酵母菌能利用的单糖，然后才能通过厌氧发酵转化为乙醇。目前常见的方法是采用微波、强酸、双酶、高温和高压等条件将餐厨垃圾转化为单糖或直接以酶水解方法处理餐厨垃圾的糖化。研究发现，同时添加100U/g 蛋白酶和100U/g 糖化酶时，乙醇产量达到最大值53g/L，糖化酶和蛋白酶对酒精发酵影响显著，其他酶和营养物的添加对发酵均无显著影响。利用微生物预处理餐厨垃圾，糖化后的发酵工艺是解决糖化的有效途径，这种方式生产成本较低廉，操作简单，同时这也是开发餐厨垃圾资源、变废为宝的一条新途径。

9.5.3.4 有机废物生产蛋白饲料

固态发酵的白酒糟不如液态发酵的酒精糟严重污染环境，但固态发酵的鲜酒糟销售处于无计划状态。遇到养畜市场变化卖不了而成堆积压也时有发生，霉烂变臭同时污染环境，因此从环保角度考虑开辟饲料新资源，调整饲料生产结构，提高饲料资源的利用率，开发菌体高蛋白饲料等已成为我国饲料工业发展的必然趋势。

将酒糟转化为单细胞蛋白饲料的菌种选育问题在国内外都有研究，特别是苏联和东欧一些国家研究得较多，美国国家菌种收集中心目前保存有上千株生化或者基因特性不同的酵母属（*Saccharomyces*）酵母，再加上其他属菌种，实际上可用做饲料添加剂的菌种数量很大。

采用多菌株混合培养，在鲜酒糟载体上进行再次发酵，使其含有大量的有益活菌体及微生物酶类，粗蛋白含量得以较大的提高，并和酒糟一起含有某些生物活性物质及生长调节促进剂，有利于动物的快速生长和发育，这一工艺在某些单位已经开展了试验研究并取得良好效果。据报道，国内目前用于生产菌体蛋白的微生物有曲霉菌、根霉菌、假丝酵母菌、乳酸杆菌、乳酸链球菌、枯草杆菌、赖氨酸产生菌、拟内孢酶、白地酶等，其生产工艺和通风培养麸曲类似。鲜酒糟经配料混合，接种入通风发酵池，在30℃发酵36~60h再经干燥及后处理成为产品。

另外，也可将部分污泥接入藻类培养基，使其中的营养物质为藻类所用，来生产藻类功能性食品，藻类污泥配制后经固、液体发酵可用于生产蛋白饲料。啤酒（活性）污泥的粗蛋白质量分数达到20%~30%，钙、磷、铁、钾等元素的含量较多，还含有不少藻类培养所需的微量元素和有机物质，是培养藻类的良好基质，同时因含有丰富粗蛋白，可以作为饲料。以啤酒厂的啤酒糟和啤酒污泥为主料，加入玉米浆、米渣辅料，同时添加适量的无机盐，配成基质，接入饲料微生物进行固体发酵，开发出了集能量、蛋白和酶制剂这三大功效于一体的多酶高价值蛋白发酵饲料，既净化环境又增加经济效益，是食品工业和发酵工业副产业及废料利用的一条有效途径，能推动饲料工业、发酵工业和养殖业的发展。

总之，筛选优良菌株和进行各种菌株的组合及采用优化的发酵条件，才能充分地利用废弃物中的有用营养源，提高其菌体蛋白含量及其他有效成分，这是微生物发酵的关键技术。

## 习　题

9-1 试述基因工程、酶工程、细胞工程与发酵工程之间的关系。

9-2 酶工程的研究内容包括哪些？

9-3 酶固定化方法有哪些？各有何优缺点？

9-4 固定化性质变化主要表现在哪些方面？

9-5 固定化对酶反应系统有何影响？

9-6 什么叫基因工程？说明基因工程实施的条件。

9-7 获得目的基因的方法有哪些？

9-8 什么是聚合酶链式反应（PCR）？试述其基本原理。

9-9 简述微生物细胞原生质体融合技术的实质。

9-10 什么叫植物细胞工程？

9-11 什么叫细胞融合？实现动物细胞融合的途径有哪些？

9-12 试述发酵工程的基本原理。

# 10　微生物降解有机污染物的生物化学

**本章要点：**

(1) 微生物降解的概念；

(2) 微生物降解有机污染物的作用；

(3) 卤代烃、农药、洗涤剂、石油污染物生物降解中的生物化学。

## 10.1　微生物降解概述

### 10.1.1　微生物降解的基本概念

微生物降解就是通过微生物作用将有机物降解成小分子化合物的过程。

随着化学工业的发展和化学品的广泛使用，大量的人工合成有机化合物通过各种途径进入环境。这些化合物中有一部分是能够被水或土壤中的微生物很快地进行生物降解的，然而也有很多化合物，由于其化学结构和特性与天然有机物不同，目前还没有发现能够有效分解这类化合物的微生物体系，因而使这类化合物在环境中表现出生物难降解的特性，由此导致这类化合物在环境中长期滞留。因其中有些化合物毒性很大，甚至可能是“三致”（致突变、致癌、致畸）化合物，故将对环境和人类健康造成威胁。围绕这一环境问题进行的各种研究工作中，难降解化合物的降解研究始终是很重要的一个方面。

在有机污染物生物降解研究中，很重要的一点是有机污染物的生物降解究竟能进行到怎样的程度，Mausnet 等曾根据有机污染物生物降解的进行程度将生物降解分为三种（或者说是三个阶段）。

(1) 初级生物降解（primary biodegradation）：是指有机污染物在微生物的作用下，母体化合物的化学结构发生变化，并改变了原污染物分子的完整性，即有机污染物本来的结构发生部分变化。

(2) 环境容许的生物降解（environmentally acceptable biodegradation）：是指可除去有机污染物的毒性或者人们所不希望的特性，例如在表面活性剂的降解过程中，那种使表面活性剂失去起泡性能的降解作用，或者在有毒有机污染物降解过程中使其降低或完全去除对水生生物毒性的降解作用。

(3) 最终生物降解（ultimate biodegradation）：是指有机污染物通过生物降解，从有机物向无机物转化，完全被降解成 $CO_2$、水和其他无机物，并被同化为微生物的一部分。例如在聚乙烯醇（PVA）的生物降解中就明显地存在着这三个降解阶段（见图 10-1 和图 10-2）。

比较图 10-2 中 PVA 浓度和 $COD_{Cr}$ 值两条随时间变化的曲线可以发现，在反应开始阶

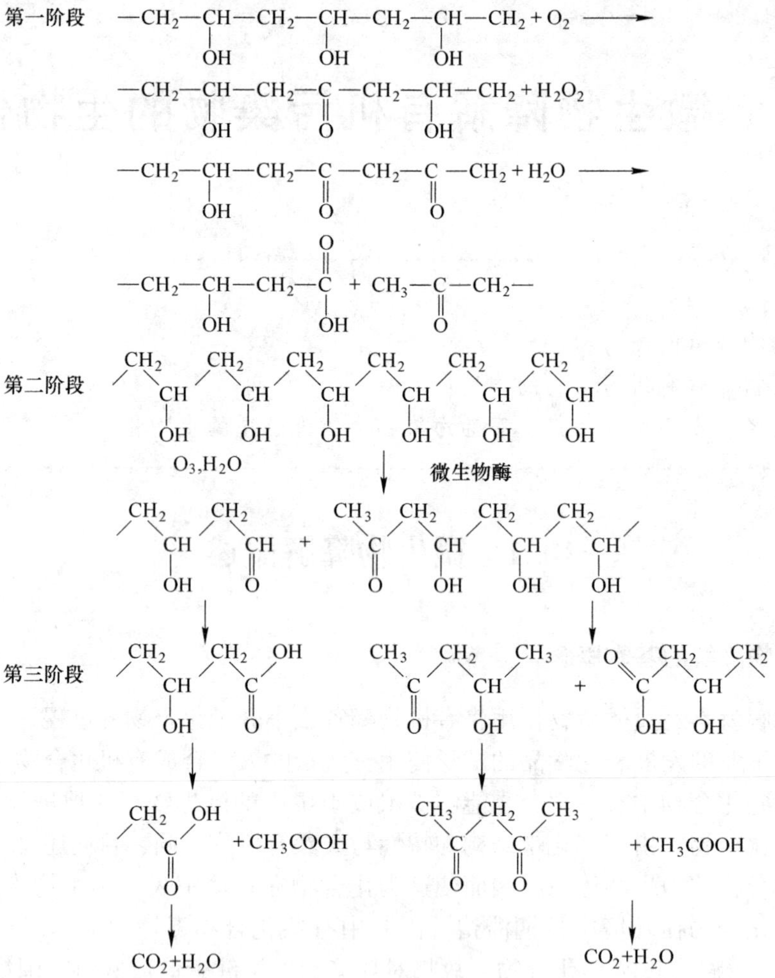


图 10-1 聚乙烯醇的生物降解中的三个阶段

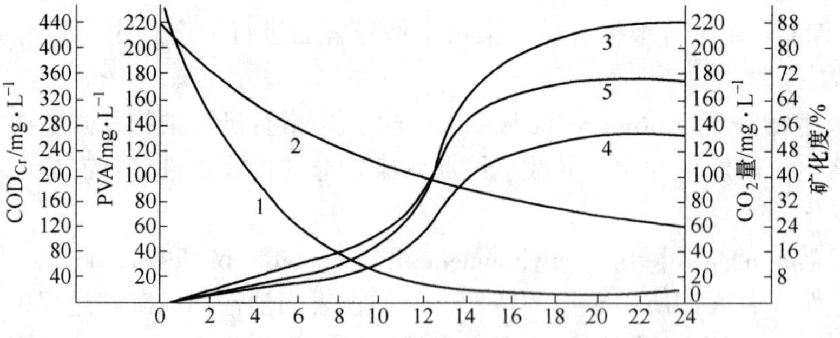


图 10-2 PVA 生物降解进程和矿化度的变化

1—PVA 浓度；2—$COD_{Cr}$；3—$CO_2$；4—PVA 的矿化度；5—$COD_{Cr}$的矿化度

段，PVA 浓度迅速下降，PVA 曲线下降的斜率明显大于 $COD_{Cr}$ 曲线。这是由于 PVA 的初级生物降解所造成的，PVA 的大分子被生物降解，失去原有的物理、化学性质，但其产生的降解产物仍保留着 $COD_{Cr}$值，大约 10h 后，PVA 浓度的下降趋于缓慢而 $COD_{Cr}$在继续下降，PVA 浓度与 $COD_{Cr}$的比值有回升趋势，这是初级生物降解产物继续生物降解乃至彻底矿化的结果。在整个 PVA 生物降解的过程中，关键是大分子断裂成小分子的速率，在此过程中胞外酶起着重要作用。

初级生物降解反应（半衰期为 0.23 天左右）较最终生物降解反应（半衰期为 0.5~18 天）要快得多。两者的生物降解速率的差别随有机化合物的不同而不同，一般为几倍到十几倍，这是有机化合物生物降解的一般规律。

从环境保护的观点来看，总是希望有机污染物能完全降解，尽管这种完全降解比较困难，而且也很难实际验证。

### 10.1.2 微生物降解有机污染物的作用

污染物在环境中的降解有多种途径，由于生物的作用而引起的污染物的分解或降解，即为生物降解。在生物降解中，作用最大的生物类群是微生物。微生物在环境中与污染物发生相互作用，通过其代谢活动，会使污染物发生氧化反应、还原反应、水解反应、脱羧基反应、脱氨基反应、羟基化反应、酯化反应等多种生理生化反应。这些反应的进行，可以使绝大多数的污染物质，特别是有机污染物质发生不同程度的转化、分解或降解，有时是一种反应作用于污染物质，有时会是多种反应同时作用于一种污染物质或者作用于污染物质转化的不同阶段。微生物在环境中的主要的生物化学降解转化作用有以下几种类型。

#### 10.1.2.1 氧化作用

包括 Fe、S 等单质的氧化，$NH_3$、$NO_2$等化合物的氧化，也包括一些有机物基团的氧化，如甲基、羟基、醛等。在环境中，这些氧化作用大都是由微生物引起的，如氧化亚铁硫杆菌 *Thiobacilius ferrooxidans* 对亚铁的氧化，铜绿假单胞杆菌 *Pseudomonas aenurinosac* 对乙醛的氧化，以及亚硝化菌和硝化菌对氨的氧化作用等。氧化作用普遍存在于各种好氧环境中，是最常见的也是最重要的生物代谢活动。

（1）醇的氧化：醋化醋杆菌（*Acetobacteraceti*）将乙醇氧化为乙酸，氧化节杆菌（*Arthrobacterozydans*）将丙二醇氧化为乳酸。

（2）醛的氧化：铜绿假单胞菌（*Pseudompnas aeruginosa*）将乙醛氧化为乙酸。

（3）甲基的氧化：铜绿假单胞菌将甲苯氧化为安息香酸。表面活性剂的甲基氧化主要是亲油基末端的甲基氧化为羧基的过程。

（4）氨的氧化：亚硝化单胞菌属（*Nitrosomonas*）可进行此反应。

（5）亚硝酸的氧化：硝化杆菌属（*Nitrobacter*）可进行此反应。

（6）硫的氧化：氧化硫硫杆菌（*Thiobacillus thiooxidans*）可进行此反应。

（7）铁的氧化：氧化亚铁硫杆菌（*Thiobacilius ferrooxidans*）可进行此反应。

（8）β-氧化：脂肪酸、ω-苯氧基烷酸酯和除草剂的生物降解可进行此反应。

（9）氧化去烷基化：N 去烷基化，烷基氨基甲酸酯、苯基脲、有机磷杀虫剂可进行此反应。C 去烷基化，二甲苯、甲苯和甲氧氮化物可以进行此反应。

（10）硫醚氧化：三硫磷、扑草净的氧化降解属于此反应。

（11）过氧化：艾氏剂和七氯可被微生物过氧化属于此反应。

（12）苯环羟基化：尼古丁酸，2，4-D 和苯甲酸等化合物可通过微生物的氧化作用使苯环羟基化属于此反应。

（13）芳环裂解：苯酚系列的化合物可在微生物的作用下使环裂解。

（14）杂环裂解：五元环（杂环农药）和六元环化合物的裂解属于此反应。

（15）环氧化：对于环戊二烯类杀虫剂来说，其生物降解作用机制包括脱卤、水解、还原和羟基化作用属于此反应，但是环氧化作用是生物降解的主要机制。

10.1.2.2 还原作用

包括高价铁和硫酸盐的还原、$NO_3^-$的还原、羟基或醇的还原等，还原作用与氧化作用所存在的环境不同，还原作用需要缺氧或者厌氧（无氧）的环境。有些还原作用是氧化作用的逆过程，但有些则不是逆过程，如 $NH_3$被氧化为 $NO_3^-$，而 $NO_3^-$被还原为 $N_2$。

（1）乙烯基的还原：如大肠杆菌（*Escherichia coliform*）可将延胡索酸还原为琥珀酸。

（2）醇的还原：如丙酸羧菌（*Clostridium propionicum*）可将乳酸还原为丙酸。

（3）醌类的还原：醌类可以被还原成酚类。

（4）芳环羟基化：苯甲酸盐在厌氧条件下可以羟基化。

（5）双键还原作用。

（6）三键还原作用。

10.1.2.3 基团转移作用

（1）脱羧作用：有机酸是普遍存在于受有机污染的各种环境中，通过脱羧基直接使有机酸分子变小（脱羧基减少一个碳原子，形成一个 $CO_2$分子）。连续的脱羧基反应可以使有机酸得到彻底的降解。一些小分子（短链）的有机酸经脱羧基作用很快得到降解。如戊糖丙酸杆菌（*Propionibacterium pentosaceum*）可使琥珀酸等羧酸转为丙酸，尼古丁酸和儿茶酸也可进行脱羧反应。

（2）脱氨基作用：使带有氨基（—$NH_2$）的有机物质脱除氨基，并能得到进一步的降解，主要是在蛋白质降解方面作用很大。构成蛋白质的氨基酸的降解必须先经脱氨基作用，然后才像普通有机酸一样经过脱羧基作用等得到进一步的降解。如丙氨酸可在腐败芽孢杆菌（*Bacillus putrificus*）作用下脱氨基而成为丙酸。

（3）脱卤作用：常见于农药的生物降解，是某些脂肪酸生物降解的起始反应，若干氯代烃农药的生物降解也发生此种反应。

（4）脱烃反应：常见于某些有烃基链接在氨、氧或硫原子上的农药。

（5）脱氢卤：可发生此反应的典型化合物为 γ-BHC 和 p′, p′r-DDT 等。

（6）脱水反应：如芽孢杆菌属（*Bacillus*）可使甘油脱水为丙烯醛。

10.1.2.4 水解作用

水解作用是一种很基本的生物代谢作用，许多种微生物可以发生水解作用。在处理一些有机大分子时，经常会用到水解作用这一特殊的生物化学反应，使有机大分子转化为很小的分子，甚至接近其他生物或者其他反应所要求的污染物质特征。

（1）酯类的水解：多种微生物可发生此反应。

（2）氨类也可被许多微生物水解。

（3）磷酸酯水解。

（4）腈水解。

(5) 卤代烃水解去卤：卤代苯甲酸盐、苯氧基乙酸盐、芳草枯等可通过水解进行降解。

10.1.2.5 酯化作用

羧酸与醇发生酯化反应：如 *Hansenula anomola* 可将乳酸转变为乳酸酯。

10.1.2.6 缩合作用

如乙醛可在某些酵母的作用下缩合成3-羟基丁酮。

10.1.2.7 氨化作用

如丙酮酸可在某些酵母作用下发生氨化反应，生成丙氨酸。

10.1.2.8 乙酰化作用

如克氏梭菌（*Clostridium kluyueri*）等可进行乙酰化作用。

10.1.2.9 双键断裂反应

偶氮染料在厌氧菌的作用下，先发生脱氯反应生成两个中间产物，再经好氧过程才进一步发生生物降解。

10.1.2.10 卤原子移动

卤代苯、2，4-D等污染物降解时可进行此反应。

由于微生物种类极其多，因此具有丰富多样的代谢类型，迄今已知的数十万种污染物（主要为有机污染物）中不能被微生物降解的很少，甚至可以说，目前不能被微生物降解的有机物的存在并不能说明肯定没有这种微生物，只是人们还没有发现或者还没有认识；另一方面，由于微生物结构简单，个体或者群体有很强的变异性，在微生物与污染物发生相互作用的同时，微生物会对污染物的存在做出反应和生理调节而发生变异，或者在污染物的诱导作用下发生变异，这样就有了更多的机会通过变异而降解那些难降解或者不可降解的有机污染物。目前有许多研究者在定向地进行富集培养和驯化环境微生物，微生物的共代谢作用使微生物在污染物质降解方面有了更广泛的作用。由此可知，环境污染物，特别是有机污染物的生物降解在机理、功能与资源等方面都具有巨大的潜力。

## 10.2 微生物降解典型有机污染物的生物化学

### 10.2.1 卤代烃类微生物降解的生物化学

卤代有机化合物是一类非常重要的化合物，被广泛地应用于工业、农业、农药、有机合成。由于应用广泛，因此卤代有机化合物进入环境的机会也就很大，途径也很多。概括起来，环境中的卤代有机物主要来自人工应用、自然生成和人工条件下的有机物卤化。卤代有机化合物中卤代脂肪烃和卤代芳香族化合物是最重要的两类。而卤元素中最重要的是氯，其次是溴和氟。环境中最重要的卤代有机化合物是氯化脂肪烃和氯化芳香烃，如三氯甲烷、多氯联苯等。

10.2.1.1 卤代脂肪烃的降解

卤代脂肪烃广泛用于工业溶剂、清洗剂、气雾推进剂和化工合成的中间体，主要是在 $C_1$ 和 $C_2$ 脂肪烃，其上氢原子被一个或多个卤原子取代。

最常见的卤原子是氯，主要有二氯甲烷、三氯甲烷、四氯化碳、二氯乙烯、三氯乙烯、四氯乙烯。卤代脂肪烃引起的地下水、地表水和土壤的污染很普遍。三氯乙烯（TCE）是地下水中的常见污染物，氯代脂肪烃容易挥发，因此在土壤和地表水中含量较少，但是如果污染基模抑制其挥发时，则会在基模中持留，而且可持留很长时间，因为它们有相当稳定的抗生物降解性。含 1 个氯或 2 个氯的氯代脂肪烃在适合的条件下可以作为生长基质供微生物生长，如果有多个氯时则需要补充其他生长基质才能被微生物降解。

所有 1-单氯-正脂肪烷（$C_1$~$C_{12}$）均可以降解并可以作为碳源和能源供给培养微生物生长，一般细菌的世代时间为 5~10h。一般来说，末端氯代脂肪烃比次末端氯代脂肪烃易于降解。目前还没有分离到利用 1，1-二氯乙烷、1，1，1-三氯乙烷、1，1，2-三氯乙烷、三氯甲烷和四氯化碳的培养物，可见同一碳原子被 2 个或 3 个氯原子取代可以阻止好氧降解。

卤代脂肪烃在环境中可以进行非生物转化，例如在水中的取代反应、脱氢脱卤反应和还原反应。典型的取代反应是水解反应。过渡金属如 Ni、Fe、Cr 和 Co 可以还原卤代脂肪烃，产物为氧化态金属和脱卤的烷烃。好氧和厌氧微生物都已经用于卤代脂肪烃的降解和环境修复。

A　好氧降解

好氧降解研究最多的是 TCE。甲烷营养菌在有甲烷和天然气存在的情况下可以降解 TCE，国内也有此方面的研究；一株假单胞菌（G-4）在有苯酚等化合物存在时可降解 TCE。氨氧化菌欧洲亚硝化单胞菌（*Nitrosomoas europaea*）可降解卤代脂肪烃。据报道，荚膜甲基球菌（*Methylococcus capsulatus*）在甲烷存在时，可以将氯甲烷、溴甲烷转化为甲醛，二氯甲烷转化为 CO，三氯甲烷转化为 $CO_2$。因此，可以认为甲烷营养菌对污染的蓄水层是很有前途的生物修复菌。

一般来说，降解的敏感性和分子中氯原子的数目呈负相关。例如，氯乙烯最容易好氧降解，而四氯乙烯最具抗性。

目前，人们对卤代脂肪烃好氧降解的了解还不完全，只知道它们最初的氧化作用由单加氧酶或双加氧酶催化。由于单加氧酶和双加氧酶的特异性较低，所以它们的降解可以与脂肪烷烃和芳烃降解使用相同的加氧酶系。降解需要有代谢基质（甲烷、甲苯/酚或氨）存在，因此这种降解是一种共代谢作用。

B　厌氧降解-还原性脱卤

最初研究的是卤代脂肪烃的好氧降解，近年来才研究其厌氧降解。厌氧条件下的降解过程称为还原性脱卤作用，卤原子从分子中逐个脱去并被氢原子取代。在厌氧条件下有机化合物脱卤在热力学上是有利的。

脱卤作用取决于分子的氧化还原电位，而这又是由卤-碳键强度决定的。键强度越高，卤原子越难脱去。键强度与卤原子的类型和数目有关，也与卤代分子的饱和程度有关。一般来说，溴和碘取代物比氯取代物的键强度低，易于脱卤。氟取代物比氯取代物键强度高，难于脱卤。随着分子的饱和程度下降，键强度增加。因此，饱和化合物（烷烃类）比不饱和化合物（烯、炔烃类）的还原性脱卤敏感。在卤代烯烃厌氧代谢中，其脱卤速率由快到慢依次是：四氯乙烯、三氯乙烯、1,2-二氯乙烯和氯乙烯。前面两者的氧化状态高于后者。

以前认为氯代烯烃，例如四氯乙烯（PCE）和三氯乙烯（TCE），不能生物降解，但是后来的研究表明它们可以生物转化。在产甲烷的条件下，以乙酸作为碳源富集微生物同生菌，可以生物转化 $C_1$ 和 $C_2$ 卤代烃（TCE、四氯化碳和 1，1，1-TCA 即三氯乙酸）为二氧化碳和甲烷。其中 $C_2$ 卤代烃的降解途径如图 10-3 所示。

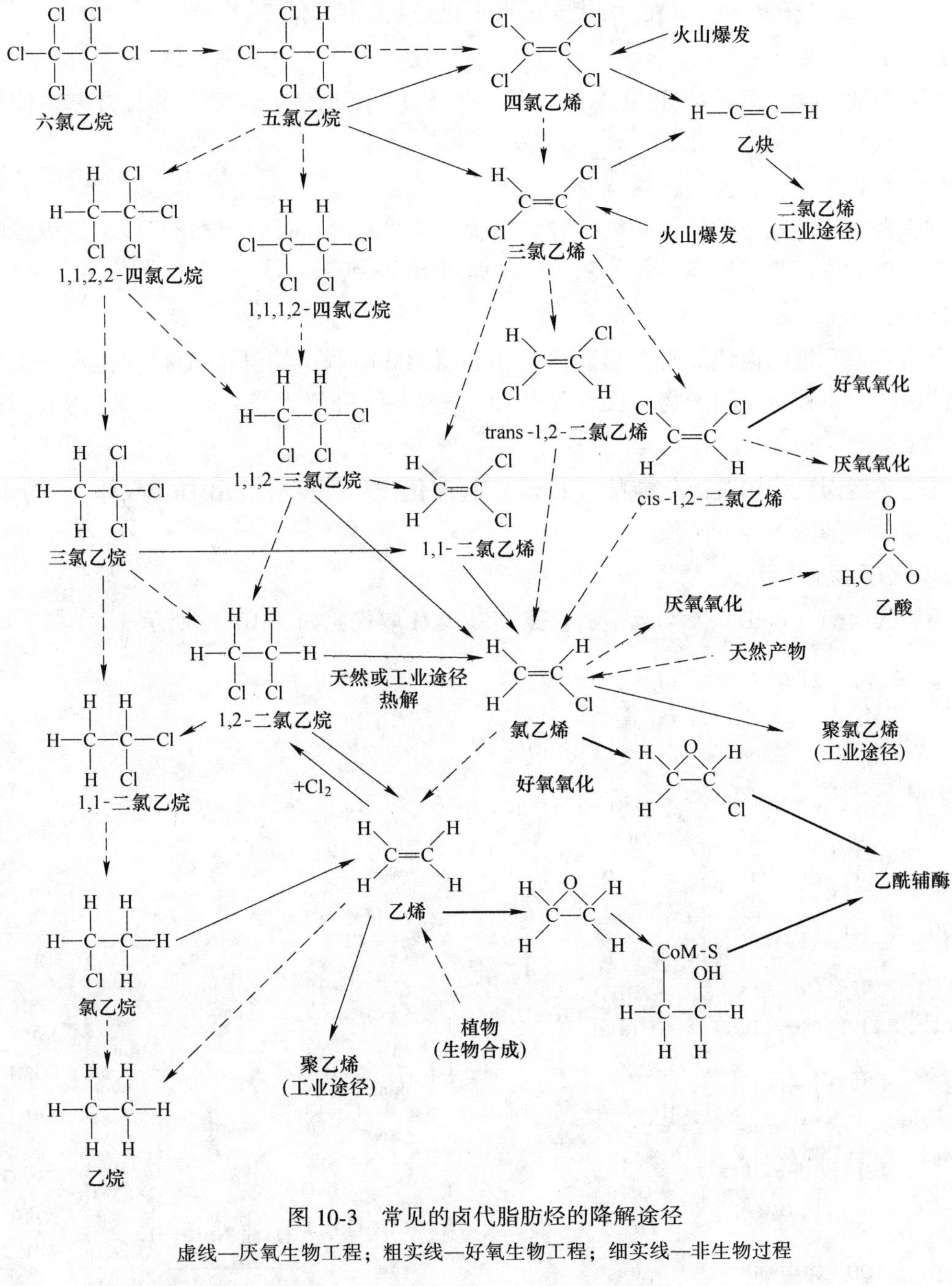


图 10-3 常见的卤代脂肪烃的降解途径

虚线—厌氧生物工程；粗实线—好氧生物工程；细实线—非生物过程

### 10.2.1.2 脱卤反应机制

氯代脂肪烃化合物的微生物代谢关键步骤是脱卤反应。催化这一反应的酶可以直接作用于 C—Cl 键，或不直接作用于 C—Cl 键，而和氧结合形成不稳定的中间物。常见的脱卤反应机制有如下几种。

A 水解脱卤

水解脱卤酶催化卤代脂肪烃水解，如图 10-4a 所示。常见的水解酶有烷烃水解脱卤酶（DhlA）、卤酸水解酶（DhlB），卤代支链被水化羟基基团取代。

B 分子内取代

卤代醇脱卤酶（HheC）催化亲核取代，如图 10-4b 所示。卤素与邻位羟基基团进行亲核取代反应，生成环氧化物。

C 硫解脱卤

在细菌利用二氯甲烷的代谢中，谷胱甘肽 S 转移酶（DcmA）催化反应，形成谷胱甘肽和氯甲烷的中间物，脱卤反应伴随进行，如图 10-4c 所示。

D 水合

具有不饱和键的卤代烃水合后脱卤，如 3-氯丙烯酸脱卤酶（CaaD）催化水分子与双键加成，形成不稳定中间产物，反应放出 HCl 气体后，降解为醛，如图 10-4d 所示。

E 脱卤化氢

在这类脱卤反应中脱卤化氢酶（LinA）起催化作用，反应放出 HCl 气体，分子内随之生成双键，如图 10-4e 所示。

F 还原脱卤

还原脱卤酶（LinD）参与反应，卤素支链被 H 取代，如图 10-4e 所示。

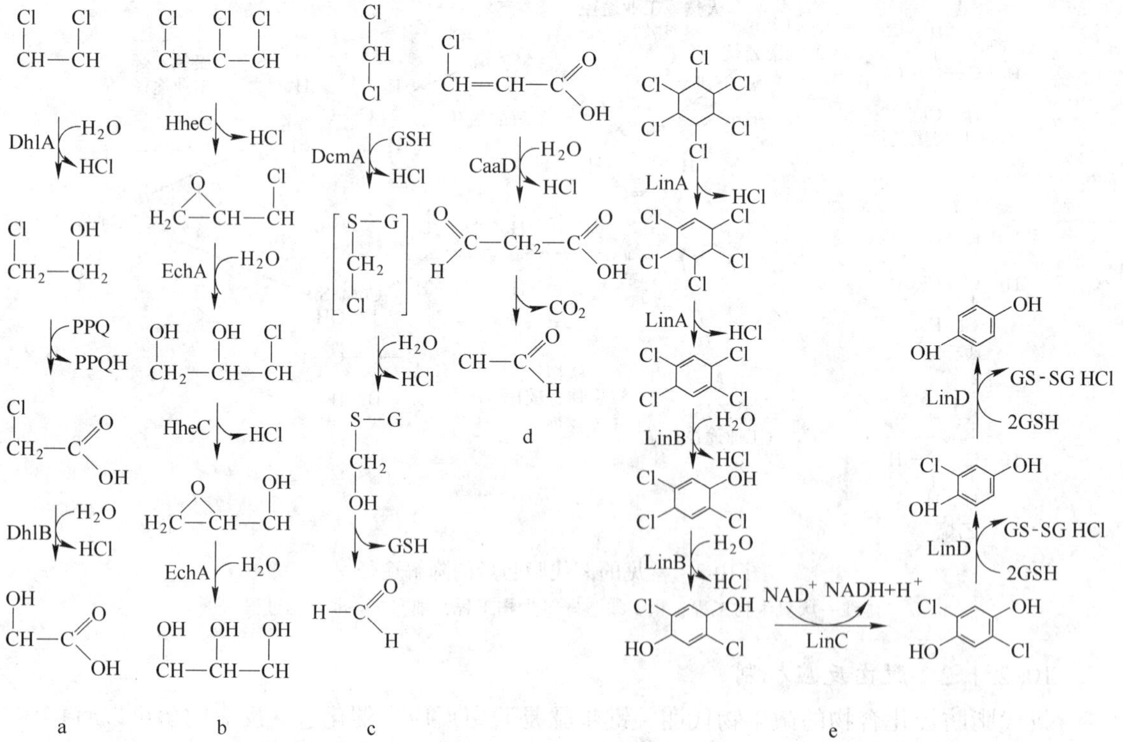


图 10-4 氯代脂肪烃的脱卤机制

a—水解脱卤；b—分子内取代；c—硫解脱卤；d—水合；e—脱卤化氢和还原脱卤

#### 10.2.1.3 卤代芳烃的降解

微生物降解卤代芳烃化合物很困难。这是因为卤原子是吸电子基团，它降低芳香环的电子云密度，取代基卤原子越多此效应越强，使得芳香环变得越难降解。卤代化合物通常并不来自自然界，即是人为合成的。有机氯因为它们的疏水性，允许它们通过或进入细胞膜，能阻止氧化磷酸化，以此破坏细胞活性，所以有些有机氯是杀生物剂。微生物降解这些有机氯必须克服它们增加的毒性和在水相中的低溶解度。

降解有些卤代芳烃的需氧途径和厌氧途径已被确定，通过单加氧酶和双加氧酶加氧后裂解。而卤化物降解中额外的步骤是脱卤化过程，存在 4 种可能脱卤方式。(1) 氧化脱卤：卤原子被移去，代之为二个羟基；(2) 消除脱卤：以消除反应同时脱去卤原子和氢原子；(3) 水解（取代）脱卤：一个卤原子被一个羟基取代；(4) 还原脱卤：卤原子被氢原子取代。

卤代芳烃的降解性也取决于卤原子的性质、数目和位置。卤代物为溴和碘时比氯容易降解，为氟时比氯难降解。一般来说，好氧降解性随卤原子的数目增加而下降，但厌氧脱卤则相反。

A 氯苯的微生物降解

1,2,4-三氯苯（1,2,4-trichorobenzene，1,2,4-TCB）是应用最广的氯苯之一，可用作染料溶剂、杀虫剂中间体、传热介质、变压器的介电液体、除油剂和润滑剂等，因而它成为普遍存在的环境污染物。

高氯苯只能被还原脱氯（reductive dechlorination）开始降解，而低氯苯能在好氧条件下矿化。已观测到一氯苯、二氯苯、三氯苯甚至四氯苯的好氧矿化（aerobic mineralisation），有些菌株能以氯苯作为唯一碳源和能源。在好氧条件下，1, 2, 4-TCB 在足够营养存在下能被土著细菌少许降解。在土壤淤泥和活性淤泥中，1, 2, 4-TCB 不被降解，但是在接种了能降解一氯苯和 1, 4-二氯苯的绿脓杆菌（*Pseudomonas aeruginosa*）后，1, 2, 4-TCB 被共降解，当一氯苯和二氯苯消耗完后，此共降解将停止。莱茵河河底土著细菌不能降解 1, 2, 4-TCB，但接种了 *Pseudomonas sp.* 菌株 P51 后，导致其快速降解。氯苯的生物降解途径如图 10-5 所示。

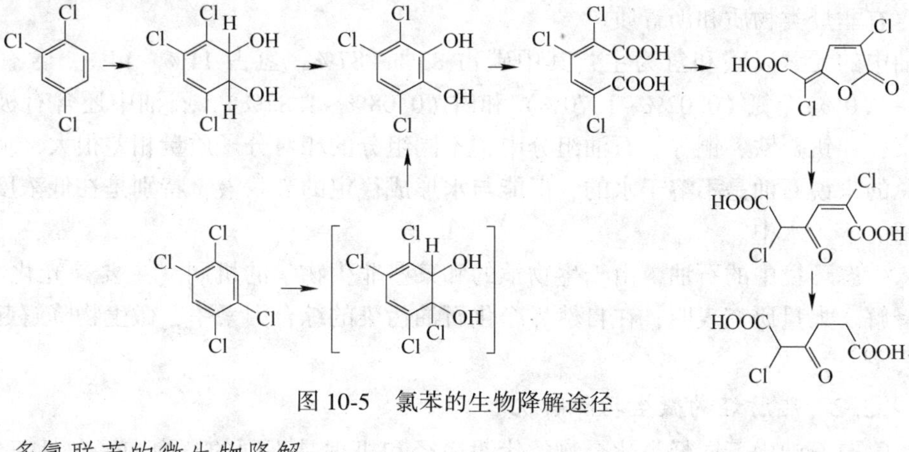


图 10-5 氯苯的生物降解途径

B 多氯联苯的微生物降解

多氯联苯（PCBs）是联苯氯化的产物，多为不同氯取代的混合物。由于其氯含量高，

PCBs一般较难溶于水，主要被土壤、污泥及沉积物中的有机物吸附，即环境中的PCBs主要存在于厌氧条件下，其生物降解也更多是由厌氧微生物完成的，多氯联苯微生物降解的程度与其结构和微生物有关。通过联苯2,3-双加氧酶的作用，分子氧在PCBs的无氯环或带较少氯原子环上的2,3位发生反应，形成顺二氢醇混合物，其中主要产物为顺2,3-二氢-2,3-二羟基氯联苯；二氢醇经过二氢醇脱氢酶的脱氢作用，形成2,3-二羟基联苯；然后2,3-二羟基联苯通过2,3-二羟基联苯的双加氧酶的作用使其在1,2位置断裂，产生间位开环混合物（2-羟基-6-氧-6-苯-2,4-二烯烃）；间位开环混合物由于水解酶的作用发生脱水反应，生成相应的氯苯酸和2-羟基-2,4-双烯戊酸；氯苯酸可被其他细菌降解，2-羟基-2,4-双烯戊酸可为细菌的生长与繁殖提供有效碳源，最终被氧化成$CO_2$（见图10-6）。

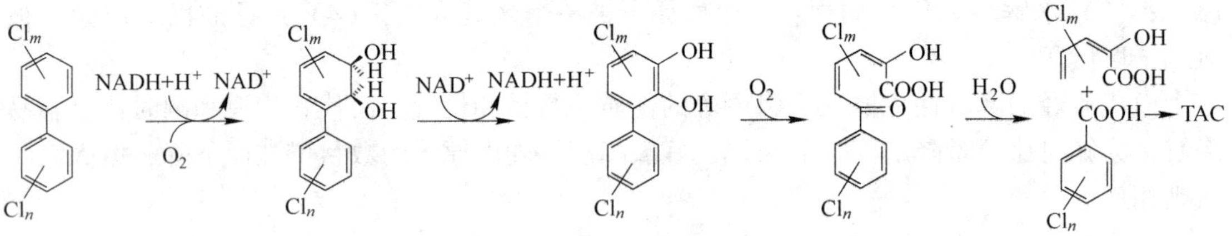


图10-6　PCBs的微生物降解途径

## 10.2.2　石油污染物微生物降解的生物化学

### 10.2.2.1　石油污染物概述

石油污染是指石油在开采、运输、装卸、加工和使用过程中，由于泄漏和排放引起的污染，主要发生在海洋。当今石油污染是一种较为普遍的现象，石油污染的治理是学术界研究的热点领域。石油在开采、储存、运输以及石化产品的生产过程中，不可避免地存在漏油事件，造成大量石油进入水体及土壤，污染生态环境。由于石油污染状况愈加严重，环境中的石油污染物成为各国的聚焦热点，各国相应对其开展研究。

烃类是石油化合物的最主要组成部分，占石油成分中的95%~99%。根据不同化合物的成分和结构特点，主要含有4种烃类化合物：正烷烃、环烷烃、支链烷烃、芳香烃，此外还含有非烃类物质和沥青质。

石油中的元素以碳和氢为主，其中碳占83%~87%，氢占11%~14%，含有少量硫（0.06%~8.0%）、氮（0.02%~1.70%）和磷（0.08%~1.82%），石油中还含有极少量的金属元素，如钒、铁、铜等。石油组分中，不同组分的相对分子质量相差很大，从几十到几千。总的来说石油是不溶于水的，但能与水形成稳定的乳状液，特别是在低浓度时，许多物质都能溶入水中。

进入生态环境中的石油，由于生物学的和某些非生物学的机制（主要是光化学氧化）而逐步降解。大量研究表明，在自然界净化石油污染的综合因素中，微生物降解起着重要作用。

### 10.2.2.2　脂肪烃的微生物降解机理

微生物对石油中不同烃类化合物的代谢途径和机理是不同的。饱和烃包括正构烷烃、支链烷烃和环烷烃。通常认为，在微生物作用下，直链烷烃首先被氧化成醇，源于烷烃的醇在醇脱氢酶的作用下被氧化为相应的醛，醛则通过醛脱氢酶的作用氧化成脂肪酸。相同条件下，一般微生物对不同种类石油烃降解的倾向先后顺序是不同的。一般而言，石油烃被微生物降解的先后规律为：直链烷烃 > 支链烷烃 > 环烷烃 > 多环芳烃 > 杂环芳烃。

A 链烷烃的微生物降解

链烷烃根据结构可分为直链烷烃和支链烷烃。支链烷烃的结构稳定，很难被微生物利用，它的存在增加了微生物降解石油烃的难度，且支链越多，微生物降解的难度越大。链烷烃的降解主要有末端氧化、次末端氧化、脱氢氧化和 ω-氧化。其中末端氧化在直链烷烃代谢过程中最常见，即通过氧化直链烷烃末端的甲基，转化为醇后再依次转化为相应的醛和脂肪酸，脂肪酸通过 β-氧化降解形成乙酰辅酶 A，乙酰辅酶 A 进入三羧酸循环进一步分解生成 $CO_2$ 和 $H_2O$，并产生能量（见图 10-7）。

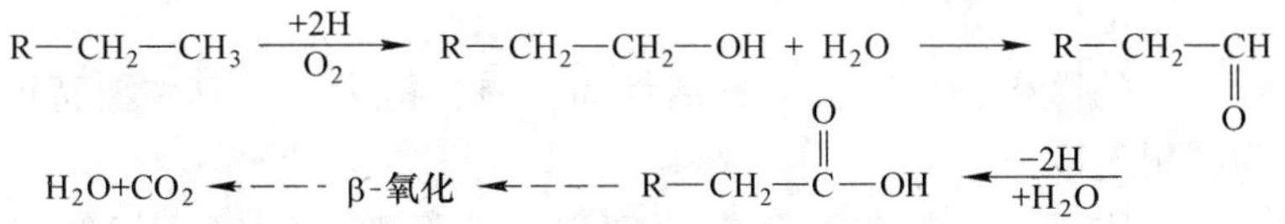

图 10-7 直链烷烃末端氧化途径

有些有机物在链烷烃的次末端插入氧，生成仲醇后进一步氧化再生成酮，酮代谢为酯，酯裂解生成伯醇和脂肪酸后继续氧化成醛和羧酸，羧酸经过 β-氧化等一系列反应最后生成 $CO_2$ 和 $H_2O$（见图 10-8）。

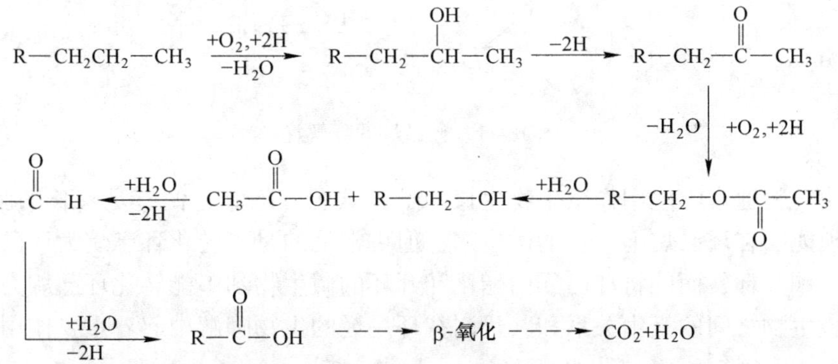

图 10-8 直链烷烃次末端氧化途径

直链烷烃也可以直接脱氢生成烯烃，再通过酶的催化氧化作用，而后进一步生成醇与醛，最后生成脂肪酸，脂肪酸按照 β-氧化进一步分解，最终生成 $CO_2$ 与 $H_2O$。其中，酶是以辅酶Ⅱ（NADP）为主，起到传递质子及能量的作用（见图 10-9）。

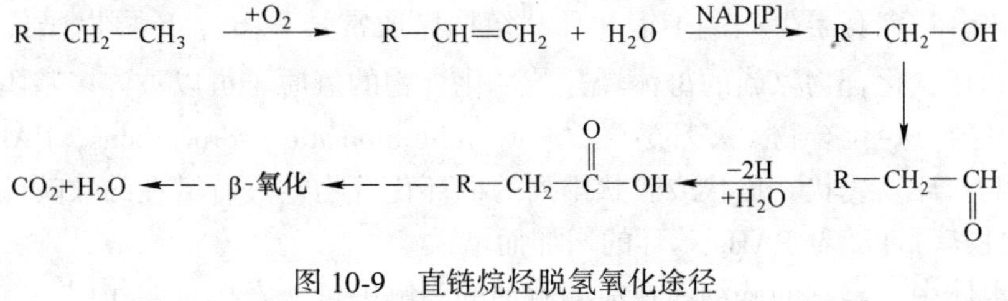

图 10-9 直链烷烃脱氢氧化途径

在直链烷烃发生 ω-氧化时，首先会将烃氧化生成烷基过氧化氢，而后进一步转化成脂肪酸。脂肪酸再按照 β-氧化进一步氧化分解，最终生成 $CO_2$ 与 $H_2O$。此过程通常也需要酶的加入，如醇脱氢酶和醛脱氢酶（见图 10-10）。

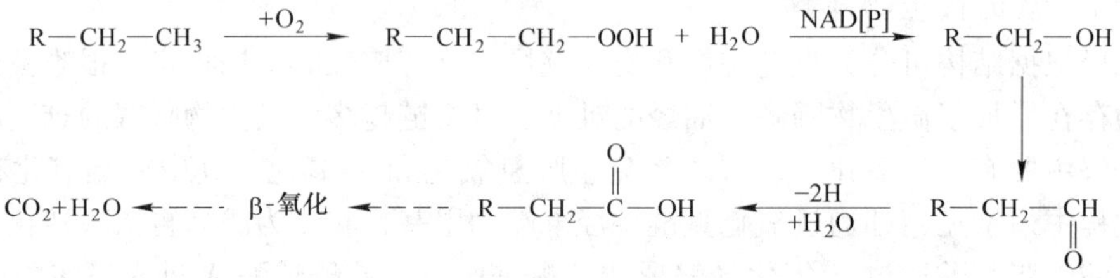


图 10-10　直链烷烃 ω-氧化途径

B　脂环烃的微生物降解

能够利用脂环烃的微生物极少，而且活性弱，氧化能力差。其主要特征是脂环烃一般不能作为微生物利用的碳源。

脂环烃没有末端甲基，它的生物降解原理和链烷烃亚末端氧化相似，以环己烷为例（见图 10-11）来说明。混合功能氧化酶氧化产生脂环（族）的醇，醇脱氢得酮，进一步氧化形成一个内酯。不稳定的内脂环断开得到羟基羧酸，羟基再被顺序氧化成醛基和羧基，得到的二羧酸可被进一步氧化分解。

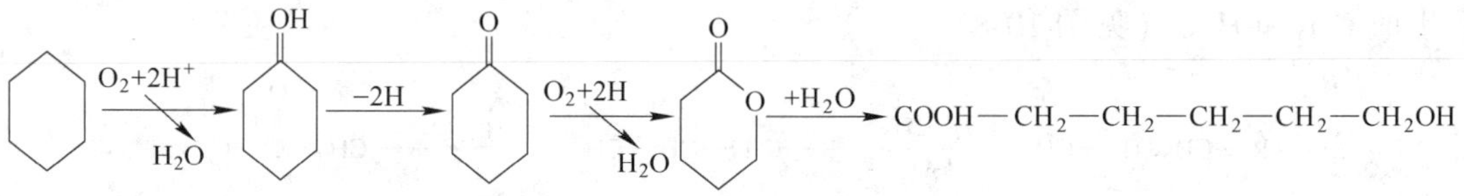


图 10-11　环己烷的降解途径

脂环化合物通常不能用作微生物生长的唯一碳源，除非它们有足够长的脂肪族侧链。虽然已发现能够在环己烷上生长的微生物，但更常见的是能转化环己烷为环己酮的微生物不能内酯化和开环，而能将环己酮内酯化和开环的微生物却不能转化环己烷为环己酮。由此可见，微生物之间的互生关系和共代谢在环烷烃的生物降解中起着重要作用。

C　烯烃的微生物降解途径

研究表明，烯烃和烷烃具有相当大的生物降解速率。单烯的开始降解步骤包括对末端或亚末端甲基的氧化攻击，或者开始步骤是攻击双键，产生醇类和环氧化物。这些最初的降解产物都会被进一步氧化生成伯脂肪酸，像烷烃一样经 β-氧化被降解。

10.2.2.3　芳香烃的微生物降解机理

芳香烃化合物含有至少一个不饱和环状结构，通常是 $C_6R_6$，R 可以是任何基团。苯是这个不饱和环状化合物家族的母体烃，芳烃化合物的氢原子可以被许多基团所取代，从而形成取代基芳香烃化合物。多环芳烃（Polycyclic aromatic hydrocarbons，PAHs），是指 2 个或 2 个以上苯环以线状、角状或簇状排列的稠环化合物，具有潜在的致畸性、致癌性和基因毒性，且其毒性随着 PAHs 苯环的增加而增大。

在海洋水体中，丰富的蓝细菌在泄漏石油的降解中可能发挥重要作用。在藻丛中，蓝细菌与降解原油的细菌缠结在一起，防止其被冲走。蓝细菌生长繁殖产生氧，其固氮作用产生生物可利用的氨，这些间接作用都有利于其中细菌的生长繁殖和降解原油。

芳香烃的种类极多，用途非常广泛，是一类很重要的有机化合物。微生物对芳香烃的作用也极复杂，一般也比较难降解。

A 单环芳烃的微生物降解机理

苯是芳香烃的基本结构，多环芳烃降解最终也要经历到苯，并进一步转化，最终完全降解。苯的生物降解在芳香烃的生物降解中具有重要的代表性。

微生物主要在好氧条件下完成芳香烃的降解。在加双氧酶的催化下，苯被转化为顺式二氢基二醇，然后这个二氢基二醇重新芳香构化形成一种二羟化中间产物儿茶酚。儿茶酚的环在第二个加双氧酶的作用下被打开，在两个羟基之间打开为邻位途径，在一个羟基的下一个位置打开为间位途径，此后可进一步反应直到完全降解。苯的生物降解途径如图10-12 所示。

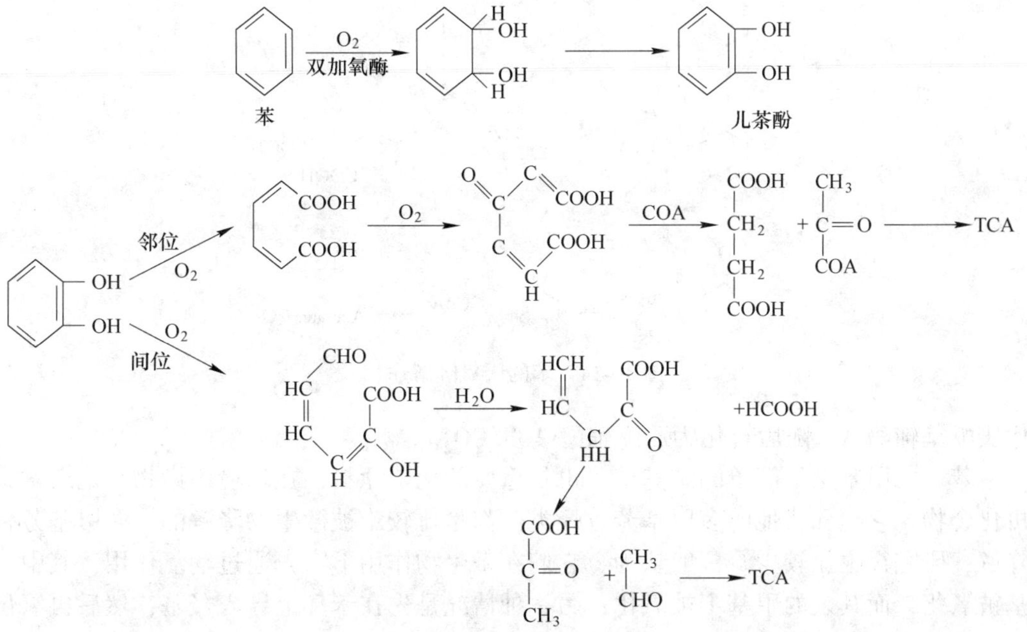


图 10-12 苯的好氧降解途径

真核微生物对苯的降解是用细胞色素 P450 单加氧酶攻击芳香烃化合物，把氧分子的一个氧原子掺和到化合物中而另一个氧原子被还原成水，结果生成一种芳烃氧化物。接着在酶作用下与水加成生成反式的二氢基二醇。另一种情况下，芳烃氧化物能被异构化为苯酚，而苯酚能和硫酸盐、葡萄糖醛酸、谷胱甘肽缀合，这些缀合物能被排出（见图10-13）。

缺氧条件下，微生物可利用外源电子受体使芳香环活化。对于单个苯环的厌氧降解，主要有三种活化机制：甲基化、羟基化、羧基化。如图 10-14 所示，苯经过转甲基酶、苄基脱氢酶、苯羟化酶作用分别生成甲苯、苯酚和苯甲酸。三种中间产物皆转化为苯甲酰辅酶 A，经苯甲酰辅酶 A 还原酶作用生成 6-氧代环已烯-1-羰基-辅酶 A。产物经裂解生成 3-

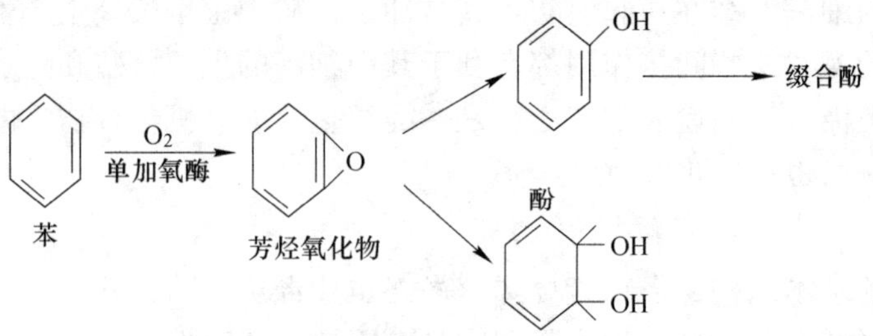


图 10-13 真核微生物分解苯的过程

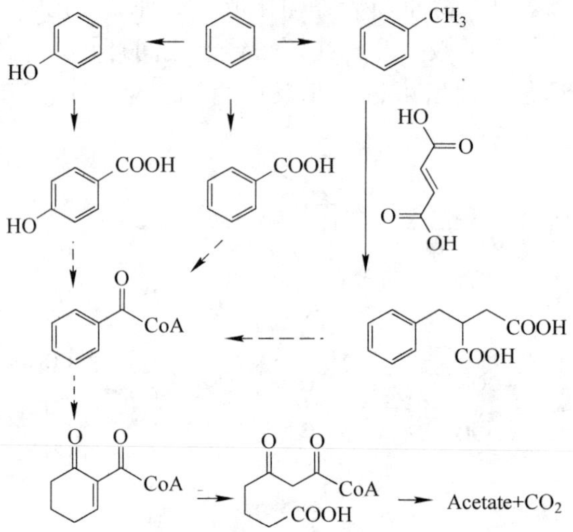


图 10-14 苯的厌氧降解途径

氧代庚酰基辅酶 A，随后转化为乙酰辅酶 A 和 $CO_2$。

甲苯、二甲苯是最简单的烷基苯，也是重要的化工原料，在环境污染物中是最常见的有机化合物。它们和其他的多甲基芳香烃类，都是比较难被微生物降解的。多甲基芳香烃的降解，研究得也比较少。一般认为，它们在微生物作用下，先通过辅氧作用，其中一个甲基被氧化，而其余的甲基不被氧化；另一种情况是先在苯环上导入羟基，然后再氧化成羧酸。甲苯和二甲苯在诺卡菌作用下的降解途径，如图 10-15 所示。

B 多环芳烃的微生物降解机理

多环芳烃（PAHs）的生物降解取决于分子化学结构的复杂性和微生物降解酶的适应程度，降解的难易程度与 PAHs 的溶解度、环的数目、取代基种类、取代基的位置、取代基的数目以及杂环原子的性质有关；而且不同种类的微生物对各类 PAHs 的降解机制也有很大差异。总体上，其降解是从攻击其中一个环开始，而后再打开另一个环，最后成为单环化合物，单环化合物的生物降解类似苯的生物降解，最终完全降解。常见几种多环芳烃的酶攻击位点如图 10-16 所示。

细菌对 PAHs 的降解虽然在降解的底物、途径上存在着差异，但是在降解的关键步骤上是一致的。细菌对 PAHs 好氧降解的第一步是将两个氧原子直接加到芳香核上，催化这一反应的酶被称作 PAHs 双加氧酶。在该酶的作用下 PAHs 转变成顺式二氢二醇，后者进

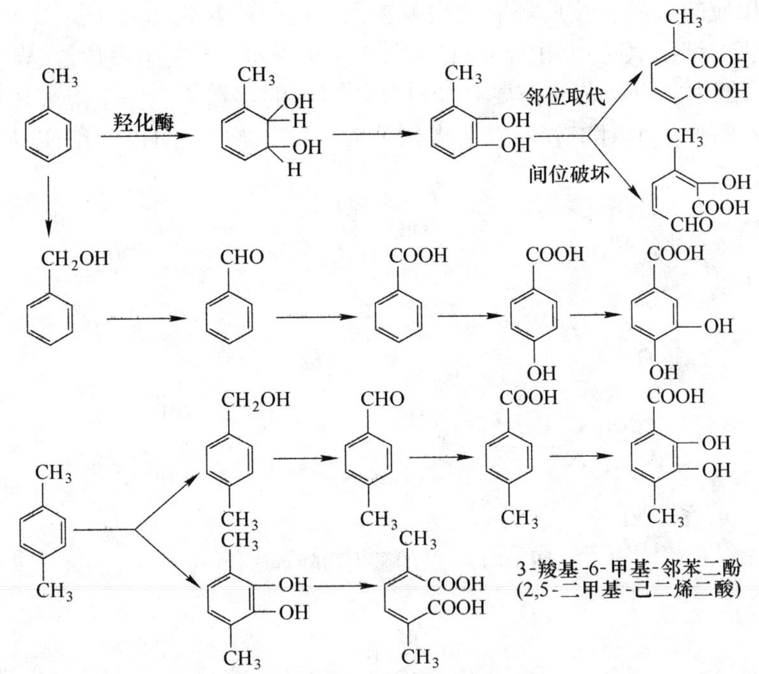


图 10-15 烷基苯的微生物降解途径

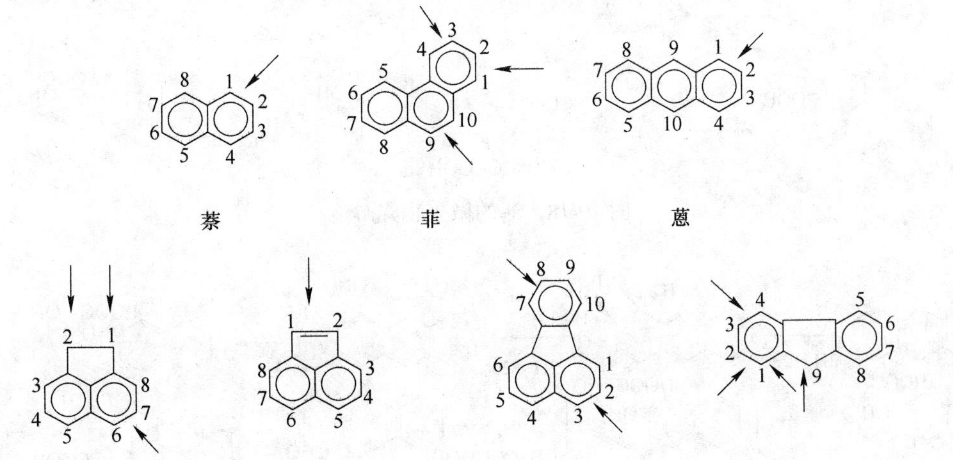


图 10-16 多环芳烃酶攻击位点示意图

一步脱氢生成相应的二醇，然后环氧化裂解，而后进一步转化为儿茶酚或龙胆酸，彻底降解。萘、菲、蒽的细菌氧化可用图 10-17～图 10-19 表示。进一步的研究表明，在对芘等四环的 PAHs 降解中，有些菌株需要有少量其他碳源的存在才能发生降解作用，称为共代谢，而有些则不需要。但对于五环以上诸如苯并［a］芘等 PAHs 的细菌降解，现在通常认为只能是共代谢。

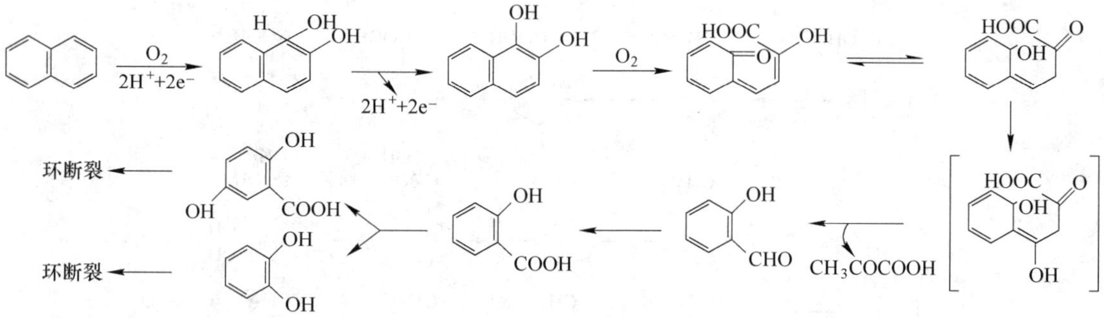


图 10-17　萘的微生物降解途径

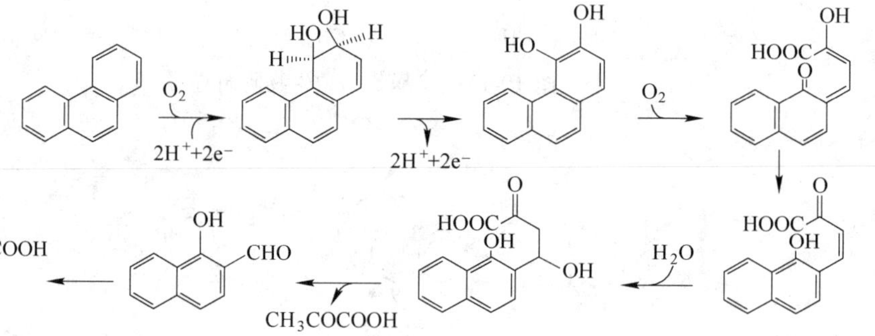


图 10-18　菲的微生物降解途径

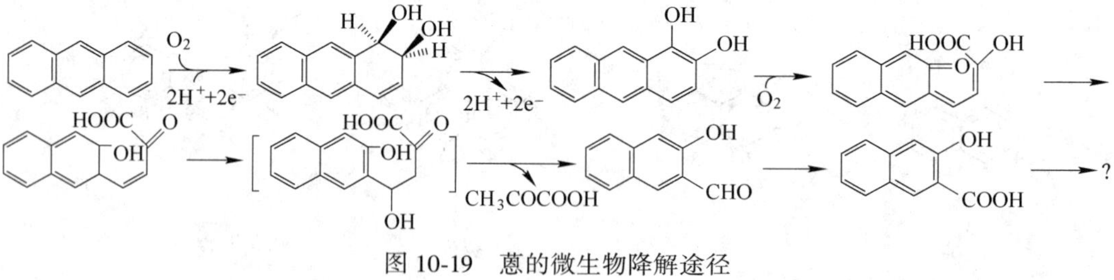


图 10-19　蒽的微生物降解途径

### 10.2.2.4　限制油污生物降解的因素

影响微生物降解石油的因素有很多，油污本身的毒性和抗性组分就限制了其生物降解，其他限制因素主要是油污的种类、物理状态、表面活性剂、微生物的性质、温度、pH 值、供氧、营养物质等。

A　油污的种类

油污种类不同，其理化性质和生物可利用性也不同。石油中的烃类可归为两大类：饱和烃及不饱和烃。其中，饱和烃包括直链烷烃、支链烷烃以及环烷烃，不饱和烷烃指烯烃、炔烃、单环芳烃、多环芳烃、杂环芳烃。一般而言，C10~C18 范围内的链烷烃容易降解，环烷烃降解难于链烷烃，而芳香烃的降解更为困难。

B　油污的物理状态

在水体系中，微生物主要在油-水界面活动，油的分散程度直接影响微生物能接触到的石油烃的表面积，油-水界面面积的增加，不仅使油污更易到达微生物，而且进入水体的乳化液滴使氧和营养物更易被微生物获取，从而促进微生物对石油烃的降解。好的乳化使油污形成微小液滴，类似于溶解烃，这种情况下油污更易被微生物降解。

C　表面活性剂

微生物自身能产生多种生物表面活性剂。表面活性剂能将油滴乳化成许多细小颗粒，从而增大油和水接触的表面积，极大降低了由于油污的水不溶性而产生的阻碍，促进微生物对油的利用，提高微生物对石油污染的降解效果。

D　微生物的性质

一般不同微生物只相对特定石油组分具有较好的降解能力。基于此原理，处理石油污染物时，常通过接种多种不同微生物来提高降解效果。此外，微生物降解石油大部分是通过酶促反应实现的，微生物种类不同其代谢途径及物质传递方式也不相同。自然环境中的微生物多种多样，石油的降解是一个极为复杂的过程，需要多种微生物的共同参与协同完成。因此，石油微生物降解率会受到降解微生物的接种数量及其酶活性的影响。

E　温度、pH 值的影响

温度、pH 值对微生物降解油污的影响主要是对油污物理状态、化学组成的影响以及对微生物本身代谢活性的影响。温度影响生物降解的机制主要是：适宜的温度有利于微生物繁殖，在特定的温度下相关降解酶可保持较高活性，而适当范围内升高温度可提高有机物的可利用性。pH 值对微生物的影响较复杂，微生物对营养物质的吸收、胞外酶的产生及活性都需在适宜 pH 值下才能发挥最大效应。

F　氧及营养物质的影响

微生物可以在有氧条件下降解石油，也可以对石油进行厌氧降解。一般而言，与好氧条件下的生物降解相比，油污在厌氧条件下的生物降解速率要慢得多。微生物代谢需要氮、磷、铁、镁等营养物质的参与才能顺利进行。作为微生物能源的烃类足够多时，营养物的供给是否充分将直接影响微生物对烃类的降解活动，如果营养物质缺乏就会抑制微生物对石油烃的降解作用。

### 10.2.3　农药微生物降解的生物化学

农药是人们主动投放于环境中数量最大、毒性最广的一类化学物质，有的农药具有诱变性，有的甚至是三致物（致癌、致畸和致突变）和内分泌干扰物。化学合成的农药一般都比较稳定，能在土壤中停留较长时间，甚至高达十年以上。由于一些常用农药生物降解困难，在环境中的大量积累，造成了严重的环境污染。农药的微生物降解，就是通过各种微生物的作用将大分子有机物分解成小分子化合物的过程。在生态系统中，微生物对农药的分解起着重要的作用。它对外来化合物降解或转化所具有的巨大潜力，一直是国内外的研究热点，对降解农药的研究始于 20 世纪 40 年代末，至今已取得了很大进展，表现在降解农药的微生物种类不断被发现、降解机理研究日趋深入、降解效果稳定提高等方面。

因此，近年来各国均在开展微生物对化学农药微生物降解的研究。

10.2.3.1　DDT 的生物降解

DDT 曾作为首选的有机氯农药，广泛使用多年，现已禁用。由于性质极其稳定，不易分解。据报道，DDT 在土壤中的平均半排出期为三年，其中 5%～10%在使用后十年仍留在土壤内，长期滞留在环境中，并可通过食物链蓄积于人体中产生危害。

微生物对 DDT 类代谢的主要途径是脱氯、还原与羟基氧化过程。DDT 在厌氧条件下分解较快，可通过图 10-20 的途径降解成一系列脱氯化合物，也就是 DDD、DDMs 和 DDYS

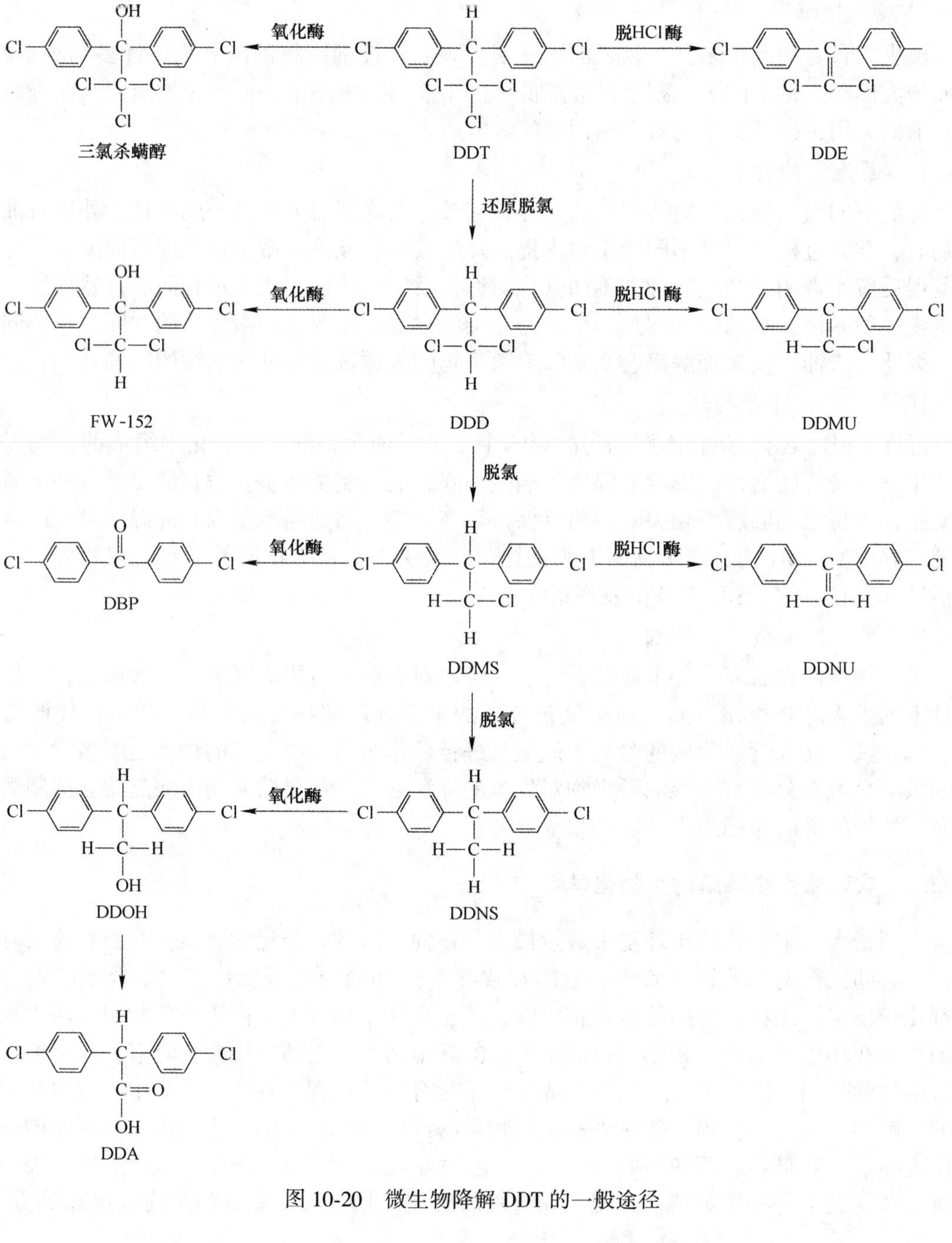


图 10-20　微生物降解 DDT 的一般途径

等。此外，微生物的氧化酶系统使 DDT 和 DDD 羟基化，分别形成三氯杀螨醇和 FW-152，脱氯化氢系统使 DDT、DDD 和 DDMS 分别形成 DDE、DDMU 和 DDNU。目前，至少已有 20 种 DDT 类的不完全降解产物分离出来。

参与降解的细菌类有 10 属 23 种，如假单胞菌属（*Pseudomonus*）6 个种、黄单胞菌属（*Xanthomonas*）4 个种、欧文菌属（*Erwinia*）4 个种、芽孢杆菌（*bacillus*）3 个种等，这些都是土壤中的常居菌类。

啤酒酵母（*Sa. cerevisiae*）能在 50h 内使 DDT 脱氯超过一半；绿色木霉（*Tri. viride*）18 个菌株能对 DDT 有不同的降解作用。

10.2.3.2 有机磷农药

有机磷农药是一类高效、高毒的农药品种。它属于有机磷酸酯类，多含有 C—P 键或 C—O—P、C—S—P、C—N—P 键的有机化合物，是使用最多的杀虫剂，我国生产的有机磷农药的品种有 20 余种。鉴于其在环境中具有易降解、残留时间短、对动植物体内酶的活性抑制性小、易受到酶的作用而水解等特性，有机磷农药一直被认为是一种污染较小的农药。然而，通过对有机磷农药的生态毒理研究发现，有机磷农药具有烷基化作用，进入人体后可与体内的胆碱酯酶结合，形成较稳定的磷酰化胆碱酯酶，使胆碱酯酶失去活性，丧失对乙酰胆碱的分解能力，造成体内乙酰胆碱的蓄积，引起神经传导生理功能的紊乱。

有机磷农药比有机氯农药容易降解很多，微生物降解这些杀虫剂的最常见反应机制是酯酶水解过程。例如，对硫磷（parathion）的主要降解途径如图 10-21 所示。

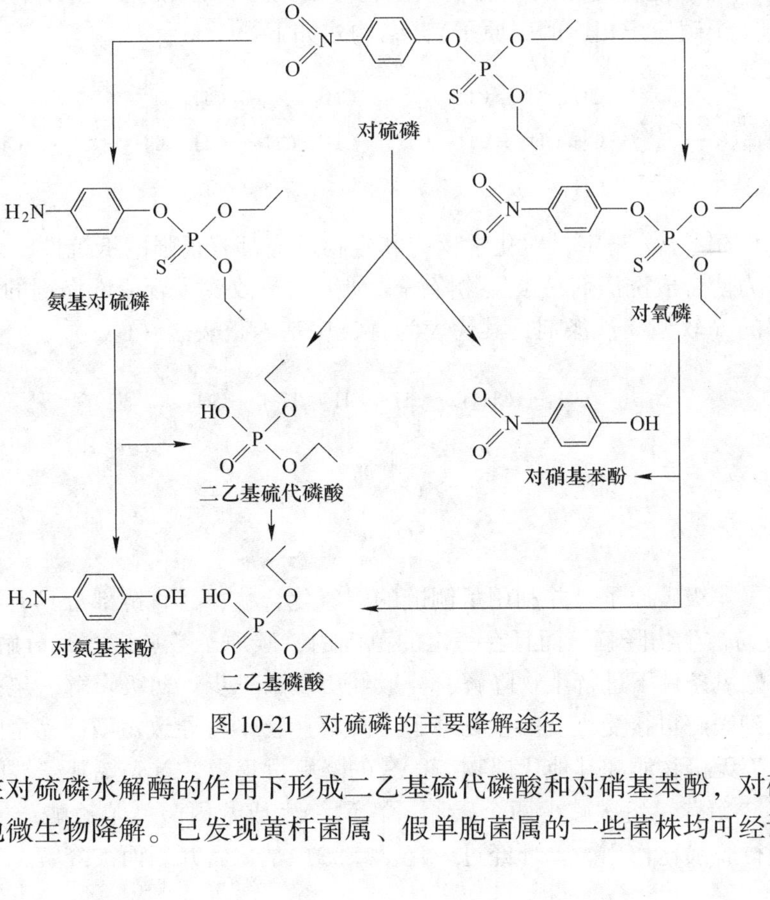


图 10-21 对硫磷的主要降解途径

对硫磷在对硫磷水解酶的作用下形成二乙基硫代磷酸和对硝基苯酚，对硝基苯酚可在土壤中被其他微生物降解。已发现黄杆菌属、假单胞菌属的一些菌株均可经诱导生成对硫磷水解酶。

### 10.2.4 洗涤剂微生物降解的生物化学

洗涤剂是人工合成的高分子聚合物，目前在世界范围内已广泛使用，产量逐年增多。由于洗涤剂难以被微生物降解，导致洗涤剂在自然界中蓄积数量急剧上升，不仅污染了环境，而且也能破坏自然界的生态平衡。因此，洗涤剂是目前最引人注目的环境污染的公害之一。合成洗涤剂的主要成分是表面活性剂，根据表面活性剂在水中的电离性状分为：阴离子型、阳离子型、非离子型和两性电解质型四大类，其中以阴离子型合成洗涤剂应用得最为普遍。阴离子型的表面活性剂包括合成脂肪酸衍生物、烷基磺酸盐、烷基硫酸酯、烷基苯磺酸盐、烷基磷酸酯、烷基苯磷酸盐等；阳离子型的表面活性剂主要是带有氨基或季铵盐的脂肪链缩合物，也有烷基苯与碱性氯原子的结合物；非离子型的表面活性剂是一类多羟化合物与烃链的结合产物，或者脂肪烃和聚氧乙烯酚的缩合物；两性电解质型的表面活性剂是带氮原子的脂肪链与羟酰、硫或磺酸的缩合物。

合成洗涤剂基本成分除了表面活性剂外还含有多种辅助剂，一般为三聚磷酸盐、硫酸钠、碳酸钠、羟基甲基纤维素钠、荧光增白剂、香料等，有时还有蛋白质分解酶。家庭用的洗涤剂通常称洗衣粉，有粉剂、液剂、膏剂等形式。我国现在主要洗涤产品属阴离子型烷基苯磺酸钠型洗涤剂，一般称中性洗涤剂，对环境的污染最严重。

洗涤剂的种类很多，一般都很难被微生物降解，最难被微生物降解的是带有碳氢侧链的分子结构 ABS 型，这种洗涤剂不能被微生物降解的原因是碳氢侧链中有一个 4 级碳原子（即直接和 4 个碳原子相连的碳原子），结构式如下：

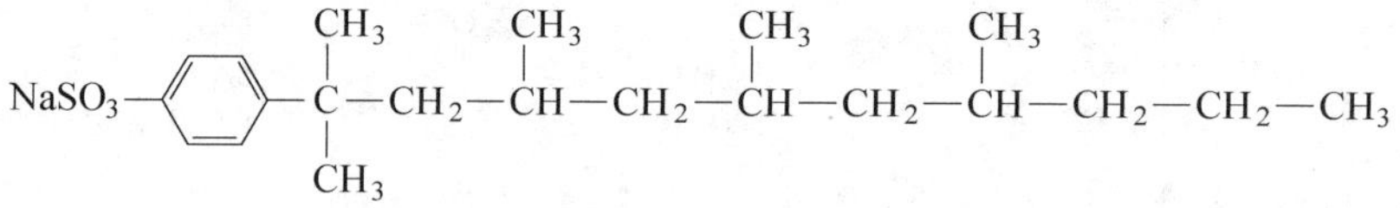

4 级碳原子的链十分稳定，对化学反应和生物反应都有很强的抵抗性，因此 ABS 很难被生物降解。为使合成洗涤剂易被生物降解，研究人员改变了合成洗涤剂的结构，制成易被微生物分解的（软型）洗涤剂，其代表为直链烷基苯磺酸盐（LAS）。

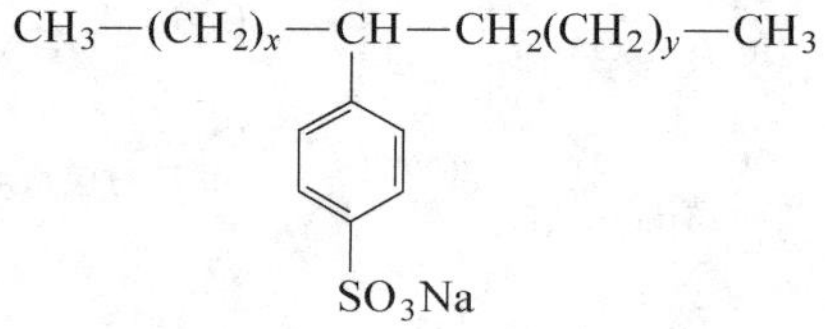

由于去掉了 4 级碳原子，并利用了侧链的碳氢化合物，其直链部分具有易于分解的特点，使 LAS 较易被生物降解，而且在一定的范围内，碳原子数愈多，其分解速率也愈快。LAS 通常可在好氧条件下进行生物降解，一般经历以下三步：初级降解，包括吸附和裂解两个过程；达到缓解可接受程度的生物降解，降解产物不再导致污染；完全降解，最终产物为 $CO_2$ 和水等无机物质和其他代谢物。LAS 的降解过程中，首先烷基末端的甲基被氧化成羧酸，再经 β-氧化，每次减少两个碳原子，最终生成苯丙酸、苯乙酸或安息香酸的磺酸盐，然后进行脱磺化作用。苯环经过一羟基或二羟基化后开裂而被降解，途径如下：